アリストテレス

動物部分論・動物運動論・動物進行論

西洋古典叢書

凡例

一、この翻訳の底本は以下の通り。

(1)『動物部分論』の底本は、Bekker, I., *Aristotelis Opera*, Berlin, 1831である。ただし、第四巻第十一章六九一b二八—第十二章六九五a二八については、Düring, I., *Aristotle's De Partibus Animalium: Critical and Literary Commentaries*, Göteborg, 1943に収録されたDüringによる校訂の本文を使用した。

(2)『動物運動論』の底本は、Nussbaum, M. C., *Aristotle's De Motu Animalium*, Princeton, 1978である。

(3)『動物進行論』の底本は、Jaeger, W., *Aristotelis De Animalium Motione et De Animalium Incessu, Ps-Aristotelis De Spiritu*, Leipzig (Teubner), 1913である。

二、本文上欄の算用数字は、ベッカー版アリストテレス全集(*Aristotelis Opera*, ex recensione Immanuelis Bekkeri, edidit Academia Regia Borussica, Berolini, 1831-70)の頁数であり、aはその左欄、bはその右欄、それに続く算用数字はその欄の行数との、おおよその対応を示す。

三、ギリシア語をカタカナで表記するにあたっては、

(1) ϕ, θ, χ と π, τ, κ を区別しない。

(2) 固有名詞は原則として音引きを省いた。

(3) 地名人名等は慣用にしたがって表示した場合がある。

四、重要な用語、特殊な用語などは、しばしば「　」で括り、適宜その原語を（　）に記した（たとえば、「力（デュナミス）」）。本文中の(1)(2)……などは、内容を整理するために、訳者がつけたものである。また、角括弧［　］は文意を明確にするために、訳者が補ったものである。

五、二重かぎ括弧『　』は書名を示す。訳註で著者名をつけないで示したものは、すべてアリストテレスの著作である。

六、本文の内容目次は訳者によるものである。

七、訳註に登場する使用文献とその略号は、「解説」の「文献案内」に記されている。

目次

動物部分論……3
動物運動論……367
動物進行論……429
解説……479
索引

動物部分論・動物運動論・動物進行論

坂下浩司　訳

動物部分論

本文の内容目次

第一巻……19

第一章……20

動物学を教養として学ぶために知っておくべきこと。論点(1)先に述べるべきであるのは個々の自然本性かそれとも共通な付帯性か。(2)原因を述べる前に「パイノメナ（観察事実や通念）」を述べるべきか。(3)目的因が一次的な原因である。(4)端的な必然と条件的な必然が区別されるのであるが、自然物には条件的な必然も適用される。(5)生成の仕方を述べる前に存在の仕方を述べるべきである。(6)昔の哲学者たちは素材ないし質料について語ったが、私たちは形態と機能について語るべきである。(7)動物の形相は魂である、したがって魂について語ることは自然学者の仕事である。(8)しかし魂の部分である「知性（ヌース）」とその対象の研究は行なわない。(9)自然学は数学の対象を考察しないが、それは、自然本性はすべてを何かのために為すからである。(10)目的と必然が自然物の原因である。(11)昔の哲学者たちが失敗したのは、「ト・ティ・エーン・エイナイ（……であるとはそもそも何であったのか)」という概念をもたなかったからである。⑿まとめとして「目的、条件的な必然、端的な必然」を使って呼吸を説明する。

第二章……………………………………………………………54

アカデメイアのメンバーが用いている分割法は動物の最下の種の把握(定義)に適さないこと。論点⑴最終的な種差が一つだけになる場合、それ以前の段階で挙げられた他の種差が余計なものになる。⑵類としてのまとまりをこわすような分割はしてはならない。

第三章……………………………………………………………58

前章の続き、および、分割法の改訂案。論点⑶「欠如としての欠如」は種差として使えない。⑶の(a)「欠如としての欠如」は類ではない。⑶の(b)「欠如としての欠如」は種ではない。⑶の(c)最終的な種差の数が種の数と等しくなるのは、種差が共通なものではない場合である。⑷分割は、自体的付帯性によってではなく類と種差によって行なわれるべきである。⑸分割は、対立するものどもを用いてなされるべきである。⑹同一の類や種の動物に共通の、体や魂のはたらきによって、動物を分割すべきではない。⑺一度に多くの種差を使って類を分割すべきである。アリストテレス自身の定義方法の提示。⑻分割される個々の種に種差が一つしかないなどということは、ありえない。

第四章……………………………………………………………71

一つの類が構成される基準は何か。度合いと類比。共通のことを語るのが先か個々の種を語るのが先か。一つの共通な自然本性。類比的な類似性。

第五章……76
動物学の勧め。動物の研究は天体の研究と同等の価値をもつ。ヘラクレイトスとかまどの喩え。動物についての探求を子供のように嫌がってはならない。部分に対する全体の優位。部分の目的は活動である。全体の目的は全体的な活動である。類比、類、種による共通性。

第二巻……87

第一章……88
動物の部分の明瞭な記述は終えているので、いまやその原因を考察しなければならない。以下の研究の枠組みの提示。動物の体の三種類の構成物、力、同質部分、異質部分について。なぜこのような階層構造が動物に存在するのか。「はたらき（エルゴン）」の観点。「感覚受容体（アイステーテーリオン）」としての同質部分。道具的部分としての異質部分。心臓などへの簡単な言及。

第二章……98
さまざまな原因としてはたらく同質部分と力、とくに血と熱いものについて。「本質（ウーシアー）」への寄与と「機能（エルガシアー）」への寄与。栄養物としての寄与。剰余物（排泄物）の発生。血の相違と「性格傾向（エートス）」の関係。部分の違いには、一方で、各々の動物のはたらきや本質に関係するものがあり、他方で、「より善きこと」や「より悪しきこと」に関係するものがある。血やその類比物をもつ必然性は何か。血の自然本性は何か。

「ディアレクティケー（哲学的問答法）」の開始。さまざまな見解の列挙。「より熱いもの」は多くの仕方で言われる。それは、その機能が多く存在するということである。
第三章……110
乾いたものと湿ったものについて、とくに血と栄養物を中心に。「ト・ティ・エーン・エイナイ（……であるとはそもそも何であったのか）」と「ヒュポケイメノン（基にあるもの、基体）」の概念を使った血の考察。血と熱さの本質的関係。栄養物の「加工（ペプシス）」と、そのために必要なものとしての熱いもの。植物は、動物が胃で栄養物を加工するように、大地で栄養物を加工している。血は最終形態の栄養物である。血は栄養のために存在する。
第四章……118
血の成分とりわけ繊維と動物の「性格傾向（エートス）」の関係。賢さ。臆病さ。猛々しさ。情念が体に及ぼす影響。恐怖は体を冷たくするが、猛々しさは熱くする。血は体の素材である。血清が必然と目的によって存在する仕方。
第五章……122
脂と血の関係について。脂が有益である場合と有害である場合を分かつのは、その適度さである。
第六章……126
髄は血の単純な必然の産物にすぎないのであって、それ自体としては何かを発生させる力なのではない。髄をもつ動物ともたない動物がいる理由。魚の背骨の髄は例外的に目的をもつ。

第七章…… 130
脳と髄の関係についての難問とその解決。「工夫ないし考案（メーカナースタイ）」する自然。脳は体を助けるために存在する。脳は熱の点で心臓との釣り合いを取るためのものである。体内での血の流れの発生は雨の発生の仕方になぞらえることができる。脳による血の冷却が眠気を引き起こす。人間が相対的に大きな脳をもつ理由。

第八章…… 137
肉は動物の始原である。触覚の受容体としての肉。骨は肉の補助のために自然によって工夫された。骨、殻、甲。イカ、タコ、有節動物（昆虫）の体の特性。

第九章…… 142
連続するものとして骨と血管は類似している。骨の始原としての背骨。動物の運動と背骨の構造の関係。それは、曲がることと伸びることという正反対の運動を実現できるようになっている。四肢の骨も同様である。骨は肉のためにある。「形成（デーミウールゲイン）」する自然。胸部のまわりには骨があるのに腹部のまわりに骨がない理由の目的論的考察。骨の強さは、子を産むことや、栄養物の獲得の仕方と関係している。有血だが卵を産む動物の骨の差異。体内の素材を「使い尽くす（アナリスケイン）」する自然。

第十章…… 152
異質部分論序説。人間の自然本性は「生きること」だけではなく「よく生きること」にも与っている。頭部と脳。なぜ頭部に肉がないのか。冷却と感覚。脳と五感。頭部のきれいな熱くない血は感覚を厳密にする。なぜ頭部の前側に脳があるのか。「配置（タッテイン）」する自然。

第十一章……162

四足動物の耳の位置について。

第十二章……163

なぜ耳をもたず「聴覚の通路、聴道」しかない動物がいるのか。鳥とアザラシ。

第十三章……164

「まぶた」や「まばたき」は目の湿り気を守るためのものであり、目の湿り気によって視力は実現する。鳥の視力の違いを「生活形態（ビオス）」によって目的論的に説明する。なぜ魚、有節動物（昆虫）、軟殻動物（甲殻類）に「まぶた」がないのか。自然は何も無駄にすることがない。

第十四章……170

まつげ、毛、姿勢の関係。「計画（ヒュポグラペイン）」する自然。常に自然は諸々の可能なことどものうちのいっそう善きことの原因である。「飾る（エピコスメイン）」自然。自然は、どんなところでも、他のところから得たものを、そことは別の部分に与える。人間の頭の毛の多さを必然と目的によって説明する。

第十五章……173

眉毛とまつげは保護のためにある。眉毛とまつげが生える場所を物質的な必然によって説明する。フランシス・ベーコンが目的因批判において言及している箇所。

第十六章……174

鼻と顎の関係。吻。手のように使われるゾウの鼻を生活形態によって説明する。自然は長い鼻をゾウに「作る（ポイエイン）」ことをした。自然は同一の部分を多くのことに「転用（パラカタクレースタイ、あるいは、カタクレースタイ）」する。嘴と唇について。人間の顔を鳥のそれに変形させてみる思考実験。人間の唇は「善いこと（エウ）」すなわち「言葉（ロゴス）」を実現するためにも存在する。アルファベットからなる言葉を発声するために人間に唇と舌がある。

第十七章……182

人間の舌の広さと軟らかさは、味覚と「話をすること（ロゴス）」に役立つ。鳥にも広い舌をもち多くの音声を発声するものどもがいる。それらは互いに思いを伝えあい学習さえしていると思われるほどである。ヘビの長く二つに分かれた舌は味覚に役立つ。ワニの味覚器が見つけにくい理由。感覚の使用がわずかであれば、その器官の分化もわずかである。生活形態による説明。魚、軟殻動物（甲殻類）、軟体動物（頭足類）、有節動物（昆虫）、殻皮動物（貝類）の味覚器について。

第三巻……189

第一章……190

歯について。栄養物の準備のため。攻撃と防御のため。前歯と奥歯の形状と目的。犬歯の中間的性格。人間の歯は対話のためにもなっている。自然は無駄なことも余計なこともしない。私たちが把握すべき普遍的なこと、すなわち、自然が部分を与えるのは、それを使うことができる動物だけであるということ。角や蹴爪などの攻撃と防御の道具的部分の分配原理について。シカ、ウシ、ヒツジ、ニワトリの雄と雌の比較。魚の歯。口。鳥の嘴。人間の顔。

第二章……196

角について。「角がある」と言える基準としてのはたらき。同一の目的に対して、それを実現する方式は複数存在する。部分を「与えた」そして「つけ加えた」自然。角が突き出ていることが自然本性的に役に立っていないものの場合。「より悪しきこと」の実現の例。防御としての糞飛ばし。角が一つの動物は頭の中央部に角が生えているのはなぜか。アイソポスの寓話に出てくるモモスの見解の批判。角と蹄の関係。ウシの角は現在あるところにあるのが必然的である。シカの角の生え替わりを目的と必然で説明する。重い角の攻撃力と軽い体のすばやさをいかにして両立させるかという生存戦略は動物によって異なる。自然物、必然的な自然本性、理にかなった自然。体の大きさと角の関係。

第三章……204
頸は喉頭や食道のためにある。喉頭は気息のためにある。気管は食べ物や飲み物が誤って入ってしまうような位置にある。それゆえ、自然は、喉頭蓋を工夫し、気管の位置の劣悪さを「治す（イーアートレウエイン）」ことをした。
第四章……210
「臓（スプランクノン）」について。とくに心臓について。なぜすべての有血動物に心臓があるのか。血液循環論のハーヴェイが言及している箇所。心臓が諸々の血管と血の始原である。大きさと小ささや硬さと軟らかさに関する心臓の相違は、何らかの仕方で、動物の「性格傾向（エートス）」にまで及ぶ。
第五章……223
血管について。なぜ血管には系統が二つあるのか。なぜ血管は心臓から全身に伸び広がっているのか。体の諸部分は血から構成されているので、諸々の血管は全身を貫いて走っている。
第六章……228
肺臓と鰓について。その冷却作用。無血動物は生来の気息によって冷却する。動物の多くは自然本性に関して中間的である。肺臓は呼吸の「道具ないし器官（オルガノン）」である。肺臓をもつということは陸に棲む動物の本質の中にある。

第七章……232
すべての臟は、本来、対になっている。脾臓が存在することは、或る意味で必然的なのではあるが、すべての動物にとって著しくそうだというわけではない。各々は似たものを求める。肝臓と脾臓の対および二つの腎臓の対の比較。横隔膜の下にある臟は、みな共通して血管のためにある。心臓と肝臓は、すべての有血動物にとって必然的なものである。脾臓は、それをもつ動物に、必然的に付帯するという仕方で属する。腎臓は、それをもつ動物にとっては、必然的にではなく善と美のために備わっている。

第八章……238
膀胱について。なぜ膀胱をもつのは血を含む肺臓をもつ動物に限られるのか。例外的事例としてのカメの膀胱の説明。

第九章……240
腎臓について。例外としての「ヘミュス」。自然は、血管のために、そして同時に、尿の分泌のために、腎臓を「転用(カタクレースタイ)」する。人間の腎臓の特徴。腎臓の血管。腎臓の脂の目的論的説明。

第十章……246
横隔膜について。横隔膜の性質の目的論的説明。人間だけが「くすぐったがる」のはなぜか。「切り落とされた頭がしゃべる」という俗説の批判。臟は必然的に血管の内なる末端において生じた。

第十一章……250
臓を包む膜の目的とそれを実現する性質について。
第十二章……251
臓のもち方のヴァリエーションについて。肝臓と脾臓を例として。
第十三章……253
臓と肉の位置の違いを血管との関係で説明する。
第十四章……254
胃と腸について。なぜ一つより多くの胃（複胃）をもつ動物がいるのか。四つの胃のはたらき。胃と歯の関係。魚の場合。ブタの胃とイヌの胃。腸の形状と貪欲さとの関係。空腸はなぜ必要なのか。
第十五章……262
複胃の動物の乳獣がもつ「ピュエティアー」について。
第四巻……265
第一章……266
前章までの臓や胃の観点でヘビや魚を論じる。

第二章……268
胆汁について。胆汁と肝臓。胆汁をもつ動物ともたない動物が存在すること。アナクサゴラス派の主張の批判。胆汁と健康あるいは長命の関係。胆汁の無目的性。すべてのことに目的を求めてはならない。物質の端的な必然による説明の定式化。

第三章……272
網について。網の発生の目的論的説明。端的な必然の産物の転用。最初から目的に適合している現象の目的論とは異なる目的論。

第四章……274
腸間膜について。その目的論的説明。動物にとっての胃腸は、植物にとっての大地に相当する。

第五章……277
無血動物の内的部分とりわけ栄養に関わる諸部分（口、歯、胃など）について。軟体動物（頭足類）について。コウイカの墨の多さの目的論的説明。軟殻動物（甲殻類）と殻皮動物（貝類）について。変則的な殻皮動物としてのウニについて。ウニの「卵」はなぜ五つなのか（五放射相称の問題）。ホヤとカイメンの特殊性。自然界は連続的に推移している（いわゆる「自然の階梯」の思想）。カイメンが植物と動物の中間の性格をもつこと。イソギンチャクとヒトデについて。有節動物（昆虫）について。ヤスデのような長い有節動物はなぜ切断されても生きているのか。有節動物の栄養に関わる部分。セミとカゲロウの特殊性。

第六章……299
無血動物の外的部分について。有節動物（昆虫）。足の数と生活形態による翅の説明。なぜ翅に鞘をもつものがいるのか。なぜ節をもつのか。翅と針の関係。武器として針をもつことと気概をもつことの関係。「焼き串燭台」のたとえ（自然は、二つの器官を二つのはたらきに使用することができて、しかも一方が他方を妨げないときには、ちょうど青銅細工術が値段を安くするために焼き串燭台を作るようなことはしないようにしているのであって、それが可能でないときに、同一の器官を、より多くのはたらきに転用する）。
第七章……304
殻皮動物（貝類）の外的部分について。より多くの運動に与るものは、より多くの器官を必要とする。殻皮動物の「上下」について。
第八章……306
軟殻動物（甲殻類）について。「最大の類」。足と鋏と尾について。大エビとカニは右の鋏が大きいがザリガニはどちらの鋏が大きいか決まっていない。本質的に備わる部分（鋏）の不規則性（右が大きいこともあれば左が大きいこともあること）はどのようにして生じるのか。自然は、常に、各々の部分を、それを使いこなせるものにのみ、あるいは、他のものよりもいっそう多く、与える。
第九章……310
軟体動物（頭足類）の外的部分について。内的部分の配置について。軟体動物と殻皮動物の比較。イカとタコの足の比較。なぜ或る種のタコは吸盤が一列になっているのか。

第十章……316

有血動物について。子を産む動物の外的部分。なぜオオカミとライオンの椎骨は一本の骨でできているのか。思考のはたらきと共通感覚。二足歩行する動物（人間）と四足歩行する動物がなぜいるのか。魂の始原。自然本性的に直立するものには前脚は無用であるので、自然は、その代わりに、腕と手を与えた。「手をもつがゆえに人間は動物のうちで最も賢い」とするアナクサゴラス説の批判。「最も賢いがゆえに手を得た」と主張する方が理にかなっている。「笛と笛吹き」のたとえ。自然による器官の分配原理（自然は、常に、ちょうど賢い人間がするように、使うことができるものに、それぞれの道具（器官）を分配する）。自然の最善性原理（自然は、諸々の可能なことから、最も善いことをなす）。手は諸々の道具のための道具である。人間には固有の攻撃手段も防御手段もないということは人間の体が劣悪に構成されていることを意味するのか。手のつくり。親指の独特な形状の目的論的説明。腕の関節。胸。乳房。ライオンとゾウの乳房の特殊性の説明。部分の形態と機能が必然的に関係していることは明白である。雄の器官（陰茎）だけが、病的な変化なしに、増大が起こったり縮んだりする。人間だけが臀部をもつことの目的論的説明。サルの特殊性。尻尾の役割。四足動物の足の多様性。アストラガロス（距骨）をもたない動物の目的論的説明。アストラガロスのはたらき。なぜ人間の足の指は多くて短いのか。

第十一章……336

卵を産む四足の有血動物について。なぜ舌をもたない動物がいるのか。なぜ突き出た耳をもたない動物がいるのか。なぜまばたきしない動物がいるのか。なぜ顎が横へ動かない動物がいるのか。自然の経済性原則（自然は余計なことをしない）。なぜワニは上顎を動かすのか。なぜヘビは体の他の部分を動かさずに頭を後へ回すのか。なぜ乳房のない動物がいるのか。なぜカメレオンは肉が少ないのか。動物の魂の性格傾向とりわけ怖がりやすさによる説明。魂の状態が体の状態を変化させる。恐怖とは何か。

第十二章……………………………………………………342
鳥の外的部分について。鳥相互の違いは程度の差にすぎない。鳥の脚の長さと首の長さは連動する。鳥の頸の長さはその生活形態に基づく。嘴の形状も生活形態によって異なる。鳥は必然的に二足である。飛べる鳥と飛べない鳥の比較。蹴爪と鉤爪の必然性。自然は余計なことをしない。水かきの必然と目的。一部の鳥はなぜ脚が長いのか。自然ははたらきのために器官をつくるのであってその逆ではない。なぜ飛行の際に頸を折り畳む鳥がいるのか。大腿骨のように見える坐骨について。

第十三章……………………………………………………354
魚の外的部分について。尾鰭。自然は余計なことも無駄なこともしない。魚の鰭は四枚が原則。ヘビのように細長い魚に鰭がないのはなぜか。鰭が二枚しかない魚がいるのはなぜか。胸鰭と腹鰭。鰓。なぜ軟骨魚類には鰓の蓋がないのか。鰓の多さと少なさの原因。なぜ軟骨魚の口は腹面についているのか。なぜ鯨の仲間には鰓がないのか。鯨の仲間、アザラシ、コウモリは分類的に中間的性格をもっていること。

第十四章……………………………………………………364
例外的な鳥としてのダチョウの中間的性格とその原因。

第一巻

第一章

639a どのような学問や研究[1]についても、それが尊ばれていようと見下されていようと[2]同じように、習得の仕方は二つあるようだ。すなわち、それらのうちの一方は、事実に関わることを専門的に学ぶ[3]と正しくも呼ばれうるものであり、他方は、一種の教養のようなものである。なぜなら、教養を身につけた人ならば、話し手が正しく示していることとそうでないこととを、一定の仕方で適切[4]に判断できるからだ。実際、私たちは、幅広く[5]教養を身につけた人とは、そのような人のことであり、教養が身についているとは、いま述べられたことができるということだと思っているのであるから。ただし[6]、数の上では一人なのに、いわばすべてのものに関して判断能力をもつ人[7]がいる一方で、限定された或るもの[8]に関して判断能力をもつ人[9]がいると私たち

(1)「学問」と訳した「テオーリアー」は、ここでは、いわゆる観想ではなく、すでに得られた知識の集合であろう。それに対して、「研究」と訳した「メトドス (met-hodos)」は、一定の「やり方 (hodos)」「にしたがって (met(a))」知識を求める活動のことであろう。以下で議論の中心になるのは、メトドスのほうである。

(2)第五章で、天文学(「尊ばれている」もの)と動物学(「見下されている」もの)が対比され、研究に必要不可欠な解剖のために忌避さえされている動物学が天文学に決して劣るわけではないと弁護されている。ここはその対比の先取りになっている。

(3)原語は「プラーグマに関わるエピステーメー」。これは、「専門知(エピステーメー)」と「教養知(パイデイアー)」の対比だけではなく、「事実(プラーグマ)」に詳しいか否かの対比もあることを含意し、次の『真実(アレーテス)』がどうであるかとは別に」という言葉につながっており(Le Blond, p. 128)、やり方に重点を置くための布石となっている。

(4)「一定の仕方で」は、ギリシア語では「トロポスにしたがって」で、これは「きちんと」くらいの意味だが、註(1)で指摘した「ホドス(やり方)」からの発想の流れで「トロポス(仕方)」が出てきているのであり、そしてさらに、以下で「基準」と訳した「ホロス」へつながっていくように思われる。

(5)「幅広く」と訳した「ホロース」は、「全般的に」ということだが、ここでは文脈からして、「[一つの学問や研究に限定されずに]幅広く」というほどの弱い意味であり、文字通り「すべてにわたって」という強い意味ではないように思われる。なぜなら、この「幅広く教養を身につけた人」の内実は、直前の文に登場する、「ホロース」という限定のない「教養を身につけた人」と同じ(「そのような人のこと」と言われている)であり、「ホロース」は「教養を身につけた人」の特徴を強調したものだと考えられるからである。しかし、言葉だけをみると、弱い意味にも強い意味にもとれてしまうので、次の「ただし」以下の文が必要になったと思われる。

(6)「ただし、[幅広く教養を身につけた人といっても]」ということであろう。

(7)アリストテレスのような人か。

(8)ここで「もの」と訳したのは「ピュシス」である。この箇所の「ピュシス」は、「自然本性」、「自然物」、「自然」という意味ではなく、「もの」、「存在」、「領域」といった一般的な意味だと思われる——「限定された或るピュシス」を、Ogle は some special subjectただし、Le Blond と Louis は un domaine déterminé、Balme は some limited field と訳している——。なぜなら、この「限定された或るピュシス」が、後で、端的に「ピュシス」——こちらは明らかに「自然本性」という意味——と言い換えられているからである。そうである以上、両方のピュシスが同じ意味ではありえないであろう。

(9)この講義の聴講者が想定されているのであろう。

(639a)

は考える。[1] というのは、諸々の部分[2]に関して、いま述べられた人と同じ仕方で判断ができる人は、別に誰かいるはずであるから。[3] したがって、明らかに、自然本性に関する探求の場合にも、「真実はどうであるのか、このようか、それとも、別なようか」ということとは別に、話し手のさまざまな提示の仕方を評価するときに準拠する何らかの諸基準が存在する必要がある。つまり、私が言っているのは、以下のようなことだ。

(1) 各々の本質を一つ一つ把握[4]し、それについて自体的に規定[5]すべきだろうか。たとえば、人間[6]、ライオン、ウシ、他の何らかのものの自然本性を個別に取り上げながらそうするように。それとも、すべての動物に共通に付帯することどもを共通な何かにしたがって確立したうえでそうすべきなのだろうか。なぜなら、多くの同じことが、互いに異なる多くの動物の類[7]に属しているからだ。たとえば、睡眠、呼吸、成長、衰弱、死[8]、加えて、残りの受動的状態[9]や一時的状態[10]のうちの、そのようなものどものように。後者についてはっきり述べなかったのは、これらについていま述べても、不明瞭ではっきりしないだろうからである。だがしかし、これらを個々に述べていったとすれば、明らかに、多くの動物について同じことを何度も語ることになる。すなわち、いま述べられたことどもの各々は、ウマにもイヌにも人間にも属しているのであって、したがって、或る人が諸々の付帯的なことの各々について述べるとすれば、それら自体には何の相違もなく、動

---

(1)「ただし」以下の文については、「いわばすべてのものについて判断能力がある人」(A)を文字通りに受け取って、先の「ホロースに教養を身につけた人」を言い換えたのはこちらのAだけであり、「限定された或るものについて判断ができる人」(B)ではないとして、Aを重視する解釈(Ogle)と、Aをソフィストのような人と解して——つまり、「いわば」

という限定を「実は判断ができていないが」というニュアンスで読むのであろう——、むしろBを重視する解釈（Le Blond）がある。本訳では、以下の「したがって、明らかに、自然本性に関する探求の場合にも……」という文が帰結するためにはBが重視されねばならないと考える。なぜなら、「自然本性に関する探求」は、その領域が「自然本性」に限定されているからである。しかし、Aの「いわば」は「すべてのもの」を弱めているだけであり、Aは、アリストテレスのような人として——数が多くないとしても——存在するとも考える。

（2）「部分」は、「限定された或るもの」の言い換え。

（3）どうして「いるはずだ」と言えるのか、その理由は直接には示されていない。しかし、一定の仕方で営まれる研究としての「メトドス」が議論の中心になっているという二〇頁註（1）の解釈が正しければ、「その仕方を把握しさえすればよいからだ」という答えが隠されていることになろう。そして、それが、以下で「ホロス（基準）」として示されているのである。

（4）「把握（ランバネイン）」は、次章および第三章で重要な役割をする概念である。次章の冒頭部を参照せよ。

（5）「自体的に規定する」とは、「定義する」ことである。

（6）原語は「アントローポス」。動物学の本であれば、「ヒト」と訳すべきであったかもしれないが、あえて「人間」と訳した。動物学も、アリストテレスのトータルな哲学活動の一環として営まれており、彼は「人間」を、形而上学的存在として、倫理学的存在として、そしてまた動物として、多面的かつ総合的に考察しているからである。

（7）「ゲノス」を「類」と訳し、ゲノスと対比される場合の「エイドス」を「種」と訳すが、これらは、「界（world）」から始まって「類（genus）」や「種（species）」で終わる分類学上の固定した枠を与えるものでない。ゲノスとエイドスは、普遍性の点での相対的な上下関係を表わすだけであって、或る場面でAがゲノスであるとされていても、さらに普遍的なBとの関係では、Bがゲノスになり、Aはエイドスになる。

（8）これらは『自然学小論集』で論じられている。

（9）原語は「パトス」。ここでは、本質以外のものによって引き起こされた受動的な状態のこと。動物の場合は、目の色、感覚の鋭さ、鈍さ、体色、毛の状態、声の質などがあり、『動物発生論』第五巻で詳しく論じられている。

（10）原語は「ディアテシス」。『カテゴリー論』第八章の性質論で、「『ディアテシス』と言われるのは、動かされやすく、かつただちに変化するものであって、たとえば、熱や寒気、病気や健康、その他そういったものである」（八b三五—三七）と述べられている。よって、「一時的状態」と訳した。

物のうちの、種の点で異なるものどもにとって同一であるにもかかわらず、同じものどもについて何度も述べることを強いられるであろうから。ただし、同一の述語をもつが、種に応じた差異によって異なるものどもを含んでいるものの場合は、おそらく別である。たとえば、諸々の動物の「進行」という述語がそうだ。それは明らかに種的に一つのものではないからだ。というのは、飛ぶこと、泳ぐこと、歩くこと、這うことなどの点で異なっているからである[1]。

ゆえに、どのように研究すべきなのか、すなわち、最初に動物の類に基づいて共通に付帯するものどもを考察し、その後に固有なものどもについて考察すべきなのか、それとも、ただちに個々に考察すべきなのか、ということは、見逃されてはならない難問である。実際、これについては、今は結論が出されなかったし[2]、次に述べることもまたそうであるから。

(2) すなわち、ちょうど数学者が天文学に関することを説明する場合[3]のように[4]、自然学者も、まず、動物に関するパイノメナ[5]や各動物の諸部分を考察し、その後に、「何ゆえに？という問いへの答え」すなわち原因[6]を述べることが必要なのか、それとも、別の何らかの仕方で述べることが必要なのか、ということである。

(3) 以上に加えて、自然本性的な生成に関して、多くの原因を、たとえば、目的としての原因〔目的因〕や、動の始原としての原因〔始動因〕などを、私たちは認める。したがって、それらについても、どのような原因が自然本性的に一次的な原因であり二次的な原因であるか[7]、規定されなければならない。しかし、明らかに、私たちが「何かのために」と言っているところのもの〔目的因〕が一次的なものである。なぜなら、それこそが「理（ロゴス）[8]」なのであり、理は、技術によって構成されたものにおいても、自然本性によって構成され

たものにおいても、同様な仕方で始原であるからだ。実際、医者は健康を、建築家は家を、思考や感覚によ

(1)このような特殊な事情があるため、本訳書に収められた『動物進行論』の研究が別個に必要とされたのであろう。

(2)第四章(六四四a一三以下)で結論が出される。この問いに答えるためには、第二―三章で準備される理論が必要であるからである。

(3)天文学は「数学のうちの比較的自然学的性格が強いもの」(一九四a七―八)であるとアリストテレスは考えていた。数学と自然学の関係については、『自然学』第二巻第二章を参照。

(4)アリストテレスにおいて天文学は応用数学という性格をもっていたので、動物学は応用自然学という性格をもつことになる。実際、動物の部分に関する具体的な研究が始まる『動物部分論』第二巻では、単純物体論である『生成消滅論』第二巻や『気象学』第四巻、生命原理である魂を一般的に研究した『魂について』を応用した議論が登場する。また、本書全体に、「ピュシス」(「自然」「自然物」「自然本性」と訳した)という言葉が頻出する。

(5)「パイノメナ」は、「観察事実」としての「現象」であるだけではなく、「誰もが――あるいは大部分の人や著名な人物ないし専門家が――そう思うこと」としての「通念あるいは著名な見解(エンドクサ)」でもある。それゆえ、「動物のパイノメナ」には、アリストテレス自身が観察したと思われることも、著名な人物であるヘロドトスからの引用や、動物の専門家としての猟師から聞いたのではないかと思われる話も、共に含まれることになるのである。

(6)「何ゆえに?という問いへの答え(ト・ディア・ティ)」は、すべて、古代ギリシア的な「原因(アイティアー)」である。したがって、物理的にはたらきかけるものでなくても「原因」と呼ばれうる。現代のギリシア哲学研究において「アイティアー」は、「cause ではなく because である」と説明され、それに応じて「reason」と訳されることがある。

(7)「自然本性的に……である」あるいは、「……は自然本性的である」は基本的に「ぺピューケ(ン)」という動詞の訳である。

(8)ここでは、「理由となるもの」の意。

20 (639b)

って限定して、(1) 彼らが作り出す各々のものの理すなわち原因を与え、そして「何ゆえにそのような仕方で作り出されねばならないのか？」という問いへの答えを与えるからである。(2) しかし、技術の産物よりも自然本性の産物のほうが、目的と善美(3)がいっそう多いのだ。(4)

(4) 他方で、「『必然的に』ということ」(5)は、あらゆる自然物(6)に同じ仕方で属するわけではないのであるが、ほとんどすべての人は、(7) 自然物の諸々の説明をこれに還元しようとしているものの、必然性がどれくらい多くの仕方で語られるのかを区別していない。しかし、永遠なものども(8)には端的な必然性(9)が属しているが、あ

(1)「感覚によって健康や家を限定している」とは、健康な体やすでに建てられている家を実際に見たことがある、ということ。実際に見たものと照らし合わせながら、それと似た健康や家を作り出すわけである（Mich., 3, 11-14）。

(2) すなわち、医者であれば、「患者を健康にするために」と目的を挙げることによって医療行為の理由を説明するであろう。この場合に、目的が理すなわち「理由を説明するもの（ロゴス）」になっているのである。

(3)「美」の原語「カロン」は、目的と言い換えられることもあり、「善」という意味ももつ。第五章で、ヘラクレイトスの逸話を引きながら、動物学を見下してはならないと主張する有名な箇所でも、目的と言い換えられる「カロン」が登場する（六四三a二四）。第三巻第七章では、「エウ・カイ・カロース（善くかつ美しく）」という言い回しも登場している（六七〇b二四）。

(4) 以上の記述は、自然の説明のために恣意的に技術をモデルにしているように見えるが、そうではない。『自然学』第二巻第八章で言われているように、「一般的にいって、技術とは、一方においては、自然が完成しえないものを仕上げるものであり、他方においては、自然をまねるものである」（一九九a一五―一七）から、自然が可能態において含んではいるが、まだ明らかではない性質が技術において露わになる、という論法である。

(5) 原語は「ト・エクス・アナンケース」。直訳すれば「必然

（アナンケー）に基づいて（エクス）ということ（ト）」。「何ゆえに起こったのか？」という原因の問いに、「『必然に基づいて（必然的に）』起こったのだ」と答えることがある――実際『動物部分論』において「エクス・アナンケース」という言葉がアリストテレス自身による説明の中にさえ頻出する――ので、その言葉を、中性名詞化する冠詞「ト」で切り取ってきたものが、「ト・エクス・アナンケース」であると思われる。これが、訳文では次の行で、「ト・アナンカイオン（必然的なこと、つまり必然性）」と言い換えられている。

（6）原語の「タ・カタ・ピュシン」は、文字通りには「自然本性によるものども」。

（7）一般の人ではなく、アリストテレスに先行する哲学者たち、とりわけデモクリトス。

（8）「永遠なものども（タ・アイディア）」の例として数学的真理を考える解釈が多い。しかし、このパラグラフは「あらゆる自然物」を対象としていたのであるから、「永遠なものども」とは「諸々の永遠な自然物」のことであり、例としては天体などを考えるべきであろう。

（9）「端的な必然性」の原語は「ト・ハプロース・アナンカイオン」。ここで「端的（ハプロース）」とは、「条件ないし前提（ヒュポテシス）なしに」「そのまま」「単一に」ということであり、条件や前提がなければ、それに左右されることもないので、そのまま単一のあり方しかしないということになる。永遠な自然物である天体が「単一のあり方の必然性」をもつとは、必然的に単一の円運動を続けるようになっているということである。すなわち、「他のあり方がありえない（メー・エンデコメノン・アッロース・エケイン）」という、アリストテレスの有名な言い回しで表現される必然性であって、その意味では、永遠なものにしか属さない特殊な必然性ではなく、「他のあり方がありえない」状態の自然物にならどんなものにでも属することができる必然性である。

640a 30

らゆる生成する自然物には条件的な必然性[1]もまた[2]属する。ちょうど技術によって作られたもの、たとえば、家や、そのような種類の他のもののように。つまり、もし家やその他の目的となる何かが作られるのであれば、その材料[3]はこれこれの性質[4]であることが必然である。[5]つまり、最初にこれが、[6]次にはあれが、[7]そしてその仕方で次々と、それらの各々が生じ存在する目的に至るまで、生じ動かされる必要があるのだ。自然物の場合も同様である。しかし、[8]推論と必然性の様式が、[9]自然学の場合と、その他の理論的諸学――これらの学については他の機会に論じた[10]――の場合とでは異なっている。その他の理論的諸学の場合、出発点は、存在するものであるが、自然学の諸分野の場合は、生成するものだからである。すなわち、健康あるいは人間とは、これこれの性質のものであるから、この特定のものが存在するか生じるのが必然である。しかし、「材料として」この特定のものが存在するか生じてしまっているからといって、健康や人間が必然的に[11]存在するか生じるというわけではない。また、そのような推論、いわば、「この特定のものが存在するのだから、あの特定のものが存在する」という推論の必然を無限に連結していくこともできない。[12]だが、こういったこと

(1)「条件的な必然性」の原語は「ト・エクス・ヒュポテセオース・アナンカイオン」。「前提ないし条件(ヒュポテシス)に基づけば(エクス)」必然的になる(必要になる)が、その条件がなければそうではないような必然性。その意味で、条件次第で「他のあり方がありうる(エンデコメノン・アッロース・エケイン)」、すなわち条件次第で必要になったり必要でなくなったりするのである。ここで条件ないし前提になるのが目的である。

(2) ここで「もまた」と訳した「カイ」の一語がアリストテレスの目的論を解釈する際の大きな争点になる。私の訳だと、「あらゆる生成する自然物には、[端的な必然性だけではなく、]条件的な必然性もまた属する」という意味になる

(Lennox, pp. 127-128 に基づく)。生成する事物に、どのような仕方で二つの必然性が属するのかという問題が近年さかんに議論された。「解説」三(c)目的論の問題を参照。

(3) 原語「ヒューレー」は抽象度が高い場合は「質料」と訳したが、もともとは「材木」のことであり、転じて、「材料」や「素材」を意味する。

(4) たとえば、固いという性質(家は耐久性がなくてはならず、固い材料で家ができていれば、耐久性があるだろうから)。

(5) この文章全体で、「もし……ならば」という条件に基づく必然を表わしている。

(6) たとえば、岩の塊(岩は固いという性質をもつから)。「固い材料が必要であるならば、岩の塊が用意されなければならない」、「組み上げられるためには、岩の塊はブロックに加工されなければならない」といった推論をする。

(7) たとえば、ブロックに加工された岩が組み上げられること。「家の壁をつくるためには、岩のブロックを組み上げなければならない」という推論をする。

(8) この「しかし」は、前のパラグラフで、「もし家ができるとすれば、材料がなければならない」という理論学的推論を示してみせたが、「しかし」、それは自然学独特の推論であり、「その他の理論的諸学」(数学と神学)の推論とは性格が異なることに注意せよ、という意味の「しかし」であると解した。他の解釈として、前のパラグラフの「自然と技術の類比」に制限を加え、自然学と技術がまったく同じではないことを示すために、「しかし」以下で自然学を含む理論学と技術を対比しているとする解釈もあるが採用しなかった。なぜなら、以下で再び、技術の例である「健康」と、自然学の例である「人間」とが、同等に扱われ、さらに、これらと、推論の出発点が「存在するもの(ト・オン)」である場合とが対比されているからである。

(9) 推論の条件と帰結の関係の仕方、つまり「……ならば、……であることが必然ないし必要である」という必然性のあり方が、という意味。

(10) 『形而上学』E巻第一章(一〇二五b一八—一〇二六a三〇)を参照。

(11) (4)のパラグラフ冒頭の「必然的に(エクス・アナンケース)」という言葉が使用されている。

(12) なぜなら、もし条件的な必然性の推論を、「目的の目的、そしてまたその目的の目的……」というように未来の方向へ無限に連結するならば、あるいは、「その目的の実現のために必要なものを実現するために必要なものを……」というように過去の方向へ無限に連結するならば、発生過程がいつまでも開始されないであろうから。

(640a)

について、どちらの種類の必然性が、どんな場合に属するのか、必然性に関しては、どのような命題が互換的に推論の条件と帰結になりうるのか[1]、それはどんな原因でそうなのか[2]、これらの問題については、すでに別の機会に論じた[3]。

(5) だが、次の問題も見逃してはならない。すなわち、以下のどちらが適切なのだろうか。まさに昔の哲学者たちが行なったように、各々のものがいかに生じるのが自然本性的であるのかを論じることか、それともむしろ、いかに存在するのかを論じることか。なぜなら、この違いは決して小さくはないからだ。しかし、ちょうど先に私たちが述べたように[4]、まず各々の類についてパイノメナを把握し、次にその原因を述べるべきであり、生成について論じるのであっても、やはりこのようにしなければならないようだ[5]。実際、家が建てられる場合であっても、家の形相[6]がこれこれの性質のものなのであるから、いくつかの特定のことがなされねばならないのであって、そのようなことが起こったから、家とはこれこれの性質のものであるというのではないのであるから。なぜなら、生成は実体のためにあるのであって、実体が生成のためにあるのではないからだ[7]。

まさにそれゆえに、エンペドクレスが次のように言ったのは正しくない。すなわち、動物に多くのことが

(1)「Aが生じるとすれば、Bがあるのが必然である」としたとき、「Bがあれば、Aが生じるのが必然である」ならば、「互換的」である。たとえば、「家が生じるとすれば、固いものがあるのが必然である」としたとき、「固いものがあれば、家が生じることが必然である」とは言えない（岩があったとしても、それだけでは家が生じることは必然ではないであろ

う）から、この場合は互換的ではない。

（2）「Aが生じるとすれば、Bがあるのが必然である」としたときのAの生成が端的に必然（生成しないことがありえない）であれば、互換的に、「Bがあれば、Aが生じるのが必然である」と言える。たとえば、「火の上昇が生じるとすれば、火の軽さがあるのが必然である」とき、「火の軽さがあれば、火の上昇が生じるのが必然である」と言える。

（3）『生成消滅論』第二巻第十一章を参照。なお、(4)の議論は、(10)で再び論じられる。

（4）本章六三九b八―一〇で、「自然学者も、まず、動物に関するパイノメナや動物の諸部分を考察し、その後に、『何ゆえに？ という問いへの答え』すなわち原因を述べることが必要なのか」――生成には言及されていないことに注意――と述べたことを受けているのであろう。

（5）Peckの訳し方にしたがった。Ogleの訳し方では、「まずパイノメナ（現象）、次にその原因、そしてそのあとに生成について論じるべき」となるが、そういうことではない。つまり、『動物誌』、『動物部分論』、『動物発生論』という、講義の順序ないし体系的な順序をここで述べたわけではないと思われる――その体系的な順序それ自体に異論はないが――。なぜなら、「ちょうど先に私たちが述べたように」が、前註で指摘したように、本章六三九b八―一〇を指すとすれば、その箇所では生成のことは何も触れられていなかったからである。「生成について考察する場合もパイノメナと原因を述べるべきだ」という主張をしていると考えられるもう一つの証拠は、以下で、誰もが認める通念としての家作りの事例を把握して、その原因を述べれば、それとの類比で、つまり制作と生成の類比で、生成の原因が「形相」（「……であるということ」）であることが分かるから、「いかに存在するか」――「形相」や「実体」と言い換えられる――を論じることが適切であることが分かるであろう、という議論を開始していることである。

（6）原語は「エイドス」。「『家のエイドス』はこれこれの性質のもの」という言葉は、すぐあとで「『家とは』これこれのもの」と定義の形で言い換えられるから、この「家のエイドス」は単に「家の形」ではなく、「家の定義、目的、機能」という意味を含んだ「家の形相」であろう。

（7）明らかに、プラトン『ピレボス』五四A―Cの、「ある」と「なる」を「のために」という関係で結びつける議論を応用している。本章(9)の六四一b三一―三二でも生成と実体を対比させており、また、『動物発生論』第五巻第一章（七七八b一―一〇）でも、『動物部分論』第一巻に言及して、この箇所の議論を再び利用している。アリストテレスがプラトンから受け継いだ大切な論点であったのだろう。

(640a)

備わっているのは、発生途上でこれこれのことがたまたま同時に起こったから、たとえば、動物がこのような背骨をもつのは[1]、発生途上で背骨が曲げられて[2]砕けるということがたまたま同時に起こったからだと[3]彼は言ったが[4]、それは以下のことを知らないからである。まず、そのような力を[5]もってあらかじめ形成された[6]精液が存在する必要があるということを知らず、次に、作るものが[7]定義の点だけでなく時間の点でも、作られるものより先に存在していたということも知らない。実際、人間が人間を生むのであり[8]、したがって、前者[生む人間]がこれこれであるがゆえに[9]、これこれの生成が後者[生まれる人間]に起こるのである[10]から。

ところで[11]、ひとりでに[12]そうなったと思われているものの場合も同様である。ちょうど技術によって生み出されるもの[人工物]の場合もそうであるように。というのは、技術によるものと同じことが、いくつか、ひとりでにでも生じるからだ。たとえば、健康はどちらの仕方でも生じる[13]。さてそれで、それら[人工物]の中には[14]、作るはたらきをする似たもの[15]が先に存在しているものがある。たとえば、彫像制作術は、そのように先に存在している。実際、ひとりでに彫像は生じたりしないから[16]。しかし、材料を抜きにすれば、技術は、

（1）動物の背骨が多くの短い骨（椎骨）に分かれているのは、ということ。

（2）胎児は体を丸めているものなので、ということ。

（3）背骨は本来一本の長い骨なのだが（ただしエンペドクレスの考えでは）、ということ。

（4）エンペドクレス「断片」九七（DK）。しかし、エンペドクレス自身の言葉は、おそらく、「背骨（ラキス）」だけである。

（5）最初から多くの椎骨からなる背骨をもつ動物を生み出すような、ということ。

（6）Balme, p. 86 とともに（Lennox の訳も同様）、写本通りの読みをしている Bekker 版の、アオリスト分詞 συστάν（[子の動物の形成に先立って親の動物によって]あらかじめ形成さ

れた」）を読み、多くの訳者、註釈者が採用している Platt の改訂案である現在分詞 συνιστάν（「［動物を］形成する」）は、写本の通りでも意味は通るがゆえに不必要であると考えた。

（7）精液を作る親の動物のこと。

（8）親の動物がそれと同じ種の子の動物を生む、ということ。

（9）「……がこれこれ『である（エイナイ）』」が本質すなわち定義を表わしている。

（10）「Aゆえに、Bが起こる」ということが、Aが時間的にBよりも先であることを表わしている。

（11）「ひとりでに、たまたま起こること」を論じたこの段落を、写本通りのテクストを保持して、しかも意味が通るように読むのは非常に難しく、さまざまな校訂案が出ている。

（12）「ひとりでに」と訳した「アウトマトン」は、「アポ・タウトマトゥー」の「アウトマトン」、「アウトマトース」「アポ・タウトマトゥー」の「アウトマトン」は、『自然学』第二巻第六章では、「人間以外の動物にも、無生物の多くにも当てはまる」（一九七b一三－一五）とされている。つまり、人間の意図が関わらなくても起こりうることにおいて成立するタイプの偶然性である。

（13）健康は、医術という技術によって生じるが、医術を使わなくても、たまたま医術的に正しいことを行なえば、やはり生じる。どちらにしろ、人間の体内の自然本性（この場合は治癒力）のプロセスを補助するだけであり、自然本性がこのプロセスの原理である。したがって、同じことが生じうるのである。

（14）Bekker 版の通り τῶν（「それらの中には」）と読み、Peck の提案 ὤν（「作るはたらきをするものが先に存在する『ところの』ものは、たまたま生じたりしない」という訳文になる）は採用しない。「それら」とは、技術によるもの一般。健康を作り出す医術に準ずるものに限定されない。実際、医術は対象に内在する原理を補助する技術であるが、影像制作術は対象である材料が本来もたない形を与える技術であり、医術と影像制作術はタイプの異なる技術である。

（15）Bekker 版の ὅμοιον（「似た」）を削除する Peck の提案は採用しない。影像制作術と影像とが「似ている」とは、前段のエンペドクレス批判で出てきた、作る親の動物と作られる子の動物が、同一ではなく「似ている」別のものと言われる（『魂について』第二巻第四章四一五a二六－b七参照）のと同様であると考えられる。

（16）Bekker 版の γάρ（「実際……から」）という言葉を削除する Peck の提案は採用しない。影像制作術の産物である影像は、医術の産物である健康とは違って、ひとりでに生じたりしない「から」、技術には、医術タイプの他にも、影像制作術タイプがある、ということ。

産物の「理（ロゴス）」なのである。[1] そしてまた、たまたま生じるものにも似ている。[2] なぜなら、それも技術のような仕方で生じるのであるから。

それゆえ、(I)の(i)最も語られなければならないことは、[3]「これがそもそも人間であることであった[4]のだから、それゆえに人間はこれらをもつ。なぜなら、これらの諸部分がなければ、人間であるものが存在することは不可能であるから」というものである。しかし、もしそうでないならば、[5](I)の(ii)それに最も近いのは、(a)「他のあり方はまったく不可能である」[6]、あるいは、(b)「少なくともそのあり方は善美なあり方である」[7]、
640b
また、(c)「これらが付随する」[8]、である。(II)しかるに、人間はそのようなものであるから、そのような生成がこの仕方で起こることが必然的である。ゆえに、諸部分のうちで、まずこれが、次にはあれが生じるのだ。それで、同様に、自然本性によって形成されるもののすべての場合に、まさしくその仕方で述べられるべき

(1) 医術タイプと彫像制作術タイプの違いは、材料となる対象に内在する力を助けて対象自身がもつ目的を実現するか、材料の力を利用して技術自身の目的を実現するかの違いであり、材料との関わり方が異なる。しかし、「材料を抜き」にすれば、材料との関わりが捨象されるので、材料の外部からのはたらきかけであるという点で、医術タイプも彫像政策術タイプも技術として同等に扱われうる。

(2) 「たまたま」と訳した「アポ・テュケース」の「テュケー」は、『自然学』第二巻第六章で、「[人間によって]行為されうることに必ず関わる」（一九七b二）とされ、前述のアウトマトンとこのテュケーは区別されている。つまり、テュケーは、人間の意図が関わって起こることにおいて成立するタイプの偶然性である。

(3) (I)の(i)、および(I)の(ii)の(a)、(b)、(c)の四つの箇所の解釈は、Balme, p. 87; Lennox, pp. 134-135 にしたがう。

(4) 「これがそもそも『人間であること』であった（トゥート

・エーン・ト・アントローポー・エイナイ)」(六四〇ａ三四)は、有名な「ト・ティ・エーン・エイナイ」の文法的構造を解明する手がかりとなる重要な言い回し。

(5)本質から、その部分を導くことができないならば、ということ(Balme, p. 87; Lennox, p. 135)。

(6)(a)その部分が、その動物の本質から導き出されないとしても、生きていくためには「ないことはありえない」という意味で「必然的(必要不可欠)」である場合。たとえば、「心臓と肝臓」について、「心臓と肝臓は、すべての動物にとって必然的である。心臓は、熱さの始原であるゆえに、…〈中略〉…、肝臓は栄養物の加工のために必要なのだ。そして、すべての有血動物[赤い血をもつ動物。脊椎動物に相当]が[生きるために]それら二つの臓を必要とする。まさにそれゆえに、それら二つの臓だけは、すべての有血動物がもっている」(第三巻第七章六七〇ａ二三―三〇)と言われている。熱と栄養物は、生きていくために必要不可欠なものである。定義つまり本質が持ち出されていないことに注意せよ。

(7)(b)その部分をもつことは、生きていくために必要不可欠というわけではないが、もてばより善美なるがゆえにもっている場合。たとえば、「腎臓は」、それをもたない動物が存在する(第三巻第九章六七一ａ二六―二九)が、「それをもつ動物にとっては、必然的にではなく、善と美のために備わっている。実際、腎臓は、膀胱に集められる排泄物のために存在するが、それは腎臓の固有の自然本性にしたがったことであり、そのような沈殿物が多くなる動物の場合には、膀胱がそれ自身のはたらきをいっそう善くするように、腎臓は存在する」(第三巻第七章六七〇ｂ二三―二八)と言われている。

(8)(c)その部分をもつことが、生きていくために必要不可欠というわけではなく、また、もてばより善くなるがゆえにもつというわけでもなく、単に余分なものとして付随的にもつ場合。たとえば、「脾臓は、それをもつ動物に、必然的に付帯するという仕方で属する。ちょうど、胃の中や膀胱のあたりの剰余物のように」(第三巻第七章六七〇ａ三一―三三)と言われている。なお、原文は *ταῦτα δ' ἕπεται.* (「またそれらが引き続く」)であるが、Peck のように、Bekker 版のピリオドをコロンにかえて、次の文章とのつながりを強めると、単に「さて次には以下の考察が続く」と訳すことになる。*ἕπεται* は「引き続く」という意味であるが、アリストテレスにおいては、「何らかの性質が他のことの帰結として属す」という仕方で引き続く場合に使われるという指摘があるので、Balme と Lennox にしたがった。

(640b) なのだ。

(6) さて、自然本性について最初に哲学した昔の人たちは、質料的な原理や原因について探求した。すなわち、質料的な原因とは何か、それはどのようなものなのか、万有はそれからどのように生じたのか、何が動かすのか、それは、たとえば、争いか愛か[1]、知性か[2]、それとも、ひとりでにということか[3]、といったことである。また、基にある質料が、たとえば火は熱く土は冷たい、そして火は軽く土は重いというように、これこれの或る自然本性を必然的にもつと彼らは想定した。実際、彼らは、そのようにして世界さえ生じさせているのだから[4]。そして、動植物の発生についても、同様の仕方で語っている。たとえば、胃だとか、栄養物やその残余を受け入れるあらゆる部分は、水が体の中を流れてできたとか、鼻孔は、気息が通り抜けた時にぱっくりと開かれてできたというように。しかし、空気と水は体の材料なのだ[5]。実際、彼らはみな、そのような諸々の物体から自然物[6]を構成しているからである。だが、もし、人間やその他の動物、またそれらの諸部分が、自然本性によって存在するのならば、肉、骨、血などのあらゆる同質部分について、また、顔、手、足などの異質部分についても同様に、それらの各々がそのようであるのは、どのようにしてなのか、そして、どのような力によってなのかが、語られなければならないだろう。なぜなら、それが何からできているかを、たとえば火や土からできていると述べるだけでは不十分であるからだ。もし、寝椅子や何か別のそういったものについて私たちが語るとすれば、青銅あるいは木でできているといった材料［質料］のことよりむしろ、その形相のことを規定しようとするし[7]、そうではないとしても、少なくとも、複合体[8]の質料を語るであろう[9]。というのは、寝椅子とは、「この材料におけるこの形」とか、「この形のこのような材料のもの」であり、したがって、形について、そして姿に関してそれがどのようなものなのかについて、語られるべきであるはずだからである。なぜなら、形態による自然本性のほうが、質料的な自然本性よりも、いっそう重大な力をもつものであるから[10]。

（1）エンペドクレスの説。
（2）アナクサゴラスの説。
（3）デモクリトスの説とされることが多い。ただし、Lennox, p. 136が指摘する通り、次の段落でデモクリトスが言及される際に、「ひとりでに（アウトマトン）」という言葉は使用されていない。
（4）「生じさせている」とは、「生じると説明している」ということ。
（5）水や空気（気息）が、単に体を通過していくだけのものになってしまっていて、体の「材料（ヒューレー）」としての重要さが十分に把握されていないと不満が表明されている——全然把握されていないわけではない——ことは、次の「実際、彼らはみな…〈中略〉…構成しているからである」という文から分かる。アリストテレス自身は、材料の重要さをおさえてから、形の重要さを強調する議論へ移る。それが、「だが、もし」以下の議論である。
（6）原語は「ピュシス」だが、自然本性という意味ではなく、また、何かを「転用する」と言われる自然でもなく、自然物（自然本性によるものども、「タ・ピュセイ・オンタ」）であるように思われる。実際、次に、「自然本性によって（ピュセイ）」存在するという言葉が出てくる。
（7）「木製品を買ったよ」と言っても、椅子を買ったという情報は伝わらない、ということ。
（8）材料そのものではなく、材料に一定の形が与えられたもの。技術による制作物。
（9）「椅子（複合体）を買ったよ。広葉樹でできた（材料）のをね」などと言うであろう。
（10）『自然学』第二巻第一章でも、「材料よりもむしろ形態のほうが自然本性だ」（一九三b六–七）と言われている。『動物部分論』のこの箇所では、さらに、「単なる形態ではなく、何らかの『はたらき（エルゴン）』を遂行できる形態でなければならない」とされる。

それで、もし形や色によって動物やその各部分があるのならば、(1) デモクリトスの言ったことは正しかったかもしれない。実際、そうであると考えていたようだから。それで少なくとも彼が言っているのは、人間は形と色によって知られるものであるから、人間が形態の点でどのようなものであるかは、すべての人に明らかだということである。しかし、死んだ人間は、その形が［生きている人間と］同じ形態をもっているが、それにもかかわらず人間ではない。(2) さらにまた、どのようにできているのであれ、たとえば青銅製あるいは木製の手が手であることは、同名異義的(3)である場合を除けば、不可能である。ちょうど、絵に描かれた医者と同
641a
じように。(4) なぜなら、それ自身のはたらきを果たすことができないからだ。(5) それはちょうど、石でできた笛(6)も、絵に描かれた医者も、そうできないのと同様である。(7) 死んだ人間の部分もこれらと同じことであり、もはやそういうもの——私が言っているのは目や手のことであるが——なのではない。それで、あまりにも単純な仕方で、つまり、ちょうど職人が自分の作る木製の手について述べるはずの言葉(8)と同じ仕方で、語られているわけである。実際、まさに自然について語った者たち(9)は、そのように職人のような仕方で形の生成と原因を述べているのであるから。というのは、どんな力によってそれは作られたというのだろうか。おそらく、職人は「斧」や「錐《きり》」と答え、他方の者は「空気」や「土」と答えるだろう。ただし、職人のほうが、まだましである。というのは、職人にとっては、そのように言うこと、つまり、「この道具が当たったので、くぼみや平らな面ができた」と言うだけでは不十分であろうし、この言い方ではなく、何ゆえにそのような

---

(1) 後に出てくる「手が手である」の例からすると、「動物や　その各部分が［まさにそういった動物や部分で］あるのなら

ば」ということかもしれない。

(2)デモクリトス「断片」一六五(DK)に「参照箇所」として挙げられているテクスト。「断片」一六五は、「これらのことをすべてのものについて私は語ろう。――人間とはわれわれすべてが知るところのものである」というものである。DKには、さらに、エピクロスの「断片」三一〇(「人間とは、そのような形態に生命が伴ったものである」)も挙げられている。

(3)アリストテレスがしばしば用いる重要な概念。『カテゴリー論』第一章では、「同名異義的なものどもとは、それらの名称だけが共通で、その名称に応じた本質の定義は異なるものどものことである」(一a一―二)と説明されている。したがって、「つくりものの手が手であること」の「であること(エイナイ)」は本質的同一性を表わす「である」だと考えられる。

(4)『カテゴリー論』第一章でも、「人間と、絵に描かれたもの」(一a二―三)が同名異義的なものどもの例として挙げられている。

(5)「何かであること」とは、「何かの『はたらき(エルゴン)』を遂行できること」であると考えられていることに注意。何であるかという本質が、定義ではなく、「はたらき」つまり機能から捉えられている。本質を定義だけで把握しないという点で、『動物部分論』の存在論は、初期の『カテゴリー論』の立場から一歩進んでいると言えよう。存在とは何かと問う場合、存在は定義不可能だとしても、存在を「はたらき(エルゴン)」あるいは「現実活動態(エネルゲイア)」から把握する道が残されている。

(6)「石でできた笛」とは、形は本物そっくりだが実際に吹いて音を出すことはできない石の笛、笛の彫刻という意味。「まがいもの」ということである。もし「石版に彫られたレリーフの笛」であるとすれば、「絵に描かれた医者」との平行関係がいっそう強まる。

(7)石でできた(まがいものの)笛は吹けないし、絵に描かれた医者も患者を治せない。

(8)作っているものについて「それは何か?」と職人が質問されたとすれば、その職人は「手だ」と答えるであろうが、これは形だけをとらえて言われたのである。

(9)「自然について語った者たち」の原語は「ピュシオロゴイ」。タレスからデモクリトスまでの、初期ギリシア哲学者たち。デモクリトスが取り上げられたのは、彼自体を問題にしたかったからではなく、初期ギリシア哲学者の一人として取り上げたかったということがここで分かる。結論部分も、「彼らは」が主語になっている。

たたき方をしたのか、すなわち何のためにそうしたのか、その原因を、「あの形態やこの形態が生じるように、そうしたのだ」と述べるはずであるから。

それで、自然について語った者たちが正しく述べていないということは、いまや明らかである。そして、動物とはこのようなものであるということ、つまり、ちょうどまさに寝椅子の形相について私たちが述べたときのように、各々の動物について、また諸部分のそれぞれに関して、それは何であるか、どのようなものであるかが述べられなければならないことも明らかである。

(7) それで、そのもの[1]が、魂であるか、または、その一部なのであるか、あるいは、魂なしにはありえないものであるか、だとすれば[2]――少なくとも、魂がなくなれば、もはや動物ではないし、その部分のどれもが、同じものとしてとどまることはない。ただし、石にされてしまったという神話上のものたちのように、形だけはとどまるであろうが――、それで、もしそうだとすると、魂について語り認識することは、自然学者[3]の仕事だということになろう。仮にもし、魂全体に関わるのではないとしても、動物がこれこれのものであるのはまさにそれによってであるところのそれ［魂の特別な部分］には関わるであろう。つまり、魂とは何であるか、あるいは、魂のその部分とは何であるか、また、魂のこれこれの本質によって生じ付帯するものども[4]について語り認識することになるであろうが、それは、自然本性が、とりわけ二つの仕方で語られており、事実その二つのあり方をしているからだ。すなわち、一つは、質料［質料因］という意味の自然本性、もう一つは、本質［形相因］という意味の自然本性である。しかも、後者［形相因］には、動かすもの［始動因］という意味や目的［目的因］という意味もある[5]。しかるに、動物の魂全体、またはそれの或る部分は、そのようなものなのである。したがって、まさにこのような仕方で、すなわち、質料が［動物の］自然本性であるのは、むしろ、かの魂のゆえにそうであるのであって、その逆ではない限りで、自然本性に関わる理論学者［自然学者］は、質料についてよりも魂について(6)語るべきであろう。実際、木は寝椅子や三脚椅子であるのだが、それは、木が可能態においてそれらであるからにすぎないからだ(7)。

(8) さて、いま述べられたことを注意深く検討したうえで、次のような疑問をもった人がいるかもしれない。すなわち、自然学の仕事は、魂全体について語ることか、それとも、或るもの［魂の部分］について語ることか、と。なぜなら、もし全体についてだとすると、自然学以外に哲学はないことになるからだ。という

---

(1) 各々の動物がこれこれであることを説明するもの。

(2) アリストテレスの『魂について』が、彼自身の動物学研究に理論的枠組みを提供するという論点が提示される。

(3) 「自然学者」と訳した「ピュシコス」は、ここでは、先の「ピュシオロゴス」（これも自然学者と訳されることがある）とは別で、アリストテレス自身の学問分類における自然学にたずさわる者のことである。

(4) 先に言及された「魂ではないが魂なしにはありえないもの」のこと。

(5) 形相因、始動因、目的因が一つに帰着するということが、『自然学』第二巻第七章一九八a二四―二五でも述べられている。

(6) 動物の本質ないし形相という意味の自然本性。

(7) 木を現実態において寝椅子にしているのは、木に与えられた寝椅子の形であり、木が寝椅子であると言えるのも、現に寝椅子の形を与えられていればこそである。木は、寝椅子になりうるものであるという意味で、可能態において寝椅子である。

641b のは、思考するもの(1)は、思考されうるものどもに関わっているのであり、したがって、自然学はあらゆるものに関する知となるはずだからである。(2)実際、いやしくも思考するものと思考されうるものは相関するものであり、相関するものはすべて同一の研究が対象とするのであれば、ちょうど感覚と感覚されうるものの両方に同一の研究が関わるように、思考するものと思考されうるものの両方について考察することが自然学の仕事になってしまうからだ。あるいはそうではなくて、全体としての魂が動の始原(3)であるのではなく、また、魂の個々の部分がすべて動の始原であるのでもなくて、成長の始原であるのは植物にもある部分(4)であり、性質変化の始原であるのは感覚を司る部分であり、移動の始原であるのはまた別の何かであって、思考を司る部分ではないのだ。というのは、他の動物にも移動は属しているが、思考のはたらきは属していないからだ。以上から、自然学が魂全体について語る必要はないことが明らかとなった。魂全体ではなく、その或る部分——一つあるいは複数でさえあるのかもしれない——が、[動物の]自然本性であるのだから。

(9) さらに、自然本性に関わる理論学[自然学]は、抽象に基づくもの(5)を対象とすることはできない。なぜなら、自然本性は、すべてを何かのためになすからである。(6)というのは、ちょうど技術によって作られたものどもの中に技術が存在するように(7)、そのように諸々の事物そのものの中に(8)技術とは別の何かそのような始

---

(1) 原語は、「知性」とも訳す「ヌース」。これは、先に言及されたアナクサゴラスの宇宙論的な「知性」ではなく、アリストテレス自身が魂の部分の一つと考えるものであり、「思考するもの」のこと。ここの議論にその「ヌース」が現われたのは、魂の全体について考察するのだとすると、当然、魂の部分の一つである「ヌース」も考察に含まれることになるか

らである。
（2）あらゆるものが思考されうるのであり、思考されるものはすべて知性の対象となる。あらゆるものを対象とする知性を考察することによって、自然学は間接的に、思考されるものとしてのあらゆるものをも考察することになるだろう。このことは、以下で「相関するもの」という概念を使ってさらに詳しく説明される。
（3）自然学の固有の対象である「自然本性（ピュシス）」のこと。ピュシスとは、たまたまにではなくそれ自体としてものに内在する、そのものの「動と静止の始原」だとされる（『自然学』第二巻第一章）。「動」と訳した「キーネーシス」は、場所運動だけではなく、性質変化も含む広い概念。動いたり止まったりしないもの、変化しないものは、自然学の対象にならない（『形而上学』E巻第一章）。動に相関する「動の始原」でないものも、やはり自然学の対象にはならない。
（4）「栄養摂取を司る部分（トレプティコン・モリオン）」のこと（Mich., 7, 10）。
（5）数学の対象（Mich., 7, 19）。
（6）なぜ、目的を実現するものであるピュシスを対象にするものであるということが、抽象に基づくものをそれが対象にすることはできないということの理由になるのか。自然学の対象である「自然本性（ピュシス）」は目的の実現過程の原動力であるから、その過程と関わりがないものは自然学の対象にはならない。しかるに、「抽象に基づくもの」すなわち数学の対象は運動変化しないものであり、運動変化しないものには目的の実現過程といったものもありえない。したがって、「抽象に基づくもの」は、自然学の対象にならない（以上はBalme, pp. 98-99; Lennox, p. 144による）。なお、「ピュシスは、すべてを何かのためになす」という言葉はアリストテレスの目的論を考えるうえで重要なものだが、「すべて」という言葉は非常に強い表現であり、解釈上問題になる。しかし、この「ピュシス」が、事物に内在する自然本性であることは、以下の議論から明らかである。したがって、この「すべて」は、そのものの固有の自然本性を内在させているものの「すべて」であって、文字通りの「すべて」、つまり世界の中で起こる一切のことではないであろう。実際、『動物発生論』第五巻では、目の色や皮膚の色の違いには目的はなく、単なる物質の必然によって起こると説明されている。
（7）「何かのため」であることが明白な例として技術が挙げられている。
（8）技術によって作られたのではない「事物そのもの」の中に、ということ。技術との対比からして、「事物そのもの」とは、自然物のことであろう（Le Blond, p. 160）。

原や原因[1]が明らかに存在するからであるが、それは私たちが世界から得ているところのものであって[2]、これはちょうど熱いもの〔火〕や冷たいもの〔水〕を世界から得ていることがまさにそうなのである。それゆえ、死すべきものとしての動物よりも天が、そのような原因によって生じ――もし天が生じたのだとすればだが――、そのような原因のゆえに存在するということが、ずっとありそうなことだ[3]。それで、少なくとも、秩序づけられているものや、限定されたあり方を示すものは、私たちのところより[4]も、天にあるものども「天体」のところに、はるかにずっと明らかに存在している。それに対して[5]、「その時々で別のあり方をしており、しかもたまたまそうだった」ということは、死すべきものとしての動物のところで、いっそう明らかである。しかし、或る人たちは[6]、「動物の各々は自然本性によって存在し生じた」と言いながら、他方で、「天が、たまたま、ひとりでに、これこれの仕方で構成された」とも主張している。だが、明らかに、天においては、いかなるものも、たまたま無秩序にそうなったものではないのだ。また、日頃私たちは「これこれは[7]これこれのためである」と言っているが[8]、それはいつでも、動が何ものにも妨げられない場合に到達する或る終局が明らかに存在するときである[9]。したがって[10]、そのような何かがあることは明白であり、まさしくそれを私たちは「自然本性[11]」と呼んでもいるのだ。実際、各々の精液からは、たまたまそうであるというものは生じず、特定のものから特定のものが生じるのであり、また、たまたまそのようなものである体から、た

（1）「自然本性（ピュシス）」のこと。

（2）次の文の始めの「それゆえ」が理解可能になるためには、つまり、この文から次の文が帰結するためには、この文の「私たち」とは、次の文の「死すべきものとしての動物」の

一例であり、この文の「世界（パーン）」とは、次の文の「天（ウーラノス）」のことであると理解して、さらに、人間が天から「得ている」とは、人間が天に依存しており、それゆえ、人間よりも――そして死すべきものとしてのいかなる動物よりも――天のほうが優れているということを含意するとしなければならない。そうでなければ、「死すべきものとしての動物よりも『天（ウーラノス）』のほうが目的性をもつということがありそうなことである」は帰結しないであろう。

(3) プラトン『ピレボス』二九A－Cでの議論、すなわち、「すべての動物の体のピュシス」（二九A九－一〇）として「たとえば火が、私たちのところにもあるし、『パーン』にもある」（二九B九－一〇）が、「パーン」にあるもののほうが「量においても美しさにおいても」「力においても」「驚くべきもの」（二九C二－三）だとする議論を利用している。

(4) 死すべきものである動物のところ。

(5) 以下、「たまたま無秩序にそうなったものではないのだ」までにほぼ対応するもっと詳しい記述が――議論の順序は同じではないものの――『自然学』第二巻第四章一九六a二四－b五に見いだされる。

(6) 前註の『自然学』の箇所に登場すると考えられているデモクリトスであろう。

(7)「これこれ」と訳した原語は「トデ（これ）」であるが、ここでは文脈上、個別性ないし特定性を表わしてはいないと判断した。「これこれはこれこれのためである」とは、何かと何かの間に目的関係があるということ以上ではない。

(8) ここで「日頃私たちが言っている」ことに言及されたのは、アリストテレスの方法である「ディアレクティケー（哲学的問答法）」の素材となる「通念」を提示するためであろう。

(9) この規定は、人々（私たち）が無反省に「これこれはこれこれのためである」と言っている場合の、そう言える条件を、アリストテレスが反省して与えたものであって、人々がこのように判断して、そう言っているというわけではない (Lennox, p. 146)。なお、ここで、目的をもつとされるもの自体が目的を意識することは、目的関係の成立の条件に組み込まれていないことに注意すべきであろう。

(10) この「したがって」は、以下の「そのような何かがあることが……」という文が、通念とアリストテレス自身の根拠づけとの両方からの帰結であることを示す。

(11)「特定のもの」と訳した原語も「トデ」であるが、ここでは文脈上、個別性ないし特定性を表わしていると判断した。

またまそのようなものである精液ができるのでもないから。[1] してみると、精液から生じるもの［子］の始原であり、精液から生じるものを作るもの[2]であるのは、精液[3]なのだ。なぜなら、精液から生じるものどもは、自然本性によってあるものだから。[4] 少なくとも、精液から生じてはくる。[5] しかし、精液は何かの精液であり、その何かが、精液よりも、さらに先なるもの[6]である。なぜなら、精液は生成過程のものであって、その過程の終局が実体であるから。[7] しかしながら、精液は何かから出る[8]のであり、その何か［親］が、さらに、これら［子と精液］の両方よりも先なるもの[9]なのだ。実際、精液には二通りの意味があるのであって、すなわち、何かからの精液と、何かの精液という意味があるからだ。すなわち、何かから出たその何か［親］の精液という意味もあり、この場合はたとえば「ウマの精液」と言われるが、精液から生じたもの［子］の精液という意味もあり、この場合はたとえば「ラバの精液[10]」と言われて、これらは同じ意味ではなく、それぞれいま 642a 述べられた意味であるから。さらに、精液は可能態においてあるものだが、私たちは、可能態が完全現実態とどう関係するかについて、もう知っている。[11]

(10) してみると、次の二つの原因、すなわち、「『それのために』ということ」と、「『必然的に』というこ

---

(1) 自然本性によるものは、たまたまそうであるというものではない、という論点が繰り返されている。なお、この文は、もっと詳しく説明すれば、「任意の体から任意の精液ができるわけではなく、任意の精液から任意の子孫が生まれるわけでもなくて、特定の体から特定の精液ができ、特定の精液から特定の子孫が生まれる」ということである。

(2) ここでは、いわゆる「始動因」のこと。目的因が始動因としても把握されていることが分かる。

(3) Bekker 版の「精液（τὸ σπέρμα）」は、Peck の改訂案では τὸ ⟨ἐξ οὗ τὸ⟩ σπέρμα で、「精液がそこからできるところの

もの［体］」となる。体に言及した直前の文章からの帰結にしたわけであるが、しかし、直前の文章のポイントは、作るものと作られるものの関係が任意ではないということである。体のファクターは後で出てくる。

(4) 議論のこの段階では、始動因の観点から精液が「自然本性（ピュシス）」と考えられている。議論の次の段階（「しかし、精液は『何かの』精液であり」以下）では、精液は「生成過程のもの」と捉え直され、そこから生じるもの（子）のほうが自然本性と捉えられている。議論の最後の段階では、精液よりも子よりも親が自然本性であるとされる。

(5)「生じてはくる」の原語「ピューエタイ」は、『形而上学』第五巻第四章の冒頭で、「ピュシス」という言葉に「生じてくるもの（ピューオメナ）の生成（ゲネシス）」という意味があるとされるときに暗示されている（「たとえば『ピュシス』の『ユ』の音を長くして『ピューシス』と発音してみれば」分かるだろうとその箇所で述べられている）言葉である。精液がピュシスではなかったとしても、少なくとも、精液からピュエータイするのではあり、その意味でやはりピュシス的である、ということ。

(6) ここでは、時間の上で先なのではなく、存在の秩序の点で優位にあるということ。

(7) 本章の(5)の六四〇a一八―一九でも、プラトン『ピレボス』に由来する、「ゲネシス」と「ウーシアー」を対比させる議論が登場していた。

(8)「何かから」の「から」という言葉は、その「何か」が始原であることを示している。

(9) 時間的にも存在的にも先であるもの。

(10) 雌親がロバではなくウマの場合は、雄親がロバであっても、ロバではなくラバが生まれる。この場合の精液は、ロバ「から」出たのであったとしても、「ロバの精液」ではなく、「ラバの精液」と呼ばれるわけである。

(11)「完全現実態」と訳した「エンテレケイア」は、「エネルゲイア」と互換的に使われて単に「現実態」という意味にすぎないこともあるが、ここでは、成熟し完全になった状態の親の動物を指しているから、「完全現実態」と訳すのがふさわしい（Lennox, pp. 146-147）。この文脈で「私たちはもう知っている」とは、完全現実態である親の動物と可能態にある精液の関係は、いままで述べてきた精液についての議論から分かる——可能態においてある精液よりも、それを出す完全現実態の親の動物のほうが、より先なるものである——という意味であるが、何が「より先なるものか」という議論は、可能態と完全現実態の関係として、まとめられるということでもある（Balme, p. 100）。

と」があるのだ。(1) 実際、多くのことが必然であるがゆえに生じているから。(2) しかし、おそらく、「『必然的に』何かが生じると言う人たちは、どのような種類の必然のことを言っているのだろうか」という疑問をもつ人が出るであろう。というのは、いま私が話している必然とは、哲学的に書かれた諸論文で規定された二種類の必然のどちらでもありえないからだ。(3) しかし、少なくとも、生成過程をもつものどもには、第三の必然がある。(4) 実際、私たちが、「栄養物は、何か必然的なものだ」と言う場合、それら二つの必然のどちらによっているのでもなく、「栄養物なしには、動物は生きていくことができない」という意味であるから。これは、条件に基づくような必然だ。すなわち、ちょうど、斧で何かを割る必要があるのだとすれば、硬いものであることが必然であり、硬いものであることが必然であれば、青銅製か鉄製であることが必然であるように、そのようにまた、体は道具であるので――なぜなら、体の各々の部分は何かのためにあり、全体としての体もそうであるから(5)――、してみると、体が生じるというのであれば、これこれの性質のものであるのが必然であり、そして、これこれのものからできているのも必然なのであるから。

10

(11) それで、次のことが明らかだ。すなわち、原因には二つの方式があること、そして、なによりもまず、両方を述べることに成功する必要があるのだが、成功しないとしても、少なくとも、明らかにしようと試みる必要はあること、(6) また、以上のことを述べなかった人たち(7)は、みな、自然本性については、いわば何も述べていないのだということ。というのは、自然本性は、素材がそうである以上に、いっそう始原であるから

---

(1) 目的と必然。本章の(3)の「目的」論と、(4)の「必然」論での議論を再開している (Lennox, p. 148)。

（2）直前の⑼が原因としては目的しか議論していなかったので、「『必然的に』ということ（ト・エクス・アナンケース）」――これ自体はすでに⑷で登場している――も原因の議論の入ることを説明した理由文。⑶と⑷で別々に論じられていた、目的と必然の議論が⑽で統合される（Lennox, p. 148）。

（3）「哲学的に書かれた諸論文」は同定困難であるが、『分析論後書』第二巻第十一章（九四b三六以下）での説明によると、二種類の必然とは、第一に、石が落下する場合のような自然本性にしたがった運動の必然であり、これは、石や土などの単純物体の例と考えるならば、先に言及された、単一のあり方しかない、他のあり方はありえないという意味の必然（端的な必然）のことであろう。そして第二に、石が投げ上げられる場合のような、自然本性に反した、「強制」という意味の必然のことである。なお、『分析論後書』のその箇所には、「第三の必然」は説明されていないが、「ピュシスは何かのためになす」とは言われており、そのピュシスが第一の必然のピュシスを利用して何かのためになすならば、第三の必然が導出されるだろう。同じ『分析論後書』第二巻第十一章の「同一のことが、何かのためでもあり、必然的でもあるということがありうる」（九四b二六）ということは、このような仕方で成立するのであろう。

（4）条件的な必然のこと。もしここで自然の世界全体が問題にされているとするならば、原因には目的と必然の二つがあり、この必然は条件的な必然であって端的な必然でも強制的な必然でもないのであるから、「自然の世界に存在する必然はすべて条件的な必然である」という非常に強力なテシスが提出されているように見える。そして実際そのように解釈する研究者もいた（Balme, p. 100）。しかしここでは、文脈上、動物の合目的的性質や生殖に話が限定されている上に、目的と条件的必然「しかない」と言われてもいない。

（5）第五章で「すべての道具は何かのためにあり、体の諸部分の各々もまた何かのためにあるのであって、何かのためにあると言われるその何かは或る活動であるのだから、諸部分から複合された体も或る完全な活動のために構成されたということは明らかである」（六四五b一四－一七）と言われている。

（6）テクストはBalmeの改訂案 *δῆλόν γε πειρᾶσθαι ποιεῖν,* ⟨*δῆλον*⟩ にしたがう。

（7）先に触れられた「自然について語った者たち（ピュシオロゴイ）」（六四一a七）のこと。

(642a) だ[1]。エンペドクレスでさえ[2]、真理そのものに導かれて、始原としての自然本性に偶然何度か行き当たったようで、本質であり自然本性であるのは「ロゴス」だと言うよう強いられている。たとえば、彼が、骨とは何かを示している時がそうだ。すなわち、骨の自然本性は、構成要素のどれか一つではなく、二つとか三つでもなく、すべてでもなくて、構成要素の混合の「ロゴス［比］」であると、彼は言うのだから[3]。それで明らかに、肉も、そのような他の部分の各々も、同じ方式で存在するわけだ。

さて[4]、この方式に前の世代の人たちが到達しなかった原因は、「……であるとはそもそも何であったのかということ（ト・ティ・エーン・エイナイ）」という考えがなかった、つまり、本質を定義することがなかったということである。本質の定義を手がけた最初の人はデモクリトスであったが[5]、自然の研究にとって必然的なものと考えてそうしたのではなく、事柄そのものに促されてのことであった。ソクラテスの時代には、本質の定義が進歩したが、自然に関することの探求はすたれ、哲学する人たちは、役に立つ徳や政治術に関心を向けたのであった[6]。

(12) さて、次のように示されるべきだ[7]。たとえば、呼吸はこれ［心臓の冷却］[8]のために[9]存在し、それ［呼吸］[10]はこれら［肺臓や気管などの諸部分］[11]のゆえに必然的に生じる[12]、というように。しかるに、必然は、(ア)時には、目的としてのあのこと［呼吸］[13]が存在しようとするのであれば、それら諸部分があること[14]が必然であるということを意味し[15]、(イ)時には、これこれの状態であり、かつそのようであることが自然本性的なものども[16]が

---

(1) ピュシオロゴイは、始原や原因として、もっぱら素材ないし質料についてしか語らなかったというのが、『形而上学』

A巻でのアリストテレスの持論である。

(2)もっぱら素材についてしか語らなかったピュシオロゴイの一人であるエンペドクレスでさえ、ということ。

(3)エンペドクレス「生涯と学説」七八(DK)。骨の構成要素の混合比は、エンペドクレス「断片」九六(DK)によれば、火と土と水が、それぞれ四対二対二である。

(4)以下、「役に立つ徳や政治術に関心を向けたのであった」までが、デモクリトス「生涯と学説」三六(DK)の一つ目のテクストである。

(5)デモクリトス「生涯と学説」三六(DK)の二つ目のテクストである『形而上学』M巻第四章では、「自然学者のうちでは、デモクリトスがわずかにそれ[普遍的に定義すること]を手がけ、熱いものと冷たいものを或る意味で定義したにすぎない」(一〇七八b一九―二一)と述べられている。

(6)これも『形而上学』A巻でのアリストテレスの持論である。

(7)呼吸を例にした以下の説明は省略が多く非常に分かりづらい。目的、条件的な必然、端的な必然の三つをいかに読みとるかで議論が分かれている。訳註は解釈の一例にすぎない。

(8)ミカエルによると、「これのため」とは、「心臓がすっかり冷やされることのため」(Mich., 8, 28)。

(9)目的因の提示(Düring, p. 96)。

(10)ミカエルは、「それ」を「呼吸」と解しているようである(Mich., 8, 30-32)。

(11)ミカエルによれば、「これら」とは、「肺臓や気管」といった、呼吸のための「諸部分」である(Mich., 8, 31-32)。

(12)条件的必然の提示(Düring, p. 96)。ミカエルもDüringと同様の解釈(Mich., 8, 30-33)。

(13)ミカエルによれば、「目的としてのあのこと」とは、「呼吸」である(Mich., 8, 31-32)。

(14)ここで「ある」と訳したのは、英語のbeの意味の、自動詞としてのエケイン。諸訳も、「エケイン」を自動詞とし、「それら」を主語にして、「それら」――たとえば目的実現のための諸条件――が「エケイン」する――たとえば「存在する(be present)」(Balme)、「成り立つ(obtain)」(Lennox)、「要求される(est requise)」(Le Blond)または「満たされる(soient remplies)」(Louis)――と訳している。

(15)条件的な必然。ミカエルは、「もし呼吸が存在しようとするのであれば、肺臓や気管が必要なのであり、したがって呼吸のために必然的にそれら[肺臓や気管]が生じたのである」(Mich., 8, 31-33. ただしHayduckの提案を取り入れた)とパラフレーズしている。

(16)ミカエルによれば、「これこれの状態であり、かつ[そのようであることが]自然本性的なものども」とは、火などの諸々の単純物体のことである。五二頁註(1)を見よ。

642b

存在するということを意味する。(1) というのは、(2) 熱いもの［肺臓の中の熱い空気］(3) は、出ていって、［外部の空気に］(4) 抵抗を受け、再び入ってくることが、そして、外部の空気は、流入することが必然的なことであるから。(5) しかるに、それがただちに必然的なこと(6)なのであり、内部の熱いものが外部の空気の冷却作用において抵抗して、流入と流出［すなわち呼吸］が起こるのである。(7)

かくして、以上が探求の仕方なのであり、以上で述べられたものやそれに類するものについて原因を把握する必要があるのである。

---

(1) 端的な必然。ミカエルは、たとえば「火にとって上方へ運ばれることが必然的であるのは、上方への移動のために何かが生じたからなのではなく、そのようであることが自然本性的であるから」であって、「火は上方へ運ばれるのが自然本性的である」ということが、「火は上方へ運ばれることが必然である」ということなのだとしている (Mich., 8, 34-9, 1)。

(2) 一番目に挙げられた(ア)の意味の必然だけではなく、二番目に挙げられた(イ)の意味の必然も存在する理由の説明であると解する。ミカエルは、「彼［アリストテレス］は、二番目の必然の典型例を不明瞭に立てた」(Mich., 9, 1-2) と述べている――Düringも以下の例に登場する「必然」をすべて第二の端的な必然と解している (Düring, p. 96)。また、ミカエルによると、以下の呼吸の説明はプラトン (『ティマイオス』七九A以下) のものであるが、「アリストテレスが、その［プラトンの］考えを典型例として取り上げたのは、それに満足しているからではなく、それを通じて、『これこれであるのが自然本性的である』ということ［端的な必然］を、いったいどのようにして、「必然的」ということが意味するのか』を明らかにしようとしてである」(Mich., 9, 12-14) と述べている。実際、アリストテレスは、『呼吸について』第五章で、『ティマイオス』の呼吸の説明を批判して、「何のためにそれらのこと——私が言っているのは空気の吸い込みと吐き出しのことである——が動物に属するのかを何も語らなかった」（四七二b二四—二六）と述べている。したがって、プラトンの呼吸の説明——アリストテレスが理解した限りでの——に、目的に基づく条件的な必然を無理に読み込むべきではない。それに対して、『呼吸について』第二十一章でのアリストテレスの説明は以下のようである（四八〇a一六—b一二）。すなわち、心臓の熱が増大すると、それは胸を「ふいご」のようにふくらませる。そのとき、外から空気を引き込む。中に入った空気は熱を冷ます。そうすると、胸は元通りの大きさに縮む。そのとき、空気は押し出される。このサイクルが呼吸である。以上から分かるように、『呼吸について』には、空気の抵抗というファクターがない。なお、ミカエルらや私のように解さない研究者としてはOgleがいるが、彼の解釈については以下の訳註で言及する。

（3）ミカエルによれば、この「熱いもの」とは、「肺臓の中の熱い空気」のことである（Mich., 9, 15-16）。

（4）ミカエルによる補足（Mich., 9, 17-18）。

（5）Ogleは、単行本版でも全集版でも、「もし私たちが生きるべきならば」と補訳して、この必然を条件的な必然であるとしているが、註（2）に述べた理由により賛成できない。

（6）「ただちに」と訳した原語「エーデー」は、他にも訳し方があるが、immediately という意味にとった（Lennox は directly と訳す）。「ただちに」とは、条件を介さないということであり、端的な必然であることを示すと解した。ミカエルも、「そのことが必然的なことなのである。あるいは、そのことがこれこれの仕方で生じることが自然本性的［端的な必然］なのである」（Mich., 9, 20-21）と述べている。Ogle は、必然の二つの意味の前者の意味で必然（条件的な必然）であると解している。「ただちに」（Ogle は 'at once' と訳している）という言葉を、必然の種類が述べられた順序において先にという意味に解しているのかもしれないが、目的を述べないプラトンの説明を利用するこの文脈ではそういう意味にはならないように思われる。

（7）この言葉の後に、Ogleは、「これが、必然の二つの意味の後者の意味の必然［端的な必然］である」と補訳している。

(642b)

第二章

さて、個々のもの［最下の種］(1)を把握しようとして、(2)類を二つの種差に分割(3)していく人たちがいる。(4)しかし、それは、或る場合には容易ではなく、別の場合には不可能である。(5)

(1)なぜなら、いくつかのものの場合、種差は一つだけになるが、そうすると、他の種差は余計なものになるからだ。たとえば、まず、「有足の」と「無足の」、そして、「二足の」あるいは「つま先が指に分かれている足の(6)」という種差を与える場合がそうだ。(7)というのは、二度目に与えた種差(8)だけが、厳密な意味での

---

(1) アリストテレスが「個々のもの（ト・カタ・ヘカストン）」という言葉で指すものには、個物と「最下の種（infima species）」があるが、ここでは後者（Balme, p. 106）。

(2) 原文 *λαμβάνουσι* は、「……しようとする」というニュアンスをもつ conative present tense（Balme, p. 106）。把握しようとしてはいるが、実際は把握できていないことを含意する。また、ここで「把握する（ランバネイン）」とは「定義する」ことであろう。次章の六五三b一〇以下から再び登場する「ランバネイン」が「ホリゼイン（定義する）」と言い換えられている。

(3) プラトンが『ソピステス』や『ポリティコス』で提示し、アカデメイアのメンバーたちがいろいろな局面で利用したと思われる「分割法」と呼ばれる把握方式のこと。「類を種差に分割する」とは奇妙な表現であるが、Balme, p. 106 によれば、「種差」と訳した原語「ディアポラー」の用法には、'(i) a logical differentia (642b7), (ii) a class marked off by a differentia (642b6), (iii) a line of differentiation (643b23), (iv) the bifurcation made by applying a differentia (643b8, cf. *Met.* Θ 1048b4)' があり、ここでは二番目の意味で使われている。具体的には、そのつど種差を二つ出して類を二つの種に分割

していくということである。

(4)「分割する人たち」については解釈が分かれている。プラトン自身は、動物の分類にも使える普遍的あるいは体系的な分類法として分割法を提示しているようには見えないからである。スペウシッポスなどのアカデメイアのメンバーが、プラトンの想定していなかった局面にまで分割法を用いだしたことを、アリストテレスは念頭に置いているのであろう。プラトン自身にとっての分割法の意味については、小池「分割法考案」(一九八二年)という論文を参照。

(5) 次章の「まったく不可能であるか…〈中略〉…一つの種差しかないか」(六四三b一三―一七)も参照。なお、以下(次章を含む)を、Balme にしたがって、八つの論点に分けた。

(6)「水かき足をもつ」、すなわち、水かきがあってつま先が指に分かれていない足をもつことと対になる。

(7) *οἷον ὑπόπουν, δίπουν* ⟨*ἢ*⟩ *σχιζόπουν· ἄπουν.* という Balme の提案と解釈 (pp. 106-107) にしたがう。*ἄπουν* を読まない研究者も少なくない (Frantzius, Ogle, Peck, Düring, Lennox)。しかし、*ἄπουν* はすべての写本にあるのであるから、これを削除するには、「古い欄外註記」(Düring) と断じる以上の文献学的理由が必要である。この削除案に比べれば、Balme の提案のほうが傷はずっと小さくてすむ。

(8)「二本の足をもつ」あるいは「つま先が指に分かれた足をもつ」という種差。

(642b10) 種差であるから。もしそうでないとしたら、同じことを何度も言う(1)ことが必然的なのである。

(2)さらに、各々の類のまとまりをこわすこと(2)、たとえば、いくつか書かれた(3)分割でなされているように、鳥の類としてのまとまりをこわして、一部をこの分割において、一部をまた別の分割において把握しているのであるが、こんなことはしないほうが適切である(4)。実際、そこでは、一部の鳥が、「水に棲むもの(5)」と一緒に分割されたり、他の鳥がまた別の類において分割されたりしているから。ところで、この類似性には「鳥」という名称が、別の類似性には「魚」という名称が、それぞれ定められている。しかし、名称がない(6)類似性もある。たとえば、有血や無血のように(7)。なぜなら、これらの各々には、単一の名称が定められていないのであるから。

(1) たとえば、何度も「足」と述べなければならない、ということ。しかし、「同じことを何度も述べなければならないとすれば確かに滑稽であるが、そのことの何が問題であるのか」という疑問が生じるかもしれない。ここで問題になっているのが、分類の仕方というより、実は定義であるという解釈が正しければ、アリストテレスの場合、定義は実在的な本質に対応しているので、同じ動物について何度も「足」と述べることには、同じ動物の本質のうちにいくつも形相的な「足」が実在的に含まれているということが対応し、これは奇妙だとアリストテレスは考えていることになる。同種の問題は、『形而上学』で、本質の定義を扱っているZ巻第五章(一〇三〇b二八―一〇三一a一)でも論じられている。すなわち、「シーモテース」が「凹み鼻であること」ならば、「シーモンな・鼻」は、「凹み鼻の・鼻」であり、二度「鼻」と言うことになる――一般に、或るパトス(「シーモテース」)の本質の中に、そのパトスが属している「もの(プラーグマ)」の定義または名称(「鼻」)を含む場合は、すべて、同じことを二度あるいは際限なく述べることが起こる――ので、こういう「結びつけられたもの(シュンデデュアスメノン)」に実在的に本質を認めることは奇妙ではないか、という有名な問題である。

（2）「まとまりをこわす」の原語「ディアスパーン」の直訳は「ばらばらに引き裂く」であるが、ここでは、体を物理的にばらばらにすることではなく、類としてのまとまりをこわすことである。

（3）同定困難であるが、アカデメイアのメンバーの作だと考えられている。

（4）各々の類の、類としてのまとまりをこわして、その類が含む諸々の種へと分割し、その種をそれぞれ別の類へ帰属させることはしないほうがよい、ということ。つまり、一つの種が二つの異なる類に属すことはできないと考えられている。『トピカ（論拠集）』第六巻第六章一四四b一二–三〇を参照。また、プラトン『パイドロス』二六五Eの「下手な肉屋」の喩え（「自然本来の分節にしたがって切り分けながらさまざまの種類に分割する…〈中略〉…。そしていかなる部分をも、下手な肉屋のようなやり方でこわしてしまおうと試みることなく…〈中略〉…」藤澤令夫訳）を受け継いだ論点と考えることもできる（Balme, p. 108）。

（5）「水に棲むもの（ト・エンヒュドロン）」は、水中に棲むもの、つまり魚、あるいはクジラやイルカだけではなく、水辺に棲むもの、水鳥も含む。したがって、動物を分類する際の自然種を表わそうとしてこれを用いると、「鳥類の一部」（水鳥）と魚類などをひと括りにした不自然な種を作ってしまうことになる。ただし、動物の記述として、「水に棲む」を用いることに不都合はないし、実際、アリストテレスも使っている。

（6）第四章六四四b五にも登場する「名称がない（アノーニュモン）」とは、「鳥」「魚」のような明示的な一般名詞がないということ。「有血のもの（ト・エンハイモン）」は、形容詞「エンハイモス（有血の）」の中性名詞化である。つまり、名称ではなく記述にすぎない（Balme, p. 122）。したがって、何かが「エンハイモン」と呼ばれていても、それは「アノーニュモン」だということになる。

（7）「有血のもの」は現在の「脊椎動物」に、「無血のもの」は「無脊椎動物」に相当する。ここでの「血」は赤い血のこと。現在の「軟体動物」「甲殻類」などの無色ないし青い血は、「血清（イコール）」と呼ばれ、赤い血である「ハイマ」とは区別される。イコールは、ハイマに「類比的（アナロゴン）」なものであるとか、「未完成（アテロン）」なハイマであると言われている（『動物誌』第一巻第四章四八九a二二–二四）。イコールをもっていてもハイマをもっていなければ、「無血のもの（アンハイモン）」つまり「血（ハイマ）」を「もっていない（アン）」ものと言われることになる。

(642b)

それで、いやしくも同じ類に属するものどもはどれも類としてのまとまりをこわされてはならないのであれば、二つのものへの分割は無用になるだろう。というのは、そのような仕方で分割する人たちは、同じ類に属するものどもを切り離し、類としてのまとまりをこわすことが必然的であるからだ。実際、多足のものども[1]のうちの或るものどもが、「陸に棲む」ものどもの中に、また別のものどもが、「水に棲む」ものどもの中に入れられているから。

第三章

20

(3) さらに、欠如[2]によって分割することが必然的であって、二分割する人たち[3]は実際そのように分割している[4]。しかし、欠如としての欠如[5]には差異はない。というのは、あらぬということ、たとえば無足や無羽には、有羽や有足の場合のような諸々の種が存在するなど、不可能だからだ[6]。

(3)の(a) しかし、普遍的な種差には諸々の種が存在するのでなければならない。なぜなら、もし存在しないのであれば、それは何ゆえに個別的なものではなく普遍的なものに属するということになるのだろうか[7]。そして、諸々の種差のうちには、たとえば有羽性のように、確かに普遍的であり諸々の種をもつものがある。すなわち、或る羽は裂けておらず[8]、別の羽は裂けているから[9]。有足性も同様であって、つま先が多くの指に分かれていることや[10]、つま先が二つに分かれていること、たとえば蹄《ひづめ》が二つに割れている［双蹄の］ものども[11]、そして、つま先が分かれておらず分割されていないこと、たとえば蹄が一つになっている［単蹄の］もの

どもがいる。(12)

(1) 四つより多い足をもつ生物一般をいう。陸に棲むムカデ、ヤスデなどのいわゆる「多足類」だけではなく、海に棲むタコ、イカなどの頭足類、ある種の環形動物も含む。
(2) 「欠如(ステレーシス)」とは、たとえば、足や羽や血が欠けていて「無い」こと。以下で「あらぬ」という言葉が引き出されている。
(3) 前章で述べられた「書かれた分割」の著者であるアカデメイアのメンバーのことであろう。
(4) アリストテレス自身も「無血の」という欠如的な種差を使用している。したがって、ポイントは欠如的な種差を適切に使えているかどうかであって、欠如的種差を使うことそれ自体に問題があるわけではない(Balme, p. 108; Lennox, p. 155)。
(5) 何かが欠けていて「無い」という場合の無それ自身のうちには差異はない、ということ。以下で、「あらぬ」と言い換えられるほどに純粋な欠如である。
(6) 足や羽をもつことは動物であることを含意するが、それらをもたないということは、厳密にそれ自体としては、動物であることはおろか、どのようなものであるかについて何も含意せず、分割の対象が無限に拡散し、その結果、空虚な規定となる。したがって、いわば「純粋に欠如的な種差」である「欠如としての欠如」を与えてしまった後の分割は不可能になる。——以上から分かるように、この議論を支えているのは「欠如としての欠如」(純粋に欠如的な種差)であり、欠如を「欠如としての欠如」と解さないならば、たとえば「足をもたないこと」は足以外の前進器官を含意するといってよい(Balme, p. 109)。プラトン自身の分割法においても、欠如的種差は純粋なものではなく、特定のものが考えられていた(小池論文を参照)。ここで批判されているのは、プラトン自身ではなく、その亜流の弟子たちであろう。
(7) 個別的なものは種を包摂しなくて当然だが、いやしくも普遍的なものであるならば種を包摂するであろう、ということ。
(8) 昆虫の場合。
(9) 鳥の場合。
(10) 五本の指をもつなど。
(11) ウシなどの偶蹄類。
(12) ウマなどの奇蹄類。

(3)の(b) それで、諸々の種が属している以上のような種差へすら(1)、種差の中にあるどんな動物も含み、かつ、同じものを一つより多くの種差の中に含まないように分けることは、難しい。たとえば、「有翅的」と「無翅的」へ分けることがそうだ——というのは、同じもの、たとえば、アリ(2)、ツチボタル(3)、その他の何かが、その両方であるから——。しかし、すべてのうちで最も困難あるいは不可能であるのが、[無血のものとしての]無血のもの(4)へ分けることだ。というのは、諸々の種差の各々は個々のもの[種]に属すことが必然的

643a であり、したがってまた、一方の種差に対立する他方の種差(5)もそうだからだ。しかるに、もし、或る動物の本質に属する分割不可能で一なる(6)或る形相(7)は、形相の点で異なるものどもに属することが不可能であって、それらの一方が他方との差異[種差]を常にもつ、たとえば鳥が人間との差異[種差]を常にもつことになるならば——というのは、鳥の二足性は人間のそれとは別のものであり異なっているから(8)——、もしそうであるならば、両方の動物が有血のものである場合、その血が異なるということになる。もしそうでなければ、血は、そのものの本質に属すとされてはならない。しかし、もし血が異なるのであれば、一つの種差が二つのものに属することになるのだ(9)。そして、もしそうであるならば、[欠如としての]欠如が種差であることは不可能だということが明らかなのである(10)。

(3)の(c) さて、諸々の種差(11)が、分割不可能な動物ども(12)と等しい数だけあること(13)になるのは、いやしくも動物が分割不可能であり、諸々の種差もまた分割不可能であって共通なものではない(14)という場合である。だが、

---

(1) 種をもつ種差へ分けていくのは、先の例からも分かるように容易なはずだが、ということ。

(2) 雄アリと女王アリには羽があるが、生殖能力のない雌アリである働きアリには羽がない。
(3) これも雌には羽がない。
(4) Balme, Lennox にしたがって、写本の一致した読み τὰ ἄναιμα を保持した。他に τὰ ἐναντία (反対のもの) とか τὰ ἀντικείμενα (対立するもの) というように、性急に議論を一般化する改訂案も出ているが、この段階では不必要であろう。
(5)「有血の」といった肯定的な種差に対立する「無血の」といった否定的つまり欠如的な種差のこと。
(6) 或る動物に固有であるので、もはや分割の対象になりえず、その意味で「分割不可能」であり、分割されえないので、「一つ」ということであろう。
(7) この「エイドス」は「種」ではなく「形相」の意味であろう。内容的には、以下から分かる通り、種差を表わしている。
(8) 二本の足をもつという点では同じでも、足の性質が異なる、ということ。
(9) 分割が可能になる、ということ。
(10) 本章の冒頭 (六四二b二二) で言われたように、欠如としての欠如には差異がないから。
(11) ここでは、アカデメイアの分割法で最後に与えられる、もはや分割不可能な種差のこと。
(12) もはや分割不可能な「最下の種 (infima species)」としての動物のこと。
(13) 一対一対応が成立する、ということ。
(14) 一つより多くの種と共通なものでない。

(643a) もし、まさに共通ではあるが分割不可能であるという種差はあらぬ[1]ということがありうるとしたら、明らかに、種差が少なくとも共通であるということによって、種的に［形相の点で］異なる動物どもが、同じもののうちに含まれる[2]。したがって、分割不可能なものども［種ないし形相］がすべてそこに入るところの諸々の種差がそれぞれの種に固有なものであるとすれば、必然的に、それらの種差のどれも共通ではないのだ。もしそうでなければ、それらの種［ないし形相］は異なっているのにもかかわらず、同じ種差に入ることになるだろう。しかし、同一の分割不可能なものが、分割されるたびに別の種差に入ってはならないし、異なる分割不可能なものが、同一の種差に入ってもいけないのであって、すべての分割不可能なものが、それぞれに固有の種差に入るのでなければならない。それで、二つのものへ分割する人たちが、動物や何であれ他の類を分割している仕方では、明らかに、諸々の分割不可能な種［形相］を把握することはできない。というのは、その者たちにしたがってさえも、種的に［形相の点で］分割不可能なすべての動物と、最終の種差は、必然的に、同じ数だけあるからだ。すなわち、諸々の［度合いの］白いものだということがその最初の種差［差異］であるような或る特定の類があるとし、それら白いものどもが二つに分割された場合の両方に、異なった種差があるようにして、そのようにして前へ進んでゆき、分割不可能なものどもにまで至ったとすると、最終の種差は四つになるか、あるいは[3]、一から出発して倍にしていった場合の何か別の数になるだろうし、諸々の種［形相］もそれだけの数になるだろう[4]から。

（1）この「あらぬ（μὴ ὑπάρχειν）」によって、種差の共通性と分割不可能性の両方が同時に否定されていると解すると、帰結の「少なくとも共通であることによって」という言葉が理解不能になる。この言葉は、議論されているものが実際に共通であることを前提としているからである。そこで、否定辞の *μὴ* を削除して、そういう種差が「ある」とする解釈もある（Ogle, Peck, Kullmann）。しかし、*μὴ* はすべての写本にあり簡単に削除はできない。私の提案は、共通性と分割不可能性の両方が否定されているのではなく、どちらか一方が否定されるので、両方の性質を同時にもつような種差が「あらぬ」と解するものである。この場合は、共通性のほうが否定されずに残ることが可能である。つまり、「まさに共通ではある」は否定されずに（「共通な（*κοινὴν*）」の前にある「まさに」と訳した *καὶ* は、「共通である」ことが否定されず残ることを強調する *καὶ* と解した）、「しかし分割不可能である」という点が否定されると解するのである。すなわち、直前に述べられている「分割不可能であって共通なものではない」種差の逆を想定しているのである。この場合でも、「まさに共通ではあるがしかし分割不可能であるという種差はあらぬ」ということが実現している。このように解すると、帰結の「少なくとも共通であることによって」が不可解ではなくなるであろう。

(2) ということは、同じものに含まれるいくつかのものが存在するということであり、したがって、さらに分割可能だということになる。つまり、共通性だけでも、分割可能性が帰結するのであり、種差が共通か否かということが重要な点だということが分かるであろう。

(3) その分割のプロセスをどれだけ続けても、結局は、ということ。

(4) 種差と種の一対一対応を帰結するこの結論が、いったいどのような議論のために出されたかは解釈が分かれている。ここでは、Balme, p. 111 にしたがって、「しかるに、二分割をする人たちがしているように欠如としての欠如を種差として使用するならば、そこで分割が停止するから、実際に存在する種よりも種差の数が少なくなるはずだ。だから、二分割をする人たちは、欠如としての欠如を種差として使ってはいけない。しかし、二分割にこだわる限り使わざるをえないから、二分割をして動物の把握をするのはやめたほうがよい」ということだと解した。

しかしながら、種差は、質料［素材］においてある形相なのだ[1]。なぜなら、素材なしでは動物の部分はないし、素材だけでもそれはないから。すなわち、何度も述べられたように[2]、どんな状態の物体[3]であっても、動物にも動物の部分にもなるというわけではないからだ。

(4) さらに、分割は、本質の中にあるものども［類と種差］によって行なわれるべきであって、諸々の自体的付帯性[4]によって、たとえば、「一方は内角の和が二直角に等しく、他方は二直角より大きい」という理由で或る人が図形を分割する場合のようにしてはならない。実際、内角の和が二直角に等しいことは、三角形にとっての或る［自体的な］付帯性であるから。

(5) さらにまた、分割は、対立するものどもを用いてなされるべきである。なぜなら、対立するものどもとは、たとえば、明るさと暗さや直と曲のように、相互に排他的に異なるもののこと[5]であるから。それで、もし、異なるものどもが、排他的に異なっているならば[6]、それらは対立するものによって分割されるべきであって、一方は「泳ぐこと」によって、他方は「色」によって分割されるべきではない。

(6) 加えて、少なくとも、魂をもつもの［動物］どもは、［同一の類や種の動物に］共通の、体や魂のはたらき
643b によって[7]、たとえば、まさにいま述べられた分割における「歩く」ものと「飛ぶ」もののように分割されるべきではない[8]。なぜなら、「羽がある［飛ぶ］」ものどもと「羽がない［飛ばない］」ものどもの両方が属するところの諸々の或る類が、ちょうどアリどもの類のように、あるからだ。また、「野生の」ものと「飼い馴らされた」ものとによって分割されることがある[9]。というのは、前述の場合と同じ仕方で諸々の同じ種が分割されてしまっていると思われるはずだからだ。実際、飼い馴らされているものは、いわばそのすべてが、野

(1) ここからアリストテレス自身の説が本格的に提示されると解した。「形相」も「種」も原語は同じ「エイドス」であるが、「種」が、「素材ないし質料」を必要とするアリストテレス的「形相」と把握し直されている（すでに六四三a一―二の「エイドス」から「形相」という意味を含んでいたのであった）。なお、この文の読みは有力写本にしたがっている。Y写本では「種（エイドス）とは素材における種差である」となる。こうすると直前の「種」の話とのつながりがよく、文献学的に問題のあるY写本の読みを採用する研究者も少なくない。しかし、分割は種差によって行なわれるのであるから、分割の理論の中心は種差である。したがって、アリストテレス自身の分割の理論が提示され始めるこの文の主語は、有力写本通り種差がよいと思われる。また、ここでの「素材」は、論理学的な素材（定義の素材である「類」）とする解釈と、自然学的な素材（すなわち物体）とする解釈がある。たしかに、直前の文では、類を種差で限定し種を把握する定義的把握の話をしていたが、直後では明らかに自然学的な素材の話をしている。

(2) 第一章六四一a一八以下を参照。

(3) 原語は「ソーマ」だが、これは、「素材」を言い換えたもの、すなわち「物体」であろう。

(4) そのものに必然的に常に属すが、本質の定義には登場しない性質のこと。『形而上学』Δ巻第三十章を参照。

(5) 「排他的に異なる」と訳した原語は「ディアポロン」。Kullman, 1974, p. 65, n. 28 の指摘にしたがって、「ディアポロン」を、単に「異なる」という意味の「ヘテロン」と区別して、「排他的に異なり重なるところがない」という意味にとった。これについては、『形而上学』Δ巻第九章（一〇一八a一二―一三）を参照。

(6) Kullmann, 1974, p. 65 の訳文の解釈にしたがって訳した。一般的な訳は、単に、「一方が他方と異なっているならば」であるが、採らなかった。

(7) 原文は、(A)「体の共通のはたらき（どんな体にも備わるはたらき）や魂の共通のはたらき（どんな魂にも備わるはたらき）によって」とも、(B)「体と魂に共通するはたらき（体と魂が協同して実現するはたらき）」とも、(C)「同一の類や種の生物（アリの雄と雌など）に共通する体や魂のはたらきによって」とも解せるが、(C)が文脈にかなっている（Lennox, p. 164）。

(8) 前文の六四三a三四から「分割されるべき（διαιρετέον）ではない（μή）」が補われるであろう（Balme, p. 116; Lennox, pp. 163-164）。

(9) Düring, p. 107 の解釈にしたがう。

(643b) 生のものでもあるから。たとえば、人間、ウマ、ウシ、インドのイヌ[1]、ブタ、ヤギ、ヒツジなどがそうだ。これらの各々は、同じ名称[2]である限り、別々に分割はされないし、それらが種において一つであるならば、「野生の」や「飼い馴らされた」ということは、差異［種差］ではありえないのである。

(7) また、総じて、必然的にそのことが結果するのは、どのような差異［種差］をもつものを分割するのであれ、一つの種差で［一度ずつ］分割していく場合である。しかし、動物どもを諸々の類にしたがって把握[3]することが試みられる必要があるのであって、それは、多くの人たちが鳥と魚の類を境界分けして手本を示した[4]ような仕方でそうするのである。しかるに、動物の各々は、多くの差異［種差］によって［一度に］定義[5]されており、二分割にしたがってそうされているのではない。というのは、そのような二分割のやり方では、把握がまったく不可能である――なぜなら、同一のものが多くの分割の中に入り、反対のものどもが同一の分割の中に入ってしまうから――か、あるいは、一つの種差だけになるだろう[6]から。そして、種差は、単独で、あるいは、結合[7]に基づいて、最終の種になるだろう。

しかし、もし［二分割を行なう］或る人[8]が、種差の種差を把握[9]しないとすれば、接続語によって文[10]を一つに

---

(1)「インドのイヌ（キュネス・エン・テー・インディケー）」については、「インドイヌ（インディコイ・キュネス）」が、『動物誌』第八巻第二十八章六〇七a四や『動物発生論』第二巻第七章七四六a三四に出てくる。『動物誌』ではトラとイヌから、『動物発生論』では「イヌのような或る野生動物」と「［飼い］イヌ」から生まれるとされているので、『動物発生論』のインドイヌのほうが、『動物部分論』の文脈に合っているが、定説がない。

(2)「同じ名称」と訳した原語「ホモーニュモン」は、『カテゴリー論』第一章で定義された「同名異義的」とも訳せる言葉

だが、これでは文脈に合わない（Balme, pp. 116-117の解釈をとらない）ので、「同じ名称」という意味にとる（Lennox, p. 164）。

（3）前章冒頭（六四二b五）からの根本的なテーマが、この「把握（ランバネイン）」であった。ここでは、「諸々の類にしたがって（カタ・ゲネー）」という限定がついている。それは、類としてのまとまりをこわしてはならないという前章の論点(2)を受けているのであろう。そして、「諸々の類にしたがって把握する」が、以下で、「類を『境界分け（ディホリゼイン）』する」と言い換えられ、さらにそれが、「定義する（ホリゼイン）」と言い換えられることに注意せよ。

（4）第二章で「この類似性には「鳥」という名称が、別の類似性には「魚」という名称が、それぞれ定められている」（六四二b一五）と言われていた。「多くの人（ポロイ）」のやっていることを尊重し問題解決の手がかりを得るのは、ディアレクティケーを駆使するアリストテレスらしいやり方。

（5）たとえば、「有血の、卵を生む、二足歩行する、羽根をもった……の生物である」と、一度に多くの種差を用いて鳥を把握する（Lennox, p. 165）。一度の分割で一つの種差しか使わない二分割を無理に繰り返すことはしない。そのようにすると、前章の論点(2)で指摘されたような、同じ鳥類に属するものをばらばらにするはめに陥る。

（6）前章の論点(1)を参照。

（7）「結合」の原語「シュンプロケー」は、プラトン『ソピステス』二五九E四—六の有名な「シュンプロケー・エイドーン」を念頭に置いているのかもしれない（Lennox, p. 165）。

（8）この「或る人」は、二分割を行なう人を指している（Pellegrin, 1986, p. 31）。

（9）「種差の種差を把握する」とは、類としてのまとまりをこわさない仕方で普遍的なものから特殊なものへと分割を連続させること（Pellegrin, 1986, p. 30）。

（10）「文」と訳したのは「ロゴス」。以下で述べられる、種差どうしの本質的関係の問題と、『形而上学』ZH巻で論じられている、「定義（ロゴス）」を構成する要素の本質的な一体性の問題は、リンクしている（Lennox, p. 166）。

(643b) する人たちのような仕方で、[1] まさにその分割を連続的にすることが必然的である。[2] 私が言っているのは、次のような分割をする人たちに、どのようなことが起こるか、すなわち、動物を羽をもたないものともつものに分け、羽をもつものを、飼い馴らされたものと野生のものに、あるいは、明るい色のものと暗い色のものに分けると、どのようなことになるか、ということだ。実際、「飼い馴らされた」ということも、「明るい色の」ということも、羽をもつものの種差ではなく、むしろ別の種差の始原であり、そしてそこにあるのは付帯的な始原なのであるから。[3] したがって、ちょうど私たちが主張するように、ただちに多くの種差によって[4] 一つのものが分割されるべきだ。実際、欠如さえも、このようにすれば[5] 分割を生み出すであろうが、二分割においては分割を生み出さないであろうから。[6]

(8) また、ちょうど或る人たちが考えたように類を二つに分割して個々の種を把握することなどできないということは、以下の考察からも明らかである。すなわち、分割される個々の種に種差が一つしかないなどということは、その種差を単純なものと把握するにせよ複合的なものと把握するにせよ、ありえないからだ。ここで私が種差を単純であると言うのは、それがもはや種差をもたない場合であり、たとえば、「つま先が指に分かれている足をもつこと」がそうである。また、複合的であると言うのは、さらにまた種差をもつ場合であり、たとえば「つま先が指に分かれている足の」に対する「つま先が多くの指に分かれている足の」がそうである。[7] なぜなら、類からの分割による諸々の種差の連続性が、全体としては何か一つのものである

（1）文を一つにするこの仕方は、後で「付帯的」だと評されている（六四三b一二）ので、たとえば、内容上の結びつきと

は関係なく、「そして」といった接続語で一つの文章をまとめ上げるだけのものであり、稚拙な、悪しきやり方ということであろう。したがって、当然、このやり方をアリストテレスが肯定してはいない（Pellgrin, 1986 pp. 30-32 の解釈にしたがわない）。

（2）二分割する者は、稚拙な、非本質的なやり方であっても、ともかく種差を接続するという仕方で、分割を連続的にせざるをえない、ということ。

（3）羽のあるなしと、野生であるか飼い馴らされているかの間の関係は、付帯的、つまり、なんら本質的ではない、ということ。

（4）文脈からして、多くの種差を本質的な仕方で結びつけることによって、という意味であろう。

（5）欠如でさえも、さらに分割可能な他の諸々の種差と結合すれば、ということ（Balme, p. 117）。

（6）本章の冒頭で述べられていたように、二分割が用いざるをえない「欠如としての欠如」だけでは類を種に分割することはできない。

（7）「つま先が多くの指に分かれている足の（ポリュスキデス）」もののほうが「つま先が指に分かれている足の（スキゾプーン）」ものよりも特殊である。ところで、分割法は、普遍的なものから分割によって特殊なものへ至る方法である。すると、「スキゾプーン」なものは、「ポリュスキデス」なものに分割されるはずである。しかし、直前で、「スキゾプーン」と同じように見える「つま先が指に分かれている足であること（スキゾポディアー）」は、もう分割ができない例として挙げられていた。したがって、不整合があるように見える（cf. Lennox, p. 167）。しかし、ここでは、分割法の分割ではなく、彼の定義論での分割が語られているのではないだろうか。定義的に分割されるものは、より特殊なものである種であり、種が種差と類に分割されるが、この分割それ自体においては、より普遍的なものである類は分割の対象にならない。すなわち、「ポリュスキデス」は、「ポリュ」と「スキデス」に分割可能であるが、「スキデス」自体はもう分割できない。同様に、「スキゾプーン」も、「スキゾ」と「プーン」に分割可能だが、「プーン」は分割できない。そして、分割できない「スキデス」と「プーン」が「スキゾポディアー」に等しいので、これは分割できない類に相当すると考えるのである。

ので、それ〔更なる分割が可能な種差〕を欲しているからだ。しかし、その述べ方に沿えば、最終の種差は一つしかないと思われることになる。たとえば、「つま先が多くの指に分かれている足の」あるいは「二足 644a の」しかないと、また、「有足の」や「多足の」は余計であると思われることになる。

そして明らかに、そのようなもの〔種差〕が一つより多くあることは不可能である。なぜなら、常に進んでいけば、「最後（エスカトン）」の種差には至るが、「最終（テレウタイオン）」の種差、すなわち形相に至るのではない[1]からだ。さて、人間に関して分割がなされているとして、たとえば、或る人が、「有足の」を、「二足の」あるいは[2]「つま先が指に分かれている足の」と組み合わせるならば、「最後（エスカトン）」の種差は、「つま先が指に分かれている足の」だけであるか、あるいは、〔以前の分割で得られた種差との〕組み合わせ全体である。そして、仮に人間は単に「つま先が指に分かれている足の」ものにすぎなかったとすれば、そのような仕方で、この一つの種差が生じることになるのだ[3]。しかし、実際には人間は単に「つま先が指に分かれている足の」ものではないから、一つの分割のもとにはない多くの種差が存在するのが必然である。しかるに、一つより多くの種差が同一のものに属するということは一つの二分割のもとではありえず、一つの二分割には一つの種差で終わるのが必然なのだ。したがって、二つに分割する人たちは、個々の種のどんな動物も把握することができないわけである。

第四章

さて、「人々は何ゆえに、(4)［現在二つに分けられている動物の］両方を同時に、より上位の一つの名称によって把捉して、たとえば動物のうちの『水に棲むものども』と『飛ぶものども』を含む一つの類を名づけなかったのだろうか」(5)という疑問をもった人がいるかもしれない。実際、両方に共通のいくつかの受動的状態(6)があ

（1）「最後（エスカトン）の種差」は、二分割法が用いる不十分な種差であり、「エイドス」と言い換えられるような真の種差である「最終（テレウタイオン）の種差」とは区別されている（Balme, p. 119）。したがって、この「ただし」以下の断わり書きは、「そして明らかに、そのような種差が一つ以上あることは不可能だ。実際、分割を着々と進めていけば、最後の種差に至る」が、それはアリストテレスの支持するものではないということを示す重要な目的をもっており、Peck の削除案は不適切である。

（2）Balme にしたがって、テクストに「あるいは（ἢ）」を補う。

（3）ここまでが二分割論者の議論の再構成で、「しかし実際には」以下がアリストテレスの批判である。

（4）「多くの人々（ポロイ）」の考えを尊重し生かす態度が、ここにも現われている。

（5）魚と鳥を一つにした類を表わす名称は、人々によって作られていない。なお、アリストテレスの動物学の場合でも、魚と鳥は最高類である（『動物誌』第一巻第六章四九〇b七―八）ので、動物を、さらに上位の類として挙げることはできない。

（6）原語は「パトス」。本質に含まれない性質が考えられていることが分かる。

(644a) り、また、それら以外のすべての動物に共通のいくつかのそういったものもあるから。[1]

しかし、にもかかわらず、それらがそのように[2]区別されているのは正しい。というのは、超過によって、つまり、「より多い」ということと「より少ない」ということによって異なる[3]限りのものどもは一つの類に含められたのであり、他方、類比的なものをもつ限りのものどもは別々にされたのであるから。私が言っているのは、たとえば、或る鳥が別の鳥と異なるのは、「より多い」ということによって、あるいは超過によって——つまり、或る鳥の羽根は「より長く」、別の鳥の羽根は「より短い」ことによって——だが、魚が鳥と異なるのは類比的なものによってだ——実際、鳥にとっての羽根に相当するものが、魚にとっての鱗《うろこ》なのだから——ということである。しかし、すべての場合にこういう区別をするのは容易なことではない。というのは、多くの動物が、類比的なものに関しては、同じ受動的状態になってしまっているからだ。[4]

ところで、最後の種どもは諸々の実体であり、これらはソクラテスとコリスコス[5]のように種の点では違いがないのであるから、ちょうど先に述べられたように、[6]［最後の種どもに］普遍的に属することごとを先に述べるか、あるいは、同じことを何度も語るか、どちらかであるのが必然的である。だが、普遍的に属することごとは共通である。実際、多くのものに属することごと[7]を普遍的であると私たちは言うのであるから。しかるに、どちら[8]について研究しなければならないのかという難問があるのだ。というのは、一方で、種的に不可分なもの［最後の種］が実体である限り、もしできるならば、個々の、種的に不可分なものどもについて別々に考察するのが一番よいということがあるからだ。ちょうど人間についてのように、鳥についてもそうである。実際、この類は種をもつから。ただし、［種的に］不可分なものとしての鳥のどれかについてであるが。たとえば、スズメ、ツル、あるいは何かそういったものだ。しかし、他方で、同じ受動的状態について、それが共通に多くのものに属するため、何度も語るはめになるということがある限り、その点では、各々のもの［種］について別々に語ることは、幾分馬鹿げていて長たらしいのであるから。

(1)「だから、その共通の受動的状態に基づいて、一つの類を構成し命名してもよかったのではないか」という疑問。類ないし種の構成は任意ではないかという疑問につながる。現代哲学での「自然種」の問題に相当する。以下でアリストテレスは、その「共通」の内実を検討する。

(2)鳥と魚にさらに上位の一つの類を設定しないで、それぞれ独立した類として、ということ。

(3)本質的に同じであって、程度の差や度合いの違いで異なっている、ということ。

(4)羽根と鱗のように分かりやすく異なってくれてはおらず、それゆえに、「区別をすることが容易ではない」。なお、「羽根」と訳した原語「プテロン」には、wing の意味と feather の意味がある。飛行の器官としての「プテロン」は、「羽」（文脈によっては「翼」「翅」）、鱗の類比物としての「プテロン」は「羽根」と訳した（毛の類比物ではないので「羽毛」は避けた）。

(5)個別的実体の例。最後の種としての実体どもは、個別的実体としてのソクラテスとコリスコスが種としては異ならないように、やはり種としては異ならない、ということ。

(6)第一章で(1)と区分した箇所（六三九a一五以下）。

(7)共通であるとは、多くのものに属するということである。

(8)いま述べた共通なことか、それとも以下で説明する実体としての個々の種か、ということ。

644b それで、おそらくは以下のようにするのが正しいだろう。まず、類に関することを共通に語ることだ(1)。その類とは、人々が決めたのでうまく述べられているもの(2)であり、しかも、一つの共通な自然本性(3)と、ひどくかけ離れてはいない諸々の種(4)とを、そのうちにもっている限りのものである。鳥や魚、そして、名称がない(5)がそのうちの諸々の種を類に似た仕方で含む何か他の動物(6)がいればそれが、そうした類だ。しかし、そのようでない限りの動物、たとえば人間については、そして、別のそういった動物がもしいれば、その動物については、個々に語るのである。

さて、主として諸部分や全身の形によって諸々の種が類似性をもつ場合に、類が規定されてきたのである。それは、たとえば、鳥どもからなる類が鳥の諸々の種との関係でこうむってきたようなことであり、魚どもからなる類も、「軟らかい体のものども（マラキア）(7)」も、「殻に覆われているものども（オストレイア）(8)」も、そうなのである。というのは、それらの諸部分が異なるのは、類比的な類似性――たとえば、人間における

(1) したがって、類に共通なことごとを先に語るのでなければならない。これが、第一章の(1)で立てた問題への正式な答えになる。『自然学』第三巻第一章では、単に、「固有なものどもについての考察は、共通なものどもについての考察よりも後である」（二〇〇b二四—二五）と言われているだけであるが、この言葉には『動物部分論』のこの箇所のような考えがあるのである。

(2) 「人々がうまく決めたと言われる」というふうに訳したものが多いが、「多くの人たち（ポロイ）」の判断が尊重されているという私の解釈に基づいて、「うまく述べられている」理由として「人々が決めた」ということが絶対的属格で挙げられていると読んだ。ただし、人々が決めたということがそれ自体で絶対的基準になるのではなく、「しかも」以下で、アリストテレス自身の基準が示され、多くの人たちの洞察が

把握し直されている。

(3) この「共通な自然本性」は、類の基準になる重要な概念であるのだが、詳しい説明がない。アリストテレス自然学の中心概念の「自然本性」と同じであるとすれば、動と静止の内在的で自体的（本質的）な原因であることは間違いない。共通な自然本性が何であるかを理解するためには、動物のさまざまな差異を因果的に理解することを必要とするLennox, p. 171の説はこの点で正しい。ただし、具体的には、『動物誌』での類の判別基準を分析したCharles, 2000, pp. 318-319, 324の「場所運動の方法、生殖の方法、栄養摂取の方法、呼吸の方法をまとめたもの」だという説が正しいであろう。

(4) それらの差異が程度の差に収まるような諸々の種ということ（Lennox, p. 171）。

(5)「名称がない（アノーニュモン）」とは、「鳥」のような明示的な一般名詞がないということ。第二章では、「有血のもの（ト・エンハイモン）」と「無血のもの（ト・アンハイモン）」が「アノーニュモン」であり、「名称（オノマ）」が与えられていないとされていた（六四二b一五—一六）。

(6) たとえば、『動物誌』第一巻第六章で列挙されている「動物の最大の類（ゲネー・メギスタ・トーン・ゾーオーン）」のうちで、「一つの名称による名前をもたない（アノーニュモン・ヘニ・オノマティ）」とされている「軟らかい殻をもつものどもからなる類（ト・［ゲノス・］トーン・マラコストラコーン）」がそうであろう（四九〇b一〇）。なお、最大の類は、「鳥」「魚」「鯨」など、漢字で表記する（「人間」のみ例外である。人間には種がないので類ではないと『動物誌』第一巻第六章でも言われている）。

(7) 以下「軟体動物」と訳すが、「頭足類」に相当する。

(8)「オストレイア」または「オストレア」は、もともとは「カキ」であるが、ここでは一般化されて「貝類」の意味（第二巻第八章六五四a三の「オストレア」は「カキ」の意味である）。

(644b)

骨と、魚における棘骨との間で成り立つような関係[1]――によってではなく、むしろ、「大きさ、小ささ」、「軟らかさ、硬さ」、「滑らかさ、粗さ」等々のような、一般的には「より多い、より少ない」といった、体の諸々の受動的状態によってであるからだ。

それで、次のようなことが語られたわけである。すなわち、自然本性についての探求をどのようにして是認すべきなのかということ。それらについての研究が方法的で最も容易になるのは、どのような仕方によってかということ。さらに、分割に関しては、役に立つ仕方で種を把握することは、それを追及する人たちにとって、どのような仕方で可能なのかということ。そして、何ゆえに、二分割することは、或る場合には不可能であり、或る場合には空虚であるのかということなどである。さて、それらが明確にされたので、このような出発点をとって、それに続くことについて論じよう。

第五章

自然本性によって構成された諸々の実体には[2]、永劫にわたって不生不滅であるものども〔天体〕[3]と、生成と消滅に与っているものども〔動植物〕がある。

しかし[4]、前者〔天体〕は尊く神的ではあるものの、それらについての知識は、私たちがあまり手にできないものである――というのは、それらについて考察する手がかりとなるものどもに関しても、私たちが知りたいと熱望している当のものどもに関しても、感覚によって明らかになることがまったく乏しいからである[5]

（1）人間の骨と魚の骨だと、骨であるということ自体は同じで、あとは程度の差にすぎないと思われるかもしれない。しかし、「棘骨」と訳した「アカンタ」それ自体には、「骨」という意味はない。それ自体としては「棘」「針」という意味で、植物の棘にも使える。この場合は、「魚の体内にある細長くてとがったもの」である。これは、人間の「骨（オストゥーン）」と同じ意味で骨なのではないと考えられている（もちろん「オストゥーン」は人間以外の動物ももっている）。人間の骨と魚の骨は、鳥の羽根と魚の鱗ほど異なると思われている。それにもかかわらず、「類比的」には「類似性」があるとされるのは、人間の「オストゥーン」が果たしている「はたらき、あるいは機能（エルゴン）」と類似のはたらきを魚の「アカンタ」が果たしているからであり、いわば「機能の類比（エルゴンのアナロギアー）」が成り立っているからである。類比の基準としての「エルゴン」については、『動物進行論』第四章に詳しい説明がある。そこで「動物が口で栄養をとるように、植物は根で栄養をとる」（七〇五b七―八）と述べられているのがはたらきの類比である（栄養摂取というはたらきに関して口と根が類比的に類似していることになる）。なお、「骨（オストゥーン）」についてのまとまった議論は、『動物誌』第三巻第七章にある。そこでは、魚のように見える「イルカも諸々のオストゥーンをもつのであって、アカンタをもつのではない」（五一七b一二―一三）とか、魚にも諸々のオストゥーンがあると言われるが、それは「類比的に同じオストゥーンということだ」（五一六b一四）とか言われている。

（2）「自然学（ピュシケー・エピステーメー）」の対象には、ということ。第五章前半は、動物学を、単にそれ自体として勧めるのではなく、ピュシス探究の一環として、自然学の重要な分野として、人々に認知させるべく説得を試みている。

（3）「永劫にわたって不生不滅であるものども」は、神ではなく天体を指している。そもそも神は「ピュシスによって構成されたもの」ではないので、自然学の対象ではない。すぐあとで「神的」と形容されているのは、アリストテレスは永劫にあるものをそのように形容するからである（Lennox, p. 172）。

（4）以下では、認識の手がかりの多さの点では、動植物の研究が天体の研究にまさることが指摘される。

（5）『天について』第二巻第十二章でも「われわれのもっている手がかりは少ないし、またわれわれは星についての諸現象からはるか隔たっている」（二九二a一五―一七）と言われている。なお、『天について』は池田康男訳を使用させていただいた。

—が、他方、消滅しうるものである植物や動物については、私たちがそれらとともに生きているがゆえに、知るための糸口が、ずっと多く与えられている。実際、十分な努力さえおしまなければ、存在するさまざまなものどもの各々の類について多くを把握することができるはずであるから。

だが(1)、どちらにも喜びとなることがある。実際、以下のようであるから(2)。すなわち、一方で、前者［天体］には少ししか触れることがないとしても、にもかかわらず、［天体を］知ることの尊さのゆえに、それを知ることは、私たちのまわりにあるものども［動植物］すべてを知ることよりも、ずっと快いが、これは、ちょうど、自分が愛するものならば、たまたまほんの少し見かけただけでも、それ以外のものを数多く厳密に長く 645a 見るよりも、ずっと快いのと同じことなのである。他方で、後者［動植物］は、前者［天体］より、もっとよく、もっと多く知っているがゆえに、すでに得られている知識の優位さをもち、さらにまた、動植物は、私たちにいっそう近く私たちの自然本性にいっそう固有のものであるが(3)ゆえに(4)、神的なものども［天体］についての哲学と見合うだけの何かを、代わりに与えてくれるのである(5)。

さて、それら［天体］については、私たちに思われるところを述べて、議論を終えた(6)のであるから、残る仕事は、動物の自然本性(7)について、比較的尊いこともあまり尊くないことも、できるかぎり省略せずに語ることである。というのは、気持ちの悪い諸々の動物でさえも、研究に従事すれば、［天体の場合と］同様に(8)、それらの動物を作り出した自然本性が、諸々の原因を知る(9)力をもちかつ生まれつき知を愛する者(10)たちに、並はずれた快さを与えるからである(11)。実際、動物の諸々の似像を見て喜ぶのは、似像を作り出した絵画術や彫刻術のような技術を似像と同時に見てとるから(12)であるのに、自然本性によって構成されたものどもの諸原因

（1）以下では、「喜びとなること（カリス）」の点では、動植物の研究も、天体の研究と同等であることが指摘される。

（2）この段落の終わりまでが、「喜びとなることがある」の長い理由文になっている。

（3）「似たものは似たものによって知られる」という古代ギリシア人に共通する考え方によると、人間とは遠い自然本性のもの（天体）よりも、近い自然本性のもの（動植物）のほうが、いっそうよく知られうるということになる。

（4）したがって、すでに得られている知識の点だけではなく認識のされやすさの点でも優位にあることになるので、ということ。

（5）「神的なものども［天体］についての哲学と見合うだけの何か［認識それ自体の快さ］を、［認識対象に由来する快さの］代わりに与えてくれる」ということ。したがって、天体の研究にも動植物の研究にも同様に、喜びとなること、すなわち、由来は異なるが、同じだけの快さがある、ということが帰結する。

（6）『天について』のこと。

（7）直訳すれば「動物的なピュシス（ゾーイケー・ピュシス）」。動物研究をピュシス研究の一環として捉えていることがうかがえる言葉。以下では、原因としてのピュシスの認識の快さが論じられる。

（8）底本の Bekker 版の提案 *ὅμως*（それにもかかわらず）ではなく、Balme, Lennox と同じく、写本通り *ὁμοίως*（同様に）と読む。

（9）「原因を知ること」の強調は、第一巻第二章から第四章までに対する第五章の特徴である。

（10）「生まれつき知を愛する者」の原語は「ピュセイ・ピロソポス」。『形而上学』A巻冒頭（九八〇a二一）の「人間たちはすべて『生まれつき（ピュセイ）』知ることを欲する」という言葉をほうふつとさせる言葉。「ピロソポス」といっても、専門的哲学者ではなく、生まれつき知ることを欲する（知を愛する）すべての人間のことであろう。専門知識ではなく教養を身につけている人たちに語りかける『動物部分論』第一巻第一章冒頭とも響きあっている。

（11）先に、認識それ自体の快さが論じられたが、ここでは、原因（作り出したもの）の認識の快さが論じられる。

（12）或る作品に驚嘆するとき、同時に、それを生み出した技術にも驚嘆する、ということ。

(645a) を見てとる力のある者たちが、それらの研究に、もっと満足しないとすれば、実に不合理で奇妙なことであろうからだ。[1] それゆえ、あまり尊くない諸々の動物についての探求を子供のように嫌がってはならない。なぜなら、自然本性的なものには、みな、何か驚嘆すべきもの[2]があるからである。そして、実に、ヘラクレイトスは、こう言われている。すなわち、彼に会うことを望む人たちが家の中に入ったところ、かまどのある炊事場[3]で暖をとっている彼を見て立ち止まったので[4]、彼はその客人たちに声をかけたのだと――つまり、「ここにも[5]神々が在《いま》すから」と、恐れず[6]入ってくるように彼は促したのであるから――。ちょうどこのように、すべてのものには自然本性的で善美なる何かがあるということを理解して、とまどうことなく動物の各々の種についての探求へとおもむく必要があるのだ。[7] なぜなら、自然本性の諸々の産物には、しかもとりわけそれらには、たまたまにではなく何かのためにそうなっているということがあるのであって、しかるに、そのためにそれらが構成されたか発生したところの目的が、善美の場を占めるからだ。[8] しかし、誰かが、人間とは別の動物の研究は尊くないと思うとすれば、自分自身についての研究も同じように尊くないと考えなければならない。なぜなら、かなりの嫌悪感なしには、人類を構成するところの、血、肉、骨、血管、そしてそのような諸部分を見ることはできないからである。

また、諸々の部分や部品のうちの何についてであれ議論する人は、素材に関することではなく、素材のためのことでもなく、全体の形に注目するのだということを認める必要がある。たとえば、注目されるのは、家であって、レンガやモルタルや材木ではない。それと同様に、自然本性について議論する人も、注目するのは、構成されたもの、すなわち全体としての実体であって、所属する実体から切り離されては成り立たな

（1）「技術（テクネー）」と「自然本性（ピュシス）」をパラレルにするのは、アリストテレスの得意の論法。技術のあり方をもとにして自然本性のあり方を明らかにするのであるが、それが可能であるのは、技術が自然のあり方の延長線上にあると考えられているからである。『自然学』第二巻第二章「技術は自然をまねる」（一九四a二一―二二）、同第二巻第八章「一般的にいって、技術とは、一方においては、自然が完成しえないものを仕上げるものであり、他方においては、自然をまねるものである。だから、技術による存在が目的をもつなら、自然による存在もまたそうであることは明らかである」（一九九a一五―一八）。なお、『自然学』の訳は藤澤令夫訳（『ギリシアの科学』世界の名著、中央公論社所収）を使用させていただいた。

（2）原語は「タウマストン」。哲学（知を愛すること）の始まりである「タウマゼイン（驚嘆）」の対象が「タウマストン」である。したがって、タウマストンを含む自然本性的なものは、どんなものであれ、知を愛する者にとってなくてはならないものであるから、それを嫌がってはならないのである。

（3）原語「イプノス」は、「かまど」という意味と「かまどのある場所、すなわち台所、炊事場」という意味がある。「入ってきなさい」と言われているので、Gregoricとともに後者にとった。この逸話を引いてくる文脈からして明らかに、訪ねてきた客人たちは、炊事場を、尊くなくて汚い（美しくない）場所だと思っている。これが動物の世界を表わしている。また、炊事場では鳥や魚を捌いていたであろうから、解剖にも対応するであろう。なお、Balmeが賛成しているRobertsonの「この箇所の『イプノス』とは『コプローン（便所）』のことであるという説は、Gregoricによって適切に批判されている（Gregoric, 2001, pp. 76-77）。

（4）炊事場に入るのを躊躇した、ということ。

（5）「ここにも」の「も（カイ）」とは、おそらく、家の中にあるもう一つの「かまど」である「ヘスティア」には、当然、神（女神ヘスティア）が在《いま》すし、「イプノス」に「も」在す、という意味。ヘスティアは、家の中心に位置づけられていた明らかに尊く美しい場所であり、天体の世界を表わしている。また、ヘラクレイトスの「火」のことを考えると、イプノスのかまどの中にある火が、神々に、そしてピュシスに、なぞらえられていると思われる（Gregoric, 2001, pp. 80-81）。

（6）汚れる（穢れる）ことを「恐れず」と解した。

（7）ヘラクレイトス「生涯と学説」九（DK）。

（8）目的は善美と同じはたらきをする、ということ。第一章でも、「技術の産物よりも自然本性の産物のほうが、目的や善美が多い」（六三九b一九―二一）と言われていた。

645b いものども［素材や部分］ではない(1)ということを認める必要があるのだ。

さて、まずは、すべての動物に自体的に［本質的に］属する限りの諸々の付帯性を各々の類について区別することが、次に、それらの原因を区別するよう試みることが、必然的である。それで、先にも述べられたが(2)、多くの共通のものどもが多くの動物に属しており、或るものどもはそのまま共通である。たとえば、足、羽、鱗、そして諸々の受動的状態もそれらと同じ仕方で共通だ。また、別のものどもは類比的に共通である。私が、類比的に共通と言うのは、肺臓のある動物と、肺臓のない動物がいる場合、後者には、その代わりに、肺臓をもつ動物にとっての肺臓に相当する別のものがあるということだ。また、或る動物には血がある一方で、別の動物には、有血動物にとって血がもっているのとちょうど同じ能力(3)をもつ類比物がある(4)ということだ(5)。そして、先にも私たちが述べたことだが(6)、個々のものどものそれぞれについて別々に語ることは、それらに属するものども［付帯性］すべてについて語るのであれば、いかなる場合であっても、同じことを何度も語ることになってしまう。しかるに、同じものが多くのものに属しているのだ。それで、これらについては以上のように規定されたとしよう(7)。

さて、すべての道具は何かのためにあり、体の諸部分の各々もまた何かのためにあるのであって、何かのためにあると言われるその何かは或る活動(8)であるのだから、諸部分から複合された体も或る完全な活動(9)のために構成されたということは明らかである(10)。実際、切断が鋸《のこぎり》のためにあるのではなく、鋸が切断のために

(1) 部分の理解には全体の理解が必要だという重要な論点が提示されている。したがって、本書は確かに『動物部分論』な

のであるが、部分がそれだけで論じられるのではなく、全体としての動物体、その形相である魂の機能、動物の生活形態との関連で研究されている。

(2) 第四章（六四四a一二―b七）。

(3)「はたらき（エルゴン）」が、「能力（デュナミス）」とも捉えられていることに注意。はたらきの基礎となるのが能力であろう。

(4) アリストテレスでは、赤い血だけが「血（ハイマ）」と呼ばれるので、血と同じ能力があるが赤くない液体をもっている動物は、「無血動物（アンハイモン）」と呼ばれる。

(5)「また」以下の「血」の例は、類比的な共通性の二つ目のタイプを挙げた（Lennox, p. 175）というより、あるものが別なものの類比物とされる根拠が「同じ能力をもっていること」だと説明し直したものであるように思われる。

(6) 第一章（六三九a一五―b一〇）。

(7) この段落は、すでに述べられたことの要約であるが、原因の解明という課題が新たにつけ加えられている（六四五b三）ことが注目される（Balme, p. 124）。

(8)「活動」と訳した原語「プラークシス」は「実践」「行為」であるが、人間以外の動物、動物の体やその部分までも視野に入っているので、一般的に「活動」と訳した。先に「能力（デュナミス）」として捉えられた「はたらき（エルゴン）」が、さらに「活動（プラークシス）」とも捉えられていると考えられる。「はたらき」の遂行が「活動」であろう。なお、『天について』第二巻第十二章では、天体も「プラークシス」に与っていると考えなければならないとされており（二九二a二〇）、さらに植物にも「プラークシス」を認めている（二九二b七）。

(9)「諸部分から複合された体」とは、全体としての体ということ。また、ここでの「完全な（プレーレース）」は、ミカエルによれば、「全体的な（ホロス）」という意味である（Mich., 23, 20-21）。

(10) 全体を理解することが大切だという論点が再び登場している。なお、第一章で「体は道具であるので――なぜなら、体の各々の部分は何かのためにあり、全体としての体もそうであるから――」（六四二a一一―一二）と言われていたが、その「何か」とは「活動」であったわけである。

(645b) あるのだから。(1) すなわち、切断は一種の使用であるから。(2) したがって、体も或る意味で(3)魂のために(4)あるのであり、体の諸部分も諸々のはたらきのためにあるのであって、諸々のはたらきとの関係で諸部分の各々はそのようであるのが自然本性的であるのだ。(5)

してみると、まず述べられなければならないのは、すべてのものに共通の、また、類によって、そして、種によって、共通の諸々の活動である。ところで、私が、「共通の諸々の活動」と言っているのは、すべての動物に属しているところのそれらのことであり、(6)「類によって共通の諸々の活動」と言っている場合は、それらの相互の相違は超過によると(7)私たちが見ているということである。たとえば、私が、鳥のことを、「類によって共通のもの」と言い、人間や、普遍的な定義による相違をもたないところのもの(8)すべてを、「種によって共通のもの」と言うように。実際、或るものどもは類比によって、別のものどもは類によって、また別のものは種によって、共通のものをもつから。

それで、(9)まず、(i) 或る活動が別の活動のためになっている限り、それらの活動が属するものどもも、それらの活動が異なるのと同じ仕方で異なる目的と手段の区別があるということは明らかである。同様に、もし、(ii) 或る活動が、別の活動よりも先なるもの、(10)つまり、別の活動の目的であるならば、活動がそのよう

---

(1) この文が前文の理由文として機能するためには、切断は「或る完全な［全体的な］活動」の例でなければならない。したがって、切断は、たとえば、鋸を押すという活動と引くという活動からなる活動であると想定されていることになる。

(2) この箇所の「使用（クレーシス）」は、「現実活動態（エネルゲイア）」の意味（Bonitz, Index, 854b37）であり、したが

って「活動（プラークシス）」を指すと解する――実際、後で、「[活動のためであるから、]したがって、魂のためである」という論理が展開されている（六四五b一九）が、活動＝現実活動態であるから、活動に当てはまることは、現実活動態である魂にも当てはまるということであろう――。さて、すると、使用すなわち現実活動態である切断のためであるならば、活動のためであるということになるのである。

（3）「或る意味で（ポース）」という限定がつけ加えられたのは、厳密に言えば、体と魂の関係は、鋸と切断の関係とは異なる点があるからである。つまり、たとえば道具箱にしまわれて現実に切断していなくても鋸は鋸であるが、魂のはたらきを遂行していない――生きていない――体は本当のところは体とは言えなくなっているからであろう。

（4）或る完全な[全体的な]活動として魂が捉えられていることになる。

（5）類的に異なる動物の部分の間に「類比的な類似性」を成り立たせるものとして機能が重要な役割を果たすのであったが、ここでその機能が動物の部分そのものの本性を決定するものとしても重要であることが指摘されている。

（6）これは、後で、「『類比（アナロギアー）』によって共通のもの」と言い換えられている。

（7）ミカエルは、「自然本性によってではなく、『より多く』や『より少なく』ということ[程度の差]によって相違をもつ」（Mich., 23, 28）という意味だとしている。これ自体は間違いではないが、後の記述からして、アリストテレス自身が強調したいことは、「定義による相違ではない」ということであろう。

（8）この「普遍的な定義による相違をもたないところのもの」という規定は、「種による共通性」には入らない「鳥」にも当てはまるように見える。しかし、当てはまらないとされている。その理由は、「鳥」は、『動物誌』第一巻第六章で「動物の最大の類（ゲネー・メギスタ・トーン・ゾーオーン）」（四九〇b七）の一つに数え上げられていることからすると、存在論において最大の類つまり最高類が定義できないように、そもそも定義はできず――なぜなら定義する際に使用する類に相当するはずの「動物」が類ではないので――、固有な違いを列挙して把握できるだけだからではないか。

（9）この段落の(i)―(iii)は、それぞれ、条件的必然、目的、端的な必然に対応している（Balme, p. 124）。

（10）「より先なるものである」とは、「目的である」と次に言われていることからして、「原因である」ということであろう。「定義の点でより先」という意味だとする Charles, 2001, p. 314 の説は根拠が薄いように思われる。

であるところの諸部分の各々も同じ仕方であるだろう。そして第三に、(iii)それらが成り立つことが必然的であるのは別のものが存在するからであるというものども[1]がある。

ところで私が「受動的状態」だとか「活動」だとか言っているのは、発生、成長、交接、目覚め、眠り、進行などのことであり、動物に属する他のそのようなもののことだ。また、私が「部分」と言っているのは、
646a 鼻、目、そして全体としての顔のことであり、これらの各々は、「メロス」[2]と呼ばれる。その他のものどもについても同様である。

探求の方法については、以上で十分に述べられたとしよう。

では次に、共通のものどもや固有のものどもについて、それらの原因を述べるよう試みよう。まず、私たちが決めたやり方にしたがって、第一のものどもから始めよう。

---

(1) 非常に読みにくいが、Bekker 版の通り、*ὧν ὄντων ἀναγκαῖον ὑπάρχειν* と読む。Balme, p. 124 が指摘するように、文の構造が、『分析論後書』第二巻第十一章九四 a 二四の *τὸ οὗ ὄντος τοδὶ ἀνάγκη εἶναι* と類似している（Barnes による『分析論後書』の訳では 'if something holds it is necessary for this to hold'）。

(2) 『動物誌』第一巻第一章（四八六 a 九以下）によると、「頭、足、全体としての腕、胴体」のように、全体として一応まとまった部分であり、しかもその部分のうちに別の部分を含むような「異質部分（アンホモイオメレー）」と呼ばれる部分は、*μέρος*（一般的に「部分」という意味）と呼ばれるだけではなく、*μέλος*（一応「肢」という意味であるが、動植物の「体」の、前述のような、部分をそれ自身のうちにもったまとまりのある「部分」ならどの部分でもよい）とも呼ばれる。

第二巻

第一章

(646a)
8 それで、諸々の動物の各々が、どのような、また、いくつの部分から構成されているのかということは、それらの動物に関する諸探求[1]において、もっと明瞭に解明されている。[2]そこで、いまや、どのような原因の
10 ゆえに各動物がそのようになっているのかということが、それ自体で、前述の諸探求において語られたこととは別に、認識されなければならないのである。

さて、動物の体の構成物は三つあるのだが[3]、その第一のものとして、或る人たちによって「構成要素」たとえば「土、空気、水、火」[4]と呼ばれているものどもからできた構成物を立てる人がいるかもしれない。しかしさらに、諸々の力[5]からであると言ったほうがおそらくもっと善い[6]のであって、しかも、それらのすべてからではなく[7]、先に別のところで述べられた[8]通りなのだ。すなわち、諸々の複合物体[9]の素材であるのは、湿

(1) 対応するテクストは、『動物誌』第一巻第七章から第四巻第八章であるが、『動物誌』の基礎となった諸研究を指している可能性もある。

(2) 『動物部分論』第二巻に『動物誌』が何らかの意味で先行

していたことを示唆する。

（3）以下は、『生成消滅論』第二巻と『気象学』第四巻で詳しく述べられた理論の応用である。

（4）「構成要素（ストイケイオン）」は、「或る人たち」と言われているソクラテス以前の哲学者たちも使ってきた伝統的な概念、いわゆる「四元」である。アリストテレス自身もよく用いるが、次に述べられている「力（デュナミス）」のほうが厳密なアリストテレス的概念である。

（5）「力（デュナミス）」は、伝統的な四元をさらに分析したもの。一つの「構成要素（ストイケイオン）」は、二つのデュナミスの組み合わせから構成されるとされ、四元の相互転化を説明する。たとえば、「湿ったもの」と「冷たいもの」という二つのデュナミスからなる水を熱すると、水を構成していた「冷たいもの」が「熱いもの」と入れ替わって、全体として水から空気（湿ったものと熱いものから構成される）になる。なお、デュナミスはそれ自体として（たとえば熱さだけで）独立に存在することはないとされる。独立して存在する最小の単位はストイケイオンである。

（6）「もっと善い」という言葉から、こちらがアリストテレス自身の考える正確な理論であることが分かる。

（7）諸々のデュナミスは、すべて同等なのではなく、基本的なもの（「素材（ヒューレー）」と呼ばれているもの）と派生的なものの区別があるということ（Lennox, p. 180）。

（8）『生成消滅論』第二巻第二章。

（9）この「複合物体（シュンテトン・ソーマ）」が何であるかは、ここではっきりと述べられていない。「シュンテトン・ソーマ」は、『天について』第一巻第二章二六八b二六以下によれば、火や水などの「単純物体」と対になる概念であり、単純物体から合成された物体のことであるが、ここでは、土などの単純物体が諸々のデュナミスから複合されたものとして捉え直されたものではないだろうか。

(646a)

ったもの(1)、乾いたもの(2)、熱いもの(3)、冷たいもの(4)であるから(5)。これらからの帰結であるのが、力のその他の相違である。たとえば、重いこと、軽いこと、密であること、疎であること、ざらざらであること、なめらかであること、そして、物体のそのような他の受動的諸状態がそうだ(6)。第二は、第一のものども(7)からなる構成体(8)であって、動物における諸々の同質部分という自然物である。たとえば、骨や肉、そういったその他のものがそうだ。そして、数の上で最終の第三のものは、諸々の異質部分という自然物である。たとえば、顔や手、そういった諸部分がそうだ。

だが、生成の場合と本質の場合とでは事情が正反対になっている。つまり、生成において後のものどもが自然本性(9)の上では先であり、生成において最初のものが自然本性上は最終のものだからだ。実際、家がレンガや石材のためにあるのではなく、それらが家のためにあるから(10)。その他の素材に関してもそれは同様であ

(1)「湿ったもの(ヒュグロン)」は、それ自身の固有な限界によっては限定されえないものであり、[他のものによって]限定されやすい」と『生成消滅論』第二巻第二章(三二九b三〇—三二)で説明されている。たとえば水は、それ自体としては定まった形をもたず、さまざまな形の容器に隙間なく入っていく。湿り気(水気)をもてばもつほど、こういう性質が備わるわけである。

(2)「乾いたもの(クセーロン)」は、それ自身の固有な限界によって限定されやすいものであり、[他のものによる]限定を受け入れにくい」(三二九b三一—三二)。なお、これをOgle, Peckはsolid、島崎は「固形のもの」と訳す。しかし、「火はクセーロンだ」というアリストテレスの言葉を、「火は『固形のもの』だ」と訳すのは、少なくとも日本語の許容範囲外であると思われる——ヒュグロンは流動性があるということ、クセーロンは流動性がないことだという彼らの解釈自体はまちがってはいないとしても、湿っていることや乾いて

いることの結果としてそうなのである——。最新の Lennox の訳では、伝統的な dry に戻されている。

(3)「熱いもの(テルモン)」は、同類のものどもを結びつけるものである。というのは、引き離すことが、火が行なうことであると言われているが、これは実は、同族のものどもを結びつけることだからだ。実際、それは、諸々の異物を取り除くということになる」(三二九b二六―二七)。例として金属の製錬を考えると分かりやすいだろう。

(4)「冷たいもの(プシュークロン)」は、同類のものども同族でないものどもも同じように一緒に集めて結びつけるものである」(三二九b二九―三〇)。どんなものでもいっしょくたに氷に閉じ込めることができるように。

(5)以上の四つが基本的なデュナミスである。そして、土は乾いたものと冷たいものの複合物体、空気は湿ったものと熱いものの複合物体、水は湿ったものと冷たいものの複合物体、火は乾いたものと熱いものの複合物体と把握し直されるわけである。なお、「湿ったもの」等々は、形容詞が中性名詞化された言葉であり、またデュナミスはそれ自体として独立して存在しないとされているので、「湿という性質」等々とも解せる。しかし、「素材(ヒューレー)」と言い換えられているので、性質ではないと思われる。独立して存在しないが、やはり一種の「もの」であろう。後に出てくる「重いこと」等々は女性の抽象名詞なので、こちらは明らかに性質を表わしている。

(6)これらは、基本的なデュナミスから派生したデュナミスということになる。

(7)水などの四つのストイケイアとも、湿ったものなどの四つの基本デュナミスとも、どちらにもとれる(Lennox, p. 180)。

(8)ミカエルは、「『構成体(シュスタシス)』、つまり『構成物(シュンテシス)』」と解している(Mich., 25, 23)。

(9)「本質(ウーシアー)」が、事物に本質的に内在する原因・原理である「自然本性(ピュシス)」と言い換えられることによって、単なる本質ではなく、原因としての形相因であることが分かる。なお、後で出てくる「形(モルペー)」には「形相」という意味もある。

(10)形相因である「ウーシアー」が、目的因でもあることが示されている。目的が実現するのは生成過程の最終段階においてである(生成において後)が、目的物の生成のためにこそ必要な最も基本的な素材(自然本性において後)から生成が始まる(生成において先)のであるから、生成過程を最初から支配しているのは目的である(自然本性において先)。

る。事情がそのようになっていることは、実例を見ることから[1]だけではなく、以下のような議論によっても、明らかだ。すなわち、すべての生成物は、何かから何かへと生成するのだが、それは、始原から始原へ、つまり、第一の動かすものであり[2]或る自然本性をすでにもっている始原から、或る種の形あるいは他のそのような目的としての始原へ、であるから。というのは、人間が人間を、植物が植物を、各々に関して基となる素材から生んでいるのであるから[3]。

　それで、時間の点では素材と生成が先であり、定義の点では本質と各々のものの形が先であることが必然的なのだ。このことは、誰かが生成の定義を述べれば明らかになるだろう。実際、建築作業の定義は家の定
646b 義を含むが、家の定義は建築作業の定義を含まないから。他のものどもの場合も同様である。したがって、諸々の構成要素という素材が[4]、諸々の同質部分のためにある。実際、生成の点で、諸々の同質部分が、諸々の構成要素の後であり、また、同質部分より異質部分が後であるから。なぜなら、異質部分は、すでに、終局すなわち末端に達しており、数の点で三番目の構成体に到達しているからである[5]。ちょうど、多くのものの場合、部分の生成がそこで完了しているように。

　それで、動物は同質部分と異質部分の両方から構成されているが、同質部分は異質部分のためにある。というのは、異質部分に、たとえば、眼、鼻、全体としての顔、そして、指、手、全体としての腕といったものどもに、諸々のはたらきや活動が属するからだ。そして、数多くの種類の活動や運動が、全体としての動物にも、そのような諸部分にも、属しているので、動物とその部分は、それらを構成する異質な諸々の力をもつのが必然的である。実際、或る活動には軟らかさが、別の活動には硬さが役立つし、ある部分は伸ばす

力を、別の部分は曲げる力をもつ必要があるから。それで、諸々の同質部分は、そのような諸力を個別にもっている[6]——実際、それらの部分はそれぞれ、軟らかかったり硬かったり、湿っていたり乾いていたり、し

(1)「実例を見ること」と訳した原語「エパゴーゲー」は「帰納」が従来の訳だが、個別から普遍を導き出すというより、事例を見ることによって本質を把握し確認することである。ここでは、家の例を見ただけで終わっており、これが「帰納」であるとは言えまい。それだけで決定的な正当化の手続きになると思われているわけではないので、帰納のように、「すべての事例を集めたわけではないから普遍的結論が正当化されるかどうか分からない」という議論には巻き込まれない。

(2)形相因であり目的因であるとされた「ウーシアー(本質)」が始動因でもあることが分かる。これらの三つの原因がしばしば一致することが、『自然学』第二巻第七章(一九八a二四—二五)で述べられている。

(3)形相因であり目的因であり始動因である「ウーシアー」が生成過程を始めから最後——ここで「目的」と訳した「テロス」には「終局」という意味もある——まで始原として支配しているということ。なお、「基となる素材(ヒュポケイメネー・ヒューレー)」という言葉で質料因が導入されているので、これで四原因が出そろったことになる。

(4)原文は、直訳すると、「諸々の構成要素の素材」である。つまり、「力(デュナミス)」とも解せる。しかし、次の「実際」以下の文で「諸々の構成要素の後」と訳したものは、原文では「それら(エケイナ)の後」であり、複数の指示代名詞で受けられているので、「諸々の構成要素が素材だ」という意味にとった。

(5)異質部分より上位の部分概念はもうない、ということ。諸々の異質部分からは、さらに動物体が構成されるが、動物体は一つの全体であって、もはや何かの部分なのではない。以下で、「全体」という言葉が多用されていることに注意。

(6)一つの同質部分は一つの力(基本的な力の場合もあれば派生的な力の場合もあるが)で構成されているということ。

なやかであったり折れやすかったりするから——が、他方、異質部分は、相互に結びついた多くの力(1)にしたがっている(2)。実際、手にとっては、絞るために、また、摑むために、異なる力が役立つから。まさにそれゆえに、骨、腱、肉、その他の同質部分から、諸部分のうちの道具的なもの［異質部分］が構成されているのであって、同質部分が異質部分から構成されているのではないのである(3)。

それで、何か機能あるいは活動のために、この原因［目的因］のゆえに、力や同質部分に関しては、先に述べられたような事情になっている［異質部分を構成している］ので、そのような事情になっていることが、どのような意味で必然的であるのか(4)ということも探求されるならば、必然的にそのように相互に関係している(5)状態で先に存在していたのだということは明らかである。なぜなら、異質部分は同質部分から、多くのそれからでも、一つのそれからでも、たとえば、諸々の臓(6)のうちのいくつかがそうであるように、構成されうるからだ。実際、臓は形態に多くの種類があるが、単純に言えば、一つの同質部分的な物体から構成されているものなのだから。しかし、同質部分が異質部分から構成されるということは不可能である。なぜなら、一
647a つの同質部分が多くの異質部分であるという不合理なことになってしまうからだ(7)。それで、それらの原因のゆえに、単純なものども、すなわち諸々の同質部分と、複合的なものども、すなわち諸々の異質部分が、動物に存在するのだ。

さて、動物には道具的部分と感覚受容体(8)があって、道具的部分の各々は、ちょうど先に私が述べたように、異質部分であり、他方、感覚は、どんな場合でも、同質部分に生じる。それは、諸々の感覚のうちのどのようなものでも、一つの特定の類を対象にしており、かつ、感覚受容体とは、さまざまな感覚対象の各々特定

のものを受容可能なものであるがゆえである。[9] そして、可能態においてあるもの［感覚受容体］は、現実態においてあるもの［感覚対象］によって作用を受けるのであり、したがって、前者も一つのものであり後者も一

（1）単一の力にしたがうのではない点が同質部分と異なる、ということ。
（2）ただし、異質部分は直接に力にしたがうわけではなく、同質部分を媒介にしてしたがう。そして、力と同質部分は一対一対応である。それゆえ、「絞る」と「摑む」の例の後の「したがって」以下では、力の代わりに同質部分である「骨、腱、肉」が挙げられるのである。
（3）異質部分と同質部分の非対称的関係が指摘されている。以下で重要な論点になる。
（4）条件的な必然であろう。
（5）Lennox, p. 182 は、「相互に関係」を、同質部分と異質部分の関係としているが、その関係は、「同質部分から異質部分が構成される」という非対称的 ── つまり非相互的 ── 関係であったから、ここの「相互に関係」という表現と合わないように思われる。むしろ、先に述べられた「相互に結びついた多くの力」という言葉が思い起こされる（そして、力と同質部分は一対一対応であった）。
（6）「臓（スプランクノン）」については、第三巻第四章を参照。
（7）再び異質部分と同質部分の非対称的関係が指摘されており、この非対称的関係が、同質部分（および力）が端的な必然によって異質部分より先に存在することの理由として挙げられているわけである。
（8）原語「アイステーテーリオン」の通常の訳は「感覚器」であるが、読んでいけば分かるように、ここでは、目や鼻や耳などの異質部分ではなく同質部分のことを指している。そこで、「感覚受容体」と訳した。なお、目や鼻や耳を指す場合は、従来通り「感覚器」と訳した。
（9）諸々の感覚や感覚受容体は、それぞれ一つの特定の感覚対象しか扱わないが、そのように一つのものに特化されているということが、一つの性質しかもたない同質部分とうまく適合するので、「感覚は、どんな場合でも、同質部分において起こる」わけである。

(647a)

つものであるが、[1]両者は類的には同じものなのである。そして、それゆえに、手や顔やそのような諸部分〔異質部分〕のうちの何かのことを、自然について語った者たちの誰も、[2]それは土であるとか水であるとか火であるとか言おうとはしていないのだ。それに対して、各々の感覚受容体〔同質部分〕を、それは空気であるとか火であるとか言って、各々の構成要素に結びつけているのだ。

さて、感覚は諸々の単純な部分〔同質部分〕においてあるのだから、触覚は同質部分において生じるのが理にかなっているわけだが、感覚受容体のうちで最も単純でないものにおいて生じるのが最も理にかなっている。なぜなら、〔諸感覚のうちでは〕触覚が最も、一つより多くの類に関わるものであると思われ、そして、触覚に依存する感覚対象は、多くの反対性質、すなわち、熱と冷、乾と湿、他にそのようなものがあればそれをもっていると思われるからである。また、それらに関わる感覚受容体、すなわち肉やそれに類比的なものは、諸々の感覚受容体のうちで最も物体的なものである。そして、感覚なしに動物が存在することは不可能であり、それゆえにまた、いくつかの同質部分をもつことは動物にとって必然的だということになろう。実際、感覚は同質部分においてあり、他方、諸活動は、諸々の異質部分を通じて、動物に属するからである。

また、先に別の諸論考で述べられたように、[3]感覚能力、動物を動かす能力、栄養摂取能力は、体の同一の部分においてあるから、そのような諸始原〔能力〕をもった第一の部分は、あらゆる感覚対象を受容しうるものである限りで単純な部分に属し、動かしうるものや活動しうるものである限りで異質部分に属することが必然的である。まさにそれゆえに、無血動物では心臓の類比物が、有血動物では心臓が、そのような第一の部分である。実際、心臓は、他の諸々の臓の各々のように、同質部分どもに分けられるが、その形の力ゆえ

に異質部分なのであるから。(4)

647b 臓と呼ばれているその他のものどもの各々も、心臓に則っている。実際、それらは同じ素材から構成されているから。つまり、それらすべての自然物が血の性格をもつのは、血管の通っているところやその分岐点に位置するということによるから。それで、水が流れると後に泥が残るように、心臓以外の臓は、血管の中

（1）前者と後者は数的には（つまり個的には）別のものである、ということ。つまり、個としては別々に存在しているとしても、「類的には同じ」ということ。

（2）原語は「ピュシオロゴイ」。いわゆる「ソクラテス以前の哲学者たち」。

（3）『自然学小論集』に収録されている『眠りと目覚めについて』第二章で、「動物において感覚の始原と運動の始原は同一の部分から生じる」（四五六a一一二）、「血をもつ動物においては、心臓のまわりの部分がそれである」（四五六a四一五）と言われており、また、同じく『自然学小論集』の『青年と老年について、生と死について』第三章で、「血をもつものどもにとって感覚を司る魂と栄養摂取を司る魂の始原は心臓においてあるのでなければならない」（四六九a六一七）と言われている。

（4）素材の力のゆえにではないということ。「形の力」と訳した原語は「スケーマのモルペー」。「スケーマ」も「モルペー」も形を表わしうる言葉なので、やや理解しにくい表現であるが、この箇所の「モルペー」を「力（デュナミス）」の意味だと解した。Bonitz, *Index Aristotelicus* の「デュナミス」の第三項目（四七四a五七－b七）を参照（ただしこの箇所が直接挙がっているわけではない）。心臓を切り分けてできる諸部分はどれも同質の肉であるから、心臓全体も素材の点では単なる肉のかたまりということになる。その意味では、この章で説明されたさらに上位の第三の構造・異質部分であるとは言えない。その上位の構造をもつためには、異なる種類の諸々の同質部分からできていなければならなかったからである。しかし、心臓は、感覚などの複数の種類のはたらきを担当している以上、素材以外の力で第三の構造をもっていなくてはならない。つまり、同一素材でできてはいても、その形の力で異質部分のはたらきをなす他はないのである。

(647b) を血が流れた後の、いわば沈殿物なのである。しかし心臓は、血管の始発点であり、かつ、血を作り出す第一の力をそれ自身のうちにもつのであるから、心臓自身も、心臓が受け取っているような栄養物[血]から構成されているというのが理にかなっている。それで、諸々の臓がその力に関して血の性格をもつものであるのはなぜかということ、そして、ある点では同質部分であり別の点では異質部分であるのはなぜかということが、以上で述べられたわけである。

第二章

さて、動物における同質部分には、軟らかく湿ったものと、硬くて固まったもの[1]がある。また、どんな場合にも湿っているものと、[動物という]自然物の中にある限りで湿っているものがある。たとえば、血、血清、軟らかい脂、硬い脂、髄、たね、胆汁、乳――これはそれをもつものどもにおいてだが――、肉、そしてそれらに類比的なものどもがそうだ。実際、すべての動物がそれらの部分をもつわけではなく、それらのうちの或るものどもに類比的なものどもをいくつかの動物がもっているから。また、同質部分のうち、乾いた固まったものどもとは、骨、棘骨、腱、血管などのことだ。そして実際、同質部分のこの区別は差異をもつから。というのは、同質部分のうちのいくつかの部分は、或る意味で、確かにその全体と同じ名称である、[2]たとえば血管はその部分も「血管」だが、別の意味では、やはり全体と同じ名称であるわけではなく、顔の部分はどんな意味においても顔ではない[3]からだ。

それで第一に、湿った部分にも乾いた部分にも、原因としての多くの在り方がある。(4) それらのいくつかは、異質部分の素材であるという仕方での原因である――なぜなら、道具的部分の各々が構成されるのは、これ

---

(1)「湿った（ヒュグロン）」と対になる性質は「乾いた（クセーロン）」のはずだが、ここでは「固まった（ステレオン）」が挙げられている。『生成消滅論』第二巻第二章では、「ヒュグロン（湿った）」に、「クセーロン（乾いた）」と「ペペーゴス（凝固した）」の二つが対置されており（三三〇a一四）、ここでも少し後で（六四七b一六）、「クセーロンでステレオンなもの」と言われているので、「ステレオン」は「ペペーゴス」の言い換えであろう。『動物発生論』第三巻第二章では、卵の殻は、最初は軟らかい膜で、完成すると硬く砕けやすくなるものなのだが、これは外へ出るとすぐに冷えて「固まる」（ペーグニュナイ。「ペペーゴス」という現在完了分詞の動詞形）のだとされている（七五二a三二―b一）。つまり、軟らかいものが変化して固まった状態が「ペペーゴス」ないし「ステレオン」である。なお、固まったものは、必ずしも硬いわけではない（腱や血管などのように）。また、『生成消滅論』第二巻第二章では、「凝固したもの（ペペーゴス）は乾いている（クセーロン）」（三三〇a一一―一二）とも言われている。

(2) 血や脂などの軟らかくて湿ったものは、定まった形がないので全体も定まらず、どこをとっても完全な意味で同じ名称である。しかし、乾いて固まったものである血管は、血管として同じ素材であるという意味では同じ名称であるが、長くつながった血管全体のうち、静脈系が「メガレー・プレプス（大血管）」、動脈系が「アオルテー」という名称で（第三巻第四章六六六b二五―二六参照）、同じ名称ではない。

(3)「顔」は、その部分が完全な意味で同じ名称ではない例であり、これは、部分が完全な意味で同じ名称である血などの反対のものとして挙げられている。

(4) 第一巻第五章後半で推奨された方法「まず、すべての生物に自体的に（本質的に）属する限りの諸々の付帯性を各々の類について区別しなければならない。次に、それらの原因を区別するよう試みねばならない」（六四五a三六―b三）が実践されようとしている。すなわち、同質部分の自体的性質が区別されたので、次にその原因の区別をしようとしている（Lennox, p. 186）。

らから、つまり、骨、腱、肉、そういった他のものからであり、そのうちの或るものどもは本質に寄与し、別のものどもは機能に寄与しているから――。また、湿った部分にとっては、栄養物になるという仕方で原因であることもある――成長の素材はすべて湿ったものから得られるから――。そして、栄養物の剰余物(1)ができるという在り方もある。たとえば、乾いた栄養物の沈殿物［便］とか、膀胱をもつ動物では湿った栄養物の沈殿物［尿］のように。

また、それらの部分のうちの同じものどもの間にある諸々の相違は、より善きことのためにある(2)。たとえば、他のものどもの相違や、血に対する血の違いがそうだ。すなわち、より薄い血、より濃い血、よりきれいな血、よりよごれた血、さらに、より冷たい血、より温かい血などが、一匹の動物の諸々の部分にある――実際、体の下の方の諸部分に対して上の方の諸部分にある血は、それらの相違によって異なっている(3)
648a ――し、或る動物に対する別の動物にもあるから。そして総じて、動物には、血をもつものと、血の代わりに、そのような何か別のものをもつものがいるのだ。そして、血は、濃く温かくなればなるほど、いっそう頑強さを作り出すし、薄く冷たくなればなるほどいっそう感覚が研ぎ澄まされいっそう知的(4)になる。また、血に類比的であるものどもにも同じ区別がある。それゆえ、ミツバチも他のそのような動物も、自然本性の点で、多くの有血動物より利口であり、有血動物のなかでは、冷たくて薄い血をもつものどもが、その反対の性質の温かくて濃い血のものどもよりも利口だ。しかし、最も善い(5)のは、温かく薄くきれいな血をもつも

(1)「剰余物」の原語「ペリットーマ」は、「残ったもの」という意味。何かの素材になる役立つものと、残りかすにすぎな

い役立たないものがある。前者は、加工され濃縮された栄養物である血の「剰余物」である月経血が胎児の素材として原因になること。後者は、ここで述べられている、栄養物の単なる残りかす、つまり便とか尿といった排泄物のこと。

(2) 同じ種類の同質部分にも相違があるが、それは善きことの実現の度合い(このパラグラフでは比較級が多用されている)の相違の原因になっている。「より善きことのため」という比較級はそのことを表わす重要な表現である。また、「より善きこと」の背後には「最も善きこと」がある。『動物進行論』第二章では、「自然は何事も無駄になすことはなく、むしろ、動物の各々の類に関して、その本質にとって可能なことどものうちで最善のことを常になす。まさにそれゆえに、事情がこれこれの仕方であるということが[それとは別であることよりも]いっそう善いのだとすれば、事情がそのようになっていることは、自然にかなったことなのである」(七〇四b一五―一八)と言われている。実際、ここでも後で、「最も善い」が登場する(六四八a九)。「善さ」の基準となるのは本質的なことだが、ここでは、身体的能力である「頑強さ」あるいは「勇猛さ」と魂的能力である「利口さ」である。勇猛さと利口さが基準として選ばれた理由は語られていないが、それらが備わっていればいるほど生物にとって最も本質的な「生きること」が有利になるからだと考えるのは自然であろう。なぜなら、生物にとって生きることは善きことであるからだ。

(3) 『自然学小論集』に収められている『眠りと目覚めについて』第三章で、「頭の中の血は最も薄く最もきれいであるが、下の方の諸部分の中の血は最も濃く最もよごれている」(四五八a一三―一五)と言われている。

(4) 「知的(ノエロス)」は、すぐ後(六四八a六、八)で「利口な(プロニモン)」と言い換えられ、その少し後(六四八a一〇)で「利口さ(プロネーシス)」という言葉も使われている。だからといって、人間の「プロネーシス」(知性あるいは思慮)」を人間以外の動物ももつと言われているわけではない。『動物誌』第八巻(写本の順序では第七巻)第一章では、「『知性(プロネーシス)』の諸々の『類似物(ホモイオテース)』に関わる『瞬間的理解力(シュネシス)』が多くの動物にある」(五八八a二三―二四)と言われている。さらに、「人間はその他の動物と類比的に異なる。実際、人間に技術や知恵や瞬間的理解力があるように、その他の動物のいくつかにも、何か別のそのような『自然本性的能力(ピュシケー・デュナミス)』がある」(五八八a二八―三一)と言われている。

(5) ここで最上級が使われている。

(648a)

のどもである。実際、それらは、勇猛さ[1]に関しても利口さに関しても同時に優れているから。

それゆえ、体の上の方の諸部分も下の方の諸部分に対してそのような違いをもつし、雄が雌に対して、[2]そして体の右側が左側に対して、そのような違いをもつのだ。以上の違いは、他の諸部分、つまりそのような部分〔同質部分〕と異質部分についても、同様にあると想定されなければならない。すなわち、それらの違いには、一方で、各々の動物のはたらきや本質に関係するもの[3]があり、他方で、より善きことや、より悪しきこと[4]に関係するもの[5]がある。たとえば、両方〔比較される二つの動物〕が目をもっている場合、一方は硬い目をもち、他方は湿った目をもっており、また、前者はまぶたをもっておらず、後者はもっているのであるが、これらは、視覚がより正確であることと関係しているように[6]。

さて、血をもつということが、あるいは、血と同じ自然本性をもったものをもつということが必然的であること、そして、血の自然本性は何かということがあるわけだが、そのことについても、まずは、熱いものと冷たいものについて結論を出したうえで、そのようにして諸々の原因を考察しなければならない。なぜなら、多くのものの自然本性がそれらの原理〔熱いものと冷たいもの〕に帰着し、多くの人たち[7]も、諸々の動物あるいはその諸部分のどのようなものが冷たく、どのようなものが熱いかで、意見が分かれているからであ

(1)「勇猛さ」の原語「アンドレイアー」は、通常は「勇気」と訳すが、やはりここでも、人間の勇気が他の動物にもあると言っているのではなく、その類比物があるということであろう。それゆえ、「勇猛さ」と訳した。先には、「頑強さ（イスキュース）」と呼ばれていたものである。先に一〇一頁註(4)で論じた「プロネーシス」と合わせて、Lloyd, 1983, p. 33 の言う「モデルとしての人間」が読み取れるように思われる。Lennox, p. 188 は Lloyd のこの考えに反対しているが、しか

し実際、『動物誌』第一巻第六章で、「最初に人間の諸部分が把握されねばならない。なぜなら、ちょうど各々の人が、自分たちに最もよく知られているものと照らし合わせて貨幣を検査するように、他の分野でもそれと同じやり方をするからだ。しかるに、生物のうちでは、人間が、私たちにとって最も知られているものであるのが必然である」（四九一a二〇―二三）と言われている。Lennoxらの最近の研究者たちが動物学著作の中に分析論的な「原因による説明（explanation）」を強調するのは正しいとしても一面的であり、いわば「類比と度合いによる了解（understanding）」も見るべきである。

(2) ジェンダー・バイアスの一例。『動物進行論』の解説「イデオロギー・バイアス」を参照。

(3) 以下の例を使えば、目をもつことそれ自体であり、基本的には「善きこと」であろう。

(4) 部分の違いが、より善きことだけを実現するわけではないことを示している。「より悪しきこと」というように比較級で述べられていることからして、絶対的に悪しきことではなく、基本的にその部分をもっていると有利ではあるが、不利になるような側面もあるというような相対的な悪のことであると考えられる（Balme の論文 'Aristotle's biology was not essentialist', In Gotthelf and Lennox, 1987, pp. 299-300, n. 45 の解釈にしたがう）。実例としては、『動物部分論』第二巻第十六章（六五九a一九）のウシの角の記述、第三巻第二章（六六三a一一）のシカの角の記述、第四巻第十二章（六四九a二〇）の鳥の爪の記述などが挙げられる。角も爪も、もつことは基本的に有利なのであるが、これらの箇所では、独特な角や爪によって不利になるような側面ももってしまう動物が考察されている。

(5) どのような目をもつかということであろう。

(6) 第十三章で説明されているように、目が湿っており「まぶた」があると視覚が正確になり（六五七a三〇―三五）、目が硬くてまぶたがないと視力が鈍る（六五七b二八―六五八a三）。前者が「より善いこと」が実現している例で、後者が「より悪いこと」の例であろう。もちろん、目があること自体は有利なことである。

(7) 「多くの人たち（ポロイ）」が登場している。以下は、ディアレクティケーにおけるエンドクサ（通念）の列挙と解することができよう。『トピカ』第一巻第一章では、「エンドクサとは、すべての人あるいは大多数の人あるいは知者たちに、そして知者たちのすべてあるいは大多数に、または最も著名で名声のある人たちに思われていることである」（一〇〇b二一―二三）と説明されている。「多くの人たち」は「大多数の人」のこと。パルメニデスやエンペドクレスは「最も著名で名声ある人」の例となっている。

る。実際、何人かの人たちは、水に棲むものどもが、陸に棲むものどもよりも熱いと主張している。彼らの言うところでは、水に棲むものどもの自然本性の熱さが、その場所［水］の冷たさとバランスをとっているのだそうだ。そして、無血のものどもは有血のものどもより熱く、雌は雄よりも熱いとも言っている。たとえば、パルメニデスや他の人たちは、女性が男性よりも熱いと主張している。彼らによると、その熱さのゆえに、まさに血を多くもった者たち［女性］に月経が起こるということらしい。しかし、エンペドクレスは反対のことを主張している。さらに、血や胆汁についても、それらのうちのいずれかが熱いと主張する人たちもいれば、冷たいと主張する人たちもいる。しかし、熱いものや冷たいものに関して意見がそのように分かれているとすれば、その他の性質についてはどうやって把握すればいいというのだろうか。というのは、熱いものや冷たいものこそが、感覚に関わることのうちで、私たちに最も明らかなことだからである。

さて、[1]「より熱いもの」が多くの仕方で語られる[2]がゆえに、見解の相違が起こるようだ。というのは、彼
648b らは、互いに反対のことを語ってはいるものの、何事かを語っている[3]と思われるからだ。それゆえ、自然本性によって構成されたものどものうちの何かを「熱いもの」「冷たいもの」「乾いたもの」「湿ったもの」であると語るのは、どのような意味である必要があるのかということが、見逃されてはならない。なぜなら、熱いものなどが、生と死の、さらには、眠りと目覚めの、盛りと老いの、病気と健康の、主たる原因だということは明らかであろうから。しかし、「ざらざらであること」や「なめらかであること」はそうではなく、重いことや軽いこともそうではなくて、いわば、そのようなものは何もそうではない。そして、そのことは理にかなっている。というのは、先に他の諸論考で述べられた[4]ように、それら、すなわち、熱いもの、冷た

いもの、乾いたもの、湿ったものが、自然本性的な諸々の構成要素の始原であるからだ。

それでは、「熱いもの」は、単一の仕方で語られるのだろうか、それとも、多くの仕方で語られるのだろうか。そこで、把握する必要があるのは、「より熱いもの」のはたらきは何かということであり[5]、もしそのはたらきが多くあるならば、いくつあるかということである。それで、(1)一つの仕方では、接触したものをより熱くするはたらきのものが、よりいっそう「熱いもの」と言われる。(2)別の仕方では、触れると、よりいっそう感覚を刺激するはたらきのもの、しかも痛みを伴う場合のそれ。しかし、痛みが伴うことは、時には偽であると思われる。なぜなら、痛みを感じる原因は、時には、感覚するものどもの体調なのであるから。(3)さらに、溶かされうるものをよりいっそう溶かすことができるもの、そして、燃やされうるもの

（1）以下が、ディアレクティケーにおけるアリストテレス自身の「解決」になる。

（2）「多くの仕方で語られる」ものどもを区別するという手法は、アリストテレス哲学最大の武器である。また、そうやって区別された多義的なものどもの統一が、アリストテレス哲学全体を貫く根本問題である。

（3）「多くの人たち」の諸見解の一定の評価を表わす言葉。「通念（エンドクサ）」どうしは、しばしば対立するが一定の真理を含んでおり、アリストテレスは、自分の考案した理論を用い対立を解消することを通じて、真実を明らかにする。そのプロセスが「ディアレクティケー」である。「何事か」と訳された原語は、「ティ」という小さな言葉にすぎないが、その意味は重い。

（4）『生成消滅論』第二巻第二章および第三章、『気象学』第四巻、本巻の前章六四六a一五。

（5）言葉の意味とは、それが表示する実在の「はたらき（エルゴン）」だということが示唆されている。アリストテレスの意味論を考える際に重要になってくると思われる。

をよりいっそう燃やすことができるもの。(4) さらにまた、同じ［熱い］ものが、あるものはより多く、別のものはより少ない場合は、より多いものが、より少ないものよりも、「より熱い」と言われる。(5) これら二つに加えて、すばやく冷えるのではなくそれに時間がかかるものは「より熱い」と言い、そして、よりすばやく熱くなるものは、熱くなるのに時間がかかるものよりも、自然本性の点で「より熱い」と、私たちは言う。なぜなら、前者の場合、熱いものに遠いので「熱いものの反対」と言い、また、後者の場合、熱いものに近いので「熱いものに似ている」と言うからだ。

さてそれで、もしこれ以上多くの仕方で言われないとすれば、以上の数だけ、或るものは別のものよりも「より熱い」と言われる。しかし、同一のものが［同時に］それらすべての仕方で「より熱く」あることはできない[1]。実際、以下の通りであるから。すなわち、沸騰した水は炎よりもいっそう効率よくものを熱くする一方で、炎は、燃やされうるものを燃やし、溶かされうるものを溶かすのだが、水はそのようなことを何もしない。さらに、沸騰した水は小さな火よりもより熱いが、熱い水は小さな火よりも速くいっそう冷たくなる。なぜなら、火は冷たくならないが、水はすべて冷たくなるからだ。またさらに、沸騰した水は、オリーブ油よりも、触覚に関してより熱いが、より速く冷えて凍る。さらに、血は、触覚に関して水よりもオリーブ油よりも熱いが、より速く凝固する。さらに、石や鉄やそのようなものどもは、熱くなるのが水よりも遅いのだが、一度熱くなってしまうと、他のものをいっそうよく燃やす。

以上に加えて、「熱い」と言われるものには、他のものから得た派生的な熱さをもつものや、自分に固有
649a な熱さをもつものがあり、熱いものである仕方が前者か後者かということは大いに異なる。というのは、そ

れらの一方［派生的に熱いもの］は、自体的［本質的］にではなく付帯的に熱いものであるということに近いからだ。[2] それは、熱を出している人が付帯的に、読み書きができる人である場合に、「読み書きができる人は、健康で熱い人よりも、いっそう熱いのである」などと主張する人のようなものだ［ばかげている］。それで、自体的に熱いものと付帯的に熱いものがあるのだから、自体的に熱いものは冷えるのがいっそう遅いが、付帯的に熱いものは、よりひんぱんに、感覚的部分を熱くする。すなわち、ものをいっそうよく燃やすのは、自体的に熱いものである。たとえば、沸騰した水よりも火がそうだ。しかし、触覚に関して熱くするのは、むしろ沸騰した水、つまり付帯的に熱いものだ。

したがって、二つのもののうちでどちらが「より熱い」のかを決めるのは単純ではないということは明らかである。[3] つまり、これが「より熱い」仕方と、あれが「より熱い」仕方は、異なるであろうから。また、それらのうちのいくつかのものは、「熱い」とか「熱くない」とか単純には言えない。なぜなら、たまたまそのとき基体であるものは、本来熱いものではなく、熱いものと結びつけられて熱くなるものだからだ。[4] た

（1）以上の五つの「より熱い」は、相互に重なるところがなく、いわば、その最高類、範疇のようなものだということになる。

（2）「熱いもの」の五つの意味の他に、自体的な熱さ、付帯的な熱さという概念が、力（熱いものなど）と構成要素（水など）の関係を把握するために導入される。

（3）これで、「多くの人たち」の意見が分かれた理由が明らかになった。

（4）次の文の例を使えば、水や鉄が「基体」である場合、水や鉄は本質的に熱いわけではないから、熱いものと結びつくと熱くはなるが、その関係は本質的ではなく付帯的（たまたま）である、ということ。

(649a) とえば、仮に誰かが熱い水や熱い鉄に［一語の］名称を設定したとすれば[1]、そうであるように。実際、この仕方で血は「熱い」のであるから[2]。そして、基体が受動的状態によって熱いというようなものどもにおいて、以上のことが明らかにするのは、冷たさは一種の自然本性であって欠如なのではない[3]ということである。そしてたぶん、火の自然本性も、何かそのようなものであるのだろう。実際、その基体は、おそらく、煙あるいは炭であろうが、前者は常に熱いが――煙は蒸発気であるから――、後者［炭］は火が消えると冷たいからだ。そして、オリーブ油や松ヤニも炭と同じように火が消えると冷たくなるだろう。また、燃やされたものも、ほとんどすべて熱さをもっている[4]。たとえば、燃え殻や灰、そして、動物の排泄物、また、剰余物のうちでは胆汁がそういうものであるが、これは、それらが燃やされ、それらのうちに何か熱いものが後に残されたということによるのだ。しかし、松ヤニや脂が「熱い」のは、これとは別の仕方であり、すみやかに火の現実態へと移行すること［燃えやすさ］による。

さて、熱いものは、凝固させることも溶かすこともあると思われる。水だけでできているものどもは、冷たいものが凝固させるのだが、土でできているものどもは、火が凝固させるのである。そして、熱いものどものうち、主に土でできているものどもは、冷たいものによってすばやく凝固され、しかもそうなると分解されにくいが、水でできているものどもは分解されやすい。しかし、凝固しやすいものどもとはどのようなものなのか、どのような原因によって凝固するのか、これらの問題については、別のところで[5]もっとはっきりさせておいた。

さて、「熱いもの」とは何か、そして、どのようなものが、「より熱いもの」であるのかということは、一

649b つより多くの仕方で語られるのであるから、そのことはすべてのものに同じ仕方で属すのではなく、(6)以下のことが、さらに規定されなければならない。すなわち、これが自体的に「熱く」、時には別のものが付帯的

(1)「熱い（沸騰した）水」は、ギリシア語では（英、独、仏語でも）、それを一語で表現する——日本語の「湯」に相当する——名称がないから、本当は「アノーニュモン（名称なし）」なのだが、ということ。「熱い鉄」も同様に、一語で表現する名称がない。

(2) 本質的に熱いわけではない栄養物が体内で加工され熱くなったものに、「血」という名称が与えられているのである。

(3) ここで「冷たさは」とは、「[受動的状態によって熱くなっているものどもの]冷たさは」ということ。本来的には熱くない水が「熱いもの」を外部から受け取った（パスケインした）状態——すなわち「パトス（受動的状態）」——になったが、空気にはならず、熱くはあってもまだ水ではある限り、水の固有な本性「冷たいもの」はなくなって「欠如」しているのではなく、発揮されてはいないが「一種の自然本性（可能態）」として水に存在し続けている、ということであると解する。Lennox, pp. 194-195 は、『形而上学』Λ巻第四章（一〇七〇b一一－一二）などで「冷たいものは欠如である」と言われていることと矛盾するので、Bekker版（P、S、U写本に基づく）とは正反対の意味になる読み「冷たいものは自然本性ではなく欠如である」（E、Y、Z写本に基づく）を採用している。しかし、ここでは、一般的に冷たいものそれ自体のことを言っているのではなく、水の自然本性を構成している限りの冷たいもののことを言っているので、矛盾はないと思われる。また、Düring によれば、文献学的にも、P、S、U写本はE、Y写本よりも良いテクストを与える（Düring, p. 56）。さらに、Y、Z写本は『動物部分論』に関してはあまり良い写本ではない（Düring, p. 47）。

(4)『気象学』第四巻第十一章でも、「燃やされたものどものすべてに、多かれ少なかれ、熱さがある」（三八九b四－五）と言われている。

(5)『気象学』第四巻第六章（三八三a二六以下）、同第七章（三八四b二以下）、同第十章（三八八b一〇以下）など。

(6)「熱いもの」「より熱いもの」の多義性の確認。

(649b)

に「熱い」ということ、[1] さらに、一方は可能態において「熱い」し、他方は現実態において「熱い」ということ、[2] そしてまた、一方は、触覚をいっそう熱くするという仕方で「熱く」、他方は、炎を作り出し燃やすという仕方で「熱い」ということである。[3] そして、「熱いもの」は多くの仕方で語られるのであるから、「冷たいもの」にも同じ理屈が当てはまるということが帰結するのは明らかであろう。[4]

熱いもの、冷たいもの、それらの超過については、以上のように規定されたとしよう。

第三章

さて、次の仕事は、いま述べられたことに[5]したがって、乾いたもの〔固体〕と湿ったもの〔液体〕についても詳しく論じることである。それらは多くの仕方で語られる。たとえば、一方で可能態において、他方で現実態において語られる。実際、氷や、すべての凝固した湿ったもの[6]は、現実態において、かつ付帯的には、乾いたものだと語られるが、可能態において、かつ自体的には、湿っており、他方、土や灰やそのようなものどもは、湿ったものと混ざると、現実態において、かつ付帯的には、湿ったものであるが、自体的に、かつ可能態においては、乾いたものであるから。しかし、それらが分解されると、水の流動的成分[7]は現実態においても可能態においても湿っており、土の成分はあらゆる点で乾いている。厳密に無条件に「乾いている」と語られるのは、とくに、この仕方である。同様に、もう一方の「湿ったもの」も、また、「熱いもの」の場合も「冷たいもの」の場合も、同じ理にしたがって厳密さと無条件さをもつ。

さて、それらが規定されると、以下のことが明らかである。すなわち、血は、これこれの仕方で、つまり、「血であることは、その血にとって、そもそも何らかのもの[8]であった」という仕方で「本質的に」熱いのである。なぜなら、ちょうど、沸騰した水を一つの名称で私たちが表示するのだとすればそうであるように、そ

---

(1)「自体的、付帯的」の区別は本質に基づく。本質の観点からの、多義性への対処。

(2)「可能態、現実態」の観点からの、多義性への対処。

(3)「類比、度合い」の観点からの、多義性への対処か。

(4)『ニコマコス倫理学』第五巻第一章の、「たいていの場合、相反するものの一方が複数の意味で語られるならば、他方のものも複数の意味で語られることになる。たとえば、『正しいこと』が複数の意味をもつなら、『不正なこと』もそうなのである」(一一二九a二三―二五)と同じ論理を用いている。なお、『ニコマコス倫理学』は、朴一功訳を使用させていただいた。

(5)前章での考察のポイントになった「多くの仕方で語られる」ということへの着目、そしてLennox, p. 195によれば、直前で述べられた「自体的、付帯的」「可能態、現実態」といった観点、また、それだけではなく、「度合い」の観点(六四九b三四―三五、六五〇a一―二)や「類比」の観点(六五〇a二三―二四)も含んでいると思われる。

(6)湿ったもの(液体)が固まったもののこと。

(7)原語は「アナプレースティコン」。「満たすのに適した」とか、「それが満たす器の形をとる」という意味の言葉なので、意訳して「流動的成分」とした。

(8)Bekker版では「ティ」は疑問代名詞「何か?」ではなく不定代名詞「何らかのもの」になっている(直前の「ホイオン」にアクセントが移動している)。ちなみに、Owens, 1978, pp. 181-182は、この箇所の「ティ・エーン・アウトー・ト・ハイマティ・エイナイ」を、有名な「ト・ティ・エーン・エイナイ」の文法的構造を解明する際に最も重視する(その他の重要な箇所は、『動物部分論』第一巻第一章六四〇a三四と『動物進行論』第八章七〇八a一一―一二)。存在論用語を解明する重要な手がかりが動物学著作に求められることは注目されてよい。

のように血も語られるから。しかし、基体、すなわち、そのとき血であるもの[1]は、［本質的に］熱いわけではない[2]。つまり、血は、そのもの自身として、或る仕方では［本質的には］熱いのであるが、別の仕方では［非本質的には］熱くないのである。実際、血の定義の中には熱さが含まれており[3]、それはちょうど、白い人間の定義の中に白さが含まれているように明白なものであるから。しかし、血は、［基体の非本質的な］受動的状態によって熱い場合、自体的に［本質的に］熱いわけではない。乾いたものや湿ったものについても同様である。それゆえ、そのようなものどものうちの或るものどもは、まさに自然物［動物］の中では、熱く湿っているのだが、自然物から切り離されると、凝固し冷たくなるのが見られる。たとえば、血がそうだ。しかし、別のものどもは、ちょうど胆汁のように、自然物の中では熱く濃いのだが、それらをもつものども［動物］という自然物から切り離されると、反対のものを受け取る[4]。実際、冷たくなり湿る［凝固せず流動的になる］から。すなわち、血はいっそう乾く[6]［凝固する］が、赤褐色になった胆汁[5]は湿る［流動的になる］。また、よ
650a り多くあるいはより少なく反対のものどもに与るということが血や胆汁などに属すると想定されねばならない[7]。以上で、血という自然物は、どのような仕方で「熱く」、どのような仕方で「冷たい」のか、そして、どのような仕方で反対のものどもを共通にもつのか、だいたいのところは述べられた。

さて、成長するものは、すべて、栄養物を摂取することが必然であり、栄養物は、どんなものの場合でも、湿ったものと乾いたものからできているのであり、そして、栄養物の加工[8]と変化は、熱いものの力によって

（1）栄養物のこと。「基体（ヒュポケイメノン）」が、「そのとき……であるもの（ホ・ポテ・オン……）」と言い換えられ

ており、それが具体的な栄養物を指すことは重要である。なぜなら、ヒュポケイメノンは、イギリス経験論とその流れを汲む哲学によって戯画化された「性質を支える抽象的な何か」ではないことが分かるからである。

(2)熱いという性質をもたない「ヒュポケイメノン」なるものがあるという意味ではなく、血のもとになった栄養物は本質的に熱いというわけではないという意味。

(3)血と熱さの関係は本質的つまり自体的であることを示す。

(4)「受け取る」の原語は「パスケイン」。先に出てきた「パトス」(非本質的な受動的状態)の動詞形。非本質的な、自体的ではない性質を「受け取る」ということを示唆する。

(5)体から取り出された胆汁には、わざわざ、「クサントス」という色の形容詞がつけられている。岩波『生物学辞典』第四版の「胆汁」の項目には「胆汁の色は胆汁色素によるもので、ヒトでは黄金色であるが空気にふれると酸化されて緑色、青色、褐色へとしだいに変化する」とある。「クサントス」は基本的に「黄色」だが、さまざまな色合いをもっており、しばしば赤みがあって、「茶色(brown)」、「赤褐色(auburn)」でもある(Liddell & Scott『ギリシア語大辞典』)。ここでは、「赤褐色」の意味であろう。もしそうでなければ、胆汁はもともと黄色いのだから、わざわざ「クサントス」という形容詞をつけた意味がないと思われる。

(6)「度合い」の観点が登場している。

(7)「想定されねばならない」という言い方は、論証されるものではなく、むしろ論証が前提とするもの(論証の原理)であることを示唆する(Lennox, p. 198)。

(8)「加工」の原語「ペプシス」とは、ここでは、生物体の諸部分が利用できるように栄養物を加熱して「変化(メタボレー)」させることであり「消化」とほぼ同義だが、後でも出てくる(六五〇a二〇以下)ように植物の場合には大地が行なうはたらきでもあるので、生物のはたらきに限定されない「加工」と訳した。『気象学』第四巻第二章では、「ペプシスとは、[各々のものを、]その自然本性的で固有な熱いものによって、[熱いものに]反対の受動的なものども[冷いものや湿ったもの]から『完成させること(テレイオーシス)』のことである。しかるに、それら[受動的なものども]とは、各々のものに固有な素材のことである」と定義されている(三七九b一七—二〇)。そして、「素材ないし湿り気が支配される場合には、ペプシスをこうむるということが、どんなものにも起こる」(三七九b三二—三四)と言われている。

(650a)

なされるのであるから、他の原因のゆえにではないとしても、まさにそれのゆえに、すべての動物と植物は、熱いものという自然本性的な始原をもつことが必然的であり、それ［自然本性的な始原］は[1]、ちょうど栄養物に関わる諸々の機能が多数の部分に属するような仕方で存在するのだ［やはり多数の部分に属す］。実際、以下のようであるから。すなわち、一方で[2]、諸々の動物にとって栄養物に関わる最初の明らかな仕事は、口、および口の諸部分［歯など］を通じて行なわれるが、それは、栄養物が分割を必要とする限りにおいてである。しかし、分割は、いかなる加工の原因でもなく、むしろ加工しやすさの原因[3]である。なぜなら、栄養物を細かく分割することは、熱いものの機能をいっそうはたらきやすくする[4]から。他方で、加工に関しては、上部の腹腔［胃］と下部の腹腔［腸］の機能が、自然本性的な熱さ[5]によって、ただちに遂行されるのだ。また、口も、口と連続している「食道」と呼ばれる部分も、その部分をもつ動物の場合だけだが、未加工の栄養物が入っていく管《くだ》であり、それは胃にまで通じているのであるが、そのように[6]、他のもっと多くの「［管の］始点（アルケー）」[7]、すなわち、それ［管の始点］を通じて全身が、ちょうど飼葉桶からのように[8]、胃から、そして、腸という自然物[9]から、加工済みの栄養物を受け取るところの、そういうもの［管の始点］も存在することが必要である。実際、以下のようになっているから。つまり、植物は、加工済みの栄養物を大地から根によって摂取する――それゆえ、植物には、［加工の際に生じるはずの］排泄物が生じない。実際、植物は、大地とその中の熱さとを、ちょうど胃のように使って[10]栄養物を加工しているのだから――。他方、ほとんどすべての動物、また明らかに、歩行する動物は、植物にとっての大地のような、胃という空洞を自分のうちにもっている。その胃から、動物は、ちょうど植物が根によって行なっているように、何らかの仕方で、［加工済みの］栄養

(1) すべての写本で指示代名詞の女性単数対格形の ταύτην となっているが、対格のままでは読みづらいので、さまざまな改訂案が出されている。たとえば、オックスフォード版アリストテレス全集を改訂した Barnes が提案し Lennox, pp. 199, 345 が採用した案は、対格 ταύτην を主格 αὕτη にするというものである。しかしここでは、多少読みづらくても写本の読みを保持し、内容上直前の「始原」を受けるこの ταύτην は、格の上でも ἀρχὴν に同化して対格になっていると解した。

(2)「熱いものという始原」の話は、「他方で」以下でようやく出てくる。

(3) 加工を補助する原因ということ。

(4) 再び、「度合い」の観点が登場している。

(5) 先に登場した「熱いものという自然本性的な始原」のこと。

(6) 栄養物が胃よりも先にある数多くのさまざまな部分へ流れていくために。

(7) 分かりやすくはないが Bekker 版の写本通りの読み ἄλλας ἀρχὰς δεῖ πλείους を保持した。「他のもっと多くの『始点(アルケー)』」とは、さらに先へと次々にできていく「管」の新しい分岐点のことと解した。「多くの始点」が示唆するのは、一本の「管」がただずっと延びていくのではなく、何本にも「分岐」して「新たに」管を作りながら広がりつつ延びていくというイメージである。Peck の改訂案 ἄλλους δεῖ πόρους (「他の諸々の『管(ポロス)』も存在することが必要」という訳になる)は分かりやすいが、こういうニュアンスは出ないように思われる。

(8) プラトン『ティマイオス』七〇E二を参照。

(9) 単数形の「胃(コイリアー)」には「自然物」と訳した「ピュシス」がなく、複数形になっている「腸(エンテラ)」に「ピュシス」があるのは、複数のものどもが一つの目的のために一つのシステムを形作っているものを指すのに、複数属格の名詞と「ピュシス」の結合が使われているという Lennox, p. 284 の説を裏づけると思われる。ただし、単数属格の名詞と「ピュシス」が結合する例はいくつもあるので、更なる検討が必要であろう。

(10) すぐ後で登場する「大地のような」と同じく、「類比」の観点が使われている。類比の基準は、栄養物の加工という機能をもつことである。

物を、連続して行なわれている加工が終局に達してから、摂取する必要があるのだ。実際、口の仕事は胃に引き継がれるし、また、胃で生じたものを、胃から、別のものが受け取るのが必然的であるから。すなわち、血管が、腸間膜全体を通じて伸び広がっており、それは下から始まって胃にまで達しているのだから。しかし、そのことは、「諸々の解剖事例（ハイ・アナトマイ）」と「自然の探求（ヘー・ピュシケー・ヒストリアー）」に基づいて[1]考察されねばならない。

さて、すべての栄養物および発生した諸々の剰余物［血］を受容する何かがあり、かつ、血管が血の受容器のようなものであるから、有血動物にとっては［血管の中の］血が、無血動物にとっては血の類比物が、最終形態の栄養物である[2]。まさにそのことのゆえに[3]、栄養物を摂取しないと血が少なくなり、摂取すると血が 650b 増えるのであるし[4]、また、栄養物が健全だと血が健康的であり、栄養物が劣悪だと血も劣悪なのだ[5]。

それで、有血動物にとって血は栄養のために存在するということが、以上のことや類似のことから明らかである[6]。実際、まさにそのことのゆえに[7]、血に接触していても、ちょうど他の剰余物［尿など］のように、感覚を生じさせない[8]から。また加工済みの栄養物［血］は肉のようでもない。肉に触ると感覚を生じさせるから。実際、血は、肉と連続しているわけではなく、肉と自然本性を同じくするわけでもなくて、血は、あたかも容器の中にあるように、心臓と血管の中にある[9]のであるから。

しかし、どんな仕方で血をもとにして諸部分が成長するのかについて、さらにまた、栄養摂取全般について、詳細に論じることは、発生に関する諸論考[10]や他の諸論考で[11]行なうほうが、より適切である。それで、今のところは、これだけのことが述べられたとしよう――これだけのことが有益なことなのであるから――、

(1)「『解剖学（ハイ・アナトマイ）』と『自然誌（ヘー・ピュシケー・ヒストリアー）』に基づいて」とも訳せる。ただし、もしそうであるとしても、『解剖学』は現存しない。『自然誌』は『動物誌』のことであれば、第一巻第十六章（四九五b一九以下）、第三巻第四章（五一四b一〇以下）に相当する。

(2)血管は、口、食道、胃、腸などの「栄養物を受容する」場所に続く最後の場所であり、「剰余物［血］を受容する」場所でもあるから、そこにあるもの（血）が栄養物の最終の形態になるだろう、ということ（なお、Lennox, p. 200 は、ここの「剰余物」に血は含まれないと考えているが、それではうまく議論が流れないように思われる）。また、この文で、栄養物と血の相関関係が全般的に確認されている。そして、「最終形態の」もの（つまり、目指すべきもの）であることは、目的であることを示唆している。

(3)栄養物と血の全般的な相関関係のゆえに、ということ。

(4)栄養物と血の量的な相関関係（Lennox, p. 200）。

(5)栄養物と血の質的な相関関係（Lennox, p. 200）、あるいは同質性。

(6)血が最終形態の栄養物であることは、血にとっての目指すべき目標・目的が栄養物の完成であることを含意するので、「それで」、血は栄養のために存在する、ということ。

(7)栄養物と血の同質性のゆえに、ということ。

(8)触覚を司る肉の素材である栄養物と血は同質（栄養物がよければ血もよい）なので、肉は血を異なるものとして感覚することができない、ということ。

(9)混ざらずに別々に存在する、ということ。

(10)「発生」と訳したのは「ゲネシス」。『動物発生論』のことであれば、第二巻第四章（七四〇a二一－b一二）、同第六章および第七章（七四三a八－七四六a二八）。「ゲネシス」は「生成」でもあるので、Peck の指摘の通り『生成消滅論』の可能性もある。その場合は、第一巻第五章（三二一a二九－b一〇、三二一b三五－三二二a二八）、第二巻第八章（三三五a九－二一）。

(11)「他の諸論考」は、研究者たちによって議論されているが、よく分かっていない。

(650b) すなわち、血は、栄養のために、つまり、諸部分の栄養のためにあるのだ。

第四章

さて、いわゆる「線維[1]」をもつ血と、たとえばアカシカやノロジカのそれのように、もたない血とがある。ゆえに、そのような血は凝固しない。なぜなら、血に含まれる水の成分は、より冷たく、ゆえに凝固しないが、土の成分は、水分が蒸発すると凝固するから。しかるに、線維こそが土の成分なのである。

ところで、そのような、血に線維がない動物どものうちの少なくともいくつかは、より巧妙な賢さ[2]ももつようになっている。それは、血の冷たさによるのではなく、むしろ血の薄さによるのであり、また、血がきれいであるがゆえに生じる。実際、土の成分は、薄さときれいさのどちらももっていないから。つまり、より薄くてきれいな湿り気をもつものどもは、より動かされやすい［鋭敏な］感覚をもっているから。すなわち、それゆえに、無血のものどものなかにすら、いくつかは、有血のものどものいくつかよりも知的な魂をもっているのであるから。たとえば、ミツバチ、アリどもからなる類、そして他にそのようなものがあれば、それがそうだ。

しかし、水の成分が過度になっている動物は、比較的臆病である。なぜなら、恐怖は、冷やすはたらきをするから[3]だ。それで、心臓の中にそのような混合［水分が多い血］をもつものどもは、その「受動的状態ないし情念（パトス）」にとっての準備がととのっているわけである[4]。実際、水は、冷たいものによって凝固されうるものだからだ(5)。それゆえ、端的に言えば、他の無血動物も有血動物より臆病であって(6)、恐怖にとらわれると、動かなくなったり(7)、剰余物を放出したり(8)、いくつかのものはその体色を変化させたりするのである(9)。

(1) 原語は「イーネス」。血が含む「イーネス」（単数形「イース」）について、『動物誌』第三巻第六章や第十九章では、血から「イーネス」が取り除かれると血が固まらなくなり、取り除かれなければ固まるとされている（五一五b三〇以下、五二〇b二六以下）。現代では「線維素（fibrin）」と呼ばれるものに相当する。

(2)「賢さ」と訳した原語「ディアノイア」は、普通は「知性」だが、人間の知性に類比的なもののこと。以下に出てくる「シュネトス（知的）」も類比的表現。

(3)「冷やすはたらきをする（カタプシューケイン）」恐怖は、冷やす対象である水分があればあるほどはたらきやすくなる。つまり、恐怖が起こりやすくなり、水分をもつものを恐がりやすいものにする、ということ。なお、『弁論術（レトリカ）』第二巻第十三章でも、「まさに恐怖は一種の『冷却（カタプシュークシス）』である」（一三八九b三二）と言われている。また、『動物部分論』第四巻第十一章でも、「恐怖とは、血の少なさと熱さの欠乏ゆえの冷却なのである」（六九二a二三―二四）と述べられている。

(4) 第三巻第四章でも、「［大きな心臓をもつ］動物には、恐れることから生じる状態が前もって存在するが、その理由は、心臓［の大きさ］と釣り合いのとれた熱さをもたないこと、その熱さは小さいので大きな動物においては弱まること、そして血が比較的冷たいことである」（六六七a一六―一九）と述べられている。

(5) 前註の解釈を裏づける言葉。ここでの「恐がりやすさ」は、「凝固」（固まること）と関係させられるので、単に感情のこと――たとえば「ひやりとする」など――だけではなく、体の動きがにぶくなり身がすくむ――少し後で「恐怖にとらわれると動けなくなる」と言われている――ことを含んでいる。

(6) 無血動物は、体温が低い、つまり冷たいから。

(7) 第四巻第六章（六八二b二五）の「クソムシ」など。

(8) 第四巻第五章（六七九a六）の「タコの墨吐き」――タコの墨は剰余物である――など。

(9) 第四巻第五章（六七九a一三）の「タコ」や、第四巻第十二章（六九二a二一）の「カメレオン」など。

だが、非常に多くの太い線維を含む血をもつ動物は、自然本性の点で土の性質をもち、性格傾向の点で猛々しく、その猛々しさ[1]のゆえに興奮しやすい[2]。猛々しさは熱さを作り出しうるものであるが、固まった[土の性質の]ものは、熱くされると、湿ったものよりもいっそう熱くするからである。しかるに、線維は、651a 固まった土の性質のものであり、したがって、血の中で熾火《おきび》のようなものになるのであって、猛々しい動物の中に沸騰を引き起こす。それゆえ、雄ウシや雄イノシシは猛々しく興奮しやすいのだ。実際、それらの血は極めて線維が多く、そして、少なくとも雄ウシの血は、すべての動物のうちで最も速く凝固するから。ただし、それらの線維が取り去られると、血は凝固しない。実際、それはちょうど、泥から土の性質のものが取り去られるならば、残った水は凝固しないように、血もそのようになるから。なぜなら、線維は土の性質のものであるから。しかし、線維が取り去られないならば、血は、湿った土のように、冷たいものによって凝固する。なぜなら、ちょうど先に述べられたように[3]、熱いものが冷たいものによって追い出されると、湿ったものが一緒に蒸発するから。つまり、熱いものによってではなく、冷たいものによって乾かされて凝固するから。しかし、体の中で血が湿っている[流動的である]のは、動物の中の熱さのゆえなのである。

さて、血の自然本性は、動物の性格傾向に関しても、感覚に関しても、多くのことの原因であるが、これは理にかなっている。なぜなら、血は全身の素材であるから。すなわち、栄養物とは体の素材なのであり、しかるに血は最後の形の栄養物[4]なのであるから[5]。

それで、血が熱いか冷たいか、薄いか濃いか、よごれているかきれいかということは、大きな違いを生じさせる。しかし、血の水的な成分が血清であるのは、それがまだ加工されていないことか、あるいは、すでに腐敗してしまっていることによる(6)のであり、したがって、血清は、一方で必然的に存在し(7)、他方で血のために存在する(8)というわけである(9)。

(1) この「猛々しさ（テューモス）」は、第二章に出てきた「頑強さ（イスキュス）」（六四八a三）や「勇猛さ（アンドレイアー）」（六四八a一一）の言い換えであろう。血が濃く温かくなればなるほど、これらは備わるとされていたのだった。

(2)「猛々しさ」が根本的であり、「興奮しやすさ」はそれの派生形であることが示唆される。猛々しさは、さまざまな状況で色々な派生形態をもつだろう（Lennox, p. 202-203）。

(3)『気象学』第四巻第六－八章。

(4) 原語は「エスカテー・トロペー」。第三章で、「有血動物にとっては血が、無血動物にとっては血の類比物が、『最終形態の栄養物（テレウタイアー・トロペー）』である」（六五〇a三四－三五）と言われていた。

(5) 血は栄養物であり、栄養物は体の素材であるならば、血は体の素材である（Lennox, p. 203）。

(6) 血清についての類似の記述は『動物誌』第三巻第十九章（五二一b二一－二三）にもあるが、そこでは必然と目的については何も述べられていない（Lennox, p. 203）。

(7) すでに腐敗してしまった場合。腐敗は目的にはならないので、目的のない端的な必然にしたがったプロセスである（Lennox, p. 203）。

(8) まだ加工されていない場合。血になることは血清の目的である（Lennox, p. 203）。

(9) 同一のものが必然にも目的にもしたがうのは、同時の場合もあるが、ここのように、「まだ加工されていない」と「すでに腐敗している」の間で、時間差がある場合もある。ここは、アリストテレスの目的論を研究する際に考慮すべき箇所の一つであろう。

(651a)

第五章

さて、「軟らかい脂（ピメレー）」と「硬い脂（ステアル）」が互いに異なるのは、血の相違による。というのは、それらのいずれも血であって、豊かな栄養のゆえに生じた加工済みの血なのであるが、動物の肉的部分に使い尽くされてしまうことがないものであって、よく加工された栄養に富むものであるから。それらの油分が、その［脂が血である］ことを明らかにする。なぜなら、湿ったもののうち、油分は、空気と火に共通であるからだ(1)。そのことのゆえに、無血動物はどれも、軟らかい脂も硬い脂ももたない。そもそも血をもっていないからである。

しかし、有血動物どもには、物質的な血をもつので、硬い脂をいっそう多くもつものどもがいる。実際、硬い脂は、土的［物質的］であり、それゆえ、まさに線維質のもの［血］のように、それ自身も、そのような煮出し汁も(2)、凝固するから。水が少なく、土が多いからである。ゆえに、「上下両方の顎《がく》に切歯をもたず(3)（メー・アンポードーン）」角をもつ動物どもは(4)、硬い脂をもつ。それらの自然本性がそのような構成要素［土］に満ちているということは、角をもつことや、「距骨（アストラガロス）(5)」をもつことによって明らかである。なぜなら、角やアストラガロスはすべて、自然本性の点で乾いており、土的であるからだ。しかし、上下両方の顎に切歯をもつが、角をもたず、つま先が多くの指に分かれている動物は(6)、硬い脂の代わりに軟らかい脂をもつ。軟らかい脂は凝固しないし、乾いても細かく割れたりすることはない。軟らかい脂の自然本性が

651b

土的ではないからである。

それで、硬い脂と軟らかい脂は、一方で、動物の諸部分において適度にあるとき有益である(7)——適度なそ

(1)ここは理解しにくいが、第三巻第九章の腎臓論で、「腎臓は、『脂の性格をもつ(ピオーン)』とき、いっそうよく湿り気を分離し加工する。なぜなら、『油分(ト・リパロン)』は熱いものであり、熱さが加工するのであるから」(六七二a二二―二三)と言われていることが手がかりになる。すなわち、「油分は空気と火に共通である」とは、熱いものが空気と火に共通だということである。つまり、熱いものである油分が脂に含まれているということが、本質的に熱い血から脂ができていることの証拠になるのである。

(2)『動物誌』第三巻第十七章で、「ヒツジやヤギのような、硬い脂をもつ動物の煮出し汁は凝固する」(五二〇a九―一〇)と言われている。

(3)ものを噛み切るための前歯。

(4)反芻類、たとえばウシ。ウシは角をもち下顎にしか切歯が生えない。上顎の切歯が生えるはずの切歯骨は、歯床板と呼ばれる弾性繊維で覆われており、下顎の切歯を受けとめている。遠藤『ウシの動物学』三四―三八頁で、写真とともに分かりやすく説明されているので参照されたい。

(5)もちろん「距骨」自体は反芻類以外の動物ももっているが、古代においてサイコロとして用いられた四角い、反芻類の距骨だけが、「アストラガロス」と呼ばれている。なお、距骨は、人間を例にして説明すると、足首の、内側のくるぶし(内果)と外側のくるぶし(外果)の間にある。内側のくるぶしは長くて太い脛骨の末端、外側のくるぶしは長くて細い腓骨の末端で、これらの末端によって形成されるくぼみの下に距骨がはまっており関節を構成している。反芻類では後脚にある。『動物誌』第二巻第一章(四九九b二〇―二二)も参照。

(6)たとえば、ブタ。

(7)「有益である」とは、目的を実現していること。「それで」という言葉は、前に述べられた土の自然本性の端的な必然に基づく脂が目的と反目的の実現の素材になることを示す。

(651b)

れらは、感覚を妨げないし、健康や力の助けになるから[1]──が、他方で、量の点で超過してしまうと破滅的であり有害である。[2]もし仮に全身が軟らかい脂や硬い脂になってしまったとするなら、動物でなくなってしまうだろうからだ。実際、何かが動物であるのは感覚的部分によるのだが[3]、感覚的部分とは肉およびそれと類比的な感覚的部分なのであるから。[4]しかし、血は、先にも述べられたように、感覚能力をもたない。それゆえ、軟らかい脂も硬い脂も感覚能力をもたない。なぜなら、脂とは加工された血であるからだ。[5]したがって、もし仮に全身がそのように脂になってしまったとすると、感覚能力を何一つとしてもたないことになるであろう。[6]また、それゆえ、過剰に脂をもつ動物は、年をとるのが速い。実際、血が脂質に使われてしまう限り血が不足し、血が不足する動物は、すでに滅びの道を歩み始めているから。動物にとっての滅びとは、ある意味で血がなくなることであり、そして、血が乏しい動物は、たまたまやってくる冷たいものや熱いものによる影響を受けやすくなるからだ。[7]また、同じ原因によって、脂をもつ動物のほうが、いっそう生殖力がない。血から「たね（ゴネー）」や「精液（スペルマ）」にならなければならないもの［剰余物としての栄養物］が、軟らかい脂や硬い脂に使われてしまうからだ。つまり、血は加工されて精液になるのであって、したがって、それらの動物にとっては、精液の素材の剰余物が全然生じないか、わずかしか生じないということになるからである。

以上、血と血清、軟らかい脂と硬い脂について、それらの各々が何であるかということ［定義］と、どんな原因によるかということが、述べられた。[8]

(1)とくに「助け（ボエーテイア）」という表現は、第二章（六四八a一七）の「より善きこと」のためであること、補助的であることを示唆する。より善きことの実現には、質だけではなく、量の適切さも関係していることが分かる。

(2)「破滅的であり有害である」とは、第二章（六四八a一七）の「よき悪しきこと」を実現してしまっているということ。「より悪しきこと」は、量が適切ではなく超過していることによって実現してしまうことが分かる。

(3)植物は感覚能力をもたない。

(4)したがって、全身が脂になり肉が全然なくなれば、感覚能力がなくなるだろう。

(5)軟らかい脂も硬い脂も、感覚能力のない血から加工されてできるので。

(6)その結果、動物であることができなくなるという破滅的なことになる。

(7)これは、感覚の正常なはたらきが妨げられるという意味にも、健康や体力が損なわれやすいという意味にも解せる。すると、脂が過剰でなく適度である場合には、血も適度であり、その結果、感覚が妨げられず、健康や体力も損なわれず維持されるということになろう。とすれば、この箇所は、先の「適度な脂は、感覚を妨げないし、健康や体力の助けになる」（六五一b一―一二）という主張が、血の適度さを媒介として根拠づけられたものとして読むことができる。したがって、六五一b一―一二の主張は説明されていないとするLennox, pp. 204-205には賛成できない。さらに、適度さの観点をとるのではなく、脂自体の健康への寄与を考える場合は、第三巻第九章の腎臓論で、腎臓につく脂は「腎臓の保護『のため（ヘネカ）』、および、腎臓の自然本性に関わる熱のため」（六七二a一五―一六）であるとされていることが重要であろう。これらは健康に寄与するであろうから。

(8)「まず定義を、次に原因を述べる」という『分析論後書』の説明方式にしたがっている（Lennox, p. 205）。

(651b)

第六章

また、脂と同様に、髄も、血に由来する[1]或る自然物であって、或る人たちが考えるような[2]、「たね（ゴネー）」に由来する「何かを発生させる力のあるもの（スペルマティケー・デュナミス）」なのではない。そのことは、発生の非常に初期の段階において明らかになる。すなわち、諸部分が血から構成されており、「胚ないし胎児（エンブリュオン）」にとっての栄養物が血である限り、骨の中にある髄もまた、血の性質をもつものであるから。しかし、胚ないし胎児が成長し加工されると[3]、ちょうど諸部分も諸々の臓も——実際、まさに諸々の臓の各々は発生の初期の段階では過度に血の性質をもつから——色を変えるように、髄も色を変えるのである[4]。また、一方で、軟らかい脂をもつ動物の髄は、油っぽく、軟らかい脂に似ているが、他方で、その髄が軟らかい脂には似ておらず血が加工されて硬い脂になる限りの動物にとっては、髄は硬い脂の性質をもつ。それゆえ、角はあるが、上下両方の顎に切歯をもつわけではない動物［硬い脂をもつ動物］の髄は、硬い脂の性質をもつが、上下両方の顎に切歯をもち、つま先が多くの指に分かれている動物［軟らかい脂をもつ動物］の髄は、軟らかい脂の性質をもつ[5]。ただし、背骨の髄は、ほとんど脂の性質をもたない。それは、背骨の髄が、連続している必要がある、つまり、諸々の椎骨に分かれた背骨の全体を貫いて伸びている必要があるがゆえである。しかるに、もし仮に背骨の髄が油っぽい［軟らかい脂の性質をもつ］か、硬い脂の性質をもつとすれば、同様な仕方で連続的ではありえず、砕けやすいか、湿った［軟らかすぎる］ものであっただろう。

ところで、［これは例外的なことなのだが、］諸々の動物のうちで、その骨が強くて密であるいくつかのもの

（1）「骨髄は血の自然本性である」と訳すと、血よりも骨髄のほうが根本的になり、今までの議論と合わない。「血の」は「ハイマトス」で、これは「ハイマ」の属格であるが、この属格を「起源の属格」と解する（Lennox, p. 206）と、「骨髄は、血に由来する自然物である」という訳になる。この場合は、骨髄は血から派生するものになり、今までの議論に合う。

（2）プラトン『ティマイオス』七三B－E参照。髄は骨や肉などの他の組織の始原であるという考えが述べられている。「スペルマティケー」という形容詞は、『ティマイオス』七三Cの「パンスペルミアー」からとられているのかもしれない（Lennox, p. 206）。

（3）栄養物について使われる「加工」という表現が、胚ないし胎児に使われているのは興味深い。生物として完成していない胚ないし胎児は、素材としての栄養物の性格がまだ強いと考えられているのだろうか。

（4）血が変化して、もはや血ではなくなり、完全に内蔵や髄などになってしまったら、はっきりした血の色がしなくなって、血に由来することが分からなくなってしまう、ということであろうか。

（5）前章で明らかにされたように血の性質と脂の性質は相関するのであったから、ここで述べられた脂の性質と髄の性質の相関関係は、血の性質と髄の性質の相関関係を含意する。

652a どもは、言及に値するような髄をもたない[1]。たとえば、ライオンの骨がそうだ。実際、その骨は、はっきりと目に見えるような髄をまったくもっていないので、総じて髄をもたないように思われる[2]。しかし、動物には、諸々の骨からなる自然物[3]か、あるいは、骨と類比的なもの――たとえば水に棲むもの［魚］にとっての棘骨――が存在することが必然であるのだから[4]、骨ができる素材である栄養物が骨に封じ込められた結果として、いくつかの動物には髄も存在するということが必然的である[5]。しかるに、動物のすべての部分にとっての栄養物が血であるということは、先に述べられたのであった[6]。

また、髄が、硬い脂の性質をもつものである場合もあれば、軟らかい脂の性質をもつものである場合もあるということは、理にかなっている。というのは、髄の場合、骨に含まれることによって生じる熱のゆえに血が加工されるのであるが、血が加工されること自体が硬い脂や軟らかい脂になることであるからだ[7]。また、密で強い骨をもつ動物のうち、或るものには髄がなく、別のものには少ししかないのも、理にかなっている。というのは、栄養物が骨に使い尽くされてしまうからだ。しかし、骨ではなく棘骨をもつ動物［魚］どもの場合には、背骨だけに髄がある。なぜなら、魚には自然本性的に血が少なく、そして背骨の棘骨が、唯一、中空のものだからである。ゆえに、そこに髄が生じるのだ。実際、［中空の］背骨だけが、［髄を収める］場をもっており、そして、背骨だけが、多くのもの［椎骨］に分かれているということのゆえに、それらを結びつけるもの［髄］を必要とするからだ。それゆえ、また、棘骨の中の髄は、すでに述べられたように[8]、［通常の髄とは］何か異なる性質のものである。実際、それは、［椎骨を連結する］靭帯の代わりに粘りが出るということによって、引っ張るための腱の性質もあわせもっているのだから[9]。

20 それで、髄をもつ動物は何ゆえに髄をもつのかが述べられた。そして、それらの考察から、髄とは何であるのかが明らかになった。すなわち、髄とは、血の形態をとった栄養物が骨や棘骨に分配され、それらに封じ込められた剰余物［血］が加工されたものなのである(10)。

(1) 骨が強くて密であることは、骨の素材である血が完全に骨となっていることを意味するのであろう。したがって、強くて密な骨には、完全に骨化しなかった血である髄がないのであろう。

(2) ライオンの骨の髄については、『動物誌』第三巻第二十章（五二一b一一―一六）でも述べられている。

(3) 諸々の骨が目的に役立つように結合された一つのシステムを意味する。Lennox, p. 284 参照。

(4) この「必然」は、目的を実現するための条件的必然であろう。

(5) この「必然」は、条件的必然ではなく、骨の素材である栄養物の血が、骨の形成の際に骨の中に閉じ込められてしまったという、目的のない、端的な必然のことであろう。

(6) 第三章末尾「血は、栄養のために、つまり、諸部分の栄養のためにあるのだ」（六五〇b一二―一三）を参照。

(7) 骨に含まれてしまったという、髄に特有の事情を考慮に入れなくても、血が加工されるということ自体が脂になるということであるから、そのことだけでも、髄が脂の性質をもつのは道理だ、ということか。

(8) 本章六五一b三二―三六の「背骨の髄」の議論のこと。

(9) 魚の背骨の髄は、ものを生み出す力はないものの、髄としては例外的に目的性が認められている。この「例外的目的性」も目的論研究にとって興味深い研究課題になるであろう。

(10) 原因を考察することによって定義を得ている。魚の背骨の髄の目的性がこの定義に含まれていないことは、それが例外的であったことの証拠である。

第七章

さて、脳について論じることが、まさに次の課題である。なぜなら、多くの人たちによって、(1)脳もまた髄であり髄の始原でさえあると思われているが、それは、背骨の髄が脳と連続しているのを見ているがゆえ(2)であるからだ。しかし、脳は、自然本性に関して、いわば、あらゆる点で、髄とは反対のものなのである。(3)実際、体の諸部分のうちでは脳が最も冷たいのに対して、髄は自然本性に関して熱いのである。このことを明らかにするのは、髄がもつ油の性質と脂の性質だ。(4)それゆえ、背骨の髄は脳とまさしく連続しているのである。(5)なぜなら、常に自然は、各々のものの超過に対する救助として、反対のものとの結合を工夫するのであって、一方のものの超過を他方のものが均等にするようにしているからである。(6)

それで、髄が熱いものであることは、多くのことから明らかだ。他方で、脳の冷たさは、触ってみることによっても明らかであるし、さらに、脳が体のあらゆる湿った部分のうちで最も血がなく――実際、脳はそ
652b のうちに血を全然もたないから――、最も乾いているということによっても明らかだ。しかるに、脳は剰余物ではないし、連続する諸部分の一つでもなく、むしろ、その自然本性は固有なものであって、そのようなものであることが理にかなっている。

それで、感覚を司る諸部分との連続性を脳がもたないということは、見ることを通じても明らかであり、さらに、触っても何も感覚を生じさせないということによっていっそう明らかである。ちょうど、血も、動

（1）多くの人たちの見解を尊重し検討しようとしている。

（2）その意味で、多くの人たちの見解にも一定の根拠があり、まったくのでたらめではないことが示されている。したがって、背骨の髄と脳が連続していることを説明するという課題をアリストテレスは引き受ける。

（3）正反対の性質をもつものどもが連続していることになり、「難問（アポリアー）」が生じる。

（4）油も脂も自然本性的に熱いので、その性質をもつ髄も自然本性的に熱い、ということ。

（5）ここからが、アリストテレス自身による難問の「解決（リュシス）」。

（6）「反対物均等の原理」と言うべきもの。この箇所の「『工夫（メーカナースタイ）』する」の主語になっている「ピュシス」が、力や同質部分や異質部分や全体としての生物に内在する、本質と言い換え可能な「自然本性」と同じかどうかはよく考えなくてはならない問題である。重なるところをもちつつも、少しずれがあるように思われる。というのは、ここでのピュシスは、生物の成り立ちのそもそものデザインに関わることをしているのであって、火などが自然本性的に上昇するということとはレベルが異なるように思えるからである。それは、たとえば、「神とピュシスが」というように神と並べて使用されるとき（『天について』第一巻第四章二七一a三三）の、個々のものに内在するだけのものではない――この点を私は強調するのであって決して神と等置されるとかデーミウルゴス的存在であるとか主張するものではない――「ピュシス」であるようだ。この用法では、「常に（アーエイ）」という強い表現がなされることが多い。それに対して、自然の出来事に関しては、「常に、あるいは、大抵の場合（アーエイ・エー・ホース・エピ・ト・ポリュ）」という弱めた表現が用いられる。「常に」という表現が用いられるここでのピュシスに関する言明は、まるで公理のごときものであるように思われる。類似の表現がこれからも出てくるので、そのつど注意する。ここでは現在形であるが、本章の後でもう一度登場する時は現在完了形になっている。時制の違いの意味を考えることも今後の重要な研究課題である。また、どのようなタイプの動詞をとるのかにも注意したい。

(652b) 物の剰余物［排泄物］も、そうではないように。他方で、体の全体的な自然本性の[1]救助のために、脳は動物に存在する[2]。実際、或る人たち[3]は、動物の魂を、火あるいは何かそのような力だとしているが[4]、これは粗雑な主張である。おそらくは、そのような何らかの「物体ないし体（ソーマ）」において魂は構成されると言ったほうがいっそう善いだろう。その理由は、熱いものが、諸々の物体のうちで、魂の諸々のはたらきを最も補助するものだということである。実際、栄養摂取することと運動変化することは魂のはたらきであり、それらは火の力を通じて最も大きくなるから。それで、「魂は火である」と主張することは、「大工や大工術は鋸《のこぎり》や錐《きり》である。それら大工や大工術と大工道具が互いに近くにある場合に、はたらきが成し遂げられるから」と主張するのに似ているのである。

それで、動物は熱さを分け持つことが必然的であるということが、それらから明らかである。また、すべてのものは、適度な中庸の状態に達するために、自分とは反対の傾向を必要とするので――実際、中庸の状態が本質や理をもっているのであって、両極端の状態のどちらも別個に本質や理をもつのではないから――、その、反対の傾向を必要とするという原因のゆえに、自然は、心臓の場所と心臓の中の熱さとの関係で、脳を考案した[5]のであって、まさに心臓の熱さの超過をおさえ中庸を保つために[6]、水と土の共通の自然本性[7]をもつその部分［脳］が動物に存在し、そして、そのことのゆえに、有血動物はすべて脳をもつが、それ以外の動物は、いわば、どれも脳をもたないのだ。ただし、類比的になら脳をもつ。たとえば、タコのように[8]。実際、脳をもたない動物はみな、無血性のゆえに、ほとんど熱くないのであるから。

それで、脳は、心臓の中の熱さと沸騰を冷たさとうまく混ぜ合わせて、ちょうどよいものにする。他方で、

(1)体の特定の部分のためにあるのではなく、全体としての体のために、ということ。
(2)現代哲学では、ダニエル・デネットが、脳のために体があるのではなく、体のために脳があるという立場をとろうとしている。「デカルトと対立する哲学者のあいだでさえ、心(すなわち脳)を体の主人か水先案内人のように扱う傾向が根強く残っている。よくありがちなこうした考え方に陥ると、重要な選択肢を見落としてしまう。脳(つまり心)は、数多い臓器の一つであり、比較的最近になって支配権を握ったという考えである。つまり、脳を主人と見なすのではなく、気難しい召使ととらえ、脳を守り、活力を与え、活動に意味を与えてくれる体のために働くものだと考えないかぎり、脳の機能を正しく理解することはできないのである」(デネット『心はどこにあるのか』一二三九頁)。
(3)デモクリトスなど。
(4)突然、魂と火の話題が取り上げられるのは、火が魂の諸々のはたらきを「補助する」という、「助け」や「救助」の観点が、「魂は火である」という、それ自体は正しくはない主張に暗に含まれていることが言いたいから、つまり、多くの人たちの見解の一定の真理性を述べたいからであろう。
(5)ここで「考案」と訳し、先に「工夫」と訳した「メーカナースタイ」する「ピュシス」が再び登場しているが、動詞の時制が現在完了形なので、「常に」という副詞がついていない。公理と言うより、その適用例だからであろう。
(6)「のために」は、目的を示す。したがって、脳の存在は条件的必然によるということになる。
(7)ここの「ピュシス」は、「メーカナースタイ」する「ピュシス」ではないように思われる。なぜなら、ここの「ピュシス」は、単純物体に内在する自然本性のようだからである。
(8)類比的でない脳はもたないとされているタコは「軟らかい体をもつものども=軟体動物」(頭足類)であるが、『動物誌』第一巻第十六章(四九四b二八)では「軟体動物もまた脳をもつ」と言われており、同第四巻第一章の軟体動物(頭足類)論(五二五b四)でも「小さい脳をもつ」とされている。『動物誌』で言及されている「脳」が類比的な脳であれば不整合は生じないが、文字通りに受け取る限りではやはり不整合が生じている。この種の不整合は、『動物部分論』と『動物誌』の相対的執筆年代に関して問題を提起する一例である。

この部分［脳］も、ちょうどよい熱さに達するため、諸々の血管が、両方の血管、すなわち大血管[1]と「アオ
ルテー」と呼ばれる血管[2]から、脳のまわりの膜へと通じている[3]。また、熱さによる害を防ぐために、少数の
太い血管の代わりに細い血管がぎっしりと脳を取り囲んでいるのであり、よごれた濃い血の代わりにきれい
な薄い血がその血管の中を流れている。それゆえ、体の中の流れの始点は頭なのであり、それは、体のなか
で脳のまわりにあるものどもが、熱いものと冷たいものの適度に混ぜ合わされたものよりもいっそう冷たい
限りでそうなのである。実際、栄養物が蒸発し血管を通じて上へ立ちのぼると、剰余物［栄養物］は、その場
653a 所［脳］の力によって冷やされて、粘液や血清の流れを作り出すから。また、小さな出来事が大きな出来事
になぞらえられるように、体内のこのプロセスが雨の発生と同様の仕方で生じているということを把握する
必要がある[4]。すなわち、水が大地から蒸発し、熱いものによって上方の場所へ運ばれて、大地の上方にある
冷たい空気の中で蒸気が生じると、冷却作用によって水へと再構成されて、下方の大地へ向けて流れ落ちて
ゆくから。しかし、それらについて述べるのは、『さまざまな病気の諸原理[5]』の中がふさわしい。それらに
ついて語ることが自然哲学に属している限りで論じる[6]のではあるが。

また、動物に眠りをもたらすのは、脳をもっている場合にはまさにその部分［脳］であり、脳をもってい
なければそれと類比的な部分である[7]。実際、栄養物から始まる血の流れを冷やして、あるいは何か他の類似
した諸原因によって、その場所の血を下げ——それゆえ、眠気を催した人たちは、頭が重く鈍くなって、こ
っくりこっくりしだすわけであるが——、血とともに熱いものを下へ逃がす。それゆえ、血が下の場所へた
くさん集まり、眠りを引き起こすのであり、動物のうちで、自然本性的にまっすぐに立つものからは、その

まっすぐ立つ力がうばわれ、その他の動物からは、首をまっすぐしゃんとさせる力がうばわれる。これらについては、感覚についておよび眠りについて定義した諸論考[8]において、それ自体として論じられている。ところで、脳が水と土の共通のものであることは、脳に生じることが明らかにする。すなわち、脳は、ゆでられると乾いて硬くなり、熱さによって水が蒸発すると土の性質のものが後に残るからだ。ちょうど、豆のような実やその他の果物がゆでられてドロドロになったものが、大部分、土に属するがゆえに、それに混ざった水が離れて、そうなるように。実際、それらは完全に硬く土の性質のものになるのだ[9]。さて、人間は、動物のうちで、全身の寸法との関係で最も大きな脳をもち、人間のうちでは、男が女より

（1）静脈に相当。

（2）動脈に相当。

（3）『動物誌』第一巻第十六章（四九五a八）で、「脳のまわりの膜は血管質である［血管が多い］」と言われている。

（4）『眠りと目覚めについて』第三章（四五七b三一―四五八a六）でも、雨の発生との類比が語られている。

（5）これは現存しない。あるいは、著作名ではなく、Lennox が訳しているように「病気のさまざまな始原［の議論］において」のつもりなのかもしれない。

（6）医術のように病気の具体的な治療法まで論じることはしないで、病気の原因を論じるだけだということだろうか。

（7）『眠りと目覚めについて』第三章を参照。

（8）『眠りと目覚めについて』第二章（四五五b二八以下）、とりわけ第三章（四五六b一七以下）を参照。「感覚について定義した論考」は『感覚と感覚されるものについて』であろうが、この著作では睡眠の原因を直接に論じてはいない。

（9）『気象学』第四巻を前提とした説明。「豆のような実（ケドロパ）」が土の性質だということは、同第四巻第十章（三八九a一五）にも出てくる（Lennox, pp. 210-211）。

も大きな脳をもつ。[1] 心臓と肺のまわりの場所が最も熱く最も血が多いからである。それゆえ、動物の中で人間だけが直立している。なぜなら、熱いものの優勢な自然本性が、それ自身の運動〔熱いものの上昇運動〕によって中心部からの成長を生み出すからである。[2] それで、多くの熱さに対してより多くの水気と冷たさが存在し、水気と冷たさの多さのゆえに、脳を覆う骨――或る人たちは「ブレグマ」[3]と呼んでいる――は固まるのが最も遅い。熱いものによる蒸発が長い時間にわたるからである。他の有血動物のどれにもこのことは起
653b こらない。そして、頭を覆う骨には多くの縫合線があり、これは女より男に多くあるが、同じ理由〔多くの水気を蒸発させるため〕による。それは、その場所の風通しがよくなるためであり、脳が大きくなればなるほどいっそう縫合線は多くなる。さもなければ、脳は、水気が多すぎるか乾きすぎるかして、そのはたらきを果たさなくなり、血を冷却しないか固まらせるであろうし、その結果、病気や狂気や死を引き起こす。実際、心臓の中の熱いものや始原は極めて敏感に反応するものであり、脳のまわりにある血が何か変化したり影響をこうむったりすると、それがただちに反映されるのであるから。

以上で、動物がもって生まれたさまざまな湿ったものについては、ほとんどすべて論じられた。また、生まれた後で生じる湿ったものには、栄養物の剰余物、膀胱や腸の中の沈殿物、その他に、「たね（ゴネー）」や乳がある。これらの各々を自然本性的にもつものどもにおいてだが。それで、栄養物の剰余物は、動物のうちでどのようなものに、どのような原因で、属すのかは、栄養物の研究や探求において、[4] また、「精液（スペルマ）」や乳という剰余物については、発生についての諸論考で、[5] その固有な説明が与えられる。精液は発生の始原であり、乳は発生のためにあるものであるから。

第八章

さて、その他の同質部分について、まず、肉をもつものどもにおいては肉について、その他の肉をもたないものどもにおいては肉の類比物について、考察されなければならない。なぜなら、肉は、動物の始原であり(6)、かつ「体ないし物体（ソーマ）(7)」そのものであるからだ。それは、定義によっても明らかである。すなわち、感覚をもつということによって、私たちは動物を定義しているが、なによりもまず、第一の［根本的な］

---

(1)『動物誌』第一巻第十六章（四九四b二八）、『動物部分論』第二巻第十四章（六五八b八）、『動物発生論』第二巻第六章（七四四a二八）、『感覚と感覚されるものについて』第五章（四四四a二〇）を参照。

(2) 人間が直立していることについて、ここでは熱いものの端的な必然でしか説明されていないが、第四巻第十章（六八六a二四以下）では、熱いものを使った説明とともに、目的論的説明がなされており（Lennox, p. 211）、さらに直立していることと前脚の不必要性やその代替物としての手の存在にも言及されている。アリストテレスの目的論の研究をする際には両方の箇所を合わせて考える必要があるだろう。

(3) 文字通りには「頭蓋骨の前の部分」であるが、ここでは頭蓋骨全体を指しているようである（Lennox, p. 211）。

(4) 特定の著作ではなく、現実の研究活動を指している（Lennox, p. 212）。

(5) 精液については『動物発生論』第一巻第十八章、乳については同第四巻第八章を参照。

(6) 肉は、植物になく動物にしかないので。

(7) この箇所の「ソーマ」が、このパラグラフの最後に登場する「ソーマトーデス」（六五三b二九）という言葉に関係する。

感覚をもっているということによってである。しかるに、第一の感覚は触覚であって、触覚の感覚受容体がそのような部分［肉］なのであるが、それはちょうど視覚の場合の瞳[1]のように、第一の［直接的な］感覚受容体であるか、あるいは、［視覚の説明をする］或る人がその媒体である透明なもののすべて[2]を瞳につけ加えたとするならば、ちょうどそのようであるように、媒体[3]とひとまとめにされた感覚受容体である。それで、その他の感覚の場合、後者のことをする［媒体のすべてと感覚受容体をひとまとめにする］ことは、そもそも自然本性によって不可能かつ無用なことであったのだが、触覚能力に関しては、必然的にそれはなされたのである。なぜなら、諸々の感覚受容体のうちで、肉だけが、あるいはこれが最も、「体ないし物体の性質をもつもの（ソーマトーデス）」だからである[4]。

さて、他のすべての同質部分が、肉のためにあるということは、感覚にてらして明らか[5]である。私が言っているのは、骨、皮、腱、血管、さらに、毛、諸々の爪からなる類、そして他にあればそのようなもののことである。実際、骨をもつものにおいて、諸々の骨からなる自然物は、軟らかいもの［肉］の補助のために[6]工夫されたの[7]であるが、それ［諸々の骨からなる自然物］は自然本性に関して硬いのであるから。他方、骨をもたないものにおいては、その類比物がそうであり、たとえば、ある種の魚にとっては棘骨が、別の種の魚にとっては軟骨がそうだ。

それで、動物のうちの或るものどもは、そのような助けを体の内側にもつ。他方、無血動物のうちのいく

(1)「瞳」と訳した原語「コレー」は、「少女」あるいは「人形」という意味もあるが、転じて、「目においてそのような

小さな人の像が映るところ」という意味があり、ここでは後者で、その場合は通常「瞳」と訳されるが、眼球内部の「水」（硝子体に相当）にも眼底にも像は映っていると言えるので、とくにアリストテレスの場合は、厳密に「瞳」に一致するわけではない。

（2）視覚——すなわち色を見ること——の媒体になる透明なものとは、空気と、眼球内部の「水」である。たとえば、『魂について』第三巻第一章で、「色に対しては空気も水も媒体である……〈中略〉……実際両方とも透明なものである」（四二五a一—二）、「瞳は水から……〈中略〉……成立している」（四二五a四）、また同第三巻第七章で、「空気が作用して瞳を特定の状態にする」（四三一a一七—一八）と言われている。つまり、空気と水の両方の透明なものを示すために、「すべて」と言われているのではないか。

（3）原語は「ト・ディア・フー」。直訳は、「それを通じて［感覚する］ところのもの」であり、したがって、「媒体」（メタクシュ）ということになる。

（4）感覚にはそれを伝える媒体が必要である——触覚以外のすべての感覚は媒体なしに直接感覚受容体に感覚対象が接触すると感覚が生じないので——。媒体はそれが伝えるものと同じ性質をもちうる似たものでなければならない。物体の性質を伝えるのであれば媒体も物体的でなければならない。触覚の場合は物体に体が直接に接触するので、物体の性質を伝える物体的な媒体が体の感覚受容体と一つにされて組み込まれているのでなければならない。詳しくは、『魂について』第二巻第十一章の触覚論を参照。

（5）「感覚にてらして（カタ・テーン・アイステーシン）」は、この章の冒頭（六五三b二三）の「定義によって（カタ・トン・ロゴン）」と対比されている（Lennox, p. 214）。

（6）「補助」の原語は「ソーテーリアー」。少し後に出てくる「助け（ボエーテイア）」とともに前章でも登場していた（六五二a三一、b七）。「補助」は、「工夫」や、後述の「付加」、「設計」などとともに、アリストテレス目的論の陰影を理解する際に見落としてはならない概念であると思われる。

（7）「諸々の骨からなるピュシス」を主語としたこの受動態の「工夫（メーカナースタイ）」は、「メーカナースタイ」した（時制は現在完了形）能動者が、「諸々の骨からなる『自然物（ピュシス）』」とは別のものであることを示唆している。それは個々のものに内在するピュシスとは別のピュシスであろう。

654a

つかは、それを体の外側にもつ。ちょうど、カニや、大エビどもからなる類といった「軟らかい殻をもつものども（マラコストラカ）[1]」の各々のように。また、「オストレア[2]」と呼ばれているもののような「殻のごとき皮のものども（オストラコデルマ）[3]」からなる類もそのようである。実際、それらの動物すべてには、肉質の部分が内側にあり[4]、それを取り囲んで保護する土の性質のものが外側にあるから。すなわち、「殻（オストラコン）[5]」は、肉質の部分を取り囲んで保護することに加えて、それらが無血であるのにもかかわらず、熱いものという自然本性をほんの少しだけもっていることにともない[6]、あたかも炉を取り囲む覆いのように、たきつけられたその熱いものをも保護するからだ[7]。海ガメと、淡水ガメどもからなる類とは、それらとは類が別だが、殻の役割は同様であると思われる[8]。

他方、「節をもつものども（エントマ）[9]」や「軟らかい体のものども（マラキア）[10]」は、それらとは反対の仕方で、またこれらどうしでも互いに対立する仕方で構成されている。すなわち、これらはどれも、言及に値するような骨質のものや土の性質のものをはっきりとはもたないようであって、むしろ、軟体動物は、その全体のほとんどが肉質で軟らかく、それらの体が、ちょうど肉質の諸部分がそうであるように、容易に壊れたりしないようになっていて、肉と腱の中間の自然本性をもっているからだ。実際、それらの体は、肉のように軟らかく、腱のような伸縮性をもっているから。そして、裂け目はまっすぐなのではなく丸く、肉の裂け方をする。なぜなら、そのようであれば、強さ[体の損なわれにくさ]という点で極めて有利だからだ。

また、軟体動物には、魚の棘骨の類比物さえ存在する。たとえば、「コウイカ（セーピアー）」には「イカの甲（セーピオン）」と呼ばれるものがあり、「ケンサキイカ（テウティス）」には「剣のような甲（クシポス）」

と呼ばれるものがある。しかし、多くの足をもつ軟体動物のうちの或るものども［タコ］は、そういったも

(1) 以下、適時、「軟殻動物」とする。現在の「甲殻類」に相当。

(2)「カキ」のこと。

(3) 以下、適時、「殻皮動物」とする。現在の「貝類」に相当。

(4) もし肉がないのに殻だけがある動物がいれば、「肉以外の同質部分は肉のために存在している」というテシスがくずれてしまうので、これはアリストテレスにとって重要な点である。

(5) 無血動物である「マラコストラカ」や「オストラコデルマ」の意味の成分にもなっている「オストラコン」は、もともとは「土からできた陶器」であり、転じて「陶器のように薄く硬いもの」つまり「殻」となる。したがって、オストラコンが「土の性質のもの」の言い換えになっているのは、ギリシア語を解する者にとっては自然である。ちなみに、「マラコストラカ」は、「柔らかな（マラコ）・壺（オストラカ）のようなもの」、「オストラコデルマ」は、「陶器のような（オストラコ）・皮（デルマ）をもつもの」という意味である。アリストテレスの時代には、広い外延をもつ生物種を表わす名称がそれほどなかった。以上の名称は、生物の体の明らかな特徴に直接基づいた新造語である（Lennox, p. 214）。

(6) 熱いものをほんの少しだけでももっているのは、血をもっていなくても、血の類比物である血清をもっているからであろうか。

(7) この箇所から、血をもつことそれ自体よりも、熱いものをもつことのほうが、動物にとっては大切で本質的であることが分かる。

(8) カニ、エビ、カキは、（赤い）血をもたない動物であるが、では、血をもつ動物は硬い殻をもたないのかといえば、そうではなく、アリストテレスが知っているなかで唯一、カメが血をもっていながら硬い殻（亀の甲）も——さらに内部の骨格まで——もっており特殊なので、ここで言及の必要性があったのだろう（Lennox. p. 215）。

(9) 以下、適時、「有節動物」とする。現在の「昆虫類」に相当するが、もっと広い概念である。

(10) 以下、適時、「軟体動物」とする。現在の「頭足類」に相当。

のをもっていない[1]。その原因は、［タコの］「頭」と呼ばれている胴体が小さいことによる。それに対して、別のものども［イカ］は、長い胴体をもっている。それゆえ、［イカの長い］胴体をまっすぐに保ち、曲がりにくくするために、自然は、甲や剣を付加した[2]。ちょうど、有血のものどもの或るものどもに骨を、別のものどもに棘骨を付加したように。

　他方、有節動物［昆虫］は、ちょうど私たちが先に述べたように、軟体動物や有血動物とは反対の仕方で体が成り立っている。なぜなら、有節動物は、硬い部分と判然と別れた軟らかい部分をもたないのであって、むしろ、全身が硬いのではあるが、その硬さは、骨と比べると肉のようであり、肉と比べると骨のような土の性質のものなのであって、これは、それらの体が切れやすくならないように、そうなっているのであるからだ。

第九章

　さて、諸々の骨からなる自然物と諸々の血管からなる自然物とは同様な事情になっている。すなわち、そ
れらのどちらも、一つのものから始まって連続しているものであり[3]、骨は、それぞれがそれ自体で存在する
ものではなく、連続するものに属するものとして部分であるか[4]、接触し結合されて部分であるかのどちらか[5]
654b であって、それは、自然が、骨を、一つの連続したものとして、かつ、曲がることのために二つの分かれた
ものとして使う[6]ことができるように、そうなっているのであるから[7]。血管もそのようであり、それがそれ自

体で存在するということはなく、どれも一つのものの部分なのである。すなわち、もし骨が、離れてばらばらに存在する何かであったとしたら、[8] 諸々の骨からなる自然物がそれのためであるところのはたらき[9]を骨は

(1)「軟体動物には、魚の棘骨の類比物さえ存在する」という一般命題を述べたので、それが存在しないタコの説明が必要になる。しかし、その欠如の理由を手がかりにして、逆に、イカの甲の存在理由が考察されるという議論構造になっている。欠如からの目的考察は、目的考察の議論のタイプとして重要であろう。

(2)動物の部分を補助するものを「ヒュポグラペイン（付加）」した（動詞の時制はアオリスト）ピュシスは、第十四章（六五八a二三）にも登場するが、すでに『動物部分論』で登場している「メーカナースタイ（工夫）」するピュシスと同様、個々の事物の「自然本性」のピュシスとは別なピュシスであるように思われる。なお、『動物発生論』第二巻第四章（七四〇a二八）でも「まずピュシスは、心臓から出る二本の血管を設計（ヒュポグラペイン、見取り図を描く）した」と言われていて、これも個々の事物のピュシスではないピュシスのようである。しかし、『動物発生論』第二巻第六章（七四三b二三－二四）の、動物の発生が順々に行なわれる描写の中で動物画家に喩えられ「下書きをする」という意味で「ヒュポグラペイン」すると言われているピュシスは、この箇所が個体発生の場面であることを考えると、個々のものに内在するピュシスのように思われる。

(3)「諸々のXからなるピュシス」は、それらのXが一つの連続するものになっていることが分かる箇所。

(4)一本の骨の一部である場合。

(5)二本の骨が関節で結びつけられている場合。

(6)「使う」の原語は「クレースタイ」。現在形の接続法。

(7)骨を「クレースタイ」するこのピュシスは、明らかに、骨のピュシスそのものとは別のピュシスである。

(8)「或る部分が現にあるようでなかったとしたら、どういう悪しきことが起こるか」を考える目的論の論法。六五四b二二－二三にも登場する。「悪しきこと」の考察が目的論に役立つことが分かる。

(9)部分の目的が「エルゴン（はたらき）」であることが分かる。

(654b) 果たせなかったことであろうし――つまり、連続していないで隙間が空いていたならば、体が曲がったりまっすぐであったりすることの原因にならなかったであろうから――、さらにまた、あたかも肉の中にある何らかの棘や針のように、骨は害をなすものであったかもしれないから。そして血管が、離れてばらばらに存在する何かであり、その始原〔心臓〕と連続的でなかったとしたら、血管自身の中の血は保持されなかったであろう。実際、始原としての心臓に由来する熱さが、血の凝固を防いでいるのであって、そこから離された血は明らかに腐敗するのであるから。

さて、諸々の血管の始原は心臓であるが、骨をもつものすべてにとっての諸々の骨の始原は「背骨（ラキス）」と呼ばれるものであり、それ以外の諸々の骨からなる自然物は、背骨から連続している。実際、動物を長くまっすぐに保持するのは、背骨であるから[1]。ところで、動物が運動する際には[2]体が曲がるのが必然であるから、背骨は、一方で連続性のゆえに一つであるが、他方で椎骨の分割によって多くの部分から成り立っている[3]。そして、背骨から始まりそれへと連続する四肢をもつものども[4]にとって、四肢を構成する諸々の骨は調和しており、四肢は、曲がりうる限りで、腱によって結びつけられ、それらの末端〔関節部〕は互いにぴったり合うようになっているのだが、一方の骨の末端が凹んでいて、他方の骨の末端が丸いか、あるいは、両方の骨の末端が凹んでおり中空になったところでネジ釘のような[5]「距骨（アストラガロス）」を取り囲んでいるのであって、これは、曲げることと伸ばすことが実現するためである。もし骨の末端がそうなっていなければ、そのような、曲げることや伸ばすことといった動きをすることが、まったく不可能であるか、うまくできないはずであるから。しかし、それら四肢の骨のうちのいくつかは、末端に凹みがなく、一方の骨の終わりと他方の骨の始まりが似た形をしており、腱でつながれている。その場合、曲がる部分の間には軟骨質の諸部分があって、これらがちょうどクッションの役割を果たしており、両方の骨の末端が互いに摩滅しないようになっている。

さて、骨のまわりには、それを取り囲むようにして諸々の肉が生じており、その肉は細い繊維質の紐帯によって骨に付着されているが、諸々の骨からなる類は、それら［肉］(6)のために存在する。(7)実際、粘土あるいは何らかの湿った構成体(8)から動物の像を作る人たちは、まず、固まった物体のうちの何かを芯にして、次に

---

(1) 動物の体の外的諸条件のうち、身長と姿勢という最も根本的なものを保持するのは背骨であるから。

(2) ここから、動物の運動という観点が、目的論的考察に導入されている。

(3) 一本の硬いものではなく、また、多くのばらばらの部分でもなく、多くの部分からなるひとつながりのものが、曲がるという「はたらき（エルゴン）」を果たすことができる。

(4) 魚やヘビではなく、ということ (Lennox, p. 217)。

(5) 凹みに入ってつなぐ役目をする、ということ。

(6) 大抵の訳と同様、「ホーン・ヘネカ」の「ホーン」の先行詞は、直前の「紐帯」ではなく（「その肉は」から「付着されている」までは挿入的に解した）、前の行の「肉」であるとした。

(7) 内的目的性（生物体内部の諸部分の間の目的関係）がはっきり語られている。議論の流れとしては、肉が骨を取り囲んでいるとすれば、肉は骨を保護するため、つまり、肉が骨のためのように思えるが、しかしそうではなく、骨が肉のためなのだ、ということであろう。

(8)「構成体（シュスタシス）」については、『動物部分論』第二巻第一章を参照。

肉付けするのであるが、それと同じ仕方で[1]、自然は、肉から動物を形成したのだ[2]。それで、骨はその他の肉
質の部分の基礎としてあり、曲がることのゆえに動くものども［肉質の部分］にとっては、骨は、曲がること
のためにあり、動かない［曲がる運動をしない］ものども［肉質の部分］にとっては、骨はその肉質の部分の防護
655a のためにある。たとえば、胸部を取り囲む肋骨は、心臓のまわりの臓の保護のためにある。しかし、腸のま
わりの部分には［肋骨のような］骨が全然ない[3]。それは、栄養物によって動物に必然的に生じる膨張[4]を妨げな
いためであり、そして雌にとっては、雌自身のうちでの胎児の成長を妨げないためである[5]。

　さてそれで、動物のうち、それ自身の内部にも外部へも「子を産むものども（ゾーオトカ）[6]」の場合、それらの骨には、ほぼ同じように、力があり強さがある。なぜなら、体の比率にしたがって言えば、そのような動物はすべて、子を産むのではない動物よりも、ずっと大きいからだ。実際、いくつかの場所では、子を産む動物の多くが大きくなるから。たとえば、リビアとか、熱くて乾いた場所では、そうなる。そして、体が大きなものの場合、より強く、より大きく、そしてより硬い支えが必要である。とりわけ、そういったもののうちで、力に訴えて何かをする度合いがより大きいものの場合は。それゆえ、雌の骨よりも雄の骨のほうが硬く、また、［草食動物の骨よりも］肉食動物の骨のほうが、ちょうどライオンの骨がそうであるように、硬い――なぜなら栄養物が肉食動物のものになるのは戦いを通じてであるからだ――。実際、肉食動物の骨は非常に硬い自然本性をもっており、打ちつけると火花が出るほどである。ちょうど［石を打ちつけると］石から火花が出るように。ちなみに、イルカさえも、棘骨ではなく骨をもつ。イルカは、子を産むものであるからだ[7]。

（1）固まったもののまわりに泥で肉付けするのと同じように、硬いものである骨のまわりに肉付けするという仕方で、ということ。

（2）「形成（デーミウールゲイン）」した（時制は現在完了形）とされるピュシスも、これは個体をいちいち形成したという意味ではないであろうから、個々のものに内在するピュシスとは異なるように思われる。

（3）胸部には内臓を保護するための骨があるのに、腹部にはそれがないということが、「それはなぜか」という問題を引き起こす。これは、何かが「存在する目的」ではなく、「存在しない目的」を問うタイプの目的論の議論である。

（4）この膨張自体は、栄養物を体内に取り込んだ際に、栄養物の単なる物質的な必然によって起こる無目的な出来事である。

（5）「雌自身のうちでの」とは、「腹部にある子宮での」ということ。さて、そうすると、同一の事柄（腹部には肋骨のような骨がないこと）が、雄においては一重の目的を、雌においては二重の目的をもつという興味深いことが帰結する。

（6）「ゾーオトカ（子を産むものども）」は「オーオトカ（卵を産むことども）」の反対概念。「それ自身の内部に子を産む」は奇妙な表現だが、「それ自身の内部に『卵』を産むのではなく」という意味に解すれば、胎生ではあるが胎盤がなく、胚が卵黄で育つ動物、すなわち、単に母体中で卵が孵化・成長するにすぎない「卵胎生」の動物と区別していることになる。そのようなものとして（或る種の）サメがいるが、サメは骨ではなく軟骨をもつので、骨の議論をするこの文脈では排除する必要があったのである（Lennox, p. 217）。

（7）「棘骨（アカンタ）」は、魚がもつもの。イルカは魚のように見えるが、しかし、そのイルカ「さえも（カイ）」、棘骨はもたない。魚は卵生であるが、イルカは胎生（「子を産むもの」）であって、したがって魚ではないから、ということ（Lennox, p. 218）。

さて、有血ではあるが子を産むのではない［卵を産む］ものども[1]の自然本性は少しずつ異なっている。たとえば、鳥には骨があるが、その骨は子を産むものより弱い。また、魚のうち、卵を産むものには、棘骨がある。ヘビの場合、諸々の骨からなる自然物は棘骨状である。ただし、非常に大きいヘビは別である。そのようなヘビは、子を産むものどもの骨が大きいのと同じ理由で、つまり、［体の大きさを保持する］強さのために、より強い骨格が必要なのだ。また、「軟骨魚」と呼ばれるものどもは、自然本性に関して、軟骨質の棘骨をもつ。なぜなら、軟骨魚の動きは、より湿った性質の［柔軟な］ものであるのが必然的であり、したがって、支えとなる骨格の動きも、砕けやすい［硬い］ものではなく、軟らかいものである必要があるからであり[2]、そして、軟骨魚の体内の土の性質の［硬い］ものをすべて、自然が、皮に使い尽くしてしまったからだ[3]。自然は、同じ超過分を、体内の多くの場所へ、同時に、分配することはできない[4]。また、子を産むものにおいても、固まったもの［骨］が、軟らかくて、ぬるりとしていることが、取り囲む肉［軟らかいもの］のゆえに有益な場合は、耳や鼻に関してそうであるように、その骨の多くが軟骨質である。なぜなら、［耳や鼻のように］突き出た部位では、［その骨が軟らかくなくて］砕けやすければ、すぐに粉々になってしまうからだ。そして、軟骨と骨の自然本性は同じであり[5]、両者が異なるのは「より多い、より少ない」ということ［程度の差］による。ゆえに、どちらも体から切り離されると成長しないのである。

それで、歩行するものにおける軟骨には、はっきりと分かれた髄というものはない。なぜなら、骨の場合

(1) この複数形は、諸々の個体の動物を表わすのではなく、以下の論述から分かるように、鳥や魚などの諸々の類を表わし

ている。したがって、ここの「異なっている」というのは、個体の間の異なりではなく、類の間の異なりである。なお、この箇所や他の箇所（第四巻第五章の「カイメン」の記述（六八一a一〇―六八一b一三）や『動物誌』第八巻（写本上は第七巻）第一章（五八八b四―五八九a一〇）で、類としての動物や自然物の間に少しずつ異なりがあるとされていることをもって、アリストテレスが、連続的な（少しずつ異なる）「自然の階梯（scala naturae）」を信じていたとされることがある（Lennox, p. 218）。

(2) 軟骨魚の体のなめらかな動きという目的を実現するための条件的必然。

(3) 自然は体内の軟らかいものを骨へ集めたというような文章を予想するのであるが、そうなっておらず、硬いものをすべて皮に使ったという文が来ている。硬いものは、皮の形成に使い尽くしてしまい、骨の形成には使えなかったから、その結果として、軟骨魚の骨は硬くなく軟らかくなってしまった、ということか。これは条件的必然ではないように思われる。すると、同一の事柄（軟骨魚が軟骨質の棘骨をもつこと）に対して、条件的必然と本来無目的な単なる結果が、同時に理由として挙げられていることになる（Lennox, p. 219 は implicit 'double explanation' があると指摘している）。この問題に対しては、本来無目的な結果にすぎないこと（硬いものがなくなってしまったこと）が目的実現にたまたま寄与している、と考えられるかもしれない。あるいは、『動物部分論』第四巻第二章において「胆汁」が論じられている箇所で、胆汁は排泄物であって目的はない（六七七a一四―一五、二九―三〇）が、「『自然（ピュシス）』は、時には、有益なことのために、排泄物さえ『転用（カタクレースタイ）』する」（六七七a一六―一七）と言われていることからして、硬いものを使い尽くしてしまった自然自身がそのことを転用したのかもしれない。なお、この箇所の「使い尽くした（アナリスケイン）」（時制は現在完了形）ピュシスも個々のものに内在するピュシスとはタイプが異なるように思われる。軟骨魚の体の構成の「設計」に関わっているからである。

(4) その理由は、生物体内の物質量は有限であるからではないだろうか。この箇所の「できない」とは、自然といえども万能ではなく、生物体を構成する物質的諸条件に自然が「拘束」（constrain, Lennox, p. 219）されていることを示しているように思われる。したがって、これは、Ogle, Peck が註で述べている「有機的平衡の法則」ということではなく、むしろ、「自然のはたらきの物質的拘束の原理」とでも言うべきものではないだろうか。

(5) それらを構成する「力（デュナミス）」が同じということであろう。

655b
に分かれている髄が完全に軟骨に混ざると、そのことが、軟骨という構成体を、軟らかくぬるりとしたものにするからだ[1]。しかし、軟骨魚の背骨は軟骨質であるが、髄をもっている。［体を支える］骨の代わりとして、その部分［背骨］がそれら軟骨魚にあるからだ[2]。

さて、爪、単蹄、双蹄、角、鳥の嘴《くちばし》のような部分は、触った感じが骨にとてもよく似ている。動物がそれらの部分をもつのは、補助[3]のためである。なぜなら、それらの部分から構成された全体、つまり、それらの部分と同名同義的な全体、たとえば単蹄全体や角全体が、各々の動物を助けるために工夫された[4]ものだからだ。また、諸々の歯からなる自然物も、この類に入る。それは、或るものどもの場合には、一つの「はたらき（エルゴン）」、つまり栄養摂取という「機能（エルガシアー）」のためにあるのだが、別のものどもの場合には、栄養摂取と強さとのためにある。たとえば、鋸歯をもったものどもや、牙をもったものどもの場合がそうだ。そして、それらの部分は、みな、必然的に[5]、土の性質の、固まった自然本性をもつ。それが、武具[6]に属する力だからだ。ゆえに、そういったすべての部分は、子を産むものどものうちの四足の動物に、いっそう多く存在する。なぜなら、すべての四足動物は、人間どもからなる類よりも、いっそう多く土の性質の構成体をもつからである。

しかし、それらや、それらに続く部分、たとえば、皮、袋、膜、毛、羽根、これらの類比物、そして何か他にそのような部分があればその部分など、これらについても、異質部分と一緒に、それらの原因と、それぞれの部分が何のために動物にあるのかを、後で[7]考察しなければならない。というのは、それらと同様に、これらも、諸々のはたらきに基づいて認識するのが必然的であろうから。しかし、それらの部分は全体と同

（1）歩行のための軟骨は関節にあるが、それが、軟らかく、「ぬるりとしている（ミュクソーデス）」つまり粘液質であると、六五四b二六—二七で言われていた「クッション」の役割を果たし、足の骨の「末端が互いに摩滅しないように」できるから、ということであろう（Lennox, p. 219 に反対することになるが）。

（2）体を支える骨には、歩行のための関節の軟骨のような軟らかさは必要でないから、髄が混ざる必要もない。その必要のないものの代わりのものにも、やはりその必要はない、ということであろう（これも Lennox, p. 219 に反対することになる）。

（3）ここで「補助」と訳したこの「ボエーテイア」と、次の「助ける」と訳した「ソーテーリアー」を、「保護」という意味に狭く限定する訳（Peck, Lennox など）があるが、角や、以下に登場する歯は、第三巻第一章の「歯」論と第二章の「角」論で、防御だけではなく攻撃にも使う動物がいると言われているので、第三巻第一章（六六一b一七以降）の「ボエーテイア」が「防御」という意味であることは認めるとしても、この箇所では、文脈上一般的に、動物が生きていくのを「助ける」という意味ではないだろうか。

（4）「工夫された」（時制は現在完了形）と言われているその「工夫」をした能動者は、前章（六五三b三四）と同様、個々のものに内在するのとは異なるピュシスであろう。「ボエーテイア、ソーテーリアー」の論点が出てきているのも、前章と同様である。

（5）条件的必然である（Lennox, p. 220）。

（6）「武具」と訳した原語「ホプロン」は、戦いに使う器具一般で、攻撃のためのものも防御のためのものも含む。

（7）機能に基づいて部分を認識するということがはっきりと述べられている。

名同義的であるので[1]、いま、同質部分において、[本来の]順序を一時中断したわけである。だが、それらすべての始原は、骨と肉なのである[2]。さらにまた、「たね(ゴネー)」や乳については、湿った同質部分に関する考察では論じ残したのであった。これらは、発生に関する論考で研究されるのが適切だからである。実際、たねは発生してくるものどもの始原であり、乳はそれらの栄養物なのであるから。

第十章

さて、また最初から始める場合のように、まず、第一のものどもから語り始めよう。すべての動物、しかも完成した動物には[3]、最も必要な部分が二つ[4]、すなわち、栄養物を取り入れる部分と、栄養物の剰余物を排出する部分とがある。動物は、栄養物がなければ、存在することも成長することもできないからである。

それで、諸々の植物は——実際、私たちは、それらも生きていると主張するから——、無用な剰余物の場所をもたない。なぜなら、植物は、加工済みの栄養物を土から得るのであって[5]、無用な剰余物の代わりに「種子(スペルマ)」と果実をもたらすからである。また、すべての動物における第三の部分は、それら最も必要な二つの部分の中間のところであり、生命の始原があるのはそこである。

それで、諸々の植物の自然本性は、じっとしていることであるから、異質部分には多くの種類がない。な
656a ぜなら、活動形式が少なければ、それに使う器官も少ないからだ。ゆえに、それら植物の姿については、それ自体として考察されなければならない[6]。しかし、生きることに加えて感覚をもつもの[動物]の姿には、

より多くの種類がある。そして、それらのうちの或るものどもは、別のものどもよりも、いっそう多くの種類の姿がある。また、その自然本性が、単に「生きること（ゼーン）」だけではなく、「よく生きること（エウ・ゼーン）」にも与っているものどもの姿は、いっそう多種多様である。しかるに、諸々の人間からなる類が、

(1) 六五五b六で、角の部分と角の全体は「同名同義」と言われていた。その点では、同質的であったのである。この点は、Lennox, p. 220 の言う通り、骨でも同じである。しかし、骨の部分になっているものは、「肋骨」や「アストラガロス」など、別のさまざまな名前をもつ骨になるが、角の部分は「角」という同じ名前のものにしかならないという点が異なる。

(2) 「だが、それらは、本当は同質部分ではなく、骨と肉からできた異質部分なのである」ということ。

(3) 発生過程をまだ終えていない未完成な動物は除く、ということであろう。

(4) この「必要」は、「必然」とも訳せる「アナンカイオン」である。栄養摂取部分と排泄部分の必要ないし必然は、生物の存在と成長のために必要な栄養物のために必然化される、つまり間接的に必然化されるタイプの条件的必然であり、しかも、「最も必要なものども（アナンカイオタトン）」と、最上級が使われているので、条件的必然には、目的によって秩序づけられた階層性があることが分かる。

(5) したがって、加工によって栄養物から分離された、栄養にならない無用な成分としての剰余物は、植物の中では生じない。植物の中に栄養物が入ってくるときには、すでに土の中で加工が終わってしまっており、無用なものはそもそも入ってこないからである。

(6) アリストテレスの植物学著作は現存しない。『小品集』に収められているものは偽作である。ただし、自分で書いたものではなく、同僚であるテオプラストスの『植物誌』や『植物原因論』（これらは現存する）に言及した可能性もある（Lennox, p. 222）。

(656a)

そのようなものなのである。(1) なぜなら、私たちに知られている諸々の動物のうちで、人間は、「神的なもの(ト・テイオン)」(2) に与っている唯一のものであるか、(3) あるいは、すべての動物のうちで最も高度に与っているものである(4)からだ。したがって、そのことのゆえに、そして、人間の外的諸部分の形態が最も知られているということのゆえに、まず、人間について語られなければならない。(5) というのは、まさに自然本性によってできた部分がそのままただちに自然本性にしたがったままの位置にあるのは人間だけであって、人間の上体は「世界全体(ト・ホロン)」の上方を向いたままである(6)から。実際、動物のうちで人間だけが直立してい

(1) ここから、人間の部分の自然本性だけではなく、全体的な存在としての人間の自然本性もあることが分かる。しかも、それが、「単に生きることだけではなく、よく生きることにも与ることとだ」とされているのは注目に値する。ソクラテスの「生きること『でなく(ウー)』、よく生きることを『こそ(アッラ)』、何よりも大切にしなければならない」(プラトン『クリトン』四八B)という考えが――「『単に』生きること『だけではなく(メー・モノン)』、よく生きること『も(アッラ・カイ)』」と穏健な形にされたうえで――、人間の生物学的次元にまで貫徹されている。人間が、自然本性的にそのような生き物であればこそ、ソクラテスの主張が成り立つ。すなわち、存在(「与っている」)から当為(「大切にしなければならない」)が導き出されるのである。

(2) この「神的なもの」とは何か。まず『動物部分論』第四巻第十章で、「思惟し思慮することが、最も神的なもののはたらきなのだ」(六八六a二八―二九)と言われているので、思惟し思慮するものが神的なものということになる。また、『魂について』第二巻第四章では、「永遠なるものや神的なものに与る(メテケイン)」(四一五a二九)という言い回しが登場していることと合わせると、神的なものには、思惟するものという面の他に、永遠なものという面もあると考えられる。この二面性が、このあとの「あるいは」を説明する。

(3) 思惟するのは人間だけであり、したがって、人間が唯一、思惟するものという意味での神的なものに与っている。

(4)『魂について』第二巻第四章から分かるように、すべての生物が、子孫を残していく限りで、永遠なものという意味の神的なものに与っている。しかし、人間だけが、思惟するものという意味での神的なものに与っている点で、他のどの生物にもまさって神的なものに与る。その意味で「神的なものに最も高度に与っている」と言えるのではないか。

(5)『動物誌』第一巻第六章でも、動物の諸部分を論じる場合、「まず人間の諸部分が把握されねばならない」(四九一a二〇)とされている。しかし、理由としては、「私たちにとって最もよく知られたもの」しか挙げられておらず、「神的なものに与っている」は登場しない。Lennox, p. 223によれば、そのような説明は『動物誌』のような非説明的・記述的研究には不適切であるからである。とすれば、『動物部分論』は、動物を記述するよりむしろ説明するのであるから、ここで登場する「神的なもの」は、人間のあり方を規定する原因を説明するものとして導入されていることになる。

(6)第四巻第十章で、「体重や体の実質が増大」した生き物(四足獣)は「体が地へ傾かざるをえない」(六八六a三一―三二)と言われている。すなわち、自然本性によって体の上方へ配置された部分が、その上方の位置を維持できないのである。人間の上体が世界の上方を向いているという記述は、『自然学小論集』に収められている『呼吸について』第十三章四七七a一三にも登場する。一五七頁註(1)を見よ。

(656a)

るのだから[1]。

それで、頭部には肉がないということが、脳について言われた諸々のこと[2]から、必然的なこととして帰結する。実際、或る人たちが語る[3]ようには、なっていないから。すなわち、もし頭部が肉質であれば、その類[人間]はもっと長生きであったはずだと彼らは語るのだが、しかし、頭部に肉がないのは、よく感覚できるためだとも主張するから。というのは、彼らの主張では、感覚は脳によって行なわれるのだが、あまりにも肉質の多い部分は感覚を受け入れないからだ。しかし、以上のどちらの主張も真ではない。むしろ[4]、脳を取り囲む場所の肉があまりにも多ければ、脳が動物に存在するそもそもの目的とは反対の結果を生み出すことだろう——というのは、脳自身が[多くの肉に覆われて]あまりに熱ければ、[脳の目的である]冷却が不可能になるだろうから[5]——。また[6]、ちょうどいかなる剰余物にも感覚がないのと同様に、まさにそれ自身には感覚がない脳は、いかなる感覚の原因でもない。しかし、彼らは、どのような原因のゆえに感覚のうちのいくつかが動物の頭部にあるかということを発見しておらず、また、頭部において脳が他の部分よりも際立った部分であると見なしているので、二つのことを推論によって一つに結び合わせてしまう[7]のである。

それで、諸々の感覚の始原であるのは心臓のまわりの場所だということ、そして、以下のことが、以前に、感覚に関する諸論考[8]において規定された。すなわち、何ゆえに、二つの感覚つまり触覚と味覚は明らかに心臓につながっているのかということ、また、何ゆえに、残りの三つの感覚のうち、嗅覚は、他の二つの感覚つまり聴覚と視覚の中間の位置にあるのかということ、しかるに、聴覚と視覚は、それらの感覚器の自然本性のゆえに、大多数の場合は頭部にあるということ、そして、それらのうち視覚はどんな動物の場合でも頭

(1) 第四巻第十章で、「動物のうちで人間だけが、その自然本性と本質が神的であるがゆえに、直立している」（六八六a二七―二八）と言われている。直立のこの理由は、『呼吸について』第十三章で詳しく説明されている。「それで、動物のうち、肺をもつものは呼吸するということが、先に［『呼吸について』第一章で］述べられたのだった。さて、何ゆえにその部分［肺臓］をいくつかの動物はもつのだろうか、そして、それをもつ動物は何ゆえに呼吸を必要とするのだろうか。肺をもつ理由は、動物のうちの、より尊い［「神的な」の代わりに「尊い」が使用されている——訳者］ものどもは、より多くの熱さをもつということだ。なぜなら、それらの動物は、同時に、より尊い魂ももっているにちがいないからだ。実際、そういったものどもは、冷たい動物の自然本性よりも尊い。それゆえ、まさに、最も多くの血に満たされた熱い肺をもつものどもは、大きさの点で、比較的大きいのであり、そして、動物のうちで、より清浄で多くの血液を使用するものが最高度に直立するのであるが、人間がそれであり、かつ、その上体が『世界全体（ト・ホロン）』の上方を向いているのは、ただひとえに、そのような部分［肺臓］をもつがゆえである」（四七七a一三―二四）。

(2) 『動物部分論』第二巻第七章を参照。

(3) プラトン『ティマイオス』七五A―Cを参照。

(4) ここからが、「頭部が肉質であれば長生き」という主張の論駁である。

(5) 冷却は生きるのに必要なはたらきであるから、それが妨げられたならば、長生きにはならないであろう、ということ。

(6) ここからが、「脳によって感覚する」という主張の論駁である。

(7) 二つの前提「いくつかの感覚が頭部に属している」と「頭部で際立った部分は脳である」を結びつけて、結論「いくつかの感覚が脳に属している」を導くのであろう（Lennox, p. 224）。

(8) Peck は『感覚と感覚されうるものについて』第二章（四三八b二五以下）を挙げるが、その箇所や『魂について』は、ここで述べられている見解を暗示する以上のことはされていない。『青年と老年について、生と死について』第三章の四六九a一―九には、その見解の論証がある（Lennox, p. 224）。ただし、『青年と老年について、生と死について』第三章の四六八b三一―四六九a一では「『動物部分論』ですでに述べられた」という言葉があり、どちらが「以前」なのかという点で問題が生じそうだが、四六八b三一―四六九a一と四六九a一―九で扱われているテーマはそれぞれ別なので問題はない（Lennox, p. 184）。

部にあるのだが、魚やそのような動物[1]の場合の聴覚と嗅覚が、いま述べられたそのことを明らかにするのであるから、といったことである。実際、魚などの動物は、たしかに音を聞いたり匂いを嗅いだりしているのだが、それらの感覚対象〔音や匂い〕のはっきりした感覚器を頭部にもたない[2]から。それに対して、視覚は、
656b それをもつすべてのものにおいて、脳の近辺にあるのが理にかなっている。なぜなら、脳は湿っており冷たいが、視覚は自然本性に関して水〔湿った冷たいもの〕であるから[3]。というのは、〔視覚を可能にする〕透明なものども[4]のうちで、水が最も保持しやすいもの[5]だからだ。さらに、諸々の感覚のうちの、より厳密なものどもは、〔脳の近辺の〕いっそうきれいな血をもつ諸部分のゆえに、いっそう厳密になる[6]のが必然的である。血の中にある熱さの運動は、感覚の現実活動をかき消してしまうものだからだ[7]。以上の諸々の原因のゆえに、それらの感覚器は頭部に存在するのである。

さて、頭部の前側に肉がないだけではなく、後側にもやはり肉がない。その原因は、この部分〔頭部〕が、それをもつすべてのものにおいて、最もまっすぐ上を向いている必要があるということだ。実際、重い荷物をもっていると、まっすぐ上を向いていることはできないが、もし肉づきのいい頭をもっていたなら、頭がそのような荷物になっていたであろうから。このような仕方でも、頭部に肉がないのは、脳の感覚のためで

(1) 魚のように水中で生活するが魚ではない動物のことか。『動物誌』第四巻第八章（五三三a三四－b五）では「イルカ」が挙げられている（Lennox, p. 224）。

(2) 『動物誌』第四巻第八章に詳しい記述がある。

(3) 『魂について』第三巻第一章（四二五a三－六）、『感覚と感覚されうるものについて』第二章（四三八a五、一三）、

『動物発生論』第五巻第一章（七七九b二一－二六）を参照。

（4）『感覚と感覚されうるものについて』第二章で、「視覚が水に属するということは真であるが、しかし、見ることが生じるのは、［視覚の感覚器が］水である限りにおいてではなく、透明なものである限りにおいてである」（四三八a一三－一四）と言われている。この文章は、ある目的（視覚）の実現のために何らかの物質（水）が必要とされるとしても、その物質のすべての性質が目的実現のために必要であるわけではないこと、すなわち、その物質のある性質（透明さ）は条件的必然であるが、別の性質（たとえば流動性）はそうではなく単純な物質的必然にすぎないという、目的論解釈にとって非常に重要なことを示している。

（5）視覚の感覚器である眼球の内部に最も閉じ込めておきやすい、ということ。『感覚と感覚されうるものについて』第二章で、「それ［透明であること］は、［水だけではなく］空気の場合とも共通している。しかし、水は空気よりも、いっそう保持しやすく詰め込んでおきやすい。まさにそれゆえに、瞳も目も水に属する。しかるに、このことは、実際に起こることにおいても明らかだ。というのは、［瞳や目が］損なわれると流れ出てくるものは明らかに水であるから」（四三八a一四－一八）と言われている。なお、ここでの「水」とは、眼球内部にある透明でゼリー状の「硝子体」のことである。

（6）第四章で、「より薄くてきれいな湿り気をもつものどもは、より動かされやすい［鋭敏な］感覚をもっている」（六五〇b二一－二四）と言われていた。

（7）しかるに、頭部のきれいな血は熱くない、したがって、頭部にある感覚は厳密になるだろう、ということ。

(656b) はないということは明らかである。なぜなら、頭部の後側には脳がない[1]が、しかし前側と同様に肉がないからだ。また、動物のうちのいくつかのものが、脳の近辺の場所に聴覚ももっているのは理にかなっている。なぜなら、脳の「空洞」と呼ばれている場所[2]は空気に満ちているが、聴覚の感覚器は空気からなると私たちは言っている[3]から。

それで、眼からの通路[4]が、脳を覆っている血管へと通じている。また同様に、耳からの通路[5]が、脳の後部につながっている。しかし、血をもたない部分も、血それ自体も、感覚能力があるものではなく、血からなるものどものうちの或るもの［部分］がそうなのである。まさにそれゆえに、有血動物においてさえも、血をもたない部分は、感覚能力があるものではなく、血それ自体もまたそうではないのだ。実際、血は動物の部分ではないのだから[6]。

さて、脳をもつすべての動物は、頭部の前側に脳をもっているが、その理由は以下の通りである。すなわち、感覚の方向は前方であり、また感覚は心臓から始まっているのだが、心臓は体の前側にあるのであって、血をもつ部分を通じて感覚は生じるのだが、頭部の後側の空洞部は血管をまったく欠いているがゆえである。それで、そのような仕方で、諸々の感覚器は、自然によって立派に配置された[7]のだが、聴覚の感覚器［耳］は［頭部の］真ん中の円周上に――なぜなら、一方向だけを聞くのではなく、あらゆる方向から聞くのであるから――、視覚は前に配置された――なぜなら、一方向を見るのであり、その見るという動き［視線］は前方へ向かっており、その動きの方向へ向けて、前を見なければならないから――。また、嗅覚が両耳の間にあるのは、理にかなっている。なぜなら、感覚器の各々［耳や目など］は、体が右側と左側の対になっているこ

657a
とのゆえに、やはり対になっているからだ。それで、触覚の場合は、対になっていることが明らかではない。その原因は、第一の感覚器が、肉やそのような部分ではなく、肉の内部のものであることだ。他方、［味覚の感覚器である］舌の場合も、［対であることが、耳や目の場合］より明らかでないが、しかし、触覚の場合よりは明らかである。実際、その感覚［味覚］は、ある種の触覚のようなものであるから。(8) しかし、それにもか

(1) 人間の後頭部にはもちろん脳があるが、『動物誌』第一巻第十六章でも、「すべての動物において頭部の後側は空虚でうつろである」（四九四b三三―三四）と言われている。このような見解は、すでにヒッポクラテス文書の『頭部の傷について』第一章と第二章にも見られる。ただし、アリストテレスは、「人間の体内の部分は最も知られていないものであり、したがって、人間に近い自然本性をもつ他の動物の部分へもどって考察せねばならない」（四九四b二二―二四）とも言っているので、ある特定の動物の知見を一般化してしまったとも考えられる。Ogle によれば、それは、アリストテレスが、魚、カメ、その他の冷血動物の脳――たとえば魚や爬虫類の脳は頭蓋腔を満たすほど大きくはない――しか観察したことがないことによると考えられる。しかし、魚や爬虫類が「人間に近い自然本性をもつ動物」であるか疑問が残る。Ogle はまた、アリストテレスが、生体解剖をせずに、煮るなどの加工をして縮んだり固くなったりした状態のものを観察した可能性にも言及している。

(2) 脳室のこと。

(3) 『魂について』第二巻第八章の聴覚論を参照。

(4) 視神経に相当。

(5) 耳道のこと。

(6) 部分そのものではなく、部分のための栄養物である、ということ。

(7) 「配置する」の原語は「タッテイン」。時制は現在完了形。「立派に」と訳したのは「カロース」という副詞。

(8) 舌に「触れる」ことで味を感じるので。

(657a)

かわらず、対になっていることは、味覚の場合にすらも明らかだ。舌は明らかに分かれているからである。[1]

しかし、触覚と味覚以外の感覚器の場合、感覚が二つに別れていることは、いっそう明らかだ。実際、耳も目も二つあり、鼻の能力は二系統ある。[2] それで、もし、鼻の穴が、別なふうに配置されていたとしたら、つまり、聴覚の、耳のように間隔を広くとって配置されていたとしたら、[3] 鼻の穴も、それがある部分［鼻］も、嗅覚のはたらきをなしえなかったであろう。実際、鼻をもつ動物において、その感覚［嗅覚］は、呼吸を通じて行なわれるのであって、そのための部分は頭部の前面中央にあるのだ。まさにそれゆえに、自然は、三つの感覚器の中央に、鼻の穴をまとめたのであり、[4] 呼吸の空気を出し入れする運動のために、いわば一本の定規の上に置くかのようにしたのだ。[5]

しかるに、その他の動物にとっても、それらの感覚器は、それぞれの固有の自然本性との関係で善美な状態にある。[6]

第十一章

すなわち、四足動物は、地面からずっと離れた高いところに耳をもっており、それは目よりも上にあるように思われるであろうが、実際はそうではなく、そう見えるだけなのであって、これは、四足動物が直立しているのではなく前へ体を傾けている[7]がゆえであるから。しかし、四足動物の大部分は、そのような前傾の姿勢で動きまわるので、耳が空中にいっそう高く突き出されて動くようになっていることは役に立つのである。なぜなら、耳をくるりとまわしさえすれば、あらゆる方向の物音がいっそう聞き取れるからだ。

第十二章

しかし、鳥は聴道しかもたない。(8) なぜなら、鳥は、皮が固く、そして、髪の毛をもっているのではなく羽

---

(1) Peck は、第十七章六六〇b七に出てくる「ヘビの二つに分かれた舌」への言及だろうとする。しかし、もしそれだけだとすると、舌一般についてはは成り立たないことになろう。Lennox, p. 227 は、さらに、舌の表面中央に現われる「中線(midline)」にも言及している。

(2) 鼻の穴は二つある、ということ。

(3) アリストテレスの巧まざるユーモアと言えるかもしれない。

(4)「まとめた」の原語は「シュナゲイン」。時制はアオリスト形。

(5) 呼吸のための部分と同じ高さでそれと水平にした、ということ。

(6) Bekker 版では第十章末尾にあるこの一文を、Lennox は第十一章冒頭へ移している。

(7) もし四足動物が立ち上がれば、耳は、目の上ではなく、目とほぼ同じ高さになるはずだ、ということ。

(8) 外耳がない、ということ。ここで「聴道」は、直訳すれば、「通路(ポロス)」だけだが、すぐあと(六五七a一三)で、直訳すれば「聴覚の通路」となる言葉が登場する。

根があるからだ。それで、鳥は、耳が形成されうるような素材をもたないのである。[1] 四足動物のうちの、卵を産むものどもと「硬い鱗で覆われたものども（ポリドータ）[2]」も同様である。実際、同じ理屈[3]が、それらにも当てはまるであろうから。また、子を産むもののうちで、まさにアザラシは聴道しかなく、耳をもたない。アザラシは、損なわれている[4]四足動物なのであるから。

第十三章

人間も鳥も、また、四足動物のうちの子を産むものも卵を産むものも視力を守るものをもっている。子を産む四足動物は［一つの目につき上下］二つのまぶたをもっており、これによってまばたきもする。そして、いくつかの鳥、とくに重量のある鳥、卵を産む四足動物は、目を閉じるとき下のまぶたを使う。[5] しかし、まばたきするとき、鳥は目の端に張っている膜[6]を使っている。それで、それらの動物が視力を守るものをもつのは、両の目が湿っているからであり、視力の自然本性に基づいて、目が湿るという仕方で、ものを鋭く見るためである。なぜなら、もし仮に目が［湿っておらず］硬い皮のものだったとしたら、何かが目に入って傷つくということは少なくなるが、目の鋭さは失われたはず[7]であるからだ。それで、目の鋭さのために瞳のま

(1) 鳥などに外耳がないことには目的はなく、耳を形成する素材がもはやない——その素材を固い皮や羽の形成に使ってしまった——ことによる、ということ。この箇所は、Lennox, p. 228 によれば、「素材による説明の共通パターンの最初の

適用」である。そのパターンとは、「部分Pは、素材Mを必要とする。しかるに、動物の種Kは、Mを欠くか、あるいは、M*をもつ（つまり、端的にMを欠くわけではないが、MはPに利用できない形のM*になってしまっているという意味でMを欠く）かである。したがって、KはPを欠く」というものである。以下でこのパターンが、部分の欠如や感覚能力の弱さに関して何度も（六五七b一三－一五、六五七b三六、六六五a二、六七八a三二－三五）使用される。

(2) 爬虫類に相当する。

(3) 耳を形成する素材がない、ということ。

(4)「損なわれている」という言葉がここで使われたのは、アザラシが属している「子を産む四足動物」には本来は備わっているはずの耳が先天的に欠損しているということ、そして、その欠損は耳の形成のための素材がないということが原因なのではないということを表現するためであろう。『動物発生論』第五巻第二章では、「『自然（ピュシス）』は、アザラシに関しても、感覚器を理にかなった仕方で作った。実際、アザラシは、四足動物であり子を産むものであるが、耳をもたず聴道しかもたない。その原因は、アザラシの生活が水の中で営まれているということである。しかるに、耳という部分は、遠くからの空気の運動を守るために、聴道につけ加わっている。それで、[水の中で生活する]アザラシにとって、耳は、役に立たず、むしろその反対のはたらきをしてしまう[妨げになる]であろう。その中へ多くの水が入ってしまうのであるから」（七八一b二二－二八）と言われている。このテクストといま問題にしている箇所を考え合わせると、水中生活に適応したので耳を生まれつき欠損するのだという興味深い説明が見えてくるであろう（以上は、Lennox, pp. 228-229の解釈に基づいた説明である）。

(5)『動物誌』第二巻第十二章（五〇四a二五－二七）では、フクロウのような鳥が上のまぶたを使っているとも述べられている（Lennox, pp. 229-230）。

(6)「瞬膜」（まばたきするための膜）とも呼ばれる半透明の「第三眼瞼」のこと。

(7) 同一の物質的性質がメリットとデメリットの両方をもつことが示唆されている。

わりの皮は薄いのであるが、保護のために、まぶたがあるわけである。[1]まさにそれゆえに、［まぶたをもつ上述の］すべての動物と、たいていの人間が、まばたきをする。つまり、それらの動物は、みな、目に入ろう
657b とするものを、まぶたによって阻止するために、まばたきする——そして、まばたきは選択したうえで行なうことではなく、自然がする[2]ことなのである——が、人間は、目が最も薄い皮の［湿った］ものなので、最も多くまばたきをする。また、まぶたは皮で目を覆うものである。それゆえ、まぶたも包皮の先端も肉のない皮であるので、一度切れると、もうつながることはない。

さて、下のまぶたで目を閉じる鳥や、卵を産む四足動物は、頭を覆う皮の硬さのゆえに、そのような仕方で目を閉じる。実際、羽根が生えた動物のうちで重量のあるものは、飛ぶことができないので、羽根に成長するはずのものが皮の厚さ［硬さ］へと向けられてしまっている[3]から。それゆえ、まさにそれらの鳥は下のまぶたによって目を閉じる[4]のであるが、ハトやそのような［重量があまりない小型の］鳥は上下両方のまぶたによって目を閉じる[5]のだ。他方、卵を産む四足動物は硬い鱗で覆われたものどもである。それらの鱗は、すべて、毛よりも硬い。したがって、それらの皮も、毛で覆われた動物の皮より硬い[6]。それで、それらの頭を覆う皮は硬いのだ。まさにそれゆえに、それらは頭の側［上側］のまぶたをもたない。他方、下側のまぶたは、薄くて伸び縮みできるように肉質なのである。

さて、重量のある鳥はまばたきするが、下側のまぶたによってではなく、目の端の膜によってである。なぜなら、その鳥のまぶたの動きは遅く、他方、まばたき運動はすばやく行なわれねばならないのであるが、しかるに膜はそのような性質のすばやく動きうるものだからである。また、まばたきは、鼻の横の側の目の

(1)「それで、目の鋭さのために瞳のまわりの皮は薄い［固くなく湿っている］のであるが、［しかしそうすると目が傷つきやすくなるので、目の］保護のために、まぶたがあるわけである」ということ。より善さの実現とそれを補助するものの目的論である。見る能力のよりよい実現である「目の鋭さ」のために目は湿っており、湿った目は傷つきやすいので、その目を保護するために、まぶたがある、という論法である。逆に言えば、見る能力がよりよい仕方で実現せず、ただ単に見えるだけの生物であれば、目が湿っている必然性はなく、まぶたはなくてもよかったことになる。

(2)「する」の原語は「ポイエイン」。時制はアオリスト形。ここで「自然がする」とは、不随意な反射運動であることを示す。

(3)本来の目的（飛ぶこと）が実現不可能であると、その手段（羽根）を形成する素材が別のこと（皮の厚さ）へ振り向けられるという、目的論研究にとって興味深い論法。この場合は、別のことへ振り向けられても、本来の目的とは別の新たな目的のためになっているというわけではなく、素材が余ったので積み重なって厚くなったにすぎないようである。

(4)上のまぶたは皮が厚く固くて伸び縮みできないので、ということだろうか。そういうまぶたは、もはやまぶたではないということかもしれない。

(5)ハトなどの重量があまりない小型の鳥は、飛ぶという本来の目的が実現可能なので、羽のための素材がそのまま羽に使用され、その結果、皮が厚くならないので、ということ。

(6)鱗と毛は「類比的なもの（アナロゴン）」であるから、類比的なものどもの関係（一方が他方よりも硬い）が、その類比的なものによって覆われている「同名同義的なもの（シュノーニュモン）」である皮の間にも成り立つという論法である。原文を直訳した「それらの皮は皮よりも硬い」に二回出てくる「皮」は、両方とも「デルマ」という同じ名称が使われている。

端から始まる。なぜなら、左右で二つある膜の自然本性は一つの始原に由来するほうが、より善い(1)のであるが、しかるに、二つの膜は、一つの鼻へくっついているところを始原としているからである。そして、前側は横側よりもいっそう始原〔始めの方〕であるということもある。

　他方、卵を産む四足動物は、これ〔鳥〕と同じ仕方でまばたきするのではない。地上で生活するものどもにとって、湿った性質の厳密な視力をもつことは必然的ではないからだ。しかし、鳥には必然的なのである。というのは、遠く〔空〕から視力を使うからである。それゆえ、諸々の「鉤爪をもつもの（ガンポーニュクス）(2)」も鋭い視力をもつ——これらにとっての獲物探しは上から行なわれるのであり、ゆえに、それらは鳥のうちで最も空高く舞い上がるから——が、他方、地上で生活しており飛行はしない鳥、たとえば、ニワトリやそういったものは鋭い視力をもってはいない。実際、ニワトリなどの生活形態では、鋭い視力をもつことを迫るものは何もないのであるから(3)。

　さて、魚、有節動物〔昆虫〕、「硬い皮をもつものども（スクレーロデルマ）(4)」は、目を、それぞれ異なってはいるが、もっている。しかし、それらのどれも、まぶたはもっていない。実際、硬皮動物は、全般的に、まぶたをもっていないから。まぶたの使用は、皮のすばやいはたらきを含意するのだ(5)。しかし、守るもの〔まぶた〕の代わりに、それらは、みな、硬い目をもっている。あたかも目そのものと癒着したまぶたを通して見ているかのように。しかし、その硬さのゆえに、それらは比較的ぼんやりとしか見えないのが必然的であるので、自然は、有節動物の目を、ちょうどいくつかの四足動物〔ウサギなど〕の耳のように動くようにし、
658a さらに、硬皮動物のそれをも、いっそう動くようにした(6)。それは、目が光の方へ向きをかえ、日の光を受け

取り、いっそう鋭くものを見るためだ。また、魚は、湿った目をもつものである。実際、遠く離れたところからの視覚の使用は、活発に動き回る動物にとって必然的であるから。さて、それで、歩行動物にとっての空気は、見通しがよくきくものなのであるが、魚にとっての水は、鋭く見ることに対してそれと反対のはたらきをなす。しかし、水中では、空気中のように目に入って視覚を妨げるものが多いわけではない。それゆ

（1）二つ別々よりも一つのものによって統一されているほうが「より善い」というのは、より善く鋭く見えることが「より善い」というのとは別のタイプの「より善さ」であると思われる。

（2）「猛禽類」に相当。

（3）「生活形態（ビオス）」に迫られて、そのための合目的的な器官や機能が生じる、迫られなければ生じない、という論法。「目的論の生活形態原理」と呼ぶことができよう。以下で登場する「魚にまぶたがない」ことの説明は、このヴァリエーションである。なお、生活形態は、『動物誌』第一巻第一章で「諸々の動物の間の相違は生活形態、活動形式、性格傾向、部分による」（四八七a一〇－一一）と言われていることから分かるように、動物を考察する基本的な四つの視点の一つとして重視されており、同第八巻で集中的に研究されている（Lennox, p. 231）。

（4）以下、適時、「硬皮動物」とする。「甲殻類」に相当。

（5）しかるに、硬い皮では、そのようなすばやい動きを実現できない。ゆえに、まぶたをもっていない、ということ。

（6）「した」の原語は「ポイエイン」。時制はアオリスト形。

え、魚は、まぶたをもたないし——なぜなら自然は何も無駄になす(1)ことはないから(2)——、他方、水の多さとの関係で湿った目をもっているのである。

第十四章

毛が生えている動物には、まぶたのところにまつげがある。しかし、鳥や硬い鱗をもつものには、まつげはない。そもそも毛がないからである。リビアのストルートス(3)については、その原因を後で述べる。というのは、その動物は［毛がないにもかかわらず］まつげがあるからである。さて、毛が生えている動物のうちで、人間だけが、［前面の］上下両方のまぶたにまつげがある。なぜなら、諸々の動物のうちで四足のものは腹部に毛がなく、むしろ背中に生えているが、人間は、それと反対で、背中よりも［前面の］腹部に毛が生えているから。毛は、それをもつ動物にとって、覆って保護するためにあるからだ。それで、四足動物にとっては背中が、覆って保護することをいっそう必要とするところなのであるが、前がいっそう尊い(4)にもかかわらず、前屈姿勢のゆえに(5)、そこには毛が生えておらず、すべすべしているのである。しかし、人間にとっては、直立姿勢のゆえに前が後と等しく露わになっているので、自然は、より尊い側［前］の保護を計画(6)したのである(7)。実際、常に自然は、諸々の可能なことどものうちのいっそう善きことの原因なのであるから。まさにそれゆえに、いかなる四足動物にも下側のまつげは生えていない。下のまぶたに、まばらにまつげが生えているものもいくらかはいるが。また、それらには、脇にも陰部にも人間のような毛は生えていない。むしろ、それらの代わりに、体の背面全体が毛で覆われているイヌの類のようなものもいれば、ちょうど馬やそのような動物のような「たてがみ（ロイピアー）」が、さらに、雄ライオンのような「たてがみ（カイテー）」が生

（1）「なす」の原語も「ポイエイン」。時制は現在形。公理的な命題である。

（2）ある器官が存在しないことを説明する際に使用される論理の一つ。他の動物がもっている器官をその動物がもっていないのは、その動物の「生活形態（ビオス）」からして、その器官をもつことが「無駄（マテーン）」になるからだという論法。「自然の経済性原理」と呼ぶことができよう。有名な「『自然（ピュシス）』は何も無駄になすことはない」あるいは「余計なことをしない」というテシスは、『動物部分論』では八回登場するが、これが最初の登場である。なお、『動物進行論』第二章には、ピュシスについてのこのネガティブ・テシスにポジティブ・テシスを追加した「『自然（ピュシス）』は何も無駄にはなさず、生物の各々の類に関する本質の点で可能なことどものうちから最善のことを常になす」（七〇四b一四－一七）というもっと強力なテシスが「探求の原理」として立てられている。これならば、欠如ではなく何か積極的なものが存在することを説明できる（Lennox, p. 231）。

（3）「リビアのストルートス」とは「ダチョウ」のこと。『動物部分論』第四巻第十四章を参照。

（4）「前が尊い」という考えは、『動物進行論』に顕著に見られるような「価値判断」ないし「イデオロギー・バイアス」の一例。『動物進行論』の「解説」を参照。

（5）前屈姿勢をとると、前面の腹部が下を向いて外部からは見えなくなり、腹部の保護の必要がなくなるので、ということ。

（6）「計画」の原語は「ヒュポグラペイン」。時制はアオリスト形。

（7）「常に」というキーワードが含まれる公理的言明。『動物進行論』第二章の「『自然（ピュシス）』は何も無駄になすことはなく、生物の各々の類に関する本質の点で可能なことどものうちから最善のことを常になす」（七〇四b一四－一七）というテシスの後半部分に相当する——ここでは、「最善のこと」という最上級が、「いっそう善きこと」という比較級になってはいるが——。

えているものもいる。

さらに、長い尾が生えている動物に関しては、その尾を自然は毛で飾った[1]。すなわち、尾の基部が馬のように短いものには長い毛で、尾の基部が長いものには短い毛で飾った。そして、それは体の他の部分の自然本性にしたがっている。なぜなら、自然は、どんなところでも[2]、他のところから得たものを、そことは別の
658b 部分に与えるから[3]だ[4]。それで、自然が体中を毛だらけにした[5]動物の場合は、尾のまわりの毛が欠乏している。たとえば、クマどもの場合に、こういうことが起こる。

また、人間は動物の中で最も毛の多い頭をしているが、それは、一方で、必然的に、つまり、脳の湿り気のゆえに、そして頭蓋骨の縫合線のゆえに[6]、そうなっている——なぜなら、湿った熱いものが多いところには、多くのものが成長するのが必然であるから[7]——のであるが、他方で、保護のために、つまり、冷たさや熱さの超過を防いで保護するものとなるように、そうなったのである[8]。そして、人間の脳は、最も大きく最も湿っているのであるから、最も保護が必要なのだ。実際、湿ったものは、ゆだったり冷たくなったり最もしやすいが、その反対の状態のものは、そのような影響を受けにくいから。

しかし以上は脱線であった。まつげに関する原因の議論の続きで、それらの近さのゆえに話してしまったのだ。したがって、残りのことについては、別のふさわしい機会に言及されるべきである。

第十五章

さて、眉毛とまつげは、両方とも保護のためにある。一方で、眉毛は、流れ落ちてくる液体のためにある。つまり、頭から垂れてくる水滴を、突き出たひさしのように(9)防ぐことができるようになっている。他方で、

---

(1)「飾った」の原語は、「エピコスメイン」。時制は現在完了形。

(2)「どんなところでも(パンタクー)」は、「常に」に準じる強い表現であるから、この文も公理的言明であると思われる。

(3)「与える」の原語は、「アポディドナイ」。時制は現在形。

(4)「素材の転用原理」と呼ぶべきもの。どんな動物の体でも、全体として与えられている物質の量ないし割合が限られていると想定されている。それゆえ、ある物質が別の部分に使われてしまったら、その部分に使える物質が少なくなり、その部分の形態のヴァリエーションが生じるのである。

(5)「した」の原語は、「ポイエイン」。時制は現在完了形。

(6)縫合線から湿り気が頭皮に出ていくと考えられている。

(7)「必然的に(エクス・アナンケース)」という言葉は、第一巻第一章で取り上げられていた。そしてそれは「必然性(アナンカイオン)」と言い換えられていたのであった。

(8)頭の毛の多さという同一の現象を、必然と目的の両方から考察している。必然の説明の部分だけを読めば、物質の単なる必然性によって毛が生えたように見えるが、目的の説明の部分も合わせて読めば、それが条件つきの必然であったことが分かる。

(9)眉毛を「ひさし」に喩えることは、クセノポンの『ソクラテスの思い出』第一巻第四章六におけるソクラテスがすでに行なっている。このテクストは、目的論の歴史を論じる際に見逃されてはならないものである。

まつげは、目に入ってくるもののためにある。つまり、或る人たちが壁の前に[1]柵を作るようにそうなっているのだ[2]。

また、一方で、眉毛は、骨どうしが結合しているところに生えている。それゆえ、年をとった人たちの眉毛は、切って手入れをしなければならないほど長く伸びるのである。他方で、まつげは、細い血管の末端に生えている。なぜなら、皮が終わっているところで、細い血管もまた長さの限界に達しているからである。したがって、細い血管の末端から染み出てくる湿った分泌物、これが物質的なものなのだが、それのゆえに必然的であるのは、自然の何らかのはたらきがその分泌物を別のことに使うために妨害をしないかぎりは、まさにそのような分泌物の物質的な原因のゆえに、その場所［細い血管の末端］に毛が必然的に生えるということなのである[3]。

第十六章

さて、一方で、四足で子を産むその他の［ゾウ以外の[4]］動物の場合、嗅覚器［鼻］は、相互にそれほど異なってはいない。だが、長くて先へいくほど幅が狭くなっていく顎をもつ動物の場合は、鼻孔のある部分［鼻］

（1）Bekker版は「作品の前に（πρὸ τῶν ἐργμάτων）」であり、写本的にもこれが支持されるのではあるが、ここでは、Peck が提案し Lennox が賛成している「壁の前に（πρὸ τῶν ἑργμάτων）」という、気息記号が異なるだけの、意味がもっとうまく通るほうの読みをとった。Düring と Louis は、同じ「壁の前に」という意味になる *πρὸ τῶν ἑρμάτων* という読みである。

(2) フランシス・ベーコンが、『学問の進歩』第二巻（七-七）において、目的因を自然学に持ち込んではならないと主張したときに、目的因を用いた見当違いの自然学的説明の例として引き合いに出した「まつげは、視力の柵となるいけがきである」に相当する（岩波文庫版、一七一頁）。ただし、ベーコンは、「『まつげは、視力の保護のためのものである』という原因の説明は、『毛深いことは、湿気のある孔によくあることだ』という原因の説明と矛盾するものではない」とも述べている（同、一七二頁）ことからも分かるように、目的因の探求自体を否定しているのではなく、それは形而上学に属するのであって、もし自然学において行なうならば、「その場所をちがえている…〈中略〉…とわたくしはいいたい」（同、一七〇頁）のである。

(3) ここでは、まつげが生える場所を、単なる物質的な必然によって説明しているように見える。しかし、「別のことに使う」（アッレー・クレーシス、別の使用）という言葉は、「本来の使用」を含意する。すなわち、本来の目的に基づいて分泌物を使用する自然が関与していることになろう（なお、「妨害」の原語は、「エンポディゼイン」。時制は接続法のアオリスト形）。ここでわざわざ「これが物質的なものなのだが（ソーマティケーン・ウーサン）」という言葉をつけ足したのは、「物質的」という言葉を使って、目的をもった「ピュシス」と対比させ、その分泌物が物質（ソーマ）=素材（ヒューレー）であるということを示したかったからではないだろうか。

(4) 原文は「メン・デ」の対比構文になっており、「メン」がついている「その他の」は、「デ」がついている「ゾウ」との先行対比（anticipatory contrast）をなす。したがって、「その他の」とは「ゾウ以外の」という意味である（Lennox, p. 234）。

が、可能なかぎり、「吻（リュンコス）[1]」と呼ばれる[2]ところにある。その他の動物の鼻は、むしろ顎から離れたところにある。

他方で、ゾウは、他の動物と比べて、その部分［鼻］が最も独特である。普通ではない長さと能力があるからである。すなわち、ゾウは、乾いた栄養物［固形物］も湿った栄養物［流動物］も、ちょうど手を使うよう
659a に鼻で口へ運び、また、鼻を木に巻きつけて引き抜きもするが、やはり鼻を手のように使っているから。なぜなら、この動物［ゾウ］は、自然本性に関して、湿地に棲むものであると同時に陸に棲むものでもあり[3]、したがって、湿ったところ［水中］から栄養物を得る場合は、陸に棲む有血動物であるから、水中で呼吸することが必然的であるのだが、また、ちょうど、子を産む有血の呼吸する動物のいくつかのように、大きさの点で超過しており、湿ったところ［水中］から乾いたところ［陸上］へすばやく移動することができないので、ゾウは、ちょうどまさに陸を利用するのと同じように、湿ったところ［水中］も利用することが必然的であったからである。それで、何人かの潜水夫たちが、長時間海中にとどまりながら道具を通じて海上から空気を吸い込めるように呼吸のための道具を身につけるが、ちょうどこのように自然は長い鼻をゾウに作っ[4]たわけである。まさにそれゆえに、ゾウは、湿ったところ［水中］をもぐって進まなければならない場合、水の中から鼻を上へあげて呼吸する。実際、ちょうど私たちが述べたように、ゾウの吻は鼻なのであるから[5]。

さて、手のように使える鼻は、もし軟らかくなく曲げることもできないならば、存在することができない[6]——なぜなら、曲がらない鼻は、その長さがあだとなって、外部からの栄養物を捕ることに対して妨げとなったであろうから。ちょうど、後ずさりして草を食む牛の角が妨げになると或る人たちが主張するように。

20 すなわち、その牛は尻を先にして後ずさりしながら草を食べると彼らは主張するから[7]——。それで、そのよ

（1）「吻」は、「一般に動物の口あるいはその周辺から突出した構造。…〈中略〉…。多くの哺乳類における鼻の外方部の延長。テングザル・ゾウ・バクなどで特に発達したものがある」（岩波『生物学辞典』第四版）。鳥の嘴も「リュンコス」という名称で呼ばれる。

（2）「と呼ばれる（カルーメノン）」という言い回しは、ゾウの鼻と鳥の嘴の両方が同一の「リュンコス」という名称で呼ばれることを奇妙だとアリストテレス自身は思っていることを示唆する（Lennox, p. 234）。この場合、ゾウの鼻と鳥の嘴は「同名異義的なものども（ホモーニュマ）」だということになる。

（3）「生活形態（ビオス）」に関わる「自然本性（ピュシス）」によって説明している。これは、生活環境への適応という目的に合致しているとするタイプの目的論的説明である。

（4）「作った」の原語は「ポイエイン」。時制はアオリスト形。

（5）栄養物を口へ運べるように手として自由に動かせる吻が呼吸の器官の鼻でもあるから、ということ。

（6）第一巻第一章（六四〇a四—五、三四—三五、六四二a九—一一）で言及された「条件つきの必然」の説明方式が使われていることに注意（Lennox, p. 236）。

（7）第二章（六四八a一六）で言及された「より悪しきことの実現」の例。この牛の話は、ヘロドトス『歴史』第四巻に含まれている「リビア記」の部分に登場し、「ここにはまた後退りしながら草を食む牛もいる。なぜ後退りしながら草を食むのかといえば、その角が前方に彎曲しているからである。そのために後向きに歩きながら草を食むわけで、前方へ向かって進むと角が土にめり込むので、それができないのである」（一八三節、松平千秋訳、岩波文庫版、中巻、一〇四頁）と言われている。アリストテレスのテクストでは、「彼らは主張する（パーシ）」という言葉が二度も繰り返されているので、アリストテレス自身がこの牛を確認したわけではないことが分かる。彼がこれに疑いをもっていることを示すのかもしれない（Lennox, p. 236）し、あるいは、著名な人であるヘロドトスからとられた「通念（エンドクサ）」「思われ（パイノメナ）」の一つかもしれない。

うな鼻が存在するのであるが、自然は、いつもやるように[1]、同一の部分［鼻］を多くのことに転用[2]している。それは前足を手として使う代わりにそうしているのである。実際、多くの指をもつ四足動物は手の代わりに前足をもっているが、それはその動物の重量を支えるためだけのものではないから。しかるに、ゾウは、多くの指をもつ動物に属するのであって、双蹄でもなく単蹄でもない。しかし、ゾウの体の大きさと重さは、はなはだしいので、それゆえに、ゾウの前足は支えのためでしかなく、また、前足を曲げるための動きがのろいことと、曲げるのには本来適していないことのゆえに、支えとは別のことには役立たないのである。

それで、ゾウは呼吸にゆえに鼻をもつ。ちょうど、肺をもつ他の動物の各々のように。しかし、ゾウは、湿ったところ［水中］で時を過ごしていることとそこから移動するのがのろいことのゆえに、長くて巻き上げることができる鼻をもつのである。そして、ゾウは、［前］足が手としては使用できなくされているので、まさに自然が、ちょうど私たちが述べたように、足から生じるはずの補助のためにも、その部分［鼻］を転用[3]するのである。

659b さて、鳥、ヘビ、そして、有血で卵を産む四足動物は、鼻孔道を口の前にもつ。したがって、そのはたらきによる場合を除けば、明瞭に分節化された鼻と呼べるようなものをもっていない。少なくとも、鳥は、「突き出た鼻（リース）」をもつとは、とても言えない。それは、顎のかわりに、「嘴（リュンコス）」と呼ばれるものをもつことの帰結だ。その原因は、自然が、そのような仕方で鳥を構成した[4]ということである。実際、鳥は羽をもつ二足動物であり、したがって首と頭の重さが小さいのが必然であるから[5]。ちょうど、胸部が狭いのも必然であるように。それで、嘴は、身を守ったり戦ったりする強さのために、また、栄養のために役立つものとして骨質の硬いものなのであり(6)、頭の小ささのゆえに幅が狭いのだ。そして、嘴に嗅覚道はあるが、鼻はありえないのである。

ところで、呼吸をするのではない他の動物についてだが、どのような原因のゆえにそれは鼻をもたないのかということは、先に述べられた(7)。しかし、[鼻をもたない動物のうちの]或るもの[魚]は、鰓《えら》を通じて、別のもの[鯨]は、「潮を噴く管(アウロス)」を通じて、また有節動物[昆虫]は、「胸部と腹部の間のくびれの部分(ヒュポゾーマ)」を通じて匂いを感覚する。そして、それらが匂いを感覚するのは、みな、ちょうど動く場合のように、体の「生来の気息(シュンピュトン・プネウマ)」によっている(8)。なお、この気息は、それらすべ

---

(1)「いつもやるように(カタペル・エイオーテン)」は、「常に」に準ずる言葉であるとすれば、この文は、公理的な言明ということになる。

(2)この原語「パラカタクレースタイ」は、文脈からして、単に「使用する」のではなく、「転用する」ではないかと思われる。なお、時制は現在形。

(3)この原語「カタクレースタイ」も、前述の「パラカタクレースタイ」と同様、「転用する」ではないかと思われる。時制は現在形。

(4)「構成」の原語は、「シュニスタナイ」。現在完了の分詞形。

(5)重量が大きいと飛行できないので、ということ。つまり条件つきの「必然」である。

(6)これも、条件つきの必然である。

(7)第十章(六五六a二五)への言及(Lennox, p. 238)。

(8)感覚の始原と運動の始原が同一の場所から生ずること、呼吸をするのではない無血動物や昆虫においては、外部から取り込まれたのではない「生来の気息」を保持することによって運動の力が生じること、こういったことについては、『眠りと目覚めについて』第二章四五六a一―二四で述べられている。『動物運動論』第十章も参照。

ての動物に自然本性的に[1]備わっているのであって、外から入ってきたものではない。

さて、有血動物のうちで歯をもつものどもにとって、上と下にある唇[2]からなる自然物は鼻の下にある。実際、歯をもたない鳥の嘴は、私たちが述べたように、栄養物と強さのために骨質であるから[3]。つまり、歯と唇が別々にある代わりに、それらが一つになっているからだ。これはちょうど、或る人が、人間から唇を取り除き、上側の諸々の歯を溶かして一つの連続する歯にして、それとは別に下側の歯も同様に一続きの歯にし、上下それぞれの歯を細長く前方に伸ばしていくようなものである。すなわち、それは、いまや、鳥のような嘴になっていることであろうから[4]。

それで、その他の動物にとって、上と下にある唇からなる自然物は、歯の維持と保護のためにある。まさにそれゆえに、歯が正確に、かつ美しく並んでいるということに、あるいはその反対の状態で並んでいるということに、それらの動物が与っているように、その部分［唇］がきちんと分かれていることにもそれらの動物は関わっているのだ。しかるに、人間は、軟らかく肉質で分離可能な唇をもっているのである。それは、ちょうど他の動物もそうであるように歯を保護するためでもあり、むしろ、さらに、「善いこと（エウ）[5]」のゆえにでもある。なぜなら、まさに唇は、言葉を使うためにあるからだ。実際、自然は、人間の舌を、二つのはたらきに転用したうえで[6]、他の動物のようにはしなかったのだ[7]が、これはちょうど私たちが、自然は多くの場合にそうすると述べたように[8]なっているのであり、一 660a 方で、舌を、味覚と言葉のために、他方で、唇を、言葉と歯の保護のために転用したのだからである。つまり、音声による言葉は、「アルファベット（グランマタ）」から構成されており、もし人間の舌が今あるようではなく唇が湿っていなければ、アルファベットの大部分が発音されえないであろうからだ。すなわち、その発音は、舌を押し付けたり、唇を合わせたりして行なうものであるからだ。しかし、その発音に、どのような性質のものが、どのくらいの数だけあり、また、どのような相違があるのか、これらについては、韻律の研究(9)をした人たちから学ぶことが必要である。

だが、それらの部分［舌と唇］の両方が、いま述べられた使用との関係でよくはたらきを果たすものであり、そのような自然本性をもつものであるということは、ただちに帰結するのが必然である。ゆえに、それらは

（1）この箇所の「自然本性的に」の原語は、「ピュシス」の与格。

（2）原語では複数形。口の上側と下側にあるからである。

（3）鼻に相当する嗅覚道がある嘴は唇とは違って硬い、ということ。歯も鼻も唇ももたない鳥においてすら、「唇の本来的な場所は鼻の下である」というテシスが類比的に成り立つことを示そうとしているのであろう。

（4）アリストテレスではまれな驚くべき思考実験（Lennox, p. 238）。具体的に想像するとグロテスクであるが、現代では、コンピュータで画像を「変形（モーフィング）」するようなものであろう。

（5）この「エウ」は、「エウ・ゼーン」すなわち「よく生きること」（第十章六五六a三－七を参照）の省略形かもしれない。

（6）「転用」の原語は、「カタクレースタイ」のアオリスト形の分詞。

（7）「しなかった」の原語は、「ウー・ポイエイン」で、時制はアオリスト形。

（8）「する」の原語は、「ポイエイン」。時制は現在形。こちらは公理的言明であることが分かる。

（9）『詩学』第二十章（一四五六b二〇－二八）で行なわれているような研究のこと。

(660a)

肉質なのだ[1]。しかるに、人間の肉が最も軟らかい。それは、触れることを通じての感覚［触覚］に関しては、諸々の動物のうちで人間が最も感覚能力をもつものであるがゆえである。

第十七章

ところで、諸々の動物の舌は、口の中の天井部分［口蓋］の下にあり、歩行動物の場合は、みなほとんど似たようなものであるのに対して、その他の動物の場合は、その動物どうしで比較しても、歩行動物と比較しても、似ていない。それで、最も自由に動く[2]最も広い最も軟らかい舌を人間は[3]もつのであるが、それは、次の両方の機能に役立つようにそうなっている。すなわち、軟らかく広い舌は、味のあるものを感覚するのに役立つ——実際、人間は、他の動物とくらべて極めて感覚能力に優れており、その舌が軟らかく、［軟らかいのであれば］触覚能力は非常に高いが、しかるに味覚とは或る種の触覚なのであるから[4]——、また、アルファベットをきちんと分節化して発音することに、そして話をすることに役立つ。舌がそのように軟らかく自由に動くならば、あらゆる方向へ舌を引き込んだり突き出したりすることが非常にうまくできるであろうから。このことは、舌があまり自由に動かない人たちにおいて明らかだ。彼らは、たどたどしい仕方で話し、発音を間違えるが、それはアルファベットを欠いている[5]からである。

また、舌が広いものであるということの中には、狭いものもある[6]。なぜなら、大きなものの中には小さなものもあるが、小さなものの中には大きなものはないからだ[7]。それゆえ、鳥たちのなかにもアルファベットを非常にうまく発音するもの［オウム］がいるが、他の動物に比べれば、その舌は広いのだ。しかし、有血で子を産む四足動物は、分節化された音声をほとんどもっていない。なぜなら、その舌は、硬くて自由に動かず、そして厚いからだ。それに対して、鳥たちのなかには多くの音声をもつものがおり、鉤爪をもつ鳥ども(8)は比較的広い舌をもつ。しかし、鳥は小さいものほど多くの音声をもっている。そういった鳥は、みな、互いに「思いを伝えること（ヘルメーネイアー）」のために舌を使い、或るものは別のものよりもいっそううま

(1) 条件つきの必然。

(2) 原語は「アポレリューメノン」で、直訳すれば、「［口腔の基底部から］分離された」であり、ポイントは、それゆえ自由に動きうるということである。

(3) 「まず人間の部分が取り上げられねばならない」という『動物誌』第一巻第六章（四九一a二〇）の方法論にしたがっている（Lennox, p. 239）。この方法論は、第十章（六五六a一〇）でも語られていた。

(4) 『感覚と感覚されうるものについて』第四章四四一a三―四にそのまま登場する言葉。

(5) きちんと分節化された音声を発することができない、ということ。

(6) ここで、議論が人間の舌から鳥の舌へ移行する。したがって、「広いもの［である舌］」とは人間の舌のこと、「狭いもの」は、以下の議論の流れから判断しても、鳥の舌一般のことではないだろうか。「［舌が］広いもの『である（エイナイ）』ということの中には狭いものもある」とは、人間の舌の本質――「である（エイナイ）」――は鳥の舌の本質を含む、つまり、人間の舌の能力は鳥のそれよりも大きいのであり、人間の舌にある発声能力が鳥の舌にも――限定された形でだが――ある、ということであろう。もしそうでなければ、「それゆえ、鳥たちのなかにも」以下の、鳥が話題になっている文へうまくつながっていかないであろう。

(7) 完全な能力の中に不完全で限定された能力は含まれるが、限定された能力の中には完全な能力は含まれないから、ということであろう。

(8) ここでは、オウムなどのこと。

660b くそのようにしている。[1] その結果、いくつかのケースでは、互いに学習さえしているように思われるほどである。しかし、これらについては、諸々の動物に関する諸探求で述べられた。[2]

さて、歩行し子を産む有血動物の多くは、自由に動かない固い[3]舌をもっており、これは音声を発するはたらきには役立たない。他方、ヘビとトカゲは、長く二つに分かれた舌をもっているが、これは、味があるものを感覚することには[4]役立つ。ヘビの舌は非常に長く、小さくなった状態からかなり伸ばすことができる。そして、二つに分かれており、その先端は繊細で毛のようになっているが、[5]それはヘビの自然本性の貪欲さのゆえに[6]そうなのである。なぜなら、このように二つに分かれた舌によって、ちょうど味覚という感覚が二倍になるかのように、味があるものの快楽がヘビにとって二倍になるからだ。

また、無血動物も有血動物も、みな、味があるものを感覚する部分［舌］をもっている。実際、それをもつと多くの人に思われていないもの、たとえばいくつかの魚ですら、或る仕方でわずかにもっており、川にいるワニがもっているものと、ほとんど同じようであるから。[7]だが、それらの大部分は、理にかなった或る原因のゆえに、その部分をもつように見えないのだ。すなわち、そのような動物すべてにとって、口の場所が棘状だからであり、そして、水中で生きる動物にとって、味がするものを感覚する時間は短い間であるがゆえであって、つまり、まさに味覚の使用がわずかであるように、そのように舌の分化もわずかなのだ。[8]また、これらの動物にとって栄養物はすばやく胃へおさまるが、それは栄養物の汁を吸い取るのにあまり時間をかけられないことによる。時間をかけていると水が入ってきてしまうであろうからだ。したがって、誰かがその動物の口をこじあけでもしないかぎり、その部分［舌］が、独立した部分であるようには見えない。

そして、その場所は棘状なのである。なぜなら、そこは、それら鰓からなる自然物が棘状であるところのその鰓が接しているところからできているからだ。

さて、ワニの場合は、下の顎が動かないことも、その部分［舌］の発達が阻害されている一因である。な

---

(1)『動物誌』第九巻第三十一章に、オオガラスがお互いの「思いを伝えること（デーローシス）」が述べられている。

(2)『動物誌』第四巻第九章で詳しく論じられている。

(3)原語は「プロスデデメノン」で、直訳すると、「［口腔の基底部に］結びつけられた」であり、ポイントは、それゆえ自由に動かないということ。

(4)原語は「諸々のキューモスのゲウシス」で、普通に直訳すると「味の味覚」と、冗語的になってしまう。しかし、アリストテレスの感覚論の用語法だと、ゲウシスは味覚のはたらき、キューモスは味覚のはたらきを起こさせるもの、つまり味覚の相関物であり、味そのものではないので、冗語的にならないのである（Lennox, p. 240）。

(5)感覚が鋭敏である、ということ。

(6)その動物の自然本性的な「性格傾向（エートス）」に訴えるタイプの目的論的説明。この箇所のように、その性格傾向を促進する目的だけではなく、『動物部分論』第四巻第十三章の有名な「サメの口の位置の説明」（六九六b二四―三二）のように、性格傾向から結果する生存に不利な点をカバーする目的もある。なお、「性格傾向」は、『動物誌』第一巻第一章（四八七a一〇―一一）において、動物の相違を研究する四つの観点とされているもののうちの一つ。他の三つの観点は、「生活形態（ビオス）」、「活動形式（プラークシス）」、「部分（モリオン）」である。

(7)『動物誌』第二巻第十章（五〇三a一―一六）では、「エジプトのワニ」に言及され、その舌は「魚のうちのあるものどもと同じようである」とされている。そして、その魚の「［舌のあるべき］場所はまったくなめらかで分化していない」と言われている。『動物部分論』第四巻第十一章冒頭でもワニの舌が論じられている。

(8)未分化ゆえに分かりにくい、ということ。なおここで、器官は使用すればするほど発達分化すると思われていることが分かる。

ぜなら、舌が下顎と融合しており、下顎と上顎の関係が他の動物とはちょうど逆になってしまっているからだ。実際、他の動物は上顎が動かないから。それで、ワニは上側に舌をもつのではない。なぜなら、そこだと、栄養物を取り込む側［下側］と反対になってしまうからだ。そうではなく、下側に舌をもつ。なぜなら、それが、いわば上側の位置を変えたものだからだ。[1] さらに、それ自身は歩行動物［陸に住む動物］でありながら、魚の生活形態で生きてもいる。したがって、このことによってもまた、その部分［舌］が未分化であるのが必然的である。[2]

しかし、多くの魚の口蓋は肉質であり、いくつかの川魚、たとえば、「コイ」と呼ばれるものの口蓋は極 661a 度に肉質で柔らかい。その結果、厳密に吟味していない人たちには、その口蓋が舌であると思われている。しかし、魚には、いま述べられた原因のゆえに、舌の分化があるにはあるが、それは明晰ではない。しかるに、この感覚［味覚］は、味がするものの中にある栄養のためのものであるから、[3] その明晰ではない部分は、舌の性質をもっているものなのだ。そのすべての部分が同じような性質をもっているのではなく、主として先端がそうなのであるが。ゆえに、魚の場合、先端だけが口腔の基底部から分離しているのである。

さて、すべての動物は、栄養物から生じる快楽の感覚をもつ限りで、栄養物への欲望をもつ。実際、欲望とは、快いものを欲望することなのであるから。[4] しかし、栄養物を感覚する部分［舌］は、すべてのものの場合に同様であるというわけではない。自由に動くものもあれば、そうでないものもある。一方、自由に動かない舌には音声を発するはたらきがなく硬い。他方、自由に動くものの舌は柔らかく肉質である。ゆえに、カニやそういったもののような、軟殻動物［甲殻類］においても、なにかそのような部分が口の中にある。イカやタコなどの軟体動物〔頭足類〕も同様である。また、有節動物〔昆虫〕のいくつか、たとえばアリどもからなる類は、口の中にそういう部分をもつ。殻皮動物〔貝類〕の多くも同様である。しかし、ハチの針のように、自然本性に関して、液体を通すような中空の部分を口の外にもっている動物もおり、この動物は味わうと同時に栄養物を吸い込むことができる。このことは、ハエやハチやそのようなすべてのものにおいても、さらに、殻皮動物〔貝類〕のいくつかにおいても明らかだ。実際、アクキガイ(5)の場合、この部分〔舌のような部分〕は、たとえば、アクキガイを釣るエサに使われている巻き貝のような、小振りの貝の貝殻に穴をあけるほどの力をもっている。さらに、刺しバエやアブには、人間の皮膚や、その他の動物の皮さえ、刺し貫くものがいる。それで、これらの動物において、その舌は、その自然本性に関して、ちょうどゾウの鼻と対になるものなのである。なぜなら、ゾウにおいて鼻は防御のためのものであり、これらの動物においては舌が

(1) 島崎訳の訳註では「ここの文、ことに最後の所の意味はよく分からないが、そのまま訳出した」（岩波版アリストテレス全集第八巻、四五〇頁、註一〇）とされており、難しい箇所。おそらくは、動かない顎に舌があるということには類比性が成り立っていないように見えるが、或る意味ではやはり成り立っている、ということを言わんとしているのであろう。

(2) 「生活形態（ビオス）」による説明の明らかな使用例。

(3) かつ、栄養はいかなる生物にも必要であるから。

(4) 「欲望（エピテューミアー）」は、有用性原理ではなく快楽原理にしたがっている。したがって、有用なものを「欲望」しているとすれば、そこには快楽が介在していなければならない。あるいは、直接的に有用性のない知や規則を「欲望」するとすれば、なおさらそこには知を追及することや規則にしたがうことそれ自体の快楽が介在するであろう。これは倫理学的に重要なポイントになろう。

(5) 原語は「ポルピュラ」。意味は「紫の貝」。

30（661a）

ハチの針の代わりに攻撃のためになっているからだ。しかし、その他のすべての動物の場合、舌は、まさしく私たちが述べたようなものなのである。

第三巻

第一章

(661a)

34 さて、ひきつづいて論じるのは、動物にとっての、諸々の歯からなる自然物[1]であり、それらの歯に取り巻かれそれらで構成されている口である。

661b それで、一方で、人間とは別の動物どもの場合、諸々の歯からなる自然物は、栄養物の準備[2]に関して［それらの動物に］共通したものであるが、それとは別に、類によっては、強さのためであるものどももいる。そして、その強さは、「する」[3]ためのものと、「されない」[4]ためのものに、分けられたのである。実際、或るものどもは、両方のため、つまり、「されないこと」と「すること」のために、歯をもっている。たとえば、自然本性に関して肉食の野生動物のように。また別のものどもは、防御[5]のための歯をもっている。ちょうど、多くの野生動物や家畜がそうであるように。

他方で、人間の歯は、［多くの動物に］共通な使用[6]に対して、自然本性的に見事な適合性[7]を示している。すなわち、前歯［切歯］は、ものを嚙み切ることができるように鋭くなっており、奥歯［臼《きゅう》歯《し》］は、ものをすりつぶすことができるように平らになっている[8]。また、犬歯は、両方の歯[9]の境目にあるが、自然本性に関してはそれら両方の歯の中間のものである。なぜなら、中間にあるものは両端のものどもに与るのだが、犬歯には、鋭い部分と、平らな部分があるからだ。その他の動物の場合も、そのすべての歯が鋭いというわけではない限り、同様である。しかし、人間がそのような性質の諸々の歯をそれだけの数だけもっているのは、とりわけ対話のためである。実際、前歯はアルファベットの発音に大いに寄与しているから。

さて、いくつかの動物は、ちょうど私たちが述べたように、栄養物のためだけに歯をもつ。しかし、防御のためにも強さのためにも歯をもつ動物には、イノシシのように牙をもつものどもや、「鋸歯をもつものども」と呼ばれる由縁の、つらなったギザギザの歯をもつものどもがいる。実際、これらの動物の強さは歯に存しており、歯の強さはその鋭さのゆえに生じるので、強さに役立つ歯は、互いに擦れ合ってその鋭さを失わないように、たがいちがいに組み合わさっている(10)から。また、いかなる動物も鋸歯と牙が同時に生えるこ

---

(1) 一本一本の歯ではなく、諸々の歯が咀嚼という目的のために組織化された一つの全体としての歯のシステムのこと。「自然物」については、「解説」三の3を参照。
(2) 咀嚼のこと。
(3) 原語は「ポイエイン」。ここでは、攻撃すること。
(4) 原語は「メー・パスケイン」。ここでは、防御すること。
(5)「されないこと(メー・パスケイン)」の言い換え。
(6) 栄養物の準備のこと。
(7) 原語は「カロース」という副詞。目的論の文脈で「カロース」とは、美と善を兼ね備えた仕方で、ということ。
(8)『自然学』第二巻第八章や『動物発生論』第五巻第八章において、「前歯が鋭く奥歯が平らになっていることに目的はなく、たまたまそうであるにすぎない」と主張するエンペドクレスやデモクリトスの説が批判されている。
(9) 前歯と奥歯のこと。
(10) 噛み合わせがきれいになっているということ。

とはないが、それは、自然は無駄なことも余計なこともしない(1)がゆえである。防御は、牙で突くことを通じてか、鋸歯で噛みつくことを通じてなされる。まさにそれゆえに、イノシシの雌は噛みつくのだ。牙をもっていないからである。

ところで、私たちが把握すべき或る普遍的なことがある。それは、今の議論にも、今後の多くの議論にも、役立つことだ。すなわち、自然は、使うことができるものだけに、強さと防御のための道具的な諸部分の各々、たとえば、針、蹴爪、角、牙、その他何かそのようなものを与えたり、あるいは、他の動物よりもいっそう多く与えたり、また、最もうまく使うことができるものに、最も多く与えたりするということである。(2)雄は雌よりいっそう屈強であり気概があるので、そのような部分を、雄だけがもつ場合もあるし、雄がいっそう多くもつ場合もある。(3)実際、雌にとってももつことが必然的な部分、たとえば栄養物のためのそれは、雌ももっている。ただし、より小さいのではあるが。しかし、必要ないことのための部分はもっていない。
662a そして、それゆえに、アカシカの雄は角をもつが、雌はもたない。そして、ウシは、雌も雄も角をもつが、両者の角は異なっている。ヒツジも同様である。そして、ニワトリの場合、蹴爪は、雄がもつが、雌の多くはもたない。他のそのような部分の場合も、事情は同様である。

さて、魚は、みな、鋸歯である。ただし、「オウムウオ」と呼ばれる一つのもの(4)は別にして。また、舌にも口蓋にも歯をもつ魚は多い。その原因は、水の中にいるものにとっては、水を栄養物と同時に取り込み、そしてすばやく水を吐き出すことが必然的であるということだ。実際、すりつぶす(5)のに時間をかけていられないから。つまり、水が胃に流れ込んできてしまうだろうからだ。それゆえに、魚の歯は、すべて鋭いが、ただ嚙み切ることのためだけにそうなっているのである。そしてまた、魚の口には、多くの歯が多くの場所に生えているが、それは、すりつぶす代わりに、多さ(6)によって多くの細片に嚙み切るためである。そして、歯が曲がっているのは、それらの魚の強さのほとんどすべては、歯を通じて成り立っているがゆえである。

さて、口という自然物も動物はもつ。それは、以上のはたらきのためでもあるが、さらに、呼吸のためでもあって、呼吸し外部から冷やされる限りの動物がそうである。実際、ちょうど私たちが述べたように、自

---

(1) 動詞「する（ポイエイン）」は現在形。公理的言明である。

(2) 攻撃と防御の道具的部分の分配原則。使えないものには渡さないということ、および、使えるものにはうまく使える分だけ渡すということは、「自然は無駄なことをしない」という原則のヴァリエーションであろう。以下の実例を見ると、「同じ種の動物であるのに、なぜ雄と雌で、もつ部分の種類や程度が異なるのか」という問題を解くのに使われているが、この原則は「普遍的」と言われているので、もっと広い範囲に適用される根本的な観点なのであろう。なお、「与える（アポディドナイ）」は現在形であり、公理的言明であることが分かる。

(3) 「屈強」は肉体的な条件、「気概」は性格的な条件。したがって、「使うことができる」とは、このような肉体的、性格的前提条件を満たすことであろう。

(4) 歯の形については、実際はこれだけが例外というわけではない。しかし、この魚は、反芻の習性で名高く、第十四章（六七五a四）や『動物誌』第二巻第十七章（五〇八b一一）から分かるように、反芻すると思われていた唯一の魚ではあった。

(5) 奥歯のような広い歯を用いる。

(6) 鋸歯における歯の多さのこと。

然そのものが、自ら[1]、すべての動物に共通の部分を多くの固有なはたらきに転用しているから[2]。たとえば、まさに口の場合、栄養摂取はすべての動物に共通であるが、強さは或るものどもに固有であり、話をすることは別のものどもに固有である。さらに、呼吸することは、すべての動物に共通であるわけではない。しかるに、自然は、機能の諸々の相違に応じて、その部分［口］それ自体の違いを作り出し[3]、以上のすべてのはたらきを一つに集めたの[4]である。ゆえに、或る口は比較的狭く、別の口は広いのだ。すなわち、栄養摂取、呼吸、会話のための口は比較的狭く、防御のためである口のうち、鋸歯をもったものは、みな、大きく裂けているから。つまり、それらの強さは嚙むことに存するので、大きく開く口のほうが役に立つからである。実際、口が大きく開く分だけ、それだけ多くの範囲を多くの歯で嚙むことになろうから。また、魚のうちでは、嚙みつく肉食のものがそういった口をもつ。しかし、肉食でないものは、先の細い口をもっている。先の細いほうが役に立ち、大きく裂けているのは役に立たないからだ[5]。

鳥の場合は、嘴と呼ばれているものが口である。というのは、唇と歯の代わりに、嘴をもっているからだ。
662b 嘴は、その使用と防御に基づいて相違する。実際、「鉤爪をもつ鳥」と呼ばれているものは、みな肉食であって、果実をついばんだりしないので、曲がった嘴をもつから。なぜなら、そのようなものが、自然本性的に、獲物を屈服させるために役立つものであり、いっそう強くなれるからである。しかるに、その強さは、嘴にも爪にも存する。それゆえ、鉤爪ももつのである。また、他の鳥の各々の場合、その生活形態との関係で、嘴が役に立つ[6]。たとえば、キツツキ、カラス、そしてカラスに近い鳥の嘴は、頑丈で硬い。他方、小型の鳥の嘴は、繊細であるが、それは、果実を集めたり、小さな生き物を捕まえたりするためである。そして、ちょうど水かきがあって泳ぐ鳥のように、草食の鳥や沼のほとりに生息する鳥の場合、また別の仕方で役立つ嘴をもつものもいれば、平たくて広い嘴をもつものもいる。平たくて広ければ、容易に[7]土を掘ることができるからだ。これは、四足動物で言えば、ブタの吻[8]と事情が同じである。ブタも植物の根を食べる動物であるから。さらに、植物の根を食べる鳥や、それに似た生活形態[9]のいくつかの鳥は、嘴の縁がギザギザしている。植物の根を食べるそのような鳥にとって作業が容易になるからである。

さて、以上で、頭にある他の諸部分については、ほとんど語り終わった。しかし、人間の場合、頭頂部と頸の間にある部分が「顔（プロソーポン）」と呼ばれている。これは、活動形式に基づいて名づけられたようである。というのは、動物のうちで人間だけが直立するので、「前から見て（プロソーテン・オポーペ）」、「前

(1) 自然が或る部分を転用するというテシスは、これまでにも何度か述べられたが、ここではそれが、「自然そのものが、自ら」というように、自然のいわば「自発性」によることが強調されている。何らかの物質的条件によって強いられてではないということか。
(2) 原語は「カタクレースタイ」。時制は現在形。
(3) 原語は「ポイエイン」。現在形の分詞。
(4) 原語は「シュナゲイン」。時制はアオリスト形。
(5) 理由として「役立つ」「役立たない」という目的論的観点が明瞭に打ち出されている。
(6) 「生活形態（ビオス）」による説明が登場している。
(7) 「容易になるから」という説明は、「より善さ」による説明のヴァリエーションであろう。
(8) 鼻先のこと。
(9) ここも「生活形態」による説明である。

へ（プロソー）」声を出すからである。[1]

第二章

しかし[2]、角について語られねばならない。というのは、角もまた、それをもつ動物においては、自然本性的に頭にあるからだ。子を産むのではない動物[3]は、どれも角をもたない。類似性や喩えで、子を産むものとは別の或る動物[4]にも、角があると言われている[5]。だが、角のはたらきは、その動物のどれにも属さない[6]。実際、子を産む動物が角をもつのは防御と強さのためだが、このことは、喩えで「角をもつ」と言われている他の動物のどれにも当てはまらない。なぜなら、そのどれも、自分を守るためにも、他を圧倒するためにも、その角なるものを使っていないが、そのように使うことこそ、まさに強さのはたらきなのであるから。

それで、つま先が多くの指に分かれた動物[7]も角をもたない。その原因は、角とは防御の原因[8]なのであるが、多指動物には、他に諸々の防御方式があるということだ[9]。実際、自然は、或るものには爪を、別のものには戦いに適した歯を、また別のものには自分の身を守るのに十分な別の何らかの部分を、それぞれ与えたので[10]ある。

663a しかるに、双蹄動物[11]の多くは強さのために角をもつ。単蹄動物[12]のいくつかもそうだ。また、双蹄動物のいくつかは、防御のためにも角をもつ。しかし、角をもたないものに対しては、自然は、命を救うことのために、別の強さを与えた[13]。たとえば、体がすばやく動くことがそうだ。ちょうど、そのことが馬を防御しているように。あるいは、体の大きさもそうだ。ちょうど、それがラクダを防御しているように。実際、非常に大きいということだけでも、他の動物によって滅ぼされることを防ぐのに十分であるから。それがまさにラ

---

(1)「プロソーテン・オポーペ」「プロソー」→「プロソーポン」という語源解釈よりも、「活動形式」の観点がその解釈を支えているということが重要である。

(2) この「しかし」は、どういう意味の「しかし」なのか。第二巻第十章（六五六ａ一〇）で語られ、同第十七章冒頭で実際に使用されていた「まず人間の部分が取り上げられねばならない」という方法論からすれば、「頭にある部分」の考察においても、人間にない部分は考察の視野に入らないはずである――実際、前章末尾で「以上で、頭にある他の諸部分については、ほとんど語り終わった」と言われている。「しかし」、人間になくても、「角を論じなければならない。それもまた自然本性的に頭にあるから」ということであろう（Lennox, p. 246）。

(3) 卵を産む動物。

(4) これも、卵を産む動物。

(5) 本当は「角『のようなもの』をもつ」と言わなければならない、ということ。『動物誌』第二巻第一章（五〇〇ａ二一―二六）では、「決まった言い回しのために、喩えで『角をもつ』と言われる」動物の例として、「エジプト人たちが、テーバイ付近のヘビのことを、言い訳程度の突起物があるというので、『角をもつ』と言う」こと――ヘロドトス『歴史』第二巻第七十四章にも出てくる――が挙げられている。この「言い訳程度の突起物」が、ここでいう「類似性」をなすものであろう。

(6) 部分の研究における「はたらき（エルゴン）」の決定的な重要性が再確認されている。

(7) 以下では、「多指動物」と訳す。

(8) 防御を実現するもの、ということ。

(9) 同一の目的（この場合は防御）に対して、それを実現する方式は複数存在する、ということ。

(10) 原語は「ディドナイ」。時制は現在完了形。

(11)「偶蹄類」に相当。

(12)「奇蹄類」に相当。

(13) 原語は「ディドナイ」。時制は現在完了形。

(663a) クダの場合に起こっていることであり、ゾウの場合はいっそうそれが当てはまる。しかし、牙をもつ動物は、ちょうどブタどもからなる類もそうであるように、双蹄動物なのである。

また、角が突き出ていることが自然本性的に役に立っていないものに対して、自然は、別の防御手段をつけ加えた[1]。たとえば、すばやさをアカシカにつけ加えたし――実際、その角が大きくて多くに分岐していることは、益するよりむしろ害するのであるから[2]――、そしてアンテロープやガゼルにもすばやさをつけ加えた――これらは、いくつかの動物に対しては立ちむかい角で身を守るが、獰猛で攻撃を仕掛けてくる動物からは逃げるのであるから――。また、ヤギュウ――この動物の角は自然本性的に互いの方へ曲がって生えているから役立たない――には、糞飛ばしという防御手段をつけ加えた。実際、ヤギュウは、怯えると、そうすることによって身を守るから。そして、別の動物も、そのような糞飛ばしによって身を守る。しかるに、自然は、同一の動物に、必要十分な防御手段と必要以上の防御手段を同時に与えなかったのである[3]。

さて、角が生えている動物の大多数は双蹄動物であるが、単蹄動物もいると言われており、それは「インドのオノス」と呼ばれている[4]。それで、角が生えている動物の大多数は、運動に利用される部分に関して体が右と左に分かれるように[5]、その原因のゆえに自然本性的に二本の角をもっている。しかし、角が一本の動物もいる。たとえば、「オリュクス」[6]や、「インドのオノス」と呼ばれているものがそうだ[7]。前者は双蹄動物、後者は単蹄動物である。しかるに、一角の動物は頭の中央部に角が生えている。実際、そのような位置でなら、両方の部分[8]が一つ[9]の角を一番うまくもてるであろう[10]。中央部は両端のどちらにとっても同様に共通な場所であるから。そして、角が一本であるのは双蹄動物よりもむしろ単蹄動物であるということが理にかなっていると思われるであろう。(11) なぜなら、双蹄にせよ単蹄にせよ蹄は角と同じ自然本性をもっており、(12) したがって、蹄の分岐と角の分岐は同じ動物において同時に起こるからである。さらに、蹄の分岐つまり双蹄は、この自然本性の不足による。(13) したがって、双蹄動物の場合、自然は、蹄のほうに素材を超過して与えたが、(14)

---

(1) 原語は「プロスティテナイ」。時制は現在完了形。

(2)「より悪しきことの実現」の例。

(3)「防御手段分配の経済性原理」と呼ぶことができよう。なお、原語は「ディドナイ」、時制は現在完了形。

(4)「言われている」、「呼ばれている」という言い回しから、アリストテレス自身の観察ではなく、通念ないし著名な人物の見解であることが示唆される。クニドスのクテシアス『インド記』から取られたらしい。「インドのオノス」は、『動物誌』第二巻第一章（四九九b一八）にも登場する。一説によると、「インドサイ」だが、よく分かっていない。

(5)『動物進行論』第四章において、「体の場所変化の自然本性的な始点が、個々のものの右であり、それに相対して自然本性的に付随するのが左である」（七〇五b一八―二一）と言われている。

(6)「オリュクス」も、『動物誌』第二巻第一章（四九九b一九）に登場する。北アフリカのガゼルあるいはアンテロープと推測されている。

(7) 角をもつ大多数の動物は角を二本もつ双蹄動物なので、角が一本で双蹄の「オリュクス」と、角が一本で単蹄の「インドのオノス」が、とくに説明を要する例外として言及されたのである。

(8) 体の右側の部分と左側の部分のこと。

(9) 共通の、ということ。

(10)「部分が存在する場所の最適化原理」と呼ぶことができよう。

(11) 一本の角で単蹄の「インドのオノス」の説明。

(12) 同じ傾向をもつ素材でできている、ということ。

(13) 一本の角で双蹄の「オリュクス」の説明。

(14) 原語は「ディドナイ」。アオリスト形の分詞。

その素材を上の方から[1]取ってきた[2]のであり、一本だけの角を作った[3]のである。[4]

そして、[自然が]諸々の角からなる自然物[5]を頭に作った[6]ことは正しい。しかし、アイソポスの寓話に出てくるモモスが、「最も強力な突きを生み出すはずの角が両肩になく、最も弱い部分である頭にある」という 663b 理由で雄ウシを非難しているよう[7]であるが、これは正しくない。モモスは、事柄を鋭く見抜いて評価をしているのではないからだ。というのは、仮にもし体のどこか別のところに角が生えていたとしても、そこが重くなるだけで他には何の役にも立たず、多くの動物の諸々のはたらきの妨げにさえなるであろうように[8]、肩に角が生えていたとしても、同じことになるはずであるから。つまり、何に基づいて突きがいっそう強力になるかだけではなく、何に基づいて突きがいっそう前に届くかも考察しなければならないからだ[9]。したがって、雄ウシは、手をもたず、また、角が足の先にあることは不可能である[10]が、しかし膝にあれば[11]、膝を曲げるのを妨げてしまうであろうから、雄ウシの角は、ちょうど現在あるように頭にあるのが必然的である[12]。同時に、そのようであれば、体のその他の諸々の動きに対しても、自然本性的に一番妨げにならないのだ。

さて、アカシカだけは、角がその全体を通じて密で硬い[13]。そして、アカシカだけは、角が脱落する[14]。それ

---

(1) 頭の方から、ということ。
(2) 原語は「アパイレイン」。時制はアオリスト形。
(3) 原語は「ポイエイン」。同じく、時制はアオリスト形。
(4) 第二巻第十四章の「自然は、どんなところでも、他のところから得たものを、そことは別の部分に与える。それで、自然が体中を毛だらけにした動物の場合は、尾のまわりの毛は欠乏している」（六五八a三六－b二）と同じ論理で、「目的論の物質的有限性の原理」である。ある物質が別の部分に使われると、その部分に使える物質が少なくなり、その部分の形態のヴァリエーションが生じるのである。

(5)二本で対になった角などのこと。

(6)「作った」の主語は、前文の主語「自然（ピュシス）」である。したがって、この文は「ピュシスがピュシスを作った」という文であることになり、ピュシスに少なくとも二つのレベルがなければ理解不能になろう。第二巻第八章の肉と骨の関係を論じた箇所――ピュシスに二つのレベルが認められる箇所――も参照のこと。なお、「作った」の原語は「ポイエイン」、時制はアオリスト形。

(7)『バブリオスによるイアンボス詩形のイソップ風寓話集』第五九話（岩谷・西村訳『イソップ風寓話集』二二六頁）では、「ものを見ながら突き刺せるように目の下に角がついていないと難じた」とあり、アリストテレスの記述とは異なっている。モモスは「非難、難癖」の神。アイソポスは著名な人物であるから、彼の見解がディアレクティケーにおける「エンドクサ（通念ないし著名な人物の見解）」として取り上げられたのであろう。

(8)部分を考察する観点として、そこにあれば有益かどうか、動物のはたらきを妨げないかどうかということが取られていることが読みとれる。

(9)牛などの四足動物の場合、肩よりも頭のほうが前に出る。したがって、肩は角がある場所の候補からはずれる。

(10)いきなり「不可能」と断定されているのは、もし角が足の先にあれば地面に刺さってしまうだろうから、ということであろうか。

(11)足の先がだめなら足の中間部（つまり膝）はどうか、という議論の流れであろう。

(12)足の先も、足の中間部（膝）も、そして足の付け根（肩）もだめならば、角の場所として足は全く不適格であり、かつ、前に伸ばすことができる手はないとすれば、頭にあるのでなければならない、ということ。

(13)つまり、重い。

(14)生え替わるということ。いったん生えたものが脱落して、また同じものが生える――しかもそれを繰り返す――というのは、「自然は無駄なことをしない」という原理に反するように思われるので、とくに説明が必要なのだろう。

(663b)

は、一方で、軽くなる有利さ[1]のためであるが、他方、重さのゆえに必然的にそうなる。[2] しかるに、他の動物の角は、あるところまでは空洞で、先端が密で硬いが、それは、突くことのために役立つがゆえである。しかし、空洞の部分は、弱くならないように、自然本性的に皮からできており[3]、骨からできた密で硬い部分が、その空洞の部分に挿入されている。実際、角をもつ部分は、そのようにして、強さのために非常に役立ち、かつ、攻撃以外の生活形態の妨げに一番ならないのであるから。[4]

それで、(1)諸々の角からなる「自然物（ピュシス）」は何のためなのか、そして、どのような原因のゆえにそのようなものをもつ動物ともたない動物がいるのか、これらが語られた。しかし、(2)「必然的な自然本性（ヘー・アナンカイアー・ピュシス）」が存在するのであるから、(3)「理にかなった自然（ヘー・カタ・ロゴン・ピュシス）」が、いかにして、「必然的に存在するものども（タ・ヒュパルコンタ・エクス・アナンケース）」を、何かのために転用したのか[5]、このことを語ろう[6]。

それで、第一に、動物が大きければ大きいほど、その動物には、物質的で土の質のものがいっそう多く存在するが[7]、私たちは、角をもった小動物など全然知らない[8]。実際、角をもつことが知られている動物のうちで最も小さいものは、ガゼルであるから[9]。しかし、多くの事例へ目を向けながら、自然本性を考察する必要がある。なぜなら、自然本性にしたがったものは、すべてのものに、あるいは大抵の場合生じるものに、存在するのだから[10]。しかるに、動物の体における骨の質のものは、土の質のものとして存在する。それゆえ、大抵の場合生じるものを見たうえで言うならば、最も大きい動物には最も多くの量の土の質のものが存在する。それで、少なくとも、そのような物質の剰余物の超過が、比較的大きい動物には存在するが、自然は、

(1) アカシカは、すばやく動くことによって身を守るのであったから、軽いほうがいっそうすばやくなって有利。

(2) アカシカの角が取れて落ちるという同一の現象を、目的（「……のため」）と必然という二つの観点から記述している。重さという物質的な必然が、角の脱落を通じて、身軽さという有利さを実現する。しかし、それは、身軽さの「ため（ヘネカ）」であって、重さのためではない。この非対称的関係を示すため、まず目的を述べ、次に必然的な条件を述べたのではないか。

(3) 底本の Bekker 版の *οὐ* を、Lennox とともに削除する。

(4) 一つの動物でも、さまざまな生活形態を営むから、ある活動に有利な部分でも、別の活動には不利ということがありうる。この場合は、角の攻撃力を高めれば高めるほど重くなり、すばやさが損なわれる。そこでバランスをとらなければならないが、重いままの角を保持する戦略をとる場合は、定期的に角を切り離し、すばやく動ける時期を確保することになるし、あるいは別の戦略をとって、角の先端だけ硬く密にして残りは空洞にすると、すばやさを常時確保できるのである。

(5) 原語は「カタクレースタイ」。時制は現在完了形。

(6) (1)「生物の部分（角）のピュシス」、(2)「必然的なピュシス＝必然的に存在するもの（物質、素材）」、(3)「理にかなった仕方で物質、素材を転用するピュシス」の、三種類のピュシスが確認できる重要なテクスト。ピュシスの用法については、「解説」三の3を参照。

(7)「存在する」の原語「ヒュパルケイン」は、「必然的に存在するものども（タ・ヒュパルコンタ・エクス・アナンケース）」の分詞「ヒュパルコンタ」の不定法。したがって、先の「必然的に存在するものども」とは、ここの「物質的で土の質のもの」であることが分かる。

(8) 角を生やしたネズミやリスは見つかっていない、ということであろう。

(9) ガゼルは「肩高五〇―一二〇センチメートル」（『広辞苑』第五版）なので「小動物」とは言えない、ということであろう。

(10)『自然学』第二巻第八章でも、歯、生物の体の諸部分、そして一般に自然本性によるものは、「常に、あるいは大抵の場合、そのように生じる」と言われている（一九八b三四―三六）。

これを防御や役に立つことに転用する。[1]すなわち、体の上の場所へ必然的に流れ込んでくる土の質の剰余物
の超過を、或る動物の場合には歯や牙に、別の動物の場合には角に、［自然は］分配したのだ。[2]それゆえ、角
をもつ動物は、どれも、上下両方の顎に切歯をもつものではないな
664a いから。なぜなら、自然が、そこから素材を取って、角につけ加えたからだ。[3]すなわち、その歯へ与えられ
たはずの栄養が、角の成長のために使い尽くされてしまうのである。しかし、雌のアカシカは角をもたない
のに、歯に関しては雄と同様である。[4]その原因は、雌と雄両方ともに、同じ自然本性が属しており、角をも
つ動物であることによる。[5]そして、角が雌のアカシカから取り除かれている理由は、それは、雄にとっても
役に立つものではないが、雄はその屈強さのゆえに[6]害を受けないからである。[7]だが、体のそのような部分[8]が
角になっていない他の動物の場合、［自然は、］或る動物については、すべての歯の大きさを共通に増大させ、[9]
別の動物については、顎から角のような牙を作った[10]のである。[11]

頭にある諸部分については、以上のように規定されたとしよう。

第三章

さて、頸は、それをもつ動物において、自然本性的に[12]頭の下にある。なぜなら、すべての動物がその部分［頸］をもつわけではなく、頸の自然本性的[13]な目的である部分をもつ動物だけに頸があるからである。[14]しかるに、頸の目的になる部分とは喉頭[15]であり、いわゆる「食道」なのだ。

それで、喉頭は、気息のためにあるのが自然本性的である。[16] 実際、喉頭を通じて、動物は、吸い込みと吐き出しを行ない、気息を出し入れするからである。それゆえ、肺臓をもたない動物は、頸ももたない。たと

（1）原語は「カタクレースタイ」。時制は現在形。

（2）原語は「アポネメイン」。時制はアオリスト形。

（3）原語は「プロスティテナイ」。時制はアオリスト形。

（4）雌のシカには、雄と同様、上顎に前歯がない、ということ。そうすると、雌のシカの場合、角に使われなかった分の素材は、上顎前歯にも使われずに、いったいどこに転用されたのであろうか？という問題が、つまり、「自然による素材の転用原則」が確認できないという問題が生じる。以下では、雄と雌の歯の共通性については、その自然本性が共通であることで、また、角の有無については、一九三頁の註（2）で指摘した「攻撃と防御の道具的部分の分配原則」で説明される。

（5）分かりにくい理由だが、Lennox, p. 250 は、角をもつのは草食動物であることに着目して、草食動物であることが、「上顎前歯がなく臼歯が発達している」という歯の仕組みと関係していると解している。

（6）角をもつことによる害。

（7）「攻撃と防御の道具的部分の分配原則」における肉体的条件「屈強さ」が適用されている。シカの角は、雌がもつと害を与えるようなものなので、雌にはないとされるわけである。

（8）体の素材となっている物質的な土の性質のもののこと。

（9）原語は「エパウクサネイン」。時制はアオリスト形。

（10）原語は「ポイエイン」。これも、時制はアオリスト形。

（11）「自然による素材の転用原則」が確認されるということ。

（12）原語は「ペピュコース」という副詞。

（13）原語は「ペピュケン」という動詞。

（14）自然本性的な目的関係が自然本性的な場所を規定するということ。

（15）原語「パリュンクス」は英語の pharynx すなわち「咽頭」の語源であるが、ここでは食道と、そして、気管、気管支なども区別されていることからもあり、larynx すなわち気管の入り口である「喉頭」と訳される。ただし、アリストテレス自身の「パリュンクス」の用語法は流動的で一定していない。

（16）したがって、頸は気息のためにあるということになる。

えば、魚どもからなる類のように。また、食道は、栄養物が胃の中へ入る通路になる部分である。したがって、頸をもたない動物は、明らかに食道ももたない。しかし、栄養物のために食道をもつことが必然的であるわけではない。食道は栄養物のための準備をするものではないからだ[1]。さらに、胃は口の位置のすぐ後の場所[2]に置かれることが可能である[3]。しかし、肺臓にはそれが不可能である。なぜなら、左右両肺に共通な管のようなもの[4]が存在することが必要だからだ。二つに分岐するこの管を通じて、気息は、気管支[5]により、気管支の枝へ分配される。肺臓は、このような仕方で、最もうまく吸い込みと吐き出しを行なうことができるのだ。しかるに、呼吸に関わる器官は必然的に長さをもつ[6]のであるから、食道が口と胃の中間にあることが必然的なのである[7]。また、食道は肉質で、腱の質の伸縮性をもつ。すなわち、栄養物が入ってきたとき伸び広がるために、腱の質であり、また、軟らかくて、食べ物を通すために、そして、飲み下されたものによって擦りむけて害されることがないように、肉質になっているのである。

さて、いわゆる喉頭と気管は、軟骨質の物体から構成されている。それらは呼吸のためだけではなく音声
664b のためにも存在するが、音声を発するようになるものは、なめらかで、かつ、硬さをもっている必要があるからだ。また、気管は食道の前に置かれているが、そうすると気管が栄養摂取に関して食道の妨げになるのにもかかわらずそうなっているのである。すなわち、何か乾いたものや湿ったもの[8]が気管の中へ流れ込んでしまったならば、息が詰まり、苦しくなって、痛々しい咳をするからだ[9]。それで、そのように気管によって動物は飲み物をとると述べる人たちのうちの誰かが[10]、このこと[11]を不思議に思うかもしれない。実際、栄養物の一部が気管に流れ込んでしまうすべての場合に、いま述べられた苦しみが明らかに起こっているのである

から。しかしながら、動物はそのように気管によって飲み物をとると述べることは、明らかに多くの点で滑稽なことである。なぜなら、口から胃への通路として私たちは食道を認めるが、肺臓から胃へは、[12]このような通路が何もないからだ。さらに、吐き気がしたり船酔いになった場合、湿ったものがこみあげてくるが、それがどこからくるかは明々白々である。また、湿ったものが直接に膀胱に集められるのではなく、それよ

（1）したがって、食道の存在理由が問われなければならないわけである。

（2）食道を抜きにして、ということ。

（3）栄養の加工の観点からは食道は必要不可欠とは言えないから。このことも食道の存在理由を問う必要性を生じさせる。

（4）「気管」に相当する。

（5）原語は「アルテーリアイ」。単数形の「アルテーリアー」は「気管」だが、複数形の「アルテーリアイ」は「気管支」。

（6）呼吸に関わる器官である肺臓は、最もうまく吸い込みと吐き出しを行なうことができるように、喉頭、気管、気管支、その枝の部分をもつ以上、必然的にそれらの部分からなる長さをもつ、ということであろう。

（7）口に腹を直結させるには気管や気管支などの部分からなる「長さ」が邪魔になるので、その分の長さをもつ食道で口と腹を媒介せざるをえない、ということ。これで、栄養の加工の観点からは必要とは言えない食道の存在理由が示せた。

（8）固形物や水分のこと。

（9）養老孟司氏が『形を読む——生物の形態をめぐって』で次のように述べているのが参考になろう。「われわれの食物路は、口から、咽頭、食道へと抜けるが、その咽頭で鼻から喉頭、気管へと抜ける気道と交差する。そんなことをするから、日本では、毎正月、モチがのどに詰まって死ぬ老人が、数十人に達することになる。しかも、…〈中略〉…両者がいわば平面交差をつくるのは、哺乳類の中でも、なんとヒトのみであって、ふつう一般の哺乳類では、ここは立体交差を形成するため、ヒトのように致命的な現象を生じることはない」（一七八頁）。

（10）プラトン『ティマイオス』七〇Cを参照。

（11）気管に何かが流れ込むと苦しいこと。

（12）「［気管の行き着く先である］肺臓から胃へは」ということ。

りも前に胃に集められるということは明らかである。なぜなら、胃から吐き出されたものは、［飲んだ］赤ブドウ酒の澱に色づけられているのが見られるからだ。このことは(1)、胃に傷がある場合にもしばしば明らかに起こっている。だが、ばかげた説を綿密に吟味することは、ばかげたことであろう(2)。

さて、気管は、私たちが述べたように、食道の前に置かれているがゆえに、栄養物によって妨げられる。それに対して、自然は、喉頭蓋を工夫した(3)。これは、子を産む動物のすべてがもつというわけではない。肺臓があって毛の生えた皮をした動物がもっている。自然本性的に硬い鱗をしたものや羽根の生えた動物はもたないが、これらには、喉頭蓋の代わりに気管が、ちょうど他の動物の場合に喉頭蓋が閉じたり開いたりするような仕方で、狭くなったり開いたりする。すなわち、喉頭蓋は、気息が出入りする際は開き、栄養物が摂取される際は、気管に何も流れ落ちていかないように閉じるから。しかし、そのような動きの最中に何か間違いが起こって、栄養物を飲み込んでいる時に息を吸い込んでしまったら、先に述べられたように、息を詰まらせ咳き込むのである。このようにして、喉頭蓋の動きと舌の動きとは、［自然によって］見事な仕方で工夫されたの(4)だ。したがって、栄養物が口の中ですりつぶされ、喉頭蓋のかたわらを通り過ぎるときに、舌が歯に噛まれることはめったになく、気管に何かが流れ落ちることはまれなのである。

さて、いま述べられた動物は、喉頭蓋をもたない。その動物は乾いた肉と硬い皮をしており、したがって、そういった部分が、そのような性質の肉と皮から構成されたとすれば、その動物の場合、あまりよく動かない部分になってしまったはずだからだ。しかし、その動物の気管自身の末端部分の収縮は、毛の生えている動物がもっているような、本来の(5)肉からできた喉頭蓋の動きよりも、ずっとすばやいであろう。

それで、以下のことが述べられたとしよう。すなわち、どのような原因のゆえに喉頭蓋をもつ動物ともたない動物がいるのか、そして、何ゆえに自然は、いわゆる喉頭蓋を工夫して(6)、気管の位置の劣悪さを治したのか(7)、ということである。しかし、喉頭は、必然的に、食道の前に置かれている。なぜなら、一方で、心臓が体の前方中央に置かれており、前方に置かれた心臓に、生命の始原、すなわち、動物のあらゆる運動と感覚の始原があると私たちは主張している――というのは、感覚と運動が、いわゆる前方へ向かうからである。実際、この説明の仕方で動物の前と後は定義されたのであるから(8)――が、他方、肺臓は、心臓がある場所、

(1) 胃の内容物に色がつくこと。
(2) 「気管によって飲み物をとる」というばかげた説を検討するのは、これくらいにして先へ進もう、ということ。
(3) 原語は「メーカナースタイ」。時制は現在完了形。
(4) これも時制は現在完了形である。受動相の動作主は「自然（ピュシス）」であると思われる。
(5) 軟らかい、ということ。
(6) 原語は「メーカナースタイ」。アオリスト形の分詞。
(7) 「工夫」だけではなく「治す（イーアートレウエイン）」というメタファーでも語られるピュシスの用例。なお、時制は現在完了形。
(8) 『動物進行論』第四章で、「動物はすべて感覚をもち、感覚によって［動物の］前と後は定義される。すなわち、各々の動物にとって、感覚が自然本性的に向かう方向や感覚が由来する場所が前なのであり、その反対が後なのである」（七〇五b一〇－一三）と言われている。「感覚が由来する場所」とは、感覚の始原がある場所であろう。『動物部分論』のこの箇所では、「感覚の始原のある場所は、感覚の向かう方向から分かる」ということが隠された前提としてあるが、『動物進行論』のこのテクストからすると、感覚の始原のある場所と感覚が向かう方向は一致すると想定されているようである。もしそうであれば、この隠された前提は支持されるだろう。

つまり、心臓のまわりにあり、呼吸は、それ[1]のゆえに、そして、心臓にあるそのはたらきの始源のゆえにあるからだ。しかるに、呼吸は、動物において、気管を通じて行なわれる。したがって、心臓が第一に体の前方に置かれるのが必然的であるから、喉頭や気管も食道より前方に置かれるのが必然的なのである。[2]実際、喉頭や気管は肺臓や心臓へ伸びており、食道は胃へ通じているから。しかるに、総じて、常に、より善くより尊いものは、他に何も、より大きなもの[3]が妨げない限り、上と下では上に、前と後では前に、右と左では右に、いっそう多く存在する。[4]

以上で、頸部、食道、気管について語られた。

第四章

次の仕事は、諸々の臓[5]について語ることだ。さて、臓は有血動物に固有である。有血動物にはすべての臓をもつものと一部の臓しかもたないものがいるが、無血動物は臓をもたない。しかし、デモクリトスは、いやしくも彼が無血動物の臓はその小ささのゆえに明瞭ではないと思っていたのだとすれば、臓について見事な把握をしたとは言えないようだ。[6]なぜなら、構成された直後の有血動物も非常に小さいのであるが、それ
665b にもかかわらず、心臓も肝臓も明瞭になっているからである。実際、時には、三日目[7]の卵の中に、点ほどの

(1) 生命、運動、感覚といったはたらきのこと。「それ」と訳したτοῦτοではなく、同じく「それ」と訳すτοῦτονにテク

ストを変更して、「肺臓」を指すと解する（「呼吸は肺臓のゆえに」と訳すことになる）案もある。こうすると、肺臓に言及した直前の文とのつながりはよくなる。

（2）「第一に」という言葉から、合目的化に順序ないし秩序のあることが、つまり、「直接的に合目的化されるもの」と「間接的に合目的化されるもの」のあることが分かる。

（3）この「より大きなもの」とは、(1)「より善くより尊いもの」よりもさらにいっそう善く尊いものであることを「より大きい」と言っているとも、(2)「より善くより尊いもの」よりいっそう善く尊いわけではないが、何らかの意味でそれよりも力が強いことを「より大きい」と言っているとも解釈できる。(1)の場合、「より大きなもの」は、さらにいっそう善く尊い目的であるが、(2)の場合は、より劣った目的あるいは目的に反することが「より善くより尊いもの」を力で圧倒することを表現していることになる。しかし、尊いものが「妨げる」というのは奇妙な表現であると思われるので、(2)と解するのが適切ではないかと思われる。なお、「より大きなものが妨げる」という表現は、次の章の六六五b二〇―二一でも登場する。

（4）ここで語られている生物体の部位の「尊さ」は価値判断のバイアスにすぎないように見えるかもしれない。しかし、『動物進行論』第五章（七〇六b一二―一六）では、感覚や運動の始原の存在する場所であるということに、その部位の「尊さ」の根拠が求められている。『動物部分論』のこの箇所の文脈でも、感覚や運動の「始原」が登場している。

（5）「臓（スプランクノン）」は、心臓、肺臓、肝臓、腎臓、脾臓などのいわゆる「五臓」を指す。「胃（コイリアー）」や「腸（エンテラ）」は「スプランクノン」に含まれないので、「内臓」ではなく「臓」と訳した。また、「スプランクノン」は赤い血の色をしているのでなければならない。五臓に類比的な器官をもっていても、それが赤い血の色をしていなければ、「スプランクノン」とは呼ばれない。それゆえに、以下で、赤い血をもたない無血動物は「スプランクノン」をもたないと言われているのである。

（6）デモクリトス「生涯と学説」一四八（DK）。

（7）抱卵後の三日目ということ。

(665b)
大きさをもったこれらの臓が明らかにあるから[1]。また、流産した幼生物[2]においても、明らかに、非常に小さな臓がある。さらに、ちょうど外的な諸部分については、それらの使用がすべての動物に属すというわけではなく、諸々の生活形態と運動方式との関係において、各々の動物に固有の仕方で備わっているように、内的な諸部分の場合も、別の動物には別の内的部分があるというのが自然本性的なことである。

さて、臓は有血動物に固有であり、それゆえ臓の各々は血のような素材から構成されている。このことは、新生児において明らかだ。実際、新生児の臓は、成体の臓よりいっそう血のようであり、体の大きさと比較して大きいが、それは、素材[3]の元来の形態と分量が初期の構成体[4]では非常に分かりやすいことによるから。

それで、心臓はすべての有血動物に属すわけであるが[5]、その原因は先に述べられた[6]。すなわち[7]、血をもつことが有血動物に属すのは明らかに必然的である[8]。また、血は湿ったもの[9]であるから、管が存在することが必然的である[10]。自然は、このために諸々の血管を考案した[11]ように見える。そして、それらの血管を統括する一つの始原[12]が存在するのが必然的である。なぜなら、可能であれば、統括する始原は、複数であるよりも、一つであるほうが、より善いことであるから[13]。しかるに、心臓が諸々の血管を統括する始原なのである。なぜなら、明らかに諸々の血管は心臓から始まっているのであって、心臓を貫いているのではないからであり、

（1）『動物誌』第六巻第三章において、ニワトリの卵が「三日三晩で」（五六一a六－七）最初の生命の印を見せることやその後の過程が詳しく述べられている。

（2）Ogle, p. 149によれば、「流産した」という言葉がわざわざ付加されていることからして、人間の胎児のことであると考えられる。なぜなら、『動物発生論』第四巻第一章（七六四

a三四－三六)や同第五巻第一章(七七九a八－一〇)から分かるように、人間以外の動物の胚ないし幼生物ならば、アリストテレスは、流産を待たなくても解剖して調べているから。人体に関するアリストテレスの言明も、成体ではなく胎児に基づいていると考えられるものが多い。

(3)ここでは、体の素材である血のこと。

(4)「構成体(シュスタシス)」は、すでに第二巻第一章六四六a一二〇などで登場した概念。六四六a一二などの「構成物(シュンテシス)」と同義。なお、「初期の構成体」は、ギリシア語では「第一の構成体」とも訳せるが、ここでは血のことを指しており、血は同質部分であって、第二巻第一章の単純物体ないし諸力である「第一の構成体」とは異なるので、「初期の構成体」すなわち胚ないし胎児と解した。まだ形成途上の胚ないし胎児においては、体の素材である血の元来の形態や分量がよく分かる——成体ではそれが分かりにくくなる——ということをこの文は言おうとしている(以上はLennox, p. 255にしたがった解釈)。

(5)血液循環論のハーヴェイは、この言葉に言及している。「血行のある動物はいずれも心臓をもたないものはない(アリストテレス『動物の部分』第三巻)ということはまったく真実であって……」(ハーヴェイ『動物の心臓ならびに血液の運動に関する解剖学的研究』岩波文庫版、一四六頁)。ハーヴェイは、『動物部分論』に精通しており、「自然は無駄なことをしない」という、アリストテレスの自然学の中心テシスも受け入れている。「完全かつ神聖なる自然は、何事をも理由なくして、いたずらに行なわないものである」(同、一五五頁)。

(6)第二巻第一章(六四七b二－八)で簡単に説明されていた。

(7)以下では、「必然的である」という言葉が多用され、論証が意図されている。

(8)有血動物の本質に属することであるから。

(9)液体のこと。

(10)血という液体を入れるために管が必要だということ。

(11)原語は「メーカナースタイ」。時制は現在完了形。

(12)ここでの「アルケー」は、「支配」「統括」という意味が全面に出てきているので、単に「始原」ではなく、「統括する始原」と訳した。

(13)世界全体の統括原理を論じた『形而上学』Λ巻第十章末尾の有名な言葉「統率者が多いのは善くない。統率者は一人であれ」(一〇七六a四)——この言葉自体はホメロスの『イリアス』第二歌二〇四行の引用であるが——と同じ発想。ここでは、多くの部分からなる体が全体として統一的にはたらくためには、それを統括する一つの「アルケー(支配するもの、統括するもの)」が必要だということ(Lennox, p. 256)。

そして、心臓の自然本性は血管質であって、まるで血管と同じ類のもののようだからである。また、心臓の位置も、統括する始原に適した場所にある。実際、中央付近に、かつ、下よりも上の方に、後よりも前の方にあるから。なぜなら、自然は、何かより大きなものが妨げない限り[1]、より尊いものを、より尊い場所に置いた[2]からである。以上で述べられたことは、人間の場合に最も明らかであるが、他の動物においてさえ、同様の理で、その末端が排泄物の出口になっている必然的な体の[3]中央に置かれることを心臓は欲する[4]。他方、手足は、別のものが別な仕方で動物に属しているのが自然本性的であって、生きることにとって必然的なものであるというわけではない。それゆえ、手足が取り除かれても、動物は生きているのだ。そして、明らかに、手足がつけ加えられても[5]、動物を破壊しないのである。

さて、頭に諸々の血管の始原があると語る人たちは、正しい想定をしなかったのである。なぜなら、第一に、始原を、多くの撒き散らされたものにしてしまい、第二に、冷たい場所に置いてしまうからだ。しかし、心臓のまわりの場所は、冷たいものの影響を受けやすく、その反対であることは明らかである。そして、すでに述べられたように[6]、諸々の血管は他の臓を貫いて走っているが、いかなる血管も心臓を貫いて伸びてはいない。このことからしても、心臓が諸々の血管の一部であり、しかもその始原であることは明らかだ。そしてこのことは理にかなっている[7]。なぜなら、心臓の中央部分は、その壁が密で貫き通せず内部が空虚な部
666a 分であることが自然本性的だからである。さらに、その部分は、血管がそこで始まっているので、血に満ちている。空虚であるのはその血を受け入れるためであり、密で貫き通せないのは熱さの始原を守るためだ。実際、諸々の臓や身体部位のうちで唯一心臓の中にだけ、貫く血管なしに血があるのに対して、その他の部

分の各々はその部分を貫く血管の中に血があるから。このこともまた理にかなっている。というのは、血は心臓から血管へと運ばれるのであって、どこか他のところから心臓へ運ばれるのではないからだ(8)。すなわち、

（1）前章末尾（六六五a二三）にも出てきた言い回し。ここでは、「心臓のピュシス」とは区別されているところの「ピュシス（自然）」よりも「強大な」妨害要因が存在しうるということ、つまり個々のピュシスとは区別されたピュシスすらすべての自然現象を支配するわけでは必ずしもなく、あらゆる自然現象が目的論的であるわけではないということを示唆している点が注目される。ただし、「より重要な目的」（Ogleの訳し方）というように目的論的に解するならば、このような含意はなくなるが、そのようには解せないことについては、二一一頁註（3）を参照されたい。

（2）原語は「カティドリュエイン」。時制は現在完了形。

（3）生きること——生命維持——にとって必要な栄養摂取と排泄によって必然化される体、すなわち体幹のこと。

（4）心臓は、加工された栄養物を分配する重要な役割を果たすので、そのように栄養摂取の観点から必然化された体の中央の位置を要請する。なお、「欲する」の原語「ブーレスタイ」は、通常は、「傾向がある」と訳される。心臓に意識はないので、文字通りの「欲求」はないであろうが、単なる「傾向」以上の何かがあるかどうかは検討を要する課題である。心臓の本質的なはたらき——生命維持——による強い要請ということも考えられる。

（5）「手足がつけ加えられる」とは、冗談を言おうしているだけか、真剣に手足の再生のことに言及している——『動物誌』第二巻第十七章では（手足ではないが）尾の再生能力をトカゲとヘビがもつと言われている（五〇八b七―八）——のか、明らかではない（Lennox, p. 256）。しかし、ここでの議論のポイントは、手足が、動物一般の定義に含まれないという意味で本質の構成要素ではなく、それゆえ生存そのものには関係がないということであり、定義が実在の表現であることが分かる。

（6）本章の六六五b一五―一七。

（7）以下の議論では、「理にかなっている」（エウロゴース、または、カタ・トン・ロゴン）という言葉が頻出する。

（8）ここから、アリストテレスに血液循環の考えがないことが分かる。

(666a) 心臓が、血の始原、源泉、あるいは最初の容器なのである。これらのことは、諸々の解剖事例や発生事例から[1]、いっそう明らかになる。心臓は、あらゆる部分のうちで最初に生じるが、生じてすぐ血を含んでいるからだ。

さらに、快楽や苦痛や総じてあらゆる感覚の動は、明らかに、心臓から始まり、心臓で終わっている。このようであることもまた、理にかなっている。なぜなら、可能なら、始原は一つでなければならないからだ。そして、諸々の場所のうちでは、中央が、自然本性[2]に最もよくかなった場所である。なぜなら、中央は、一つであり、同じような仕方で[3]、あるいはほとんど同じような仕方で、あらゆる場所へ到達できるからだ。また、さらに、血のない部分も血も感覚能力がない[4]のであるから、明らかに、血を最初に含む容れ物のごときもの[5]が感覚の始原であるのが必然的である。そのようであると思えるのは、理にかなっているだけではなく、感覚にも合っている。実際、胎児においては、明らかに、諸部分のうちで心臓が一番早くに、あたかも動物であるかのごとく動く。有血動物にとって心臓は自然本性の始原であるようだ。

以上に述べられたことの証拠は、すべての有血動物に心臓があるということだ。なぜなら、有血動物にとって、血の始原をもつことは必然的だからである。肝臓もまたすべての有血動物にある。しかし、肝臓を、全身の始原であるとか血の始原であるとか主張する者は誰もいないであろう。なぜなら、肝臓は、いかなる仕方においても統括する始原に適した位置には置かれておらず、最も完成された動物においては、あたかも肝臓とバランスをとるように脾臓があるからだ[6]。さらに、肝臓は、心臓とはちがって自らのうちに血の受容場所をもたず、他の臓のように自らを貫く血管内にもっている。またさらに、血管は肝臓を貫いて伸びているが、いかなる血管も心臓を貫いて[7]はいない。あらゆる血管は心臓から始まっているのだからである。それ

666b で、心臓と肝臓のどちらかが始原であるのが必然であり[8]、そして、肝臓は始原でないのならば、心臓がまさに諸々の血管の始原であるのが必然である。実際、動物は、感覚によって[9]定義されるが[10]、最初に感覚するものは最初に血を含む部分であり、しかるに、そのような部分こそ心臓なのだ。心臓は、確かに、血管の始原であり、最初に血を含む部分であるのだから。

さて、心臓の端部は尖っていて比較的硬く、そして胸の方へ[11]向けて、総じて体の前部に置かれているが[12]、これは、体が冷えないためである。実際、すべての動物において、胸は比較的肉が薄く、背中は比較的肉が厚いのであって、それゆえ、背面には熱いものを冷たいものから守るたくさんの覆いがあるのだから。しか

（1）「『解剖学』と『発生論』に基づけば」とも訳される。『解剖学』は現存しない。『動物発生論』であれば、第三巻第二章（七三五b一九）に相当する。

（2）一つでなければならない始原の自然本性。

（3）統一された仕方で、ということ。

（4）血そのものに感覚能力がないことについては、第二巻第三章（六五〇b二―八）で述べられている。

（5）心臓のこと。

（6）並ぶものがあるということは、唯一の統括するものではない、ということ。

（7）Bekker版の ἐξ（「心臓『から』」と訳すことになる）ではなく Thurot が提案した δι' を読む。

（8）心臓だけではなく「肝臓もまたすべての有血動物にある」（六六六a二四―二五）ので、始原の有力候補である心臓と外延が等しい臓は肝臓だけである。したがって、それらのどちらかが始原であるのが必然である、ということ。

（9）感覚能力をもっていることによって、ということ。

（10）第二巻第八章（六五三b二二―二三）参照。

（11）下へ、ということ。

（12）このような「心臓の端部」とは、倒立円錐形の心臓の下部にある心室尖端の「心尖」のこと。

(666b)

し、心臓は、人間以外の動物においては胸の場所の中央にあるが、人間においては、体の左側の部分が冷えがちであるのを熱い右側と等しくするために、やや左へずれている。なぜなら、人間の体の左側は、他の動物と比べてもずっと冷たいからだ。また、魚においても同様な仕方で心臓は置かれているということ、そして、何ゆえに同様な仕方で置かれていないように見えるのかということは、先に述べられた[1]。魚は、心臓の尖った端部が頭の方を向いている[2]。しかるに、頭のある方向が前なのである。なぜなら、動物の運動は頭の方向へなされるのだから。

心臓は、また、多くの腱をもつ[3]。このことは理にかなっている。なぜなら、心臓から動物の運動は始まるのであるが、その心臓の活動は、縮んだり緩んだりすることを通じて遂行されるからだ[4]。それで、心臓は、そのようなことのための装備と強靭さが必要なのだ。しかるに、心臓は、ちょうど先にも述べたように[5]、それをもつ動物の内部において、自然本性的に、腱を備えた或る動物のようなのである[6]。また、ウマおよび或る種のウシを除けば、私たちが吟味した限りのすべての動物の心臓には骨がない[7]。これら例外の動物の心臓の骨は、その心臓の大きさのゆえに、ちょうど骨格が全身を支えているように、大きな心臓を支えるためにあるのだ。

さて、大型の動物の心臓は、三つの腔所をもつ[8]。それよりも小さな動物は二つもち、どんな動物の心臓でも一つはもっている。どのような原因のゆえにそのようであるのかは述べられている。すなわち、心臓には、或る場所が存在する必要があるが、それこそ、最初の血[9]を受容する場所だ。血が最初に生じるのは心臓の中であるということを、私たちは何度も述べてきた[10]。始まりとなる血管は二つあり、一つは「大血管[11]」、もう一つは「アオルテー」[12]と呼ばれる。実際、どちらも諸々の血管の始原であり、そして相違をもっている。このことについては後で語ろうと思っているが、ともかく、そのようであるから、大血管とアオルテーの始原

(1)『呼吸について』第十六章(四七八b三以下)、『動物誌』第二巻第十七章(五〇七a二以下)。

(2)「動脈球(bulbus arteriosus)」が「鰓弓《さいきゅう》動脈」を出している部分のことが述べられている。鰓と心臓の間にあり、その尖端は確かに鰓がある方向つまり頭の方を向いてはいるが、これは心尖に相当する部分ではない。心室の尖端である心尖に相当する部分は、やはり胸の方を向いている(Ogle, p. 196)。

(3)おそらく、心室内部に多くの「腱索(chordae tendinae)」をもつ、ということ。

(4)『動物運動論』第九章(七〇二b二〇以下)参照。

(5)本章六六六a一二。

(6)心臓の運動は、動物のあらゆる動の始原であるから、もはや他の部分によって動かされるのではなく、それ自身で動くのでなければならない。心臓の収縮運動も、心臓それ自身によって行なわれるのでなければならない。自ら動くということは動物の特徴であるから、心臓は、動物のうちにある部分でありながら、それ自体が動物のようであり、そして、自らを動かすためにそれ自身が腱をもつのである、ということ。

(7)「ウマおよび或る種のウシ」の心臓の中にあるとされているこの骨は、実際に、大型の哺乳類、とくに反芻動物や、ゾウなどの厚皮動物に存在する。大動脈の始まる場所の下部に見られる十字形の化骨部のこと。『動物誌』第二巻第十五章(五〇六a八―一二)や『動物発生論』第五巻第七章(七八七b一八―一九)でも言及されている。

(8)心房が二つ、心室が二つで、計四つの「腔所(コイリアー)」が心臓にはあるはずであるから、「三つ」という発言にはさまざまな解釈が提出されている。Ogle, p. 198によれば、アリストテレスは、右心房を静脈洞として、つまり心臓の一部ではなく大静脈の一部として見たので、三つとされたのである。アリストテレスの心臓論は、『動物誌』第一巻第十七章と同第三巻第三章にもある。

(9)できたばかりの血ということ。

(10)ここまでが、一つの腔所をもつ原因の説明。

(11)大静脈に相当。

(12)大動脈に相当。

も分かれているほうが、より善いのである。血が相異なっており分離されているならば[1]、そういうことになるだろう。まさにそれゆえに、可能な場合には、血を受容する場所は二つある。しかるに、大型の動物においてはそれが可能だ。心臓も大きいからである[2]。しかし、さらに、腔所は三つあるほうが、一つの共通の始原があることになって、より善い。つまり、中央の余分な腔所［左心室］[3]が始原だ。したがって、これらの動物の心臓は、常により大きくなければならない。まさにそれゆえに、極めて大きな心臓だけが三つの腔所をもつわけである[4]。

667a さて、それらの腔所のうち、右側のもの［右心室］が最も多くの最も熱い血をもち、それゆえに体の右側の部分のほうが熱いわけであるが、左の腔所［左心房］は最も少量の最も冷たい血をもつ。また、中央の腔所［左心室］は、量の点でも熱さの点でも中間の、しかし最も清浄な血をもつ。なぜなら、始原というものは最大限に不動でなければならないが、そのような状態が実現するのは、その内部の血が清浄で、量の点でも熱さの点でも中間である場合だからだ。

心臓は、また、縫合線[5]に似た分節構造をもつ[6]。しかし、多くのものを組み合わせてできた複合体なのではなく、むしろ、私たちが述べたように、分節構造に基づいたものなのである。また、感覚能力をもった動物の心臓は比較的分節化されているが、動物が鈍感なほど心臓は分節化されていない。ちょうど、ブタの心臓のように。大きさと小ささや硬さと軟らかさに関する心臓の相違は、何らかの仕方で、「性格傾向（エートス）」にまで及ぶ。実際、鈍い動物は硬くて密な心臓をもつが、感覚能力豊かな動物は比較的軟らかい心臓をもつから。そして、大きな心臓をもつ動物は臆病であり、小さなあるいは中間の大きさの心臓をもつ動物はどちらかと言えば度胸がある。なぜなら、大きな心臓をもつ動物には、恐れることから生じる状態［冷たさ］が前もって存在するが、その理由は、心臓と釣り合いのとれた熱さをもたないこと、その熱さは小さいので大きな動物においては弱まること、そして血が比較的冷たいことであるから(7)。ノウサギ、アカシカ、ネズミ、ハイエナ、ロバ、ヒョウ、イタチ、そして、その他の、明らかに臆病で、恐れのゆえに卑怯である限りのほとんどすべての動物は、大きめの心臓をもっている。

血管の場合も腔所の場合も同様だ。大きな血管や腔所は冷たいからである。すなわち、小さい部屋と大きい部屋の場合、火の分量が等しければ、より大きな部屋のほうが暖まりにくいが、それらの部分における熱

（1）Düring, p. 162 や Loux, Lennox にしたがって、底本である Bekker 版の *διαφυοῦς* ではなく、主要写本の読み *διαφόρου* を採用した。*διφυοῦς* という読みをとった場合、この文脈では「二つの本性をもった」という意味が欲しいところだが、この箇所以外では、腎臓のように「同じ性質の器官が自然本性的に対になった」という用例しかなく、これでは意味が通らなくなるか、かなり無理な訳になるからである。血の性質の相違については、第二巻第二章（六四七b二九－六四八a一三）で説明されているが、この箇所では、血が「相異なっており分離している」ということが要求されるということ以上のことは述べられていない。

（2）ここまでが、二つの腔所をもつ原因の説明。

（3）腔所が三つという立場では、右心室、左心室、左心房という順になるので、「中央の腔所」とは左心室のことになる。

（4）ここまでが、三つの腔所をもつ説明。

（5）頭蓋骨の縫合線のこと。

（6）心臓表面には、心房と心室の境に「冠状溝」、左右心室の間に「室間溝」がある。

（7）動物の「性格傾向（エートス）」と熱さ、冷たさの関係については、第二巻第四章六五〇b二七以下ですでに説明されている。

さもそれと同様だから。実際、血管も腔所も、何かを容れる場所であるから。さらに、別のところからきた外部の動は、各々の熱いものを冷やす。場所が広ければ広いほど、気息は多くて強い。ゆえに、大きな腔所あるいは大きな血管をもった動物は、どれも、肉に関して脂っぽくなく、そのような脂の多い動物のすべて、あるいは大部分が、はっきりしない血管や、小さな腔所をもっているように思われるのである。

さて、諸々の臓のうちで唯一、総じて、体にある諸部分で唯一、心臓だけが、困難な受動的状態[1]をもちこたえない[2]。そのことは、理にかなっている。なぜなら、もし始原が破壊されたならば、始原に依存する他の
667b
ものどもを助けるものはどこからも生じないのであるから。心臓がその受動的状態を受け入れないということの証拠としては、犠牲に捧げられて死んだ動物[3]のどれにも、他の臓の場合のような受動的状態が心臓には見られないということがある。実際、その犠牲獣の腎臓や肝臓は、しばしば、石や瘤や腫れ物でいっぱいになっているように見えるから。肺臓も同様であり、脾臓もたいていそうだ。また、他の多くの受動的なことごとが、明らかに、それらの臓に生じている。それがほとんど見られないのは、肺臓の場合だと気管のまわりであり、肝臓の場合では大血管との結合部のまわりであるが、そのことは理にかなっている。なぜなら、これらの臓が心臓と交わるのは、それらの場所においてだからだ。しかし、明らかに病気やそのような受動的状態のゆえに死んでしまった動物を解剖してみれば、病的な受動的状態は心臓の場合にも明らかなのである。

さて、心臓に関しては、それがどのようなものなのか[4]、そして、何のために、つまり、どのような原因のゆえに、心臓はそれをもつ動物に属すのか、以上のようなことが述べられたとしよう[5]。

第五章

次の仕事は、血管、すなわち、大血管[6]とアオルテー[7]について語ることであろう。なぜなら、これらが心臓からの血を最初に受け入れる血管であり、残りの血管はこれらから派生しているからだ。それで、血管は血のためにあると先に述べられたのだった。すなわち、完全に湿ったもの[8]は容れ物を必要とし、諸々の血管からなる類は容れ物であるが、しかるに、血は血管の中にあるから。しかし、何ゆえに血管は二系統あり、何ゆえに血管が一つの始原[9]から全身に伸びているのかを述べよう。

諸々の血管が一つの始原に帰着し一つの始原から始まっていることの原因は、感覚を司る魂をすべての動物が現実態において一つもっており、したがって、その魂を最初にもつ部分も一つであるということによる。

---

(1)「困難な受動的状態（カレポン・パトス）」とは、六六七b一二の「病的な受動的状態（ノソーデス・パトス）」のこと。

(2)「まったく病気ではないか、病気になったら死んでしまうか」のどちらかしかなく、病的な状態のまま生きているということはない、ということ。

(3) 六六七b一〇－一一の「明らかに病気やそのような受動的状態のゆえに死んでしまった動物」と対比されている。

(4) 定義のこと。

(5)「まず定義を、次に原因を述べる」という『分析論後書』の説明方式にしたがっている（Lennox, pp. 261-262）。

(6) 大静脈に相当。

(7) 大動脈に相当。

(8) 液体のこと。

(9) 心臓のこと。

なお、有血動物の場合、可能態においても現実態においてもそれは一つであるが、いくつかの無血動物の場合、現実態においてしか一つではない。[1] ゆえに、熱いものの始原も、感覚を司る魂と同じ場所にあるのが必然的である。[2] しかるに、熱いものの始原が血の湿り気と熱さの原因なのだ。それで、感覚を司る始原と熱さの始原が一つの部分に存在するということのゆえに、血の一性[3]は一つの始源に由来するのであり、血の一性のゆえに諸々の血管の一性[4]も一つの始源に由来する。しかるに、血管は二系統ある。進行する有血動物の体は、二つの部分に分かれるからだ。すなわち、その動物においては、前後左右上下が区別される。そして、668a 前が後より尊く[5]主導的であるだけ、大血管もアオルテーより尊く主導的である。実際、大血管は前に置かれ、アオルテーは後に置かれているから。そして、すべての有血動物は明らかに大血管をもつが、いくつかの有血動物はアオルテーをもってはいても目立たず、いくつかは全然明らかではない。

　さて、血管が全身に分配されている原因は、体全体の素材であるのが血であり[6]、また、無血動物においては血の類比物であるが、しかるに、これらは血管やその類比物の中に置かれているということである。それで、動物は、いかにして何によって養われているのか、どのような仕方で胃腸から栄養を吸収するのか、これらの問題については、発生に関する諸論文において探求し論ずるのがいっそう適切であるが[7]、ともかく諸部分は、私たちが述べたように、血から構成されているので、諸々の血管が全身を貫いて走っているのが自然本性的であるのは理にかなっている。実際、いやしくも諸部分の各々が血から構成されているのであってみれば、血もまた、すべての部分を通って、すべての部分へ行き渡る必要があるからだ。[8]

　さて、庭園においては送水路が一つの始原つまり泉から多くの他の水路へと常に続いていくように建設さ

れるが、それは庭園のすべての場所に水を分配するためである。また、家が建てられる場合は、土台の輪郭

（1）魂が「現実態においてしか一つではない」という言葉は、可能態においては魂が多であることを含意する。実際、『青年と老年、生と死について』第二章では、有節動物（昆虫）が切断されてもそれぞれの部分がなお一定時間は生き続けられることついて、「［生き続けるために必要な］栄養摂取を司る魂は、それをもつものどもにおいて、現実態において一つであるが、可能態においては多でなければならない。感覚を司る魂も同様である。なぜなら、明らかに、切断された諸部分はそれぞれ感覚をもっているから」（四六八b二―五）と言われている（この現象は、『魂について』第一巻第五章末尾（四一一b一九―二二）でも述べられている）。分割以前、可能態において多であるが現実態において一である魂は、体の統一性を保持し生かしている。しかし、切断されるとその可能態の多が現実化され、現実態においても多になり、多になったそれぞれの部分を生かし、栄養摂取能力や感覚能力などを示す。ともかく生きていると認められる限りは、アリストテレス的には、そこに生命の原理である魂がなければならないのである。動物学著作以外では、『形而上学』Ｚ巻第十六章冒頭部（一〇四〇b一〇―一六）でも、感覚的な事物の大部分が可能態にあるという文脈でこの現象が論じられている。

（2）感覚を伝えるためには熱いものが必要であると想定されているようである。

（3）血が同一の性質を保持しているということであろう。

（4）諸々の血管が一つのシステムを形成していること。

（5）価値判断のバイアスの例。

（6）体の素材が血であることは、第二巻第四章（六五一a一四―一五）で述べられている。

（7）『動物発生論』には、これに直接に対応する箇所は見当たらない。

（8）動物の体の諸部分は、静的に固定されているのではなく、血という素材を絶えず与えられながら、諸部分として構成され続ける、ということを示唆する。実体の典型例が生物であるとすれば、実体は、流転する世界には存在しえないはずの静的に固定された物ではなく、あくまでも流転しながら絶えず素材を補充しつつ動的に同一性を保つものだということになる。

線に沿って石が置かれる。送水路がそのようであるのは、庭園の植物が水から成長するということのゆえであり、建築がそのようであるのは、土台が石から建てられるということのゆえである。これらと同じ仕方で、自然も、全身を通じて血を導管で運んだ。[1] なぜなら、血が全身の素材であるのは自然本性的だからだ。このことは、[2] 極度にやせたものどもにおいて明らかになる。実際、血管だけがくっきり見えるからだ。それはちょうどブドウやイチジクやそのような植物の葉のようなものである。葉が枯れると葉脈だけが残るのであるから。

さて、それらの原因は、血やその類比物が可能態において体や肉やその類比物であるということだ。それで、灌漑において、[3] 非常に大きな水路は残るが、極めて小さな水路は最初にすみやかに泥で埋まってしまう。しかし、泥がなくなれば小さな水路も再び明らかになる。これと同じように、非常に大きな血管は残るが、極めて小さな血管は現実態において肉になってしまう。それにもかかわらず、それは、可能態においては、やはり血管なのではあるが。それゆえ、肉が何らかの仕方で保持されている場合、切られると血が流れ出る。その場合、血管は明らかではないが、[4] 血管なしには血はないのだ。[5] ちょうど水路の溝が泥を取り除かれるまでは明らかではないように。

668b さて、血管は常に、より太い血管からより細い血管へと続いており、管が血の濃さに対応できず血を通せなくなるほど細くなるまでそうなっている。しかし、それほど細い管を通じて血が流れることはないが、湿った分泌物の剰余物は流れ出る。この流出を私たちは「発汗」と呼んでいる。このことが起こるのは、体が十分に暖まり血管が拡張する場合だ。或るものどもにとっては、体の状態の悪さのゆえに、血のような剰余物が、もう汗となって流れてしまう。このことが起こるのは、体が弛緩して締りがなくなり、血が加工されずに水っぽくなってしまう場合であって、そうなるのは、血管内の熱が少ないので加工が不可能になるからだ。実際、すでに述べられたように(6)、土と水に共通のものは、すべて、加工されて凝固するから(7)。しかるに、土と水の両方が混ざってできたものが栄養物や血なのである。しかし、この場合に、熱が加工するというのは不可能なのだ。それは、熱が少ないからというだけではなく、入ってくる栄養物の量が超過しているからということもある。つまり、それとの関係で熱の量が小さくなってしまうのだ。また、この超過には二種類ある。すなわち、量の点でも質の点でも超過がありうる。すべてのものが同様に加工しやすいわけではないからだ。しかるに、血が最もよく流れるのは、最も広い管である。まさにそれゆえに、鼻、歯茎、肛門から、

(1)「導管で運ぶ」の原語は「オケテウエイン」。時制は現在完了形。
(2)体全体に血管が行き渡っていること(Lennox, p. 264)。
(3)灌漑のアナロジーは、プラトン『ティマイオス』七七Cから。ガレノスの『自然の機能について』第三巻第十五章(二一〇―二一一)でも用いられている。
(4)血が肉から流れ出ているにもかかわらず、ということであろう。
(5)だから、現実的には肉になっているが可能的には血管のままであるものが存在しなければならない、ということ。
(6)第二巻第二章(六四九a三〇―三四)、同第七章(六五三a二一―二六)、『気象学』第四巻第六章(三八三a一四―一七)。
(7)土と水は、熱で加工されないと結合しない、ということ。

時には口からも、痛みのない出血が起こるが、これは気管からの激しい出血とは異なっている。[1]

大血管とアオルテーは、上部で分かれているが、下部で交差して体をまとめている。すなわち、それらの血管は先へ進んでいくと、手や足が対になっているのに合わせて分岐し、一方の大血管は前から後へ、他方のアオルテーは後から前へ進んで交差し、体を一つにまとめる。ちょうど編み物が編まれてどんどん大きくなるように、体の前部もまた、諸々の血管の交差を通じて、体の後部と結びつけられて体の大きさを保っている。心臓からの血管の場合も、体の上の場所で同様のことが起こっているのだ。しかし、諸々の血管が正確には互いにどう配置されているのかは、解剖事例と動物の探求に基づいて[2]研究せねばならない。以上で、血管と心臓について語り終わったとしよう。他の臓についても、同じ方法で考察されなければならない。

第六章

それで、諸々の動物からなる或る類は、陸に棲む動物であることのゆえに肺臓をもつ[3]。なぜなら、熱いも
のには冷却が生じるのが必然的であり、有血動物はその冷却を外部から必要とするからだ。実際、有血動物
669a はいっそう熱いから。しかし、無血動物は、生来の気息[4]によって冷却することができる。さて、外部からの
冷却は、水によるか空気によるかのどちらかであるのが必然である。まさにそれゆえに、魚は、どれも肺臓
をもたず、鰓をもつ[5]。そのことは、呼吸に関する諸論考で述べられた[6]。他方、呼吸する動物は冷却に空気を
用いる。まさにそれゆえに、呼吸する動物はすべて肺臓をもつ。しかるに、陸に棲む動物はすべて呼吸する

が、水に棲む動物も一部は呼吸する。たとえば、マッコウクジラ、イルカ、潮を噴く鯨の仲間のすべてが、そうである。実際、動物の多くが自然本性に関して中間的である。すなわち、陸に棲み空気を取り込む動物の一部は、体を構成する物質の混合ゆえに[7]水中で大部分の時を過ごすし、水に棲む動物の一部は、生きるという目的が気息にかかっている程度に応じて、陸に棲む動物の自然本性を分け持っているのだ。

さて、肺臓は呼吸の器官[8]である。肺臓は、一方で、動の始原を心臓から提供されているが[9]、他方で、それ

(1) したがって、血が加工されずに水っぽくなってしまう場合、体が十分に暖まり血管が拡張すると、痛むことなく血のような剰余物が汗となって出てくるのである、ということ。

(2)「『解剖学』と『動物誌』に基づいて」とも訳せる。『解剖学』は現存しないが、『動物誌』であれば第三巻第二章から第四章に相当する。

(3)「であること」と訳した「エイナイ」は定義ないし本質を表わす。本章末尾の「ちょうど、鳥『であること（エイナイ）』が何かからできているように、『肺臓をもつこと』もまた、それらの動物の『本質（ウーシアー）』の中にあるのだ」（六六九b一一―一三）に対応している。つまり、これから始まる議論によって確立されるべき命題がまず提示されたわけである。

(4)「生来の気息（シュンピュトン・プネウマ）」は、すでに第二巻第十六章（六五九b一七）で登場している概念。

(5) いやしくも魚は水に棲む動物である限り空気を利用できないから、空冷の肺臓ではなく水冷の鰓をもつ、ということ。

(6)『呼吸について』第十章（四七六a一以下）。

(7) 熱いものの混合比が高く、空気だけでは冷やしきれないので、ということであろう。

(8)「器官」と訳した「オルガノン」は「道具」でもあるので、肺臓は呼吸を実現するための道具つまり手段であるという目的論的な含みがある。以下で、「それで、総じて肺臓は呼吸のためにある」（六六九b八）と言われている。

(9)『呼吸について』第二十一章四八〇a一六―b一二。

自身が海綿状で大きいゆえに気息の流入にとっての十分に広い場所を提供するのだ。実際、肺臓が膨れ上がって広がると気息が流入し、縮むと再び流出するから。ところで、肺臓は心臓の動悸のためにあると言われているが、[1]これは見事な意見とは言えない。というのは、人間だけが将来のことを予期し希望をもつことによって胸をどきどきさせるのであって、いわば人間にしか動悸が起こらないからだ。[2]そして、大部分の動物において心臓は、場所が肺臓から大分離れており、位置的にも肺臓より上に置かれている。したがって、心臓の動悸のために肺臓が寄与しているということはないのである。

さて、肺臓は、動物によってひどく異なっている。すなわち、血を含んだ大きな肺臓をもっているものもいれば、海綿状で比較的小さな肺臓をもつものもいる。また、子を産む動物は、その自然本性の熱さのゆえに多くの血を含んだ比較的大きな肺臓をもち、卵を産む動物は、小さいが膨れると内部に大きな空間を開くことができる乾いた肺臓をもつ。ちょうど、陸に棲んで卵を産む四足の動物、たとえば、トカゲ、カメ、そのような類のすべて、さらに加えて、鳥と呼ばれる、羽をもつものどもからなる自然物のように。すなわち、それらすべての肺臓は海綿状で泡に似ているから。実際、泡は、掻き混ぜられると、多かったものが少なくなるが、それらの肺臓は小さくて膜の性質をもつのだから。それゆえ、それらの動物はすべて、渇くことがなく、ほとんど何も飲まないのであり、そして、湿ったものの中に長時間とどまることができる。実際、それらは熱いものを少ししかもたず、肺臓は空虚で空気の性質をもつのであるから、肺臓の動きそれ自身だけで長時間にわたって十分に冷却されるのである。そして、全般的に言えば、それらの大きさも、動物のうち
669b
では比較的小さいものになる。なぜなら、熱いものが成長を促進するのであり、血の多さが熱さの証拠であ

るからだ。さらに、血が多い動物の体は比較的まっすぐに立っており、まさにそれゆえに、人間は動物のうちで最もまっすぐに立つが、四足の動物のうちでは子を産むものが最もまっすぐに立つ。なぜなら、子を産む動物はどれも、無足動物でも這う動物でもないので、卵を産む動物と同じように穴の中に棲むというわけではないからだ。

それで、肺臓は総じて呼吸のためにあるが、しかし、動物のうちの或る類のために(3)、血を含まず以上で述べたようになっている肺臓があるわけである。それらの動物(4)に共通なものには、動物の或る類に「鳥」とい

---

(1) プラトン『ティマイオス』七〇C。動悸で息切れしたとき肺臓が息をするのを助ける、ということ。

(2) 動物一般の説明にならない、ということ。しかし、プラトン『ティマイオス』の議論の対象は人間なので、プラトン自身にとっては困難とならない。アリストテレスが取り組んでいる動物一般の問題にとって、プラトンの理論が役立たないということである。

(3) 肺臓の目的の記述に非対称性が見られる。すなわち、「呼吸のために（カリン）」という、機能が目的になるものの対象が、「動物のうちの或る種のために（ヘネケン）」という、動物そのものが目的になるものになっており、この非対称性がやや奇妙な印象を与えるのである。「動物のうちの或る類の[特殊な事情をもった呼吸の]ために」の省略形かもしれない。

(4) 血を含まない肺臓をもつ動物とその他の肺臓をもつ動物のすべてを指すのであろう。

(669b)

う名称が与えられるような場合とは異なって、名称がないのではあるが[1]。それゆえ[2]、ちょうど、鳥であること[3]が何かからできているように[4]、肺臓をもつこともまた、それらの動物の本質の中にあるのだ。

第七章

さて、諸々の臓には、ちょうど心臓や肺臓のように、単独で一つ生じるもの[5]、ちょうど腎臓のように、対になって二つ生じるもの、そして、どちらなのか困惑させられるものがあると思われる。というのは、肝臓と脾臓は、その中間の性質をもつように見えるであろうからだ。すなわち、それらは、それぞれが別個に一つずつ生じるもののようでもあり、また、一つずつ生えているのではなく、ほとんど類似した自然本性をもって対になった二つのものであるようでもあるから。

しかし、臓は、すべて、対になった二つのものなのだ。そうである原因は、体の分節構造が、一つの始原との関係でまとめられるものではあるが、対になって生じるものだということである。実際、上下、前後、左右などがあるから。まさにそれゆえに、すべての動物において、脳も各々の感覚器[6]も、その諸部分が対になることを欲する[7]。心臓とその腔所の関係も同じ理にしたがっている。そして、肺臓は、卵を産む動物において、その動物が二つの肺臓をもつと思われているほどに分離している。また、腎臓は、まさしくすべての動物において、明らかにそうなっている。しかし、肝臓と脾臓に関しては、疑問をもつのは正当であろう。その理由は、必然的に脾臓をもつ動物においては、脾臓が疑似肝臓であるかのように思えるであろうし、他方、必然的にもつのではなく、ちょうど印のためであるかのように非常に小さな脾臓をもつだけの動物においては、肝臓は明らかに二つの部分をもっており、一方は右へ、他方のより小さい部分は左に位置をもつことを欲するということだ。しかしそれにもかかわらず、卵を産む動物においてすら、一部は、いま述べたものどもの場合よりもはっきりしているというわけではないが、ちょうど子を産む動物においてそうであるように、肝臓が分離されているのは明らかである。たとえば、ちょうど或る種の魚や軟骨魚のように、いくつ
670a かの場所にいるノウサギは二つの肝臓をもっていると思われている。そして、肝臓が比較的右に位置するゆ

(1) この文が挿入された意図は明確ではないが、「名称こそないが、たしかに、一つのまとまった種であるのだ」と言いたいのであろう。

(2)「それゆえ」とはどのような命題からの帰結なのか明確ではないが、「名称こそないが、たしかに、一つのまとまった種である以上は、その本質もあるはずであるから」、ということかもしれない。

(3)「鳥であること」とは、「である(エイナイ)」が本質を表わすので、鳥の本質のこと。

(4) 単純なものではなく、類や種差からなる複合的なものだ、ということであろう。

(5) 右肺と左肺のある肺臓が「単独で一つ生じるもの」になっているのは、『動物誌』第一巻第十六章(四九五a三二以下)から分かるように、左右の肺は一つの臓の分岐したものにすぎないと考えられているからである。ギリシア語でも「肺臓(プレウモーン)」は単数形である。

(6) 目や耳など。

(7) 意識がないものについて使われる「欲する(ブーレスタイ)」という動詞の用例が本章には多い。意識がないので、「傾向がある」などと訳される。はたして傾向以上の含意があるかどうかは今後の研究課題である。

えに、脾臓という自然物(1)は生じたのであり(2)、したがって、脾臓が存在することは、或る意味で必然的なのではあるが、すべての動物にとって著しくそうだというわけではない。

それで、諸々の臓という自然物は、対になって生じるものなのであるが、その原因は、ちょうど私たちが述べたように、二つの側つまり右側と左側があるということだ。なぜなら、各々は似たものを求める(3)からである。ちょうど、まさにこれら肝臓と脾臓自身が、ほとんど類似した二重の自然本性をもつことを欲するように、各々の臓も、ちょうどそれら右側と左側が二重でありながら一つに結合されるのと同様な事情にあるのだ。

さて、横隔膜の下にある臓(4)は、みな共通して、血管のためにある。つまり、血管は体の中で宙に浮くようなかっこうになっているのだが、それらの臓が血管を体へつなぎとめることによって、血管がその位置にとどまれるようになっているのだ。実際、血管は、伸び広がった部分(5)を通って、ちょうど錨が投げられたように、体へ結びつけられている。それは、大血管から肝臓と脾臓に達している。実際、諸々の臓という自然物は鋲のように大血管を体へ結びつけており、肝臓と脾臓は大血管を体の側面へ――なぜなら血管が大血管からこれらの臓へだけ伸びているから――、腎臓は大血管を体の後部へ結びつけている。腎臓へは、大血管からだけではなくアオルテーからも血管が伸びていて、各々の腎臓に達している。それで、横隔膜の下の臓を通じて以上のことが諸々の動物の構成体に生じる。そしてまた、肝臓と脾臓は栄養物の加工のための助けをし――なぜならどちらの臓も血を含み熱い自然本性をもつから――、腎臓は剰余物を膀胱へ分泌するための助けをする。

さてそれで、心臓と肝臓は、すべての有血動物にとって必然的なものである。心臓は熱さの始原であるゆえに――なぜなら、動物の自然本性を燃え立たせるものが置かれる「かまど」のような何かが必要であるが、それはちょうど体の城砦のように、[6]燃え立たせるものをうまく守るのである――、肝臓は栄養物の加工のために必要なのだ。そして、すべての有血動物が、それら二つの臓を必要とする。まさにそれゆえに、それら二つの臓だけは、すべての有血動物がもっている。しかし、呼吸する限りの動物は、第三の臓、すなわち肺臓ももつのだ。

さて、脾臓は、それをもつ動物に、必然的に付帯するという[7]仕方で属する。ちょうど、胃の中や膀胱のあたりの剰余物のように。まさにそれゆえに、一部の動物において、脾臓は、大きさの点で不足がある。ちょうど、羽のある一部の動物のように。すなわち、熱い胃をもつ動物、たとえば、ハト、タカ、トビがそうだ。

---

(1)「自然物」という意味のピュシスと単数属格形(ここでは「脾臓」)の組み合わせの用例。

(2)脾臓があるのは、「各々は似たものを求める」(六七〇a四－五)という原理による対構造の実現のためであって、特定の機能を実現するためであるとは思われていないことが分かる。

(3)アリストテレスのみならず、古代ギリシア哲学全般に見られる大原理。

(4)肝臓、脾臓、腎臓。

(5)横隔膜。

(6)プラトン『ティマイオス』七〇A六では、脳が「城砦(アクロポリス)」と呼ばれている。プラトンの説との違いを想起させるために、アクロポリスの喩えを持ち出したのかもしれない。

(7)物質の必然によって付帯する、ということ。アリストテレスの目的論にとって重要な概念。

670b そして、卵を産む四足動物の場合も同様であるし――なぜならまったく小さな脾臓をもっているから――、また、軟らかい鱗[1]をもつ動物の多くも同様だ。これらの動物は、また、膀胱ももたない。なぜなら、剰余物が、ゆるい肉を通じて羽根や鱗へと差し向けられるからだ[2]。実際、脾臓は剰余の分泌物を胃から引き出すが、脾臓は血液質であるから栄養物の加工を促進することができる。しかし、もし、剰余物が比較的多いか、あるいは、脾臓があまり熱くなければ、[胃は][3]栄養物の多さから病気になりやすくなる。そして、多くの脾臓病患者の胃は、湿り気がそこへ逆流するゆえに固くなる。ちょうど、多尿症の人においては、湿り気が胃へ流れもどるゆえに、そうなるように。

しかし、ちょうど鳥や魚のように、剰余物が少ない動物の場合、脾臓が大きいとは言えないものもいれば、印のためだけの脾臓をもつものもいる。また、卵を産む四足動物においても、脾臓は小さく硬く腎臓のようだが、その原因は、肺臓は海綿状であり、その動物が水をあまり飲まず、余分にできた栄養物の残りが体や硬い鱗[4]に振り向けられるということである。ちょうど鳥においては、羽根に振り向けられるように。

しかるに、膀胱をもっており肺臓が血を含む動物においては、脾臓が水っぽいが、それは、先に述べられた原因のゆえであり、またとくに、体の左側の自然本性が総じて比較的水っぽく冷たいということのゆえである。なぜなら、反対のものどもの各々は、類が共通である系列へと分かれるからだ。たとえば、右側は左側の反対のものであり、熱いものは冷たいものの反対のものであるが、いま述べられた仕方で互いに系列をなすのだ[5]。

しかし、腎臓は、それをもつ動物にとっては、必然的にではなく、善と美のために[6]備わっている。実際、腎臓は、膀胱に集められる排泄物のために存在するが、それは腎臓の固有の自然本性にしたがったことであり[7]、そのような沈殿物が多くなる動物の場合には、膀胱がそれ自身のはたらきをいっそう善くするように、腎臓は存在するのだ[8]。

さて、同じ必要性のために動物は腎臓と膀胱をもつようになったのであるから、いまや膀胱について語られるべきである。そうすることは、諸部分を上から順番に取り上げることから離れてしまうのではあるが。実際、横隔膜についてはまだ何も規定されていないが、これは臓のあたりにある諸部分に属するものなのだ

---

(1) 魚の鱗のこと。

(2) 膀胱にためるだけの剰余物が残らないので膀胱は必要なく、また、「自然は、必要のない無駄なことをしない」という命題をアリストテレスはもつので、この場合膀胱は存在しない、ということ。第八章（六七一a一五－二三）では、カメに膀胱があることの説明で、「自然は、必要な善いことをする」というその命題の積極的なバージョンが前提となっている。

(3) 六七〇b七は、Bekker版の *πλήρη* ではなく、Peck, Lennox が採用するE、Y、Z写本の *πλήρης* を採用する。その結果、主語としては「胃（コイリアー）」が補われることになる。

(4) 爬虫類の鱗のこと。

(5) 右側と熱いものが一方の系列をなし、左側と冷たいものが他方の系列をなす、ということ。つまり、右側は熱く、左側は冷たいことになる。

(6) 「善と美」は「エウ・カイ・カロース」。二六頁の註（3）で、「カロン」（「カロース」の同系語）に「美」だけではなく「善」の意味もあると述べたが、ここではっきり「美」と「善（エウ）」とが結びつけられている。「必然的に」と対比されていることにも注意。

(7) 脾臓が「［物質の］必然によって付帯する」（六七〇a三一）のとちょうど反対になる。

(8) 同一の部分（ここでは腎臓）が「善さ」のためにも「より善さ」のためにもなることが分かる。

から(1)。

第八章

さて、すべての動物が膀胱をもっているわけではなく、自然は、血を含んだ肺臓をもつ動物(2)にのみ膀胱を 671a 与えることを欲しているようである(3)のだが(4)、その動物に膀胱を与えるということは理にかなっている。なぜなら、その部分(5)においてもつ自然本性(6)の過剰のゆえに(7)、そのような動物は、最も渇いており、乾いた栄養物だけではなく湿った栄養物もいっそう必要としているが、その結果、必然的に剰余物もいっそう多く生じるのであって、胃によって加工されその剰余物とともに排出される分量だけではないからだ(8)。それで、そのような剰余物も受け入れることができる何かが存在することが必然である(9)。ゆえに、そのように血を含んだ肺臓をもつ動物は、すべて、膀胱をもつのだ。

しかし、そのような動物ではなく、海綿状の肺臓(10)をもつゆえにほとんど水を飲まないか、総じて、有節動物(11)や魚のように、湿ったものを摂取するとしても飲むためではなく食べるためである限り(12)の動物、さらにまた、羽根をもつ動物(13)、軟らかい鱗をもつ動物(14)、硬い鱗をもつ動物(15)は、湿ったものの摂取の少なさのゆえに、そして、剰余物の残りがそれらの部分(16)へ向けられているゆえに、それらの動物はどれも膀胱をもたない。ただし、硬い鱗をもつ動物のうちでカメは別であるが、カメにおいては自然本性が損なわれているにすぎない。その原因は、海ガメは、肉質で血を含んだ肺臓をもっており、これはウシの肺臓に似ているが、陸ガメは、

度外れに大きめの肺臓をもっているということだ。[17]さらにまた、カメの場合、包みこむもの[18]が硬い殻のよう

（1）膀胱は横隔膜よりも下なので、順序からいくと次は横隔膜を論じるはずなのであるが、ということ。
（2）哺乳類に相当。
（3）原語は「ブーレスタイ」。現在形の分詞。
（4）議論の最初であるので断定せず、「ようである（エオイケン）」と言われている。この段落の結論部では、「エオイケン」は使われず、端的に「もつのだ」と言われている。
（5）肺臓を指す。
（6）熱いという自然本性。
（7）血は熱いので、血を含む肺臓も熱くなる。
（8）端的な必然の結果の描写。
（9）端的な必然によって引き起こされた問題点を解決するために必要な――すなわち条件つきで必然化される――ことの指摘。
（10）血を含まない肺臓のこと。
（11）昆虫類に相当。
（12）栄養物を食べるときに付随的に水分が体の中に入ってしまうが、それは飲み水を求めたからというわけではなく、ということ。
（13）鳥のこと。
（14）魚のこと。魚が二度登場することになってしまうが、昆虫と並べて扱われる一度目の登場は、湿ったものを本来的には摂取しない動物であるという点から扱われており、この二度目の登場では、湿ったものが羽や鱗に利用されてしまって残らない動物であるという点から扱われている。
（15）爬虫類に相当。
（16）羽根や鱗のこと。
（17）陸ガメの体の大きさにしては比較的大きな肺臓を陸ガメはもっているということであって、陸ガメの肺臓が海ガメの肺臓より大きいということではないと思われる。そうでないと、肺臓の大きさと膀胱の大きさが連動しているとすれば、海ガメも大きい肺臓をもつ陸ガメのほうが海ガメよりも大きな膀胱をもつはずであるが、本章の末尾で海ガメのほうが大きい膀胱をもつとされているのと合わなくなるだろうから（ただし、二四一頁の註（4）で述べるように、事実としては陸ガメの膀胱のほうが大きいということなのであるが）。
（18）甲羅のこと。

であり密であるがゆえに、鳥の場合そしてヘビやその他の硬い鱗をもつ動物の場合のように、湿ったものがゆるい肉を通って発散するということがないので沈殿物が生じるのであるが[1]、その分量は、沈殿物を受け入れうる容器のような何らかの部分を海ガメと陸ガメの自然本性がもつことが必要になるほどなのである[2]。それで、膀胱をもつのは、そのような動物のうちでは、それらだけなのであるが、海ガメは大きい膀胱を、諸々の陸ガメは極めて小さい膀胱をもっているのだ[3]。[4]

第九章

さて、腎臓についても事情は同様である。すなわち、羽根をもつ動物、軟らかい鱗をもつ動物、硬い鱗をもつ動物は、どれも腎臓をもたない[5]。海ガメと陸ガメは別であるが。むしろ、一部の鳥には、腎臓へ割り当てられたはずの肉がその場所をもたず多くの場所へ撒き散らされているかのように、平たい腎臓のような諸部分が存在している。しかし、ヘミュス[6]は、膀胱も腎臓ももたない。なぜなら、甲羅の軟らかさのゆえに、湿ったものが容易に発散するからだ[7]。それで、ヘミュスは、そのような原因のゆえに、前述の諸部分をどちらももたないのだ[8]。血を含む肺臓をもつ他の動物は、すでに述べられたように、すべて、腎臓をもつように
671b なっている。なぜなら、自然は、血管のために、そして同時に、湿った排泄物[9]の分泌のために、腎臓を転用するからである[10]。実際、大血管から腎臓へと管が通じているから。

さて、すべての腎臓は腔所をもつ。その腔所が大きいか小さいかの違いはあるが。ただし、アザラシの腎

（1）端的な必然性の結果。

（2）必要であるがゆえに存在するという論法が隠れているが、何度も指摘してきたように、その論法を支えるのは、「自然は無駄なことをせず、より善いこと（ここでは必要なこと）をする」という命題である。

（3）多量であるということ。

（4）全集版の Ogle の訳註によれば、実際は陸ガメの膀胱のほうが大きく、「『海の』と『陸の』という言葉の置き換えによるテクストの誤りがある」と結論した研究者がいたということである。原文では、海ガメは単数形、陸ガメは複数形で表現されているが、Lennox, p. 272 は、海ガメは一つの種だけ、陸ガメは複数の種に言及しているのかもしれないとしている。もしそうであるとすれば、ここでアリストテレスが事実誤認をした理由は、一つの種の海ガメしか知らなかったからである——しかもそのことをアリストテレス自身が率直に記している——ということになろう。

（5）それぞれ、鳥、魚、爬虫類に相当するが、実際には、これらには腎臓がある。

（6）淡水ガメであるが、よく分かっていない。

（7）前章（六七一a一九―二一）の、通常のカメの甲羅と水分の発散の関係の記述と比較せよ。

（8）甲羅の軟らかさのゆえに、体内の水分を処理するための特別な器官が必要なく、自然は不必要なことをしないので、そのような器官である膀胱と腎臓が存在しない、ということ。必要性と存在、そして不必要性と非存在を結びつけるものが、ここでは明言されていない「自然の経済性原理」であることが分かる。

（9）尿のこと。

（10）「血管のために」の「ために」は「カリン」、「湿った剰余物［尿］の分泌ために」の「ために」は「プロス」という言葉が使われている。第七章（六七〇a八―一一）の「横隔膜の下にある臓［肝臓、脾臓、腎臓］は、みな共通して、血管のためにある。つまり、血管は［体の中で］宙に浮くようなかっこうになっているのだが、それらの臓が血管を体へつなぎとめることによって、血管がその位置にとどまれるようになっているのだ」という記述からすると、血管のためにということが腎臓の本来の一次的な目的であり、尿の分泌のためにというのは二次的な目的であると考えられる。したがって、ここで、カリンとプロスの使い分けがなされたということは十分にありうる。その区別がある限りで、「カタクレースタイ」は「転用」という意味であると言えよう。ただし、わざわざ「同時に（ハマ）」と言われているので、時間差があるわけではないであろう。なお、「転用する」の時制は現在形。

(671b) 臓は別である。アザラシの腎臓は、ウシの腎臓に似ており、すべての動物のうちで最も密で固い。人間の腎臓もまた、ウシの腎臓に似ている。なぜなら、ちょうど多くの小さな腎臓から構成されているようであり、表面がなめらかではないからだ。それは、ちょうどヒツジやその他の四足動物のようなのである。それゆえ、人間の場合、腎臓の病弱な部分は、いちど病気になると、取り除くのが難しい。なぜなら、人間はちょうど病んだ多くの腎臓をもっているかのようであり、その治療は、病んだ一つの腎臓をもつ場合よりも、いっそう困難だからである。

さて、血管［大血管］(1)から伸びる管は、腎臓の腔所で終わらず、腎臓の実質(2)に費やされる。まさにそれゆえに、血は、腎臓の腔所に生じないし、死んでもその腔所で凝固しない。しかし、腎臓の腔所からは、血が流れていない二本の丈夫な管(3)が、腎臓の各々から一本ずつ、膀胱へ通じている。また、それとは別の強靭で連続した管が、アオルテー(4)から腎臓へ通じている。さて、それらがそのようになっているのには、次のような目的がある。すなわち、一方で、血管［大血管］から湿り気の剰余物が腎臓へと流れていくためであり、他方で、腎臓からは、湿ったものが腎臓の実質を通って染み出て生じた沈殿物が、たいていの腎臓で腔所がある中央部へと流れ込んで一つに集まるように、そうなっているのである。それゆえに、また、腎臓は臓のうちで最もひどい臭いがする。さて、腎臓の中央部からは、それらの管を通じて膀胱へ、いまやいっそう排泄物のようになったものが排出される。また、膀胱は腎臓からつり下げられている。実際、すでに述べられたように、強靭な管が腎臓から膀胱へ伸びているから。それで腎臓は、それらの原因のゆえに存在するのであり、そしていま述べられた諸々の力をもつのである。

さて、腎臓をもつすべての動物において、右の腎臓が左の腎臓よりも高い位置にある。その理由は以下の
通りである。動物の動は体の右側から始まっており[5]、それゆえ体の右側の自然本性は左側よりもいっそう強
い。したがって、その部分［右の腎臓］は、みな、その運動ゆえに、いっそう上へ向かわざるをえないからだ[6]。
右の眉毛を、左の眉毛よりも、いっそう持ち上げ、いっそう丸くさせることさえするのであるからには、そ
うなのだ。そして、右側の腎臓は左の腎臓よりもいっそう上へ引きあげられるゆえに、すべての動物におい
672a て肝臓は右側の腎臓に接触している。実際、肝臓は体の右側にあるのだから。
さて、腎臓は、諸々の臓のうちで、軟らかい脂を一番多くもつ。それをもつのは、一方で[7]必然的であるが、
その理由は、剰余物が腎臓を通じて分泌されるゆえである。なぜなら、残った血は清浄であって、うまく加

（1）静脈に相当。

（2）「実質」の原語は「ソーマ」。

（3）尿管のこと。

（4）動脈に相当。

（5）『動物進行論』第四章参照。

（6）なぜ右側の腎臓が「いっそう上へ向かわざるをえない」のだろうか。「その運動ゆえに」（六七一b三一）の「運動」を、その前に登場する「［その動物の］動は［体の］右側から始まっており」（六七一b二九－三〇）の「運動」と理解すると、その理由が分からなくなる（cf. Lennox, pp. 273-274）が、すぐ後に登場する「上へ引っぱられる」（六七一b三五）という言葉と結びつけ、体の右側の自然本性によって右側の腎臓が上へ引っぱられるという運動と考えるといいのではないだろうか。もしそうであれば、右側の腎臓は「いっそう上へ向かわざるをえない」ことになる。

（7）この「一方で」に対応する「他方で」は、六七二a一五まで出てこないので注意。

(672a)

工されうるものなのであるが、軟らかい脂も硬い脂も、血の加工の産物であるから。実際、ちょうど、乾いたものが燃えてしまった後にできるもの、たとえば灰の中には何らかの火が残っているように、湿ったものが加工された後にできるものの中にも何らかの火が残っている。すなわち、はたらいていた熱さの何らかの部分が残存する。まさにそれゆえに油分は軽いのであり[1]、湿ったものの中で浮かぶのである。さてそれで、軟らかい脂は、腎臓それ自身には生じない。その臓［腎臓］が密であるゆえである。むしろ、軟らかい脂の性質をもつ腎臓には軟らかい脂が、硬い脂の性質をもつ腎臓には硬い脂が、腎臓の外側から取り囲んでいるのだ。なお、それらの脂の違いは先に別のところで述べられている。

それで、腎臓は、一方で[2]、必然的に軟らかい脂の性質をもつが、それは、その原因のゆえに、つまり、腎臓をもつ動物に必然的に付帯するもの[3]に基づいてそうなっているのであるが、他方で、腎臓を助けるため、そして腎臓の自然本性が熱いということのために、軟らかい脂の性質をもつのである[4]。すなわち、腎臓は端にあるので[5]、いっそう熱さを必要とするのだ。実際、一方で背面は肉質であるが、それは、心臓のまわりの臓にとっての防壁となるようにそうなっているのであり、他方で腰には肉がない——なぜなら、あらゆる動物の関節部には肉がないから——。それで、肉に代わって柔らかい脂が腎臓にとっての防壁になるのである。さらにまた、腎臓は、脂の性質のものであるとき、いっそう湿り気を分離し加工する。なぜなら、油分は熱いのであるが、熱さが加工するからである。

それで、それらの諸原因[6]ゆえに腎臓は軟らかい脂の性質のものであるが、すべての動物において右側の腎臓は左側の腎臓よりもいっそう脂がない。その原因は、体の右側の自然本性が、乾いたものであり、運動しやすいことによる。しかるに、運動は、脂肪とは反対の性質のものなのである。なぜなら、運動は、むしろ脂を溶かすのであるから。

それで、ヒツジ以外の動物にとっては腎臓が脂をもつことは有利なのであり、脂が全体に満ちた腎臓をしばしばもつが、ヒツジは、そのような状態になると死ぬ。しかし、ヒツジの場合、腎臓がいかに脂の性質をもつのであるとしても、それにもかかわらず、脂のないところが何かしらあるのであって、両方の腎臓に脂があるわけではない場合には、右側にある。そして、ヒツジの場合だけに、あるいはヒツジの場合に最も多くそういったことが起こる原因は、軟らかい脂をもった他の動物の場合は脂が湿っている(7)ということであり、したがって、ヒツジの場合とは異なり、気息が脂に閉じ込められて苦痛を引き起こすことがないということ

---

(1) 軽いことは火の特性である。
(2) 六七二a二の「一方で」の議論をまとめている。
(3) 原語は「タ・シュンバイノンタ・エクス・アナンケース」。第七章六七〇a三一で登場した「カタ・シュンベベーコス・エクス・アナンケース」と同義の概念。
(4) 「一方で」の必然に対する「他方で」の目的は、「でもあるのだ」とは言われていないので、この「腎臓の脂肪」の事例の場合、目的と独立し目的に先行して必然だけがはたらく事態が存在すると述べられているようには思われない。必然は腎臓の脂肪の形成の最初の段階から目的に利用されていると考えるべきであろう。
(5) 冷たくなりがちだということ。
(6) 必然と目的のこと。
(7) 流動的である。

672b である。[1] しかるに、そのことが[2]壊疽の原因なのだ。それゆえ、腎臓が痛む人にとっても、腎臓に脂がつくことは有利なことではあるのだが、それにもかかわらず、脂がつきすぎた場合には、命取りになるような苦痛に襲われるのである。また、硬い脂をもった他の動物の場合、硬い脂がヒツジの場合よりも密で硬いということはない。量の点でもヒツジのほうがずっと多い。実際、すべての動物のうちで最も速く腎臓のまわりに脂がつくのはヒツジであるから。それで、湿り気と気息が脂に閉じ込められると、壊疽のゆえに、すみやかに死に至るのである。なぜなら、病的状態が、アオルテーと血管［大血管］を通じて、ただちに心臓へ到達するからだ。しかるに、それらの血管から腎臓に続いている管が存在するのである。

以上、心臓と肺臓について、そしてまた、肝臓や脾臓や腎臓についても語られたわけである。[3]

第十章

さて、前者と後者は横隔膜[4]によって互いに分かたれている。[5] この横隔膜のことを、ある人たちは「プレネス」と呼んでいる。[6] それが、肺臓と心臓を［他の三つの臓から］分け隔てている。しかるに、その横隔膜が、有血動物においては、いまも述べられたように、「プレネス」と呼ばれているのである。ところで、すべての有血動物は横隔膜をもつ。ちょうど心臓と肝臓をもつように。その原因は、横隔膜が、胃あたりの場所と心臓のあたりの場所とを分け隔てるために存在するということであり、これは、感覚を司る魂の始原が、栄養物から生じる蒸気と、それに伴って生じる多量の熱さに影響されず、ただちに打ち負かされることがないようにそうなっているのである。実際、そのために、自然は、仕切りや囲いのようにプレネスを作った[7]うえで、それらの臓を分け隔てた[8]。すなわち、上部と下部が区別されうる動物において、より尊ばれる部分とあまり尊ばれない部分とを区別したのだ。なぜなら、上部は目的であり、より善いものであるが、下部は、上部のために存在するのであって、栄養物を受け入れうるものとして必然的なものなのである。

さて、肋骨のほうの横隔膜は肉の性質をより多くもっており強靭だが、中央部では比較的膜の性質をより多くもっている。なぜなら、そのようであると、横隔膜は強靭さと伸縮性のためにいっそう役立つからである。そして、何ゆえに、下からくる熱さをさえぎるための「ひこばえ」のようなものがあるかは、実際に生じていることに基づいて示される。すなわち、それが、胃との近さのゆえに過剰な熱い湿り気を吸収した場

---

(1) 湿っていると流動的になるので、そもそも何かを閉じ込めてしまうということがないから、ということ。

(2) 気息が脂に閉じ込められること。

(3) 五つの「スプランクノン(臓)」すべてについて語り終わったということ。

(4) 原語「ディアゾーマ」の「ゾーマ」は「帯」ないし「ベルト」という意味なので、「ディアゾーマ」は、直訳すれば「横隔帯」である。

(5) 前の二つ組(心臓と肺臓)と後の三つ組(肝臓、脾臓、腎臓)とは横隔膜によって二分されている、ということ。

(6) 「ディアゾーマ」は単数形であるが、「プレネス」は「プレーン」の複数形で、やはり横隔膜を表わす(プラトン『ティマイオス』七〇Aなど)。ホメロスでは、感情や認知の能力の座を表わし、おおよそ「こころ」の意味。

(7) 原語は「ポイエイン」。アオリスト形の分詞。

(8) 原語は「ディアランバネイン」。時制はアオリスト形。

合は、思考や感覚をかき乱すことはただちに明らかであって、それゆえに、何か「プロネイン」[1]に与っていると思われており、「プレネス」[2]とも呼ばれている。しかし実際は、それに与ってはいないのであって、むしろそれに与っているものに近いから、思考の変化を引き起こしているということは明らかである。それゆえにまた、中央部で肉が薄いのでもあって、それは、中央部が肉の性質をもつならば肋骨のほうの厚い部分はいっそう肉の性質をもつのが必然であるという意味で必然的に薄いだけではなく[3]、湿った分泌物にできるかぎり与らないようにするためにも薄いのである。なぜなら、肉の性質をもっているとすれば、いっそう多
673a くの湿った分泌物をもちそれを吸収してしまったであろうから。

また、横隔膜が急激に暖められると明らかに感覚を作り出すということは、笑いだす人たちに関して起こることが示している。実際、くすぐられると、すぐに笑いだしてしまうものだが、それは、そのくすぐりの運動がただちにその場所〔横隔膜〕へ到達するゆえであり、ゆっくり暖めても、やはり思考を作り出し、その人が選択したことに反して思考を動かすのだ。そして、人間だけがくすぐったがる原因は、その皮膚の薄さ、および、動物のうちで人間だけが笑うということである[4]。しかるに、くすぐりとは、腋のあたりの部分のそのような運動ゆえの、笑いだすきっかけなのだ。

また、戦いでプレネス[5]のあたりに一撃をくらうことについても、打撃から生じた熱さのゆえに笑いが起こると主張する人たちがいる。実際、この話をする人たちの言うことは、「切り落とされた後でも物を言う[6]人間の頭」の話をする人たちの言うことよりも、ずっと信用して聞くことができる。すなわち、ホメロスさえ引き合いに出して[7]、「それゆえに、『そうして彼の頭は〔切り落とされても〕物を言いつつ塵にまみれた』と詩

を作ったのであって、『物を言う人の［頭が切り落とされて塵にまみれた］』ではない」と言っている人たちがいるのだ。そして、アルカディア(8)のあたりではそのようなことが信じられていたようで、住民の一人を裁判にかけさえしたほどなのである。すなわち、「鎧えるゼウス」の祭司が殺されたが殺害者不明であったところ、「切り落とされた頭が、何度も『人殺しケルキダス』と言うのを聞いた」と主張する人たちがいたので、その地方で「ケルキダス」という名前の者を探し出し裁判にかけたのである。しかし、気管が切り離され、肺

(1)「こころをはたらかせること」という意味。

(2)ここでは「こころ」という古くからある意味。

(3)肋骨のほうの肉の厚さと比較すれば、中央部の肉は純粋に物体として相対的に薄いことになり、そういう意味で肉が薄いということ「も」たしかにあるが、「それだけではなくて」、ということ。

(4)笑うことは、人間の本質の定義には含まれないが、その本質に必然的に付帯する、人間に固有な性質である。たとえば、理性的な動物だけが笑うことができるというように。

(5)ここでは「横隔膜」のこと。

(6)原語は「プテンゲスタイ」。ここでは文脈上、「物を言う」と訳したが、唇や舌を動かしてしゃべることよりもむしろ、喉を使って「声を出す」ことであり、以下でもアリストテレスが問題にするのは、首が切られたら、声を出すのに必要な息を押し出す運動を伝える気管が切断されてしまっている以上、声は出ないはずだということである。

(7)ホメロス『イリアス』第十歌四五七行、『オデュッセイア』第二十二歌三二九行を参照。

(8)Bekker版の「カリア」ではなく、Peck, Lennoxにしたがって Z写本の「アルカディア」と読む。ここで言及されている『鎧える（ホプロスミオス）』ゼウス」の祭儀はアルカディア地方のメテュドリオンという町でしか立証されず、ケルキダスという名前もカリアではなくアルカディアに見いだされるからというのがPeckの理由である。Liddell & Scottのギリシア語大辞典でも、「ホプロスミオス」は「アルカディア地方でのゼウスのepithet」とされ、『動物部分論』のこの箇所が用例として挙げられている。

臓からの［気息の］運動がないというのに、物を言うなど不可能だ。また、すばやく頭を切り落とすバルバロイ[1]の間でも、そのようなことが起こったためしはない。さらにまた、どのような原因のゆえに、そのようなことが他の動物の場合にも起こらないのであろうか。実際、プレネスに一撃を受けると笑うというあの主張は、もっともらしい。他の動物は笑わないのであるから。そして、他の動物の場合、頭を切り落とされた胴体が少しくらい前へ動いても何ら不合理なことはない。［頭を切り落とされても］無血動物はかなりの時間たしかに生きているからである。しかし、これらの原因については、他の諸論考[2]で明らかにされている。

以上で、何のために諸々の臓の各々が存在するかが述べられた。しかし他方で、それは必然的に体内での血管の末端において生じたのである[3]。すなわち、湿った分泌物が発散するのは必然であり、とりわけ、それが構成され凝固する時に、それから諸々の臓の実質が生じるところの湿った分泌物は血の性質をもっているということが必然なのである。まさにそれゆえに、諸々の臓は血の性質をもっているのであり、そして、臓の実質に関して、一方で、臓は互いに類似した自然本性をもち、他方で、他の部分とは類似しない自然本性をもつのである。

第十一章

さて、すべての臓は膜の中にある。なぜなら、臓が変化を受けないものであるためには、防壁、しかも軽いそれが必要であるが、しかるに、自然本性に関して膜はそのようなものであるからだ。すなわち、臓を防護するように密であり、湿った分泌物を吸収したり溜めたりしないように肉がなく、軽くて重荷にならないように薄い(4)。また、膜のうちで最も大きく最も強いのは、心臓のまわりにある膜と脳のまわりにある膜だが、それは理にかなっている。なぜなら、それらは最大の防御を必要としているから。すなわち、防御は力のある諸部分のまわりにあるが、それらの部分は生命に対して最も力をもつのであるから。

第十二章

さて、いくつかの動物は数が全部そろった臓をもつが、別のいくつかの動物は全部もつわけではない。どのような動物が、どのような原因のゆえにそうであるのかは、先に述べられた(5)。しかし、数が全部そろった臓をもつ動物にすら違いがある。なぜなら、心臓をもつ動物のすべてが同じ種類の心臓をもつわけではない

---

(1) ギリシア語を話さず「バルバル」としか言わない者たちの意。軽蔑的なニュアンスがある。

(2)『動物部分論』であれば、第三巻第五章六六七b一一―一三を参照。

(3) 目的に対する必然を説明しようとしている。

(4) 最初の二つの「……ように」は「形容詞＋ホーステ＋不定法」、最後の「……ように」は「形容詞＋ホポース＋接続法」という語法で、目的とそれを実現する性質（形容詞）を表現している。どちらも、目的なしの端的な物質的な必然性がそれだけで目的性を生み出したということではなく、目的への配慮（「ホーステ＋不定法」や「ホポース＋接続法」）のゆえに必然的な物質的な性質をもつということを含意する。

(5) 第四章冒頭部や、第七章（六七〇a二三―b二七）など。

し、他のどんな臓の場合でも事情は、いわば同じだからだ。肝臓を例にとると、複葉の肝臓をもつ動物もいるし、どちらかといえば単葉の肝臓をもつ動物もいるが、この違いは、なによりもまず、子を産む有血動物に属している。さらに、魚の肝臓や卵を産む四足動物の肝臓は、上述の子を産む動物と比べても、それらどうしで比べても、異なる度合いがずっと大きい。しかし、鳥の肝臓は、子を産む動物の肝臓と非常に類似している。[1]実際、その色は鮮やかで血の色をしており、ちょうど子を産む動物の肝臓の色のようだ。その原因は、肝臓の実質が非常に好い甘い香りのするもの[2]であり、劣悪な剰余物をそれほど多くはもたないということである。まさにそれゆえに、子を産む動物の一部は胆汁[3]をもってさえいない。[4]なぜなら、肝臓が体質の良さと健康に寄与するところが多いからだ。つまり、体質の良さと健康という目的は主として血に存しており、しかるに肝臓は諸々の臓のうちで心臓の次に血を多く含んでいるのである。[5]それに対して、卵を産む四足動物や魚の大多数の肝臓は黄色みを帯びており、その一部の動物の肝臓は、ちょうどヒキガエルやカメやそのような他の動物の肝臓のように、まったく劣悪な色をしているが、これは体が劣悪な混合であるのに対応している。

また、脾臓は、ちょうどヤギやヒツジやその他の動物の各々のような、角と双蹄をもつ動物では、丸みがある。ただし、ウシの場合のように、その体の大きさのゆえに、脾臓が比較的良くかつ長く成長するものもある。しかし、ブタ、人間、イヌのような多指動物は、みな、脾臓が細長く、ウマ、ラバ、ロバのような単蹄の動物は、脾臓が、以上の動物の中間の、混ざった性質である。すなわち、脾臓が、一方の端では幅が広く、他方の端では細長いのだ。

第十三章

さて、臓と肉の違いは、その実質の大きさに存するだけではなく、肉が［体内の］外側に、臓がその内側に位置するということに存する。その原因は、血管と共有する自然本性を臓と肉がもっており、[6] しかも、それ

（1）単にそういう事実があるという指摘ではなく、「［卵を産む動物である］鳥の肝臓は、［予想に反して、卵を産む他の動物とではなく、むしろ］子を産む動物の肝臓と非常に類似している」という驚きを表わしているのであろう。

（2）「非常に好い甘い香りのするもの」の原語は「エウプヌースタトン」。これを、以下の「劣悪な剰余物がない」ことの原因として理解すると、『体（ソーマ）』は［そういう剰余物が］極めてよく発散する」（から、そのような剰余物は残存しない）と訳することになり（Ogle, Peck）、「劣悪な剰余物がない」ことを示す証拠として理解すると、「肝臓の『実質（ソーマ）』が非常に好い甘い香りがする」（から、残存しないと推定できる）と訳することになる（Lennox）。六七三b二八以下で「黄色み」という色が体の状態を示すものとして論じられており、また、第四巻第二章（六七七a一九－b一〇）での「肝臓と胆汁」についての議論では「甘い血」がポイントになっているので、Lennox の解釈を採用した。

（3）Lennox は「胆汁」、Ogle, Peck は「胆嚢」。その後の「なぜなら」以下が理由文として有効に機能するためには、Lennox の「胆汁」のほうがよいと判断した。

（4）肝臓と胆汁の関係については、第四巻第二章（六七七a一九－b一〇）で論じられている。

（5）したがって肝臓は、心臓の次に、健康に寄与するところが大きい、ということ。

（6）体内に存在する原因であろう。体内に存在する血管と同じ自然本性をもつので、やはり同じく体内に存在する、ということ。

らのうち、臓は血管のためにあり[1]、肉は血管なしには存在しない[2]ということである。

第十四章

さて、横隔膜の下にあるのが胃であるが、食道をもつ動物ではその部分が終わるところにあり、食道をもたない動物では直接に口の次にある[3]。また、胃に続くのは、「腸」と呼ばれる部分である。しかるに、どのような原因のゆえに、動物の各々がそれらの部分をもつのかということは、すべての人に明らかである。なぜなら、体内に入ってくる栄養物を受け入れること、および、湿り気のなくなった栄養物を送り出すことが必然的なのであるが[4]、加工の済んでいない栄養物が存在する場所と、排泄物[5]が存在する場所とが同じでないことも、栄養物が変化する何らかの場所が存在することも必然的であるから[6]。実際、一方で、入ってくる栄養物を保持するはずの部分が存在し、他方で、役に立たない排泄物を保持するはずの部分が存在するのだから。しかるに、ちょうどそれらの諸部分のどちらにもそれぞれ異なる時間があるように[7]、それらの場所もまた分けられることが必然的なのである。しかし、それらについて規定することは、発生と栄養物に関する諸論考[8]で行なうことがいっそうふさわしい。だが、胃とそれに寄与する諸部分の相違については、いま考察されねばならない。

実際、諸々の動物は、胃などについて、大きさの点でも形の点でも互いに類似していない諸部分をもつからだ。むしろ、有血で子を産む動物のうちで上下両方の顎に切歯をもつものは、一つの胃をもつ。たとえば、人間、イヌ、ライオンなどがそうである。そして、多指のその他の動物も、単蹄をもつウマ、ラバ、ロバのよう動物も、双蹄で上下両方の顎に切歯をもつブタのような動物も、一つの胃をもつ。ただし、体の大きさのゆえに、そして、栄養物が加工しにくく棘状で木質の力をもつがゆえに、ラクダのような或る動物は多くの胃をもつが、このような場合は別である。ちょうど、角をもつ動物ですら、多くの胃をもつように。なぜなら、角をもつ動物は、上下両方の顎に切歯をもつ動物ではないからである。それゆえ、ラクダも、角こそ

(1) 体内の内側に位置する原因であろう。血管のために必要なものは血管の近く、つまり体内の内側に位置する、ということ。

(2) 体内の外側に位置する原因であろう。血管に依存するが血管のために必要というわけではないものは、必要なもののほうが血管に近い場所を優先されるので、それよりも外側に位置することになる、ということ。

(3) 食道と胃の関係については、第三章六六四a二〇―二六でも論じられていた。

(4) 第二巻第十章六五五b二八―三〇で「すべての動物、しかも完成した動物には、最も必要な部分が二つ、すなわち、栄養物を取り入れる部分と、[栄養物の]剰余物を排出する部分とがある。動物は、栄養物がなければ、存在することも成長することもできないからである」と述べられていたので、今のこの箇所の「必然的」とは、動物が生きるために「必要」ということであり、条件つきの必然であろう。

(5)「排泄物」は、加工が済んだものであるということがポイントである。

(6) もし加工済みのものが加工のための場所に存在し続けるとすれば、未加工なものの加工に支障が出るので、それらの場所は区別されていなければならない、ということか (Lennox, p. 279)。

(7) それぞれの部分がそのはたらきを遂行するために必要な時間は異なる、ということ。

(8)『動物発生論』第二巻第六章および第七章のことであるとされることが多いが、厳密には、独立で対応する著作はない (Lennox, p. 279)。

674b もたないが、上下両方の顎に切歯をもつ動物ではないのだ。すなわち、上顎に前歯［切歯］をもつことよりも、そのように多くの胃をもつことのほうが、ラクダにとってはいっそう必然的であるがゆえに、上下両方の顎に切歯をもつ動物ではないのだ。したがって、ラクダは、上下両方の顎に切歯をもたない動物と類似した胃をもつので、歯に関することも胃と事情が同様なのであるが、それは、前歯が何の役にも立たないから[1]である。しかし、それと同時にまた、栄養物が棘状であるのに、舌は肉質であるのが[2]必然なので、自然は、歯に由来する土の性質のものを、口蓋の硬さのために転用したのである[3]。また、ラクダは、角をもつ動物に類似した胃をもつがゆえに、ちょうどこの動物のように、反芻もする。しかるに、ヒツジ、ウシ、ヤギ、アカシカ、そのような他の動物のように、角をもつ動物の各々は、一つより多くの胃をもつが、その目的は次の通りである。すなわち、栄養物に関わる口のはたらきは、歯の不足のゆえに、その機能を果たしえないので、胃から胃へと栄養物を引き継ぐのであって、まずは、加工されていない栄養物を、次に、より加工されたものを、そして、完全に加工されたものを、最後に、すりつぶされたものを受け入れる。それゆえ、そのような動物は、一つより多くの場所や部分をもつのである。そして、それらは、「瘤胃（コイリアー）」、「蜂巣胃（ケクリュパロス）」、「重弁胃（エキーノス）」、「皺胃（エーニュストン）」と呼ばれる。しかし、それらの部分が、位置の点で、また形の点で、互いにどのような仕方で関係しているかということは、動物についての探求に基づいて[4]、とくに、諸々の解剖に基づいて考察されるべきである。

また、同じ原因のゆえに、鳥類も、栄養物を受け入れうる部分に関して相違をもつ。なぜなら、それらも総じて口のはたらきを示さないし――そもそも歯がないから――、すなわち、栄養物を切る手段も砕く手段もたないから、それゆえ、胃の前に「嗉《そ》嚢」と呼ばれる部分を口のはたらきの代わりにもつ鳥や、広い食道をもっており、その一部が胃の前で丸くふくらんでいて、そこに未加工の栄養物をためておく鳥、あるいは、胃そのものにふくれた部分がある鳥、また、胃そのものが丈夫な肉質であり、栄養物を長時間ためておいて、まだ砕かれていない栄養物でも加工することができるようになっている鳥がいるのだ。なぜなら、胃の(5)力と熱さによって、自然は、口に不足しているものを補っている(6)からである。しかし、脚が長くて沼地に

(1) なぜ前歯が役に立たないのだろうか。またそもそも、「上顎に前歯をもつことよりも、多くの胃をもつことのほうが、ラクダにとってはいっそう必然的である」のは、なぜなのだろうか。これはどういう意味で必然的なのだろうか。というのは、多くの歯と多くの胃は、栄養物を細かく砕いて加工するという点では機能的に等価であるように思われるからである。ポイントは、六七四a二九で「栄養物が加工しにくい（ウーク・エウペンプトン）」と言われていたことであろう。すなわち、その加工しにくさは歯では対処できないほどであり、それゆえに前歯は役に立たず、多くの胃をもつことのほうがいっそう必然なのであろう。

(2) 軟らかいということ。

(3) すると、歯の素材が不足し、結果として歯が不足することになる。なお、「転用（カタクレースタイ）」は、現在完了形になっている。

(4) 『動物誌』第二巻第十七章（五〇七a三四）を参照。

(5) Lennox は、この「胃の（テース・コイリアース）」を、ピュシスにかけて、「胃の自然本性は（the nature of the stomach）」と訳している。このようにすると、個々の自然物に内在するのではないピュシスをここで読まなくて済むが、語順からすると、「胃の」は、従来のように「力と熱さ」にかけるのが妥当であろう。

(6) 原語は「アナランバネイン」。時制は現在形。

棲む鳥には、それらをもたず、栄養物の湿り気のゆえに、長い嗉《そ》囊[1]をもつようなものどももいる。その原因は、それらすべての鳥の栄養物が砕きやすいものであることであり、したがって、それらのことのゆえに、そのような鳥どもの胃は湿ることになるが、それは、加工が行なわれないこと、つまりは栄養物のゆえにそうなるのだ[2]。

675a 一方、魚どもからなる類は、口に歯をもつが、いわばほとんどすべてが鋸歯をもつ。というのは、或る小さな類のものがそのようではないからであり、たとえば「オウムウオ」と呼ばれている魚がそうなのであって、これは、また、オウムウオ独特の歯のゆえに、この魚だけが反芻すると思われてもいるが、それは理にかなっている。なぜなら、上下両方の顎に切歯があるわけではなくて角をもつ動物もまた反芻するからである。

さて、すべての魚は鋭い歯をもっており、したがって、栄養物を分割することができるが、ただし劣悪な仕方での分割である。なぜなら、分割を続けながら時を過ごすことはできないからである。まさにそれゆえに、平たい歯をもたないし、栄養物を砕くこともできない[3]。平たい歯をもつとすると、無駄にもつということになるであろう。

さらにまた、総じて、魚は食道をもたないが、一部の魚は短い食道をもつ。しかし、加工を助けるために、鳥のような肉質の胃をもつボラのような魚がおり、また、多くの魚が胃の他に多くの付属物をもっているが、それは、貯蔵庫のようにそこに栄養物を貯めこみ分解し加工するようにもっているのである。また、魚は鳥と反対の仕方でその付属物をもつ。実際、魚はそれを胃のあたりの上の方にもち、それをもつ鳥は腸の終わりのあたりの下の方にもつからだ。そして、鳥の場合と同じ原因のゆえに、子を産む動物にさえ、腸の付属物を下の方にもつものがいくつか存在する。

また、魚どもからなる類は、全体として、栄養物のはたらきに関わる諸部分が不足のある状態であり栄養物を未加工なまま排泄するがゆえに、栄養物に対して貪欲であるのだが、魚以外のすべてのもののうちでは、まっすぐな腸(4)をもつものがそうである。なぜなら、栄養物を摂取しても、すぐに排泄され、それゆえ快楽(5)が短いので、欲望もすぐまた生じるのが必然的であるからだ。

さて、上下両方の顎に切歯をもつ動物が小さい胃をもつことは先に述べられたのであるが、ほとんどすべ

---

(1) Ogle は「嗉嚢(プロロボン)」ではなく「食道(ストマコン)」と読む。そう読むと内容的には通りやすくなるのであるが、テクスト的にみれば、つづりがあまり似ていない(大文字で書くと *ΠΡΟΛΟΒΟΝ*, *ΣΤΟΜΑΧΟΝ* となる)ので、写本を写し間違ったとは考えにくい。Peck, Lennox らも Ogle 案を採用していない(島崎訳は採用している)。「それらをもたず」(六四七b三二)の「それら」を、直前で述べられている胃のヴァリエーションを指すと解せばいいのではないだろうか。

(2) この鳥の栄養物は砕けやすい、つまり乾いておらず湿っている。そうであるから、胃で加工する必要がなく、加工が行なわれないということは熱くなくてよいということであり、熱くなければ湿り気は失われない。それゆえに、胃は湿ることになる、ということ。

(3) 「栄養物を砕くこともできない」の理由は、「平たい歯をもたない」からではなく、その前の「分割を続けながら時を過ごすことはできない」からである。

(4) 曲がりくねっておらず短い、ということ。

(5) 満腹感のこと。

ての胃が二つの種差に分割される(1)。実際、イヌの胃に似た胃をもつ動物と、ブタの胃に似た胃をもつ動物がいる。ブタの胃は、栄養物の加工にかかる時間が比較的長いこととの関係で、より大きいものであり、適度の襞をもつが、イヌの胃は、大きさに関しては小さく、腸をそれほど凌駕するわけではなくて、内部はなめらかである(2)。実際、どんな動物の場合も、胃の後には、腸という自然物が置かれている。そして、その部分[腸]にも、ちょうど胃がそうであるように、多くの違いがある。すなわち、曲がりくねった腸をほどいてみると単純で一様な腸である動物もいれば、一様ではない腸の動物もいる。なぜなら、一部の動物において、胃のあたりの部分が比較的広いが、終わりのあたりの部分は比較的狭い――まさにそれゆえにイヌはそのよ
675b うな剰余物を出すのに苦労する(3)――が、大多数の動物において腸は上の方が比較的狭く、終わりの方が比較的広いからである。しかし、角をもつ動物の腸は、いっそう大きく、幾重にも曲がりくねっている。そして、その胃と腸の嵩も、体の大きさのゆえに、いっそう大きい。なぜなら、角をもつ動物のいわばすべてが、栄養物のはたらきのゆえに大きいからだ。また、まっすぐではない(4)腸をもつすべての動物において、この部分[腸]は、先へ行くほど広くなる。そして、「結腸」と呼ばれる部分や、腸にある行き止まりで嵩高い部分(5)をもつ。次に、ここからまた、狭くなり、曲がりくねる。しかし、この後の部分は、排泄物の出口へ、まっすぐ伸びている。そして、「肛門」と呼ばれるその部分に脂のある動物もいるが、脂のない動物もいる。しかるに、それらすべてが、栄養物および発生した剰余物に関わる適切なはたらきのために、自然によって工夫されたのである(6)。すなわち、剰余物が先へ行き下へ進むと広い場所が現われ、そして、よくエサを与えられた動物の場合や、体の大きさか場所の熱さのゆえに多くの栄養物を必要とする動物の場合、その多くの剰余

物は、変化するためにそこにとどまる。次にまた、ちょうど上の腔所[7]から比較的狭い腸[8]が栄養物を受け取るように、そこから、すなわち、結腸から、そして、下の腔所[9]における広い場所からまた、比較的狭い場所に至り、剰余物が完全に湿り気を取られると、曲がりくねった場所に至るが、それは、その動物の自然本性が剰余物を溜めておけるように、つまり、剰余物［排泄物］の出口[10]がそれを通してしまわないように、そうなっているのである。

さてそれで、栄養物を作り出すことに関して節度のあることが必要な動物は、下の腔所に大きな広い場所をもたず、曲がりくねった場所をもち、腸がまっすぐではない。なぜなら、腸の広い場所は、多くのものへの欲望[11]を作り出し、腸のまっすぐさは、欲望のすみやかさ[12]を作り出すからである。まさにそれゆえに、剰余物を受容する部分が単純[13]である動物は、欲望が起こる早さに関して貪欲であり、受容する部分に広い場所がある動物は、栄養物の多さに関して貪欲なのである。

---

(1) 二つに分類される、ということ。第一巻第二章および第三章で論じられた分割法の表現。
(2) 襞があまりないということ。
(3) 大便のこと。
(4) 曲がりくねっていて長い、ということ。
(5) 盲腸のこと。
(6) 原語は「メーカナースタイ」。時制は現在完了形。
(7) 胃のこと。
(8) 小腸のこと。
(9) 大腸のこと。
(10) 肛門のこと。
(11) たくさん食べたくなること。
(12) すぐに食べたくなること。
(13) まっすぐということ。

また、栄養物は、上の腔所の中にそれが入ったばかりの時期であれば新鮮であるが、下へ進んでいくにつれて便の状態になり湿り気が失われるのが必然的であるから、何か中間的な部分、すなわち、そこにおいて栄養物が変化し、もはや新鮮ではないが、まだ便にはなっていないところの部分が存在するのが必然的である。(1)それゆえに、そのような動物は、すべて、まさに胃の次にある小腸において「空腸」と呼ばれる部分をもつ。実際、それは、未加工なものがある上部と、もう役に立たない排泄物がある下部との中間にあるからだ。そして、空腸は、すべての動物に生じるが、大きな動物がものを食べてはいない場合に明らかになるのであって、ものを食べていたのであればそうではない。なぜなら、ものを食べていないそのときに、両方の場所の中間の部分がすでにできているのであるが、ものを食べていたのであれば変化の時間は短いからである。(2)それで、空腸は、雌の場合、上部の腸の任意の場所に生じる。しかし、雄は、盲腸、すなわち、下の腔所の前にもっているのだ。

第十五章

さて、複胃の動物は、すべて、「ピュエティアー」と呼ばれるものを(3)もつが、単胃の動物のうちではウサギがそれをもつ。そして、それをもつ複胃の動物は、大胃の(4)中でもなく、蜂巣胃の中でもなく、最後の皺胃の中でもなく、最後の胃と最初の二つの胃の間にある胃の中に、すなわち「重弁胃」と言われるものの中に、ピュエティアーをもっている。(5)また、複胃の動物が、すべて、ピュエティアーをもつのは、乳の濃さのゆえである。それに対して、単胃の動物はそれをもたないが、単胃の動物の乳は薄いからである。それゆえ、角をもつ動物の乳は凝固するが、角をもたない動物の乳は凝固しない。しかし、ウサギにピュエティアーが生じるのは、オポス(6)を含む草を食べるがゆえである。実際、そのような性質の液汁が、乳獣の胃の中で乳を固めるのであるから。だが、何ゆえに複胃の動物の重弁胃の中にピュエティアーが生じるのかは、『問題集』において述べられている(7)。

(1) 前提にも帰結にも「必然的(アナンカイオン)」という同じ言葉が使用されている。帰結の「必然的」は明らかに「必要」という意味であるが、前提の「必然的」も、栄養物を体の諸部分が使えるように加工するということなら、やはり「必要」という意味である。つまり、これは必要なもののために必要なものを導き出すタイプの目的論的推論であり、条件つきの必然の内部で推論が成り立っている。

(2) ものを食べていたのであれば、空腸がふくれて分かりやすくなるとしても、ふくれるという変化が持続する時間は短いから、ということ(Peck)。

(3) 乳獣の第四胃すなわち皺胃の内膜からとれる液で、乳を凝固させる。

(4) 瘤胃のこと。

(5) これは誤っており、実際は第四胃である皺胃にある。

(6) 「オポス」とは、乳を凝固させる性質をもった植物性の液汁のこと。イチジクの汁など。『動物誌』第三巻第二十章五二二b二を参照。

(7) 現存の『問題集』は偽作。Düring は、「『問題集』においては」という語句がアンドロニコスなどの後世の編集者によって付加されたと推測して削除を提案。ピュエティアーの目的は、他の著作にも述べられていないので、結局は不明である。

第四巻

(676a)

第一章

22 さて、諸々の臓や胃や以上で述べられた諸部分の各々に関する事情は、卵を産む四足動物[1]や、ヘビのよう
な無足動物にとっても、同様である。実際、ヘビの自然本性は、卵を産む四足動物と類縁のものであるから。
すなわち、ヘビは、長いトカゲのようであり、あるいは、足のないトカゲのようでさえあるから[2]。また、そ
れらは、みな、魚のようでもある[3]。ただし、一方は、陸に棲むものであるがゆえに肺臓をもち、他方の魚は、
30 もっておらず、肺臓の代わりに鰓《えら》をもつのであるが。そして、魚も、それらの動物のどれも、カメを除けば、
膀胱をもたない。なぜなら、肺臓に血が含まれていないがゆえにほとんど何も飲まないので、湿り気が硬い
鱗《うろこ》に振り向けられるからであり、それはちょうど鳥においてそれが羽根に振り向けられているようなもの
なのである。また、膀胱をもたない動物すべての排泄物[4]は、ちょうど鳥のそれのように白っぽい。まさにそ
れゆえに、膀胱をもつ動物の場合、排泄物[5]が出たとき、容器の中に土の性質の塩分[6]が沈殿する[7]。なぜなら、
甘くて飲める成分［真水］は、その軽さのゆえに肉に費やされるからだ[8]。
676b また、ヘビのうちのマムシは別のヘビに対して差異をもつが、それは、魚においても軟骨魚が他の魚に対

してもつ差異と同じ性格のものである。なぜなら、軟骨魚もマムシも、まずはそれ自身の内に卵を産んだうえで、外へ子を産むからだ。そして、すべてのそういった動物は、ちょうど上下両方の顎に切歯をもつ動物のように、単胃である。膵臓も、膀胱をもたない他の動物のように、非常に小さい。しかし、ヘビは、長くて

(1) トカゲなどのこと。
(2) 底本の Bekker 版のままであると、あたかも、長いトカゲと足のないトカゲの二種類がいるかのようになってしまうという理由で、Frantzius, Langkavel, Peck らは「あるいは(エー)」をY写本にしたがって削除し、「長くて足のないトカゲのようである」と訳す。また、Düring, Loux らは「エー」を「エイ」に変え、「……だとして」と仮定に読み、「長くて足のないトカゲ——足のないトカゲはいないがいたとして——のようである」と訳す。しかし、Lennox のように、原文の「エー」の次にある「カイ」を「さえ (even)」と訳し、「エー」を言い換えと解せば、Düring の主張するようなニュアンスは十分に出て、しかもトカゲが二種類いるという含意もなくなるので、テクストを変える必要はないと思われる。
(3) ヘビやトカゲの外観が魚と似ているということではなく、以下でカメに膀胱がないとされていることからして、冒頭で言及された「諸々の臓や胃」が似ているということであろう(Lennox, p. 287)。
(4) この「排泄物」は、膀胱をもたない動物のものなので、便と尿が混ざったものである。
(5) この「排泄物」は、言葉自体は前註の「排泄物」と同じ「ペリットーマ」であるが、膀胱をもつ動物のものなので、尿である。
(6) 「土の性質」とは「重い」ということ。後に出てくる「軽さにゆえに」の「軽さ」と対になる。「塩分」は「白く辛《にが》いもの」のこと。膀胱をもたない動物の排泄物の「白っぽさ」に対応し、後に出てくる「甘くて」の「甘さ」と対になる。ここで「甘い」とは、単に辛くないこと。
(7) 膀胱をもつ動物のそれ自体としては白くない尿と、膀胱をもたない動物の便と尿の混ざった白っぽい排泄物とが、実は類比物であるという指摘であろう(Frantzius, p. 304)。
(8) したがって、重くて辛《にが》いもの、すなわち「土の性質の塩分」しか残らない、ということ。

(676b) 細長い体形のゆえに、臓の形もまた、それゆえ、長く、他の動物に似ていない。それは、諸々の臓の形が、ちょうど型枠の中にはめられるように[1]、臓がある場所によって形をつけられるがゆえである。

また、網《もう》、腸間膜、および、腸の自然本性に関わる諸部分、さらに、横隔膜と心臓、これらを、すべての有血動物はもち、魚以外はみな肺臓と気管をもつ。そして、気管と食道の位置は、先に述べられた[2]原因のゆえに、それらをもつ動物で類似している。

第二章

有血動物の多くは胆汁[3]ももっており、肝臓のあたりにもつものもいれば、肝臓から分離された胆汁を腸のあたりにもつものもいる。なぜなら、後者の自然本性は前者に劣らず下の腹腔に由来するようだからだ。このことは、魚の場合に最も明らかである。実際、魚は、みな胆汁をもっているが、多くの魚が腸のあたりにもち、一部はカツオのように腸全体に沿って縁取る形でもつ。大部分のヘビも同様である。まさにそれゆえに、胆汁という自然物が或る種の感覚のために存在すると言う人たちは、言うことが間違っている。実際、彼らは、以下のことのゆえに、すなわち、一方で、肝臓のあたりの魂の部分を胆汁が刺激して、その部分を緊張させるために、他方で、胆汁がそこから放出されて、その部分をやわらげるために、胆汁が存在すると主張しているが[4]、これは間違っている。なぜなら、ウマ、ラバ、ロバ、アカシカ、ノロジカのように、胆汁をまったくもたない動物がいるからだ。ラクダもまた胆汁をそれ自体としてはもたないが、むしろ胆汁質の小血管をもっている。アザラシも胆汁をもたないし、海の動物のうちではイルカももっていない。そして、同じ類の内部でも、たとえばネズミどもからなる類がそうであるが、胆汁をもつものともたないものがある[5]ように思われる。人間もまた、そういったものに属する。実際、肝臓の近くに明らかに胆汁をもつ人がいる一方で、明らかにもたない人もいるからである。それゆえ、類全体に関して論争が生じてもいる。なぜかといえば、たまたまどちらかの状態である人たちが、すべての事例に関して、すべてがそのような[6]状態であると想定している[7]からである。ヒツジやヤギについても、そのようなことが起こっている。実際、それらの大
677a 部分は胆汁をもっているのだが、或る土地では、たとえばナクソスのように、それらのもつ胆汁の超過が途方もないものであると思われるほどの分量であり、別の土地では、たとえばエウボイアのカルキスで、それ

（1）「長くて細長い体形のゆえに」、「ちょうど型枠の中にはめられるように」という言葉は、目的のないことを示唆する。しかし、その体形そのものの目的性には触れられていない(Lennox, p. 287)。

（2）第三巻第三章六六五a一〇以下。

（3）原語は「コレー」。「胆嚢」も「胆汁」も「コレー」である。アリストテレスが「胆嚢」と「胆汁」を区別しそこなったのは、胆嚢を、胆汁とは別の器官ではなく、むしろ凝固した胆汁であると考えていたからかもしれない(Lennox, p. 288)。本訳では、Lennoxと同じく、できるかぎり「コレー」は「胆汁」と訳したが、「胆嚢」と読みかえたほうがいい場合もある。

（4）プラトン『ティマイオス』七一D参照。

（5）個体のレベルで。

（6）自分のような、ということ。

（7）不当に一般化している、ということ。

(677a)

らがいる地域の或る場所では、胆汁をもたないからである。さらにまた、すでに述べられたように、(1)魚の胆汁は肝臓からかなり離れたところにある。

さて、アナクサゴラス派の人たちは、胆汁が急性の病気の原因であると、すなわち、胆汁が超過して肺臓、血管、脇腹へ流れると、想定しているが、これは正しくないようである。というのは、その病気の状態になったほとんどの人が胆汁をもたないからであるが、このことは解剖の諸事例において明らかになるであろうからだ。さらにまた、病気中の胆汁の量と分泌されている量とは比較できないほどなのだ。(2)むしろ、体の他の部分で生じた胆汁が或る種の剰余物ないしは遊離物(3)であるように、肝臓のあたりの胆汁も剰余物であって何かのためではないのである。(4)ちょうど、胃の中や腸の中の沈殿物もそうであるように。それで、自然は、時には、(5)剰余物すら、(6)有益なことに転用(7)するのだが、しかし、それだからといって、あらゆることについてそれが何のためであるのかと探求してはならない。(8)そうではなく、或るものどもがそのようである時、それらのゆえに他の多くものどもが必然的に起こるのである。(9)

それで、肝臓という構成体が健康的であり、肝臓へと分泌される血の自然本性が甘い動物の場合、肝臓のあたりに胆汁をまったくもたないか、一種の小血管の中にもつかであり、あるいは、もつ動物ともたない動物がいるのである。それゆえ、胆汁のない動物の肝臓もまた、(10)全般的に言えば、いい色をしており比較的甘く、そして、胆汁をもつ動物の肝臓は、胆汁の下にある部分が最も甘い。しかるに、あまり清浄ではない(11)血から構成されたものの胆汁は、排泄物として発生したものである。なぜなら、排泄物は栄養物の反対物である(12)ことを欲し、辛いものは甘いものの反対物であることを欲するが、甘いのは健康的な血(13)であるから。それ

で、胆汁は、何かのためのものではなく、取り除かれたもの(14)であるということは明らかである(15)。それゆえ、きわめ
昔の人たちの中には、「胆汁をもたないことが、長生き(16)の原因である」と主張する人たちがいたが、

(1) 本章六七六b一九。

(2) 病気の時の胆汁の量は、健康時の胆汁量よりも比較できないほどはるかに少ないということ。ゆえに、この理由によっても、アナクサゴラス派の主張は間違っているのである。

(3) 「遊離物」と訳したのは「シュンテークシス」。『動物発生論』第一巻第十八章で、「私が『剰余物(ペリットーマ)』と言うのは、栄養物の残余であり、『遊離物(シュンテーグマ)』と言うのは、成長するものからの、自然に反した[病的な]分解作用による分離の産物である」(七二四b二六―二八)と述べられている。

(4) 胆汁の本来的な目的性が否定されている。

(5) 「時には」とは、「常に」ではなく、ということ。

(6) 「すら」とは、本来は目的がないもの「すら」、ということ。

(7) 本訳書で一貫して「転用」と訳した「カタクレースタイ」が、「カタ」のない「クレースタイ(使用)」の同義語にすぎないかどうか議論があるが、この箇所では、本来は目的のない剰余物から有益なものへの移行があるから、明らかに「転用」という意味である。なお、ここでの時制は現在形。

(8) アリストテレスがすべての自然現象を目的で説明するわけではないことを示す有名な箇所。『動物発生論』第五巻第一章七七八a二九―b六に平行箇所がある。

(9) 物質の端的な必然による説明の定式化。

(10) 胆汁と分離した部分、ということであろう。

(11) 健康的ではない、ということ。

(12) 「排泄物[健康的ではないもの]は栄養物[健康的なもの]の反対物である」ということ。

(13) 「健康的な血」とは、栄養物のこと。

(14) 排泄物のこと。

(15) 胆汁は苦いものであるという前提が与えられれば、苦いものは甘いものの反対物であり遠ざかり分離しようとする(「反対物であることを欲求する」)のであり、甘いものが健康的な血すなわち栄養物であるから、甘いものの反対であるということは、健康的な栄養物の反対であることを、つまり分離された不健康な排泄物を意味する。

(16) 健康の帰結。

て的確なことを述べていたことになる。それは、単蹄動物やシカを見て述べられたのであるが、実際、これらの動物は胆汁をもたず長生きするからだ。さらにまた、胆汁をもたないことがその人たちによって観察されなかった動物、たとえばイルカやラクダなども、長命である。なぜなら、肝臓(1)という自然物は有血動物のすべてにとって命に関わる必然的なものであるので、肝臓がどのような性質であるかということが、長生きかそうでないかの原因であるのは、理にかなっているからである。そして、肝臓の剰余物がそのようなもの(2)
677b であって、他のどの臓の剰余物もそうではないということもまた理屈に合う。というのは、一方で、そのような液汁はどれも心臓の近くにあることができず――なぜなら心臓は強力な病的状態を受け入れないのであるから――、他方で、他の臓のどれも動物にとって必然的ではなく、ただ肝臓だけがそうであるからだ。まさにそれゆえに、それ(3)もまた、肝臓のまわりだけに生じるのである(4)。そして、胃に粘液ないし沈殿物が認められうるどんな場合も、それが剰余物であると認めないことは奇妙である。同様に、胆汁の場合もそうであり、場所によって相違が生じるわけではないということは明らかである。

胆汁についても、どのような原因のゆえにそれをもつ動物とそれをもたない動物がいるかが、以上で述べられた。

第三章

一方、腸間膜と網《もう》については、語ることが残っている。実際、それらは、前述の場所(5)に、つまり前述の諸部分の間にあるのだから。

さて、網は膜なのであるが、硬い脂をもつ動物の場合は硬い脂の性質のものであり、軟らかい脂をもつ動物の場合は軟らかい脂の性質のものである。だが、軟らかい脂と硬い脂のそれぞれがどのようなものであるかは、先に述べられた。(6) また、網は、単胃動物にとっても複胃動物にとっても同様に、縫い目のように引かれた線に沿って胃の中央から始まっている。(7) そして、有血動物の場合、網は、陸に棲むものにおいても水に棲むものにおいても同様に、胃の残部と腸の大部分を被っている。

それで、網の発生は、必然的に、以下のようなものとして起こる。すなわち、乾いたものと湿ったものの混合物(8)が熱せられると、常にその表面が皮か膜のような性質のものになるのであるが、しかるに、その場所

---

(1)「[胆汁がその剰余物であるところの]肝臓」ということ。

(2) 健康を左右する、ということ。

(3) 健康を左右する液汁のこと。

(4) 動物にとって必要不可欠な臓は、その動物の健康を左右するので、その臓のまわりに、健康を左右する液汁「も」生じるのは、理屈に合う、ということ。

(5) 腹腔のこと。

(6) 第二巻第五章六五一a二六以下を参照。

(7) Düring, Lennox にしたがい、写本上の理由によって、Bekker 版の ἤρτηται(ぶら下がっている)ではなく、ἦρκται(始まっている)と読む。後者の読みは、S、U、Y写本にしかないが、これらの写本は、最も有力な写本であるE写本と密接な関係があると考えられるからである。

(8) 脂のこと。

はそのような性質の栄養物で満ちているのである。(1) さらに、血のようになった栄養物が濾過されたものは、膜(2)の厚さのゆえに脂［ないし油］の性質をもつのが必然的であり――なぜなら、油が、最も薄いもの(3)であるから(4)――、また、その場所のあたりの熱さのゆえに共に混合されて加工されたものは、肉や血の性質の構成物になる代わりに、硬い脂や軟らかい脂になるのが必然なのである。(5)

それで、一方で、網の発生は、そのような理にしたがって起こるのであるが、他方で、自然は、栄養物をよく加工するために(6)、すなわち、動物が栄養物を容易に手早く加工できるように、網を転用するのである。なぜなら、熱いものが加工をなしうるものなのであるが、しかるに、脂は熱いものであり、網は脂なのであるから(7)。そして、網が胃の中央部から始まっているの(8)は、胃の中央部のむこう側の部分、つまりそのそばにある肝臓が、共に加工するということのゆえである。

以上で、網についても語られた。

第四章

678a さて、腸間膜と呼ばれる部分は膜であり、腸の延長部分から大血管とアオルテーへ連続的に伸び、密になった多くの血管で満ちており、この血管は腸から大血管とアオルテーへ伸びている。

---

(1) そして、その場所は熱せられるのであるから、その栄養物の表面に膜が発生する、ということ。膜それ自体の発生メカ

ニズムが説明されている。以下の「さらに」では、その膜がどのような性質のものになるかが説明されている。

(2)「膜」は、濾過する「膜」のこと。「さらに」以下では、膜の発生をもう一度、今度はどのような性質のものになるかを考慮して、たどりなおしている。そうだとすると、網の発生の説明はまだ途中であるから、この膜は網のこととは考えられない。この濾過する「膜」とは腸壁のことだろうか。

(3)水に浮くほど軽い液体ということ。

(4)濾過され不純物が取り除かれて、さらさらになった液体のことを「薄いもの」と呼んでいる。それが「油」だとされているのは、薄いものは軽いもののはずで、そして、濾過する膜の厚さのゆえに最も不純物が取り除かれたものは、最も薄く最も軽い液体のはずであるが、しかるにそういう液体とは油であるから、ということであろう。

(5)そして、硬い脂からは硬い脂の性質の網が、軟らかい油から軟らかい脂の性質の網が、それぞれ生じる、ということであり、網の議論の冒頭部(六七七b一五―一六)へ戻っている。この段落では、「必然的に(エクス・アナンケース)」という言葉と「必然的(アナンカイオン)」という言葉が登場するが、目的には言及されておらず、物質の端的な必然による説明だけになっている。その次の段落では、目的が「転用(カタクレースタイ)」という言葉を使って説明されている。

このような場合は、端的な必然でしか説明されていない箇所でも条件的な必然であったと解釈するのではなく、もともとは端的な必然の産物であったものが目的のために「転用」されたと、すなわち、最初から目的にしたがっている現象の目的論とは異なる目的論(「より弱い形式の目的論(a weaker form of teleology)」と呼ばれるもの)であると解釈すべきであろう(以上は、Lennox, p. 291 に基づく)。

(6)ここで「ために」と訳した原語は、アリストテレスの「目的因」すなわち「ト・フー・ヘネカ」の「ヘネカ」ではなく、「プロス」が用いられている。このことが、「より弱い形式の目的論」を示唆しているとする研究者がいる(Lennox, p. 291)。なお、無血動物を扱った章では、典型的な目的表現の前置詞「ヘネカ」あるいは「カリン」(「ために」と訳す)よりむしろ「プロス」や「エイス」や「ディア」(これらも「ために」と訳す)が使われており、このことは、多くの無血動物が自然発生するとアリストテレスに思われていることと関係があるかもしれないと言われている(Lennox, p. 293)。

(7)したがって、網が脂であることには、加工という目的があるのである。

(8)Bekker 版の ἤρτηται(ぶら下がっている)ではなく、ἦρκται(始まっている)と読む。

(678a)

それで、その生成は必然的に起こるということを、私たちは、他の諸部分と同様に発見するであろう。[1] そして、どのような原因のゆえにそれが有血動物に存在するかは、よく考えてみる人たちにとっては明らかである。なぜなら、動物は栄養物を外部から摂取することが必然的であり、そしてまた、外部から摂取した栄養物からは、諸部分へ直接に分配される最終的な栄養物が生じることも必然である——これは無血動物の場合には名称がなく、有血動物の場合には「血」と呼ばれている——ので、根を通じてのように、[2] それを通じて栄養物が胃から血管へ進むであろうところのその何かが存在することが必要であるからだ。それで、植物は大地への根をもつ——なぜなら、そこから栄養物を摂取するのであるから——が、動物においては、胃、そして腸の力が、植物にとっては、そこから栄養物を摂取する必要があるところの大地に相当する。まさにそれゆえに、腸間膜という自然物[3]は、それを根のように貫く血管をもって存在する。以上で、腸間膜がそれのために存在するところの目的が述べられた。[4] だが、それがどのような仕方で栄養物を取り込むのか、そして、血管へ分配されたものが、入ってくる栄養物からそれらの部分へと血管を通じて入っていくのはどのようにしてなのか、これらについては、動物の発生と栄養の関する諸論考の中で述べられるであろう。

それで、これまで規定された諸部分に関する限り、有血動物がどのようであるのか、そしてそれはどのような原因のゆえにそうであるのか、これらのことが述べられた。語り残しているもので次に来るのは、発生に寄与するもので、しかも雌が雄と異なる所以のものに関する話題である。しかし、発生について語られねばならないのであるから、それら[5]に関する考察の中で、これら[6]についても論じるのが適切である。

第五章

さて、「軟らかい体の動物」(7)とか「軟らかい殻の動物」(8)と呼ばれるものは、有血動物に対して多くの相違をもっている。すなわち、なによりもまず、諸々の臓からなる自然物をまったくもっていないから。他の無血動物も同様にそれをもたない。また、無血動物の残りの類は二つあるが、それらは、「殻のような皮の動物」(9)および「節のある動物ども(10)からなる類」である。なぜなら、それらのどれも、諸々の臓からなる自然物

(1) 説明は省略する、ということ。

(2) 植物においては、根を通じて、栄養物が植物体の導管へ進むように、ということ。

(3) 「自然物」という意味のピュシスに単数属格形の名詞がついている用例。

(4) 前章の「網」の説明で使われた「プロス」ではなく「ヘネカ」が使用されており、かつ、「転用（カタクレースタイ）」ではなく「存在（エイナイ）」が使用されている（Lennox, p. 292)。

(5) 発生それ自体の諸問題。

(6) 発生への雌の寄与の諸問題。

(7) 「軟体動物」と表記。タコなどの頭足類に相当。

(8) 「軟殻動物」と表記。カニなどの甲殻類に相当。

(9) 「殻皮動物」と表記。おおよそ貝類に相当。

(10) 「有節動物」と表記。おおよそ昆虫類に相当。

が構成されるところの血をもたないからであるが、血をもたないのは、それ［諸々の臓からなる自然物］[1]に属する何らかのそのような受動的状態[2]が、それらの動物の本質に属しているがゆえである。実際、或る動物は血をもち、別の動物は血をもたないということは、それらの本質を規定する定義の中に含まれているだろうから。さらに、有血動物がそれのために臓をもっているところのその目的となる部分もまた、無血動物には
678b 属さないであろう。なぜなら、無血動物は、血管も膀胱ももたず呼吸もしないのであって、むしろ、ただ心臓の類比物をもつことだけが、無血動物にとって必然であるからだ。というのは、どんな動物の場合でも、体と諸部分の或る始原に、魂の感覚的部分と生命の原因が属するからである[3]。しかるに、まさにそれらの動物は、みな、必然的に、栄養のための諸部分をもつ。しかし、その様式は、栄養物を摂取するさまざまな場所のゆえに相違している。

　さて、軟体動物は、「口」と呼ばれる部分のまわりに、二つの歯[4]をもつ。そして、食べることができるものにおける快楽を判定する肉質の或る部分を、舌の代わりに口の中にもつ。それらと同様に、軟殻動物も、第一の歯[5]をもち、舌の類比物である肉質の部分をもつ。さらに、殻皮動物も、みな、栄養物を感覚するためのそのような部分を、有血動物の場合と同じ原因のゆえにもつ。またさらに、有節動物も、先にも述べられたように[6]、ハチどもからなる類や、ハエどもからなる類のように、外部へ突き出た吻[7]を口にもつものがいる。しかし、前部に針をもたない有節動物は、口の内部にそのような部分をもつ。たとえば、諸々のアリからなる類や、何かそのようなものが他にあればそれもそうである。そして、有節動物には、歯をもつものもいる――その歯は互いに異なってはいるが――。ちょうど、ハエどもからなる類や、ハチどもからなる類がそう

20

であるように。しかし、湿った栄養物を利用するものは、歯をもたない(8)。実際、多くの有節動物は、栄養物のためではなく防御のために歯をもつから。

また、殻皮動物の一部は、ちょうど始めの諸論考において述べられたように(9)、「強力な舌」と呼ばれるものをもち、巻いた殻をもつもの(10)は、ちょうと軟殻動物のように、二つの歯をもつ。そして、軟体動物の場合、

(1)「それの（あるいは、それに属する）」という女性単数の代名詞は、女性単数で一番近い名詞では、「実体」を受けるはずであるが、もしそうだとすると「実体に属するものが実体に属する」という冗語的であまり意味のない文になってしまう――それゆえ、Peck は、「それの」と訳された原語 αὐτῆς の削除を提案している――。しかし、さらにその前の「諸々の臓からなる『自然物（ピュシス）』」の「ピュシス」という女性単数の名詞を受けているとすれば、十分に意味は出ると思われる。

(2)「そのような」とは、血のような、しかし、血そのものではない、ということ。したがって、「そのような受動的状態」は、血の類比物ということになろう。

(3) どんな動物であっても、それが動物である限りは、魂の感覚的部分と生命の原因が属する或る始源がその動物の体と諸部分には存在している、ということ。

(4)「顎板」のこと。本当は、歯ではなく顎に相当する。上顎がカラスの嘴に、下顎がトンビの嘴に似ている。いわゆる「カラストンビ」。

(5) 大顎のこと。

(6) 第二巻第十七章（六六一a二一）。

(7)「吻」と訳した原語は「エピボスキス」。昆虫の「吻（プロボスキス）」をとくに「エピボスキス」という。

(8) 湿ったものであれば軟らかいから、硬いものを砕く歯は必要がない。そして、自然は無駄なことをしないから、歯がない、ということであろう。

(9)『動物誌』第四巻第四章（五二八b三〇以下）。「始めの諸論考」という言葉から、少なくとも『動物部分論』第四巻に――おそらく第二巻第三にも――『動物誌』が（執筆順序か体系的順序かで）先行することが分かる。

(10) 巻き貝。

口の次には長い食道があり、それに続いて鳥のような嗉嚢が、これに連続して次に胃が、これに続いて単純な腸が肛門まである。それで、コウイカとタコの場合、胃のまわりの部分が、形の点でも触りごこちの点でも似ている。しかし、「ヤリイカ」と呼ばれるものどもの場合、同じように、胃のような受容器が二つある[1]が、そのうちの一方はあまり嗉嚢らしくない。そして、胃のような受容器は、前述のものどもの胃と形の点で相違しているが、それはまさに軟体動物の全身がいっそう軟らかい肉から構成されているがゆえである[2]。そして、それらの動物はそのような仕方で諸部分をもつのだが、それはちょうど鳥の場合と同じ原因のゆえである。すなわち、それらのどれも栄養物を嚙み砕くことができないからであり、まさにそれゆえに、嗉嚢が胃の前にあるのだ。

また、軟体動物は、自分を助けて救うために、膜状の袋の中に溜まるいわゆる「墨」をもっているが、こ679aの袋は末端すなわち出口をもっており、その出口はいわゆる「漏斗[3]」を通じて胃の剰余物〔墨〕を放出するところである[4]。そして、漏斗は腹の側にある。それで、すべての軟体動物は、その部分を固有なものとしてもっているのだが、とりわけコウイカが最も大きいものをもっている。実際、コウイカは、恐怖に襲われたり怯えたりとき[5]、体の前に幕を張るかのように水を黒く濁らせるからだ。それで、ヤリイカとタコは、体の上の方に[6]、比較的ミュティス[7]の近くに墨をもつのだが、コウイカは、下の方に[8]、胃のあたりにもつ。なぜなら、墨をいっそう多く使うがゆえに、より多くもつからである[9]。そして、そのことが[10]コウイカに起こるのは、一方でそれの生活形態[11]が沿岸性[12]のものであるがゆえであり、他方でタコがもっている防御に役に立つ触手[13]や体色の変化――これはちょうど墨の放出もそうであるように臆病さのゆえにタコに起こるのであるが――の

(1) コウイカとタコ。

(2) 体を構成する肉が軟らかければ軟らかいほど、その内的な部分の形の相違が生じる、ということであろう。

(3) 直訳は「笛」。

(4) いわゆる墨は、実は胃の剰余物であるという指摘。

(5) アリストテレスの動物研究の柱の一つ「性格傾向（エートス）」の観点が使用されている。「怯える」は後で登場する「臆病さ」と関係している。

(6) アリストテレスの場合、口や口の類比物のあるほうが上である（『動物進行論』第四章）ので、イカやタコの体の「上の方」とは頭の方ではなく足（正確には腕）のある側のことである。

(7) 肝臓の類比物。

(8) 「下の方」とは、足（正確には腕）の側ではなく、頭の側のこと。

(9) 「より多く使う」は「より多く必要」ということ。自然は善いことをする（必要なものを与える）ので、それだけ多くもつことになる。必要性に訴えた目的論的説明のヴァリエーションである。そして、この文が、コウイカは墨を胃のあたりにもつことの理由文になっているのは、墨と呼ばれているものが、先に述べられていたように、胃の剰余物だからである。おそらく、胃のあたりであれば、胃の剰余物をたくさん確保できるからということであろう。

(10) 墨をいっそう多く使うということ。

(11) アリストテレスの動物研究の柱の一つ「生活形態（ビオス）」の観点が使用されている。

(12) 「沿岸性の」とは「陸地に近い海に棲む」ということ。そのような動物は陸地すなわち大地に由来する土の性質のものを多く含むことになるが、後で述べられるように、土の性質のものが軟体動物の墨になるので、陸地から離れた海に棲むものよりも墨が多くなる。生活環境が原因で墨が多くなるという説明。

(13) 触手自体はイカももつが、ここで「触手」と訳した「プレクタネー」は複数形でとくにタコの腕を表わす。タコの腕がイカの腕と違って「防御に役に立つ」とは、Ogle, p. 221 によれば、タコの腕がイカの腕より長いこと。あるいはタコの腕がヘビのようにうねうねと巻くことか。

ごとき他の防御手段をもたないがゆえである[1]。しかるに、ヤリイカは、それらのうちで唯一の外洋性[2]の動物なのである。それで、コウイカは、それと較べると、より多い墨をもつのであり、体の下の方に墨をもつのも、より多くもつがゆえである[3]。なぜなら、墨がより多くあれば、遠く離れたところからでも[4]容易に飛ばせるからだ[5]。そして、ちょうど鳥の排泄物の土の性質の成分に白い沈殿物が生じるように、軟体動物にも墨が生じるのであるが、それは、それらが膀胱をもたないがゆえである。実際、最も土の性質をもつ成分[6]が、墨の中へと分泌されているからであり、そして、そのことがコウイカにおいて最も著しいが、それは、コウイカが最も多く土の性質のものをもっているがゆえである。その証拠は、イカの甲がそのように土の性質をもっているということだ。実際、タコは甲をもたないし、ヤリイカは軟骨質で薄い甲をもつからである。さてこれで、どのような原因のゆえに甲をもつものともたないものがいるのか、それらの各々はどのような性質の甲をもつのかが述べられた。

さて、軟体動物は、無血であり、それゆえにまた冷たくて怖がり[7]であるから、ちょうど怯えるあまり胃の調子がおかしくなるものがいたり、膀胱から排泄物［尿］が漏れてしまったりするものがいるように、墨の放出が軟体動物にも起こるのであるが、墨の放出が、ちょうど膀胱から漏らすものたちの場合のように、臆病さのゆえに必然的に起こる[8]一方で、自然は、同時に、そのような排泄物を、それらの動物を助けて救うために、転用[9]するのである。

そして、軟殻動物もまた――イセエビの種のものもカニも――二つの第一の歯[10]をもっており、その間に舌のような肉をもつ。それは先にも述べられた通りである[11]。そして、口に続いてすぐに、体の大きさのわりには——大きめの動物とは小さめの動物と比較してのことだが——小さな食道をもつ。それに続いて胃をもつが、胃の中にイセエビや一部のカニは別の歯をもっている[12]。それは、上の歯[13]が十分に嚙み切れないがゆえで

(1) しかし、墨以外に防御手段がないので、それを多用せざるをえない、それゆえ多くもたざるをえないということ。必要に迫られることに基づく目的論的説明。次の「より善さの実現に基づく目的論的説明」とはタイプが異なると思われる。

(2)「外洋性の」は直訳すれば「海洋に棲む」ということであるが、ポイントは「陸地から遠い海に棲む」ということ。したがって、土の性質のものをあまり含まないので、墨が少なくなる。

(3) 多ければ重くなり、重いものの端的な必然によって下にいく、ということであろう。多くの墨が下の方にあること自体には目的がないということになる。

(4) 墨が体の下の方にあって、上の方にある漏斗からは遠くなってしまうとしても、ということ(Ogleの補訳による)。

(5) 墨をより多くもつということを、墨を遠くから飛ばすことが容易になるという「より善さ」の実現に基づいて目的論的に説明している。

(6)「[膀胱に分泌されるはずの剰余物すなわち尿の]最も土の性質をもつ成分」ということ。

(7)「性格傾向(エートス)」の観点が使われている。

(8) 物質の振る舞いだけではなく、動物の体の不随意な感情的反応も端的な必然性でとらえられており、興味深い。

(9) 原語は「カタクレースタイ」。時制は現在形。

(10) 大顎のこと。

(11) 本章六七八b一〇。

(12)「胃石」のこと。岩波『生物学辞典』第四版によれば、「ザリガニ・アカテガニなどの甲殻類において、胃(咀嚼胃)中に二個ある白色で球形または半球形の結石。アカテガニでは脱皮に先立ち甲皮中のカルシウム分が胃に送られて胃石を形成する。…〈中略〉…甲皮中のCaが全部捨てられるのを防ぐ機構と解されるが,脱皮と関係がないと思われる胃石もある。クロベンケイガニはその例。ザリガニの胃石はオクリカンクリ(oculi cancri カニの眼の意)の名で古くから知られ、眼病などの薬とされた」。

(13) 大顎のこと。

679b ある。[1]そして、胃からは単純な腸が排泄物の出口までまっすぐに続いている。

殻皮動物の各々もまた、それらの部分をもつ。もっと分節化された部分をもつものもいれば、分節化されない部分をもつものもいる。それらの部分の各々は、比較的大きなものにおいては、もっと分節化されている。それで、コクロス[2]は、先に述べられたように、硬く鋭い歯をもち、その間に、軟体動物や軟殻動物と同様に、肉質の部分をもつ。そして、まさに述べられたように、棘と舌の間に吻をもつのだ。また、口に続いて、何か鳥の嗉嚢のようなものをもち、それに続いて、食道をもっている。それに胃が続き、胃の中に「メーコーン[3]」と呼ばれるものがある。それ[胃][4]から腸が連続しているが、腸はメーコーンから端的に始まっている。実際、食べられるものであるととりわけ思われているその剰余物[5]が、殻をもつすべての動物にあるからだ。他の巻き貝の種も、たとえば、アクキガイ[6]もホラガイも、コクロスと同様である。

ところで、殻皮動物には類も種も多い。実際、ちょうどいま述べられたような巻き貝があり、二枚貝や一枚貝もあるからだ。しかし[7]、或る意味では巻き貝も二枚貝に似ている。というのは、そのような動物は、すべて、肉が露わになったところに、生まれた時から蓋をもつからである。たとえば、アクキガイ、ホラガイ、アマオブネガイ、そのような類のすべてが、防御のために蓋をもっている。なぜなら、殻が前に置かれていないところは、外部から攻撃してくるものによって容易に害されるからである。それで、一枚貝は、張り付いている[8]がゆえに、背部の殻をもつことによって[9]身を守っている。つまり、異質な[10]防壁によって、或る意味で二枚貝になるのである。たとえば、「カサガイ」と呼ばれるもののように。それに対して、二枚貝、たとえば、ホタテガイ[11]やイガイ[12]は、二枚の殻を合わせることによって身を守るのであるが、巻き貝は、その蓋に

よって、ちょうど一枚貝から二枚貝になるかのごとく、身を守る。しかし、わけてもウニは危険を避けるも

---

(1) ある部分の不十分さを補うためという目的論的説明。不足を補うのであるから、善いものをいっそう善くする「より善さの実現」とは別のタイプの説明であると思われる。

(2) 巻き貝の一種。

(3) もともとは「ケシの実」だが、ここでは甲殻類の肝臓のことだと諸家によって考えられている。『動物誌』第四巻第四章で甲殻類が論じられている箇所で重要な役割を果たしている。後の記述からして、甲殻類の臓のうちで、とくに食べられるものであると考えられているようである。

(4) この「それ」を直前の女性名詞「メーコーン」を受けるとすると、「メーコーンから腸が連続しているが、腸はメーコーンから端的に始まっている」という冗語的な文章ができてしまう。メーコーンという語を含む関係文を飛ばして、少し遠くなるがさらに前の女性名詞「胃」を受けるとすれば、「胃から腸が連続してはいるが、腸は実のところメーコーンから始まっている」という意味のある指摘になろう。

(5) 「その剰余物」は、直接にメーコーンを指すのではなく、腸の中の剰余物を指すと解すれば、食べられるものはメーコーンであるとした場合、殻をもつすべての動物の腸の剰余物が食べられるものであるならば、そうであるのは、殻をもつすべての動物の腸がメーコーンから始まっているからであろう、という推測がなされていることになる。Peck のように「メーコーンが一番美味であると思われている」と訳したのでは、理由文として機能しないように思われる。

(6) 原語は「ポルピュラ」。意味は「紫の貝」。

(7) 以下、貝類の多種多様さを統一するという問題を、防御方式の観点からすると二枚貝が貝の基本形であるというアイデアで解決しようとしている。ポイントとなるのは「或る意味で」という言葉であり、この言葉で、表面的にはそれほど似ているわけではないものどもの類似性を確立しようとしている。

(8) 「[防壁となる何かに]張り付いている」ということ。

(9) 「[蓋をもたずに]背部の殻をもつことによって」ということ。

(10) 自分自身の部分ではない、ということ。

(11) 原語は「クテイス」。意味は「櫛のような貝」。

(12) 原語は「ミュース」。意味は「ネズミのような貝」。

のをもっている。というのは、殻がぐるりとウニをもろともに覆っており、棘で柵をめぐらしているからだ。だが、ちょうど先に述べられたように、(1)ウニの殻は殻皮動物の中では独特のものである。(2)

また、軟殻動物と殻皮動物という自然物は、軟体動物とは反対の仕方で構成されている。というのは、一方の軟殻動物においては外側が肉質であるが、他方の殻皮動物においては内部が肉質で外部が土の性質であるから。しかし、ウニは肉質のものを何ももたない。(3)

それで、これらすべて、そして他の殻皮動物は、口、舌状のもの、胃腸、排泄物の出口をもつが、位置や
680a
大きさの点で異なっている。しかし、それらの各々がどのようであるかは、動物に関する諸探求と諸々の解剖に基づいて考察されねばならない。というのは、それらには、議論によって明晰にされるべきものと、むしろ視覚によって明晰にされるべきものがあるからだ。

しかし、殻皮動物のなかでも独特なのはウニであり、また、いわゆる「ホヤ」どもからなる類である。(4)ウニは五つの歯をもち、(5)その間に、前述のすべてのものにある肉質のものをもつ。それに続いて食道をもち、そこから、あたかも動物が複数の胃をもっているかのように多くに分かれた胃をもつ。実際、それは、分割されており剰余物に満ちてはいるが、一つの口で始まり、排泄物の出口も一つで終わっているから。(6)また、すでに述べられたように、胃とは別に肉質のものをもたないのであるが、いわゆる「卵」が多数あり、それぞれ別々に膜の中にある。そして、口から始まって何か黒いものがぐるりと取り囲んで乱雑に散らばっているが、これには名称がない。

さて、ウニには多くの類がある——すべてのウニが属している一つの種はないから——が、すべてのウニ

がそれらの部分をもっている。しかし、いわゆる「卵」が、みな、食べられるというわけではない。そして、ありふれたもの以外の「卵」はまったく小さい。全般的に、そのことは、他の殻皮動物についても成り立つ。実際、肉や「メーコーン」と呼ばれる剰余物は、みな同じように食べられるというわけではなく、食べられるものと食べられないものとがあるからだ。メーコーンは、巻き貝の場合、巻いたところにあり、カサガイのような一枚貝の場合には、基底部にあり、二枚貝の場合には、接合部にある。また、二枚貝の場合、いわゆる「卵」は右側にあり、反対側には排泄物の出口がある。しかし、「卵」と呼んでいる人たちによってそう呼ばれているのは正しくない。というのは、それは、よく生育した時の有血動物の脂のようなものであるから。それゆえ、それが生じるのは、一年のうちでよく生育する季節、すなわち春と秋なのである。なぜなら、殻皮動物は、みな、暑さ寒さに労苦し、その過剰さに耐ええないからだ。その証拠が、ウニに起こるこ

---

(1)『動物部分論』では、ここより前にウニが論じられた箇所はない。『動物誌』であれば、第四巻第五章でウニが論じられている。

(2)ウニは二枚貝的ではないが、それは例外で変則的である、ということか。

(3)この文も、ウニが殻皮動物として変則的であることを示そうとしているようである。

(4)アリストテレスの「殻皮動物」論にとっての「変則事例(anomaly)」の考察に議論が移る。

(5)有名な「アリストテレスの提灯」(『動物誌』第四巻第五章五三〇b二四以下を参照)。五三一a五の「まわりに皮の張っていない提灯に似ている」という言葉が元になっている。

(6)したがって、複数の胃をもっているのではなく、そう見える一つの胃をもっているにすぎない、ということ。貝としてのウニの変則性を解消しているのである。

とである。というのは、ウニは生まれてすぐにいわゆる「卵」をもっているからであり、(1) そしてまた満月の時にいっそう多くもつからなのだが、それは、ちょうど或る人たちが考えるように、たくさんエサをとったがゆえではなく、月の光のゆえに夜がいっそう暖かいがゆえなのである。(2) なぜなら、無血であるがゆえに寒さの影響を受けやすく、熱さを必要とするからだ。それゆえ、ウニは、どこでも夏に(3)いっそうよく生育する。
680b
ただし、ピュラ海峡(4)のウニは別である。それは冬でもよく生育する。その原因は、魚がその季節にはその場所を去るので、そのときには、より多くのエサがあるということである。

　また、ウニは、みな、「卵」なるものを同じ数だけ、すなわち奇数個もつ。実際、五つもっているからであるが、歯も胃もそれだけの数をもっている。(5) その原因は、ちょうど先に述べたように、(6)「卵」なるものが、卵ではなく、動物の良い栄養［脂］であるからだ。(7) そして、それ、すなわち、いわゆる「卵」は、有殻動物(8)では片側だけにある。それとウニにある「卵」とは同じものである。(9)

　さて、ウニは球形であって、他の有殻動物(10)の体のように一枚の円なのではない。すなわち、ウニは、或る仕方ではそのように円であるが別の仕方ではそのようではないということはなく、どの仕方でも同じように円になっている――球形であるから――。(11) したがって、その中にある「卵」も同じように球形になっているのが必然である。なぜなら、ちょうど他の有殻動物のように円に似ていないところがあるものではない(12)から。(13) つまり、ウニ以外の有殻動物すべての頭部は、中央(14)にあるからだ。なお、そのような部分［頭部］とは、上

(1) 卵は成熟した動物がもつものであるから、生まれてすぐのものがもっていれば、それは卵ではないであろう、というこ

と。

(2)成熟と関係なく暖かさが原因ならば、やはり卵ではないであろう、ということ。

(3)先には、殻皮動物は「春と秋」によく生育すると言われていたから、この点でもウニは変則的ということだろうか。

(4)アリストテレスが遍歴時代に滞在し海洋生物を研究したレスボス島にある海峡。

(5)歯と胃にも言及されているのは、いわゆる「卵」を栄養摂取と関係づけるためであろう。

(6)本章六八〇a二六―二七。

(7)「いわゆる『卵』が実は卵ではなく良い栄養であることであるのは、良い栄養が多く(五つ)体内にあるとすれば、それを取り込むための歯と胃も多くなければならないはずだから」ということが、歯と胃が多く(五つ)あることの説明であろう。

(8)第一巻第四章六四四b一〇―一一でも登場していた名称。一般的には殻皮動物つまり貝類だが、ここでは二枚貝。

(9)ウニをその他の殻皮動物に近づけようとしている。「同じものである」とは、「片側だけにあるもの」という点が同じということで、後で「不連続なもの」と捉え直される。

(10)原語は「オストレオン」。以後、基本的に、殻皮動物つまり貝類という意味。

(11)エウクレイデス『原論』第十一巻定義一四によれば、「球とは、半円の直径が固定され、半円が回転してその動きはじめた同じところに再びもどるとき、囲まれてできる図形である」から、もとの半円の直径を通る面で球を切断するならば、どんな場合でも円になる。なお、『原論』の訳は、池田美恵訳(『ギリシアの科学』世界の名著、中央公論社所収)を使用させていただいた。

(12)球形である、ということ。

(13)主語は、「[「卵」がその中にあるウニの形は]」であろう。「卵」を含みもつ殻の形の端的な必然によって「卵」の形が決定されている、ということ。

(14)この箇所の「中央」とは、この語を含む文が、「ウニは球形である」ことの説明である以上、ウニ以外の有殻動物が球形ではなく円形であるということを言っているのでなければならないから、「[一枚の円の]中央」ということであろう。

の方にあるもの[1]のことである。[2]しかし、「卵」は、連続したもの[3]ではありえない。実際、ウニ以外の有殻動物の場合でさえそうではなく、円の片側にしかないからだ。[4]それで、そのことは[5]、すべての有殻動物に共通のことである一方、体が球形であることはウニに固有なことであるから、「卵」は偶数個ではないことが必然である。なぜなら、もし「卵」が、偶数個で、円の直径上にあるならば[6]、一方の側と他方の側が同様でなければならない[7]がゆえに、直径上にある[8]はずであるから。しかるに、そのようであるならば、「卵」は、円の両方の側にあるはずである。だが、そのことは他の有殻動物にさえ当てはまらない。実際、カキ[9]やホタテガイは、円周上の片側にそのような部分をもつから。したがって、「卵」を、三つ、五つ、あるいはその他の奇数の個数をもつのが必然である。それで、三つもつとすれば、「卵」どうしが離れすぎてしまうであろうし、五つ以上もつとすれば、連続したもの[10]になってしまうであろう。そして、一方[11]は、あまり善くなく[12]、他方[13]は不可能だ。[14]してみると、ウニが「卵」を五つもつことが必然なのである。

また、同じ原因のゆえに、胃もそのように五つに分けられており、歯の多さもそのように五つなのである。

（1）Bekker版の τῷ（六八〇b一四）の代わりに、Düring, p. 179 と Louis にしたがい、E、S、U、Y写本の τὸ を読む。文の解釈も Düring にしたがう。

（2）そして、生物体の「上の方」とは、訳註でたびたび言及してきた『動物進行論』第四章によれば、栄養を摂取する部分である口や根があるところのことである。実際、ウニ以外の殻皮動物の場合、口やそれに続く胃などが、貝殻を円と見なした場合の中心近くにある。したがって、貝の「頭部」とは口があるところのことであり、また、そこが物理的に円の中心であるとしても、定義上、「上の方」になるのであろう。しかしそうすると、第七章六八三b一八―一九の「すべての殻皮動物は、ちょうど植物のように、頭を下の方にもつ」という言葉と不整合であるように思えるが、これは、植物が例に挙がっているように、定義の上では上のものが現実には下になってしまっているという指摘なので、不整合にはならないであろう。

（3）ひとかたまりの、ということ。

（4）この理由文は、「卵」が連続的な（ひとかたまりの）ものではない実例を挙げているだけであるが、原理的にはどういう理由があるのだろうか。少し後に、「もし胃が一つであれば、…〈中略〉…それ［胃］が腔所全体を占めてしまう」（六八〇b二一－二二）と言われており、この文が、「胃が軟らかく不定形で一つであるから腔所全体に拡がってしまう」ということならば、同じ論理によって、「『卵』が不定形に一つであるとすれば腔所全体に拡がってしまうが、そういう動物は生きることができないので、『卵』が連続的なものであることは不可能である」ということになるのだろうか。

（5）卵が不連続的であること。

（6）「直径上にある」という条件は直前の議論に出てこず、またこの文自体を、一見したところ、同語反復的（「直径上にあるならば、直径上にある」）にすることもあり、Peck は削除を提案している。しかし、「直径上にある」という条件は、第三巻第七章で登場した「同様の諸部分は対になる」という考えから、同様の「卵」が偶数個であれば、ピュタゴラス派の対地球のように、正反対の位置、つまり直径上にあると想定されたのではないだろうか。また、条件の「直径上にある」は単に「正反対の側にある」という意味であり、結論の「直径上にある」は「距離的に同様な仕方である」という意味であると考えるならば、同語反復にはならないであろう。

（7）「［その直径上の］一方の側と他方の側が［円の中心からの距離の点で］同様でなければならない」ということ。円である以上、半径が等しくなければならない、ということ。

（8）「直径上に［偶数個の「卵」が距離的に同様な仕方で］ある」ということ。

（9）この箇所の「オストレオン」は、「有殻動物」ではなく、もともとの意味の「カキ」。

（10）ひとかたまりに、ということ。

（11）離れすぎること。

（12）「離れすぎる」の「すぎる」という点が、「超過」であると捉えられ、それは「適度さ」ないし「中庸」という善さをもたないので、「あまり善くない」のだろうか。

（13）連続してひとかたまりになること。

（14）本章六八〇b一五でも「『卵』は連続的なものではありえない」と言われていた。

というのは、「卵」の各々は、動物の体のような性質のものであるから、その動物の生[1]の様式と関係した同様の性質をもつことが必然的 ── 動物の体から「卵」の成長が起こるので ── であるから。すなわち、胃が一つであれば、それら「卵」が胃から離れてしまうか[2]、あるいは、胃が腔所全体を占めてしまって[3]、その結果、ウニは動きにくくなり栄養物の容れ物[4]もいっぱいにならないから。しかるに、「卵」は間隙が五つあるから、それぞれに対応して、胃が五つに分かれていることが必然なのである。そして、同じ原因のゆえに、歯の多さもそれだけある。なぜなら、そのような仕方で、自然は、前述の諸部分[5]に、そのようなもの［歯］
681a
を与えた[6]のであろうから。

それで、何ゆえに、ウニがもつ「卵」の数は奇数であり、しかもそれだけの数[7]であるのかが述べられた。また、何ゆえに、まったく小さい「卵」をもつウニもいれば、大きな「卵」をもつウニもいるのか、その原因は、後者が自然本性に関して、前者よりもいっそう熱いということである。なぜなら、熱いものは栄養物をいっそう多く加工することができ[8]、それゆえに、食べられない[9]ウニは剰余物[10]でいっそう多く満ちているからだ。そして、自然本性の熱さ[11]は、その動物をいっそう動けるようにし、その結果、エサとりをして一箇所に留まらない[12]。そのことの証拠は、そのようなウニが、あたかもしばしば動いているかのように、棘のところにいつも何かをつけているということだ。それは、棘を足として使っているからなのだ。

さて、ホヤは、自然本性に関して、植物と少ししか違わない。それにもかかわらず、カイメンよりは動物らしいところがある。というのは、カイメンは、まったくのところ、植物の能力をもっているからだ。実際、自然界[13]は、魂をもたないもの[14]から、生きてはいるが動物ではないもの[15]を経て、動物へと、連続的に推移しているのであり、その結果、一方と他方が、互いに類縁的であることによって、まったくもって少ししか違わないと思われるほどであるから。

　それで、カイメンは、ちょうど述べられたように、まさに、ただ固着して生きているだけであり、引きはがされると生きていけないという点で、植物とまったく同様である。また、「ナマコ」と呼ばれるものや、クラゲ(16)、さらに、海に棲むそのような他の動物も、遊離している(17)という点で、少し違うだけである。なぜなら、それらは感覚をもっておらず、ちょうど土を離れた植物のように生きているから。そして、陸に生きる植物にすら、一部そのようなものがあり、他の植物に寄生したり、また、遊離さえして、発生し生きていく

---

(1) 以下の論述から、この「生(ゾーエー)」は、栄養摂取を含む広い意味をもつと思われる。
(2) 「卵」が五つで胃が一つであり、また「卵」が良い栄養であり胃と関係しているとすると、直接胃と関係できない残り四つの「卵」は胃から離れてしまう、ということか。
(3) 大きくなって、ということ。
(4) 胃のこと。
(5) 五つに分かれた「卵」と胃。
(6) 原語は「アポディドナイ」。現在完了の分詞形。
(7) 五つということ。
(8) そして、良い栄養こそ「卵」であったから。
(9) 「[「卵」が小さすぎて]食べられない」ということ。
(10) 「[熱さによって加工されていない]剰余物」ということ。
(11) 「[大きな「卵」をもったウニの]自然本性の」ということ。
(12) すると、いっそう栄養状態がよくなって、ますます「卵」も大きくなる、ということであろう。
(13) 「自然界」と訳した原語は「ピュシス」。この「ピュシス」は、自然的世界を意味していると思われる。
(14) 無生物のこと。
(15) 植物のこと。
(16) 原語は「プネウモーン」。意味は、「肺臓のような動物」。
(17) 固着していない、ということ。

681b

ものがある。たとえば、パルナッソスで或る人たちから「エピペトロン」[1]と呼ばれている植物[2]がそうである。実際、これは、掛け釘で上からつり下げられていても[3]、長い間生きているのであるから。そして、時には、ホヤや、何かそのような類が他にあればそれも、ただ固着して生きているだけであるという点では植物に似ている一方で、何か肉質のものをもっているという点では何らかの感覚をもっていると思われる[4]であろう。しかし、それをどちらへ入れるべきなのかということは明らかではない。さて、その動物ホヤは、二つの管と一つの境目の部分[5]をもっており、そこで[6]、栄養物になる湿り気を受け入れ、またそこで、剰余の液体を排出する。なぜなら、ちょうど他の殻皮動物がもっているような、はっきりした剰余物をもつものではないからである。それゆえ、とりわけホヤこそは、そして他にも何かそのような動物がいればそれもだが、「植物のようなもの」と呼ぶことは正しい。というのは、植物のどれも剰余物をもたないから。そして、ホヤの中心を通って薄い隔膜があるが、生に対して重大な力をもつもの[7]がその中にあるのは理にかなっている。

しかし、「クニーデー」[8]と呼ぶ人たちもいるし「アカレーペー」[9]と呼ぶ人たちもいる動物[10]は、殻皮動物ではなく、分割された類の外に出てしまうものであって[11]、自然本性に関しては植物と動物の両方にまたがっている。というのは、一方で、それらのうちの一部のイソギンチャクは、遊離しており、栄養物へ向かっていったり、向かってくるものを感覚したりするという点で、動物のようであり、さらにまた、自分の身を助けるために体のざらざらした性質を利用しているが、しかし、他方で、不完全であって岩にすぐに固着し、はっきりした剰余物を何ももたないが口はもつ[12]という点で、植物の類に似ているからである。また、イソギンチャクに似ているものとして、ヒトデ[13]の類もいる――なぜなら、ヒトデも、多くのカキに向かっていってその体液を吸いつくすから——が、ヒトデは、前述の軟体動物や軟殻動物のように遊離している動物にも似ている。そして、同じ議論が、殻皮動物に関しても当てはまる。

それで、まさにすべての動物に属すのが必然的であるところの、栄養物に関わる部分は、前述のようなのであるが、有血動物に属する諸部分のうちで、感覚に重大な力をもつもの(14)に関わって、それと類比的な何らかの部分を明らかに無血動物はもたねばならない。なぜなら、それは、どんな動物にも属さなければならな

---

(1)「岩の上に生えているもの」という意味。
(2) ベンケイソウのこと。
(3) 土から離されて、ということ。
(4) 動物に似ている、ということ。
(5)「境目の部分」と訳した原語は「ディアイレシス」。
(6)「そこで」と訳したἧが「管」を受けていると解している訳もある（Peck の訳では「一方の管［入水管］によって、栄養物になる湿り気を受け入れ、他方の管［出水管］によって、剰余の液体を排出する」となる）が、しかし、ἧの性は女性で、「管」と訳される「ポロス」は男性であるから、「境目の部分」と訳した女性の「ディアイレシス」を受けていると解したほうがいいのではないだろうか。本訳では、栄養物になる湿り気を受け入れるところ（胃）と、剰余の液体を排出するところ（腸）とが、ともに同一の「境目の部分」すなわち消化腔であり、この消化腔が入水管と出水管の間にあるということになる（なお、「消化腔」という言葉は、内田『増補動物系統分類の基礎』二四四頁による）。ただし、この箇所は理解が困難であるので、これも解釈の一例にすぎない。
(7) 心臓のこと。
(8) 意味は、「イラクサのように刺す動物」。
(9) 意味は、「トゲイラクサのように刺す動物」。
(10) イソギンチャクのこと。『動物誌』第四巻第六章五三一a三二―b一八が詳しいので参照されたい。
(11) 分割法では分割できないものである、ということ。
(12) 植物では根に相当する。
(13) 原語は「アステール」。意味は、「星のような動物」。
(14) 心臓のこと。

いからだ。軟体動物の場合は、膜の中の湿った[1]ものであり、まさにこれを貫いて食道が胃へと伸びているのであるが、それ[2]は、むしろ背面の方についており、或る人たちによって「ミュティス」と呼ばれている[3]。また、そのような性質をした別のものが軟殻動物にもあり、それもまた「ミュティス」と呼ばれている。そして、その部分は、湿っているものであると同時に物体的なものであり[4]、ちょうど述べられたように、それの中心を貫いて食道が伸びている。なぜなら、もしその「ミュティス」と背面との間に食道があったならば、背面の硬さのゆえに、栄養物が入ってきても、同様に[5]食道は拡大することができなかったであろうから[6]。そして、「ミュティス」の外側に腸があり、腸のあたりには墨があるが、それは、体の入り口から墨ができるだけ遠くに離れているように、また、手につくのも嫌なもの[7]が、より善きもの、すなわち始原から離れているように、そうなっているのである。なお、その部分「ミュティス」が心臓の類比物であるということは、その位置――なぜなら、その位置が心臓と同じであるから――と、加工されて血のように「ミュティス」の湿り気が甘いこととで、明らかになる。また、諸感覚に重大な力をもつもの[8]は、殻皮動物においても同様なのであるが、あまりはっきりしない。ただし、その始原は、常に中間のあたりを、つまり、固着性の殻皮動物であれば、栄養を受け入れる部分と、精液および排泄物が分泌されて通っていく部分との中間のあたりを、
682a そして、歩行性の殻皮動物であれば、常に右側と左側の中間のあたりを、探さなければならない。

さて、有節動物の場合、そのような始原の部分は、始めの諸論考で述べられたように[9]、頭部と、胃のあたりの腔所との間[10]にある。その始原は多くの有節動物において一つのものであるが、ちょうどヤスデのような長い有節動物においては複数のものである。まさにそれゆえに、そのような有節動物は切断されても生きて

いるのだ。なぜなら、自然は、すべての動物において、そのような始原をただ一つだけ作ることを欲している[11]のではあるが、そうするのが不可能な場合は、現実態においてはただ一つであるが、可能態においては複数であるものとして作るからである。[12] しかし、このことは、或る有節動物においては、他の有節動物よりも、いっそう明らかだ。

そして、栄養に関わる部分は、すべての有節動物において同様であるわけではなく、多くの違いがある。実際、口の中に、舌と唇の両方の力をもつ合成体であるかのような「針」と呼ばれるものがあるものもいるし、体の前部に「針」をもたないものの場合は、歯の内側に、そのような感覚器があるから。それに続くのは、どんな有節動物でも、まっすぐで単純な腸であり、これが排泄物の出口まである。しかし、腸が曲がり

(1) 流動的な、ということ。
(2) 心臓に相当するもの。
(3) 「ミュティス」は肝臓に相当するものであったから、そう呼ばれているものを、心臓に相当すると考えるアリストテレスにとっては、ウニの「卵」のように、適切でない呼び名がつけられてしまっているということになる。
(4) 流動的であるものであると同時に有形的なものである、ということ。
(5) 「同様に」とは、「［「ミュティス」の中心を貫いて伸びている場合と］同様に」ということ。
(6) 「より善さ」の実現が起こっている、ということ。
(7) 墨のこと。
(8) 心臓のこと。
(9) 『動物誌』第四巻第七章五三一b二六－五三二a五を指すとする解釈が多いが、Lennox, p. 303 は Bonitz にしたがって、『青年と老年について、生と死について』第二章四六八a二一－b一六または『呼吸について』第八章四七四b一とする。
(10) 胸部のこと。
(11) 原語は「ブーレスタイ」。時制は現在形。
(12) 現実態・可能態の概念装置を使った解決。

(682a)

くねっているものもある。そして、口の次に胃をもち、胃からは曲がりくねった腸をもつものもいるが、それは、自然本性に関して、より貪欲で大きなものほど、いっそう多くの栄養物を受け入れる場所をもつようにそうなっているのである。また、諸々のセミからなる類は、それらのなかでも、とりわけ独特の自然本性をもっている。実際、口と舌が癒合した同一の部分をもっており、ちょうど根のように、これを通じて、湿ったものから栄養物を受け入れるからだ。それで、有節動物は、みな小食なのであるが、体の小ささのゆえではなく、冷たさのゆえにそのようなのであり――なぜなら、熱いものは、栄養物を必要とし、すばやく栄養物を加工するのであるが、冷たいものは栄養物が必要ないから――、諸々のセミからなる類がそうなのである。というのは、セミの体にとっては、空気中に残った湿り気で十分な栄養物になるからだ。ちょうど、一日だけ生きるもの[1]――ちなみに、これはポントスのあたりで[2]発生する――にとってそうであるように。ただし、それは一日だけしか生きないが、セミは、わずかながら数日は生きている。

さて、動物の内部にある部分については述べられた[3]ので、再び、外部にある部分で残っているもの[4]について述べる仕事に戻らなければならない。しかし、いま述べられていた無血動物どもから始めるべきであり、私たちが残しておいたところからではない。それは、それらに少し時間をさいて[5]から、より完全な有血動物を、もっと余裕をもって議論[6]できるように、そうするのである。

第六章

682b
それで、有節動物[7]は、体の部分の数がそれほど多くないが、それにもかかわらず、互いに相違している。実際、すべて、足が多い[8]のであるが、それは、有節動物の自然本性の鈍さと冷たさに対して、足が多いと、そのことが、それらの動きをもっとすばやくするがゆえである。そして、諸々のヤスデからなる類のような長さのゆえに最も冷たいものは、最も多足である。さらにまた、始原を多くもつ[9]がゆえに、いくつも節があり、それに応じて足も多いのだ。

(1) カゲロウのこと。
(2) 黒海南東の海岸の地域。
(3) 第三巻第三章から第四巻第五章。
(4) 第二巻第十章から第三巻第二章で論じなかった部分のこと。なぜ有血動物の外的部分の議論を中断して内的部分を論じたのか、また、なぜ有血動物の議論の途中に無血動物の議論を置いたのかについての説明はなされていない（Lennox, p. 305）。
(5) 第四巻第六章から第九章。
(6) 第四巻第十章から第十四章。

(7) 昆虫のこと。
(8) 「足が多い」つまり多足であるとは、数えられないほど多いという意味ではなく、四つ以上の足をもつということであり、昆虫として標準的な六足であっても、「多足」と言われる。『動物進行論』第一章七〇四a一三では、足の数が、「無足、二足、四足、多足」に分類されている。
(9) 前章六八二a六–八で述べられた「心臓に相当する部分が、現実的には一つだが、可能的には多い」という議論をふまえているのであろう。

(682b)

さて、足が少ない有節動物は、足の不足との関係で翅がある。そして、翅をもつ有節動物のうちで、その生活形態が放浪性のものであって、栄養物のゆえに遠くまでさまようのが必然的であるものは、四枚の翅をもち、体重が軽い。たとえば、ハチやそれに近縁の有節動物のように。実際、それらは、体の左右それぞれの側に翅を二枚ずつもっているから。また、そのようなもののうちで、ちょうど諸々のハエからなる類のように小さなものは、翅が二枚である。しかし、体が短く、生活形態の点で定住的であるものは、ミツバチと同様に多翅的であるが、翅に鞘をもつ。たとえば、コガネムシやそのような有節動物がそうなのであるが、それは、翅の能力を守るようにそうなっているのだ。なぜなら、定住的なので、その翅は、よく動くものよりもずっと壊れてしまいやすく[1]、まさにそれゆえに、翅の前にそれを保護するものをもっている[2]のであるから。そして、それらの翅は、裂けておらず、軸がない。なぜなら、それは、翼ではなく[3]、皮のような膜なのであって、これは、肉質のものが冷えると、その膜が乾いているがゆえに、必然的に、それらの体から剝離するからである。

また、節があるのは、いま述べられた原因のゆえでもあるのだが、体を曲げても害をこうむることがないがゆえに、命が助かるように、そうなっているのでもある。実際、長い有節動物は丸くなるのだが、もし節がなければ、こんなことはできなかったであろうから。それに対して、丸くならないものは、節の間を縮めて固くなる。このことは、たとえば、いわゆるクソムシに触ってみれば、明らかになる。というのは、恐怖にとらえられて[4]動かなくなり、その体が固くなるからだ。しかるに、それらが有節的であることは、必然的なのである。なぜなら、そのこと、すなわち、体に多くの始原をもつことは[5]、それらの本質に属することであり[6]、そしてこの点で植物に似ているからだ。実際、ちょうど植物のように、有節動物もまた、切断されても生きることができるから。ただし、後者の有節動物は、或る時まで生きるのに対して、前者の植物は、自然本性に関して完全にもなり、一つのものから、二つあるいはもっと多くの数のものになるのであるが。

さて、一部の有節動物は、自分を害するものを防ぐために、針ももつ。それで、針を前にもつものと、後にもつものとがいるのだが、前にもつものの場合は舌のところに、後にもつものの場合は尾のところにある。すなわち、ちょうど、ゾウの嗅覚器［鼻］が、防御や栄養物に使用するために役に立つようなものになっているように、一部の有節動物の舌のところに配置されているものも、そのようになっているからだ。という
683a のは、その部分で栄養物を感覚し保持し口に入れるからである。また、前に針のないものは歯をもつが、食べることのためにもつものと、たとえば、アリのように、そして、すべてのハチからなる類のように、栄養

(1) 定住的であまり飛び回らないと、翅を本来の目的に使うことが少ないが、そのことがかえって——なにかにぶつけたりして——翅を損なう原因になる、ということか。
(2) 使わない（飛ばない）ときにしまっておく、ということか。
(3) 原文では「プテロンは、…〈中略〉…プテロンではなく」となるが、「プテロン」は、「［羽毛の生えた］翼」とも訳せる言葉であり、これは、「『プテロン』には『［羽毛の生えた］翼』という意味もあるが、そういう『プテロン』ではない」という意味であろう。
(4) 「性格傾向（エートス）」に訴える説明。
(5) 有節的であることと、始原が多くあることとの関係については、本章六八二b四で「始原を多くもつがゆえに、いくつも節がある」と言われていた。
(6) したがって、有節的であることの必然性は、条件つきの必然であることになろう。

(683a)

物を捕らえて口に入れるためにもつものがいる。他方、後に針があるものは、気概をもつがゆえに[1]、武器として針をもつ。また、翅があるがゆえに自分自身の体の内に針をもつもの、たとえばミツバチやスズメバチがいる。実際、針がきゃしゃでしかも体の外にあったならば、それは容易に壊れたはずであるから。そして、もし、サソリのように針が体から離れたところにあったとすれば、重荷になったであろう。しかし、陸に棲み針をもつサソリにとっては、そこに針をもつか、さもなければ、防御のために役に立たないかであるのが必然的である。また、翅が二枚で後に針があるものはいない。なぜなら、弱くて小さいがゆえに、翅が二枚であるからだ。というのは、小さいものは、少ない数の翅で十分に持ち上がるから。それゆえ、前に針をもつ。なぜなら、弱いので、前の針でかろうじて刺すことができる[2]からだ。それに対して、翅が多いものは、自然本性的に大きいがゆえに、多くの翅をもっており、後にある部分によって強い。しかるに、可能であれば、同一の器官を雑多なことに用いるのではなく、攻撃用のものは最も鋭く、舌の性質のものは海綿状であって栄養物を吸い取れるものであるのが、より善い。なぜなら、自然は、二つの器官を二つのはたらきに使用[3]することができて、しかも一方が他方を妨げないときには、ちょうど青銅細工術が値段を安くするために焼き串燭台[4]を作るようなことはしないようにしている[5]のであって、それが可能でないときに、同一の器官を、より多くのはたらきに転用[6]するからである[7]。

さて、それらの動物の一部は前足が比較的大きいのであるが、それは、目が硬いがゆえに視覚が正確ではないので、前からぶつかってくるものを前脚[8]で払いのけるようにそうなっている[9]。まさにそのことを、明らかにハエやハチがしている。というのは、たえず前脚を交差させて身繕いしているから。そして、後脚は中脚よりも大きいが、それは、歩行のゆえに、そして、地面から離れて跳び上がるために、そうなっている(10)。そして、このことは、バッタのように、そして、諸々のノミからなる類のように、よく跳びはねるものの場合、さらにいっそう明らかである。というのは、曲げておいた脚を再び伸ばせば、地面から跳び上がるのが必然的であるから。また、バッタは、舵のような形の脚を、前ではなく、後だけにもっている。なぜなら、

---

(1)「性格傾向(エートス)」に訴えた説明。

(2) μόλις は、否定的な「ほとんど……ない」ではなく、肯定的な「かろうじて……する」という意味であり、「前の針でかろうじて刺すことができる」は、「もし仮に前ではなく後に針があったとすれば、かろうじてできるどころか、全然できなかったであろう」という含意をもちうるので、Ogle のように「前の」を「後の」とテクストを変更し、直接に「後の針ではほとんど刺すことができない」とする必要はない(Lennox, p. 307)。

(3) 原語は「クレースタイ」。時制は現在形(不定法)。

(4) 原語「オベリスコリュクニオン」とは、「焼き串(オベリスコス)」としても「燭台(リュクニオン)」としても使える器具。軍隊で使われた。当然、別々に作るよりも安くあがる。

(5)「……するようにしている」は、「傾向がある」というニュアンスをもつように思える。そして、これは、「欲している(ブーレスタイ)」のヴァリエーションとも考えられる。なお、「……するようにしている」は、「エテイン」の現在完了形(意味は現在)。

(6) 原語は「カタクレースタイ」。時制は現在形。

(7) 転用の原則が述べられている。なお、この箇所から、「使用(クレースタイ)」と「転用(カタクレースタイ)」が使い分けられていることが分かる。

(8)「足(foot)」と訳した「プース」ではなく、「脚(leg)」と訳した「スケロス」が用いられている。

(9) ある部分の欠点を別の部分で補っている、ということ。

(10)「跳び上がるために」なっているのは、足そのものではなく、足の大きさである。実際、『動物進行論』第八章で、「跳躍だけを利用して場所を変わる動物は、そのような動き[跳躍]のために足を必要とすることはなく……」(七〇八a二二―二四)と言われているので参照されたい。

683b そのような脚の関節は内側へ曲がるのが必然的であるが、前肢[1]はどれもそのようなものではないから。そして、そのようなものは、みな、跳ねる部分を含めて、足が六つである。

第七章

さて、諸々の殻皮動物〔貝類〕の体の部分は多くない。その原因は、それらの自然本性が定住的であることによる。というのは、よく動く動物どもは、それらに諸々の活動形式[2]が属しているがゆえに、いっそう多くの部分をもつことが必然的であるから[3]。なぜなら、より多くの運動に与るものは、より多くの器官を必要とするからだ。そして、殻皮動物のうちには、全然動かないものと、少しの運動に与るものがいるのだが、自然は、それらを助けるために、それらに殻の硬さを付与[4]したのだ。

また、それらには、一枚貝、二枚貝、巻き貝があることとは、ちょうど先に述べられた通りである[5]。そして、最後のものには、ホラガイのように螺旋をもつものや、ちょうどウニどもからなる類のようにただ球形のものがある[6]。また、二枚貝には、ホタテガイやイガイのように殻を開くことができるもの——実際、一方の殻では閉じたままなのだが、その結果、他方の殻では開いたり閉じたりできるのだから——や、諸々のマテガイ[7]からなる類のように両方の殻がくっついているものがいる。

ところで、すべての殻皮動物は、ちょうど植物のように、下に頭をもつ[8]。その原因は、下から栄養物をとるということによる。ちょうど植物が根によってそうするように。それで、それら殻皮動物にとっては、下の部分を上にもち、下の部分を上にもつことになるわけである。[9] そして、[頭は][10]膜の中にあり、この膜を通じて、飲むことができるものを濾過し、栄養物をとる。また、すべての殻皮動物が頭をもつが、栄養物を受け入れる部分以外の体の部分には名称がない。

（1）「コーロン」を「肢（limb）」と訳した。

（2）「活動形式（プラークシス）」は、アリストテレスが動物を考察する際に重視する観点の一つ。

（3）動物の活動形式と動物の部分が関係することは、第一巻第五章六五六b一四―二〇で、活動形式の多様さに応じて部分も多様であることは、第二巻第一章六四六b一四―二七で、すでに述べられている。

（4）原語は「ペリティテナイ」。時制はアオリスト形。

（5）第五章六七九b一五。

（6）現在では、ウニは、貝類ではなく、棘皮動物に分類されている。

（7）原語は「ソーレーン」。意味は、「管のような動物」。マテガイは実際に二枚貝の仲間。

（8）第五章六八〇b一四―一五および二九〇頁註（2）を参照。

（9）世界を基準にした方向と動物の機能を基準にした方向を区別するアリストテレス独特の説。『動物進行論』第四章を参照。

（10）Ogle, Peck は「[体は]」と主語を補っているが、頭の議論の途中であるから、「[頭が]」と補うほうがよいであろう（Lennox, p. 308）。

第八章

さて、諸々の軟殻動物〔甲殻類〕は、みな、歩きもする。[1] それゆえ、足を多くもつのだ。そして、それら軟殻動物の最大の類[2]は四つある。すなわち、大エビ[3]、ザリガニ[4]、小エビ[5]、カニ[6]と呼ばれているものである。また、それらの各々には多くの種があって、形の点だけではなく大きさの点でも著しく相違している。なぜなら、それらのうちには、大きなものもいれば、非常に小さなものもいるからである。

それで、カニに類したものと大エビに類したものは、一方で、両方とも鋏をもっているという点で非常によく似ている。そして、鋏をもっているのは、歩くことのためではなく[7]、手の代わりに、何かをつかまえたり、つかんでいたりすることのためである。それゆえ、鋏を、まさに足と反対の方向に曲げるのだ。すなわち、足は凹面〔下部〕に曲げているが、鋏は凸面〔上部〕に曲げて円を描くように動かすから。実際、そのようにして、鋏は、栄養物をつかまえて口へ運ぶことのために役立っているからである。

684a しかし他方で、大エビは尾をもつが、カニは尾をもたないという点で、それらは相違している。というのは、大エビにとっては、泳ぐものであることのゆえに尾は役に立つ——実際、尾を櫂のようにして自らを支えながら泳ぐのであるから——が、しかし、後者のカニにとっては、その生活形態が沿岸性であることのゆえに、そして、カニが穴の中を這うものであることのゆえに、尾は役に立たないからだ。しかし、それらのカニのうちで、クモガニ[8]や、いわゆる「ヘラクレアガニ」のように、海洋性のものは、そのこと[9]のゆえに、それらの足は、歩くことに関しては、はるかに役に立たない。なぜなら、それらは、あまり動かず、有殻動物のようなものであることによって[10]身を守るからである。それゆえ、クモガニは脚が細く、ヘラクレアガニは脚が短い。

ところで、小さな魚に混じって捕獲される非常に小さなカニは、最後の足が平たくて、ちょうど鰭《ひれ》か櫂の

（1）「歩き『も（カイ）』する」とは、「[泳ぐだけではなく]」ということ（Peck の訳）であろう。

（2）「最大の類（メギストン・ゲノス）」は、『動物誌』第一巻第六章四九〇b七以下や、同第二巻第十五章五〇五b二六にも登場する概念で、まだ完全に解明されてはいない。Pellegrin, 1986, pp. 84-85 によれば、「『最大の（メギストン）』『類（ゲノス）』」は、多くのエイドスを含んでいるという点で重要なゲノスだということにすぎず、「最大の（メギストン）」という最上級も、そのゲノスが含んでいるエイドスの豊富さ以上のことは意味していないという。しかし、何が最大の類であるかを決めるのが、考察の視点ないしレベル――動物全般か、もっと限定されたもの（この箇所のように「軟殻動物」）か――によるとすれば、その視点ないしレベルでは最大であるということが保証されるので、単に「エイドスを多く含んでいるので重要」ということ以上の意味があると思われる。

（3）原語は「カーラボス」。殻に棘のあるエビ。イセエビなど。

（4）原語は「アスタコス」。殻に棘のないエビ。

（5）原語は「カーリス」。小型のエビ。テナガエビやクルマエビなど。

（6）原語は「カルキノス」。

（7）以下、本章で「ため」と訳されたのは、「カリン」、「プロス」、「エイス」、「エピ」という前置詞である。「目的」とも訳される、よく知られた前置詞「ヘネカ」が登場していないことが注目される。

（8）原語は「マイア」。意味は「老婦人」。

（9）海洋性で地面を歩かないこと。

（10）甲羅が貝殻のようなはたらきをすることによって、ということ。

(684a)

ような足をもっているのである。それは、泳ぐこととの関係で、非常に小さなカニにとって役立つように、そうなっているのだ。そして、小エビが、一方で、カニの仲間と異なるのは、尻尾をもつことによってであり、他方で、大エビの仲間と異なるのは、鋏をもたないがゆえである。小エビが鋏をもたないのは、足を多くもつがゆえである。というのは、その成長［の素材］が、ここで使われてしまったからだ[1]。また、小エビが多くの足をもつのは、歩くものであるというよりも泳ぐものであるからである。

さて、一部の軟殻動物は、腹面に、そして頭部のあたりに、水を出し入れするための鰓状の部分をもっている。そして、大エビの場合、下部は、雄よりも雌のほうが、いっそう平たくなっており、カニの場合は、被板の中の部分が、雄よりも雌のほうが毛深いが、それは、カニの卵が自分自身の方へ向かって伸び拡がって付くのであって、ちょうど魚や、卵を産むその他の動物のように、卵が体から離れていくことがないがゆえである。というのは、被板の中の部分が、より広々として大きければ、卵のための場所がいっそう多くなるからだ。

それで、一方で、大エビとカニは、みな、右の鋏が左よりもいっそう大きく力が強い。なぜなら、あらゆる動物は、自然本性的に、体の右側によって、いっそう多くのことをなすからであり[2]、しかるに、自然は、常に、各々の部分を、それを使いこなせるものにのみ、あるいは、他のものよりもいっそう多く、与えるからである[3]。たとえば、牙、歯、角、蹴爪、そして、守りと攻撃のためであるような部分すべてがそうだ。しかし他方で、ザリガニだけが、雌も雄も、たまたまどちらかの鋏が大きいにすぎない[4]。しかるに、ザリガニが鋏をもつ原因は、鋏をもつ類の中にザリガニがいるからということである[5]。そして、鋏を不規則な仕方で

684b もつのは、ザリガニが損なわれているから、つまり、(6) 鋏が自然本性的にそれのためであるところの目的に、鋏を使っておらず、歩くことのために使っているからだ。(7)

しかし、軟殻動物の部分の各々について、それら諸部分の位置はどこか、軟殻動物にはどのような違いがお互いにあるのか、とりわけ雄は雌とどのような仕方で異なるのか、これらについては、諸々の解剖事例と

(1) 鋏が発生するための素材が、多くの足の発生に使われてしまったから、ということ。

(2) 第三巻第九章六七一b二九以下、『動物進行論』第四章七〇五b一四以下でも同様のことが述べられている。

(3) 原語は「アポディドナイ」。時制は現在形。

(4) どちらの鋏が大きいかということが自然本性的に決まっているわけではない、ということ。

(5) この説明は同語反復的（「鋏をもつものであるから、鋏をもつ」）で説明力がほとんどないように見える (cf. Lennox, p. 310)。しかし、ザリガニにとって鋏をもつことは、ザリガニの本質に属すことであって、付帯的なことではないということ、つまり、ザリガニの鋏が右が大きかったり左が大きかったり不規則であることは、鋏をもつことの非本質性に帰すことはできない、なぜなら、鋏をもつことはザリガニにとって本質的なことであるから、という点を押さえているのだと思われる。それでは鋏の不規則性を何に帰すべきなのかということが次に述べられる。

(6)「損なわれている」の意味が、「つまり（カイ）」以下で説明されていると解した。

(7) 本章六八三b三二―三三で「それ［鋏］をもっているのは、「何かを」つかまえたり、つかんでいたりすることの「ため（カリン）」ではなく、手の代わりに、「ため（プロス）」である」と述べられていた。つまり、鋏を歩くことに使うことは、非本来的な使用法である。以上から、ザリガニの鋏の不規則性は、ザリガニが、本質的に備わる部分を非本来的に使用していることに帰せられていることになろう。そのように使用していることが、「損なわれている」ということなのではないだろうか。

(684b) 動物に関する諸々の探求に基づいて[1]考察されなければならない。

第九章

さて、軟体動物の内的部分に関しては、ちょうど他の動物の内的部分に関してもそうであるように、先に述べられた。[2] 外的には、体の胴袋[3]を軟体動物はもっているが、これには境目がなく、それの前部の、頭のあたりに足をもっていて、足は両目の内側に、[4]かつ、口と歯のまわりについている。

それで、他の動物には、体の前部と後部に足をもつものと、ちょうど多足の無血動物のように体の側面から突き出た足をもつものがいる。しかし、この類［軟体動物］は、動物のうちでも独特な仕方で足をもつ。というのは、すべての足を、いわゆる「前部」にもっているからだ。そして、その原因は、ちょうど殻皮動物のうちの巻き貝のように、それら軟体動物の後部が前部と結びつけられていることである。実際、総じて、殻皮動物［貝類］は、或る点では軟殻動物［甲殻類］に似ており、また或る点では軟体動物［頭足類］に似ているから。すなわち、土質のものが外部に、肉質のものが内部にある点では、軟殻動物に似ており、体の形が構成される仕方からすると、軟体動物に似ているのであるが、殻皮動物は、すべて、どこか軟体動物に似ているのであって、最も似ているのは、巻き貝のうちで螺旋をもつものであるから。なぜなら、両者の内的な部分の自然本性は以下のようであるから。つまり、ちょうど四足動物や人間の場合にそうであるように、内的部分を直線で考えるとすれば、まずこの直線の上の方にある頂点部には口があってAで表わされ、次に食道がB、そして胃がΓになる。また、腸から排泄物の出口まで、そこがΔである。(5) それで、有血動物の場合、内的部分の自然本性は、そのようになっており、それの(6)まわりに頭と「胴体」と呼ばれるものがある。そして、前肢や後肢のようなその他の部分を、自然は、それらの(7)ため、かつ、運動のために(8)付加した(9)のだ。また、軟殻動物［甲殻類］や有節動物［昆虫］の場合も、内的部分の直線的配置は、そのようである(10)ことを欲する(11)が、外部にある運動器官に関しては有血動物と異なっている。

　軟体動物と殻皮動物のうちの巻き貝とは互いにとても似ているが、前述の諸々の動物とは反対である。と
685a いうのは、内的な部分の終点部が始点部の方へ曲がっており、これはちょうど、前述の直線――この直線を

(1)「『解剖学』と『動物誌』に基づいて」とも訳せる。『解剖学』は現存しないが、『動物誌』ならば、第四巻第二章、第三章、第五巻第七章など。
(2) 第四巻第五章。
(3) 原語「キュトス」。さしみなど食用にされている「外套膜」のこと。
(4) 目と目の間に、ということ。頭足類の目はいわゆる「頭」の両端にあり、「足（腕）」はその「内側」すなわち間にある。
(5) この箇所の記号「A、B、Γ、Δ」、そして後で出てくる「E」の解釈は、Düring に基づく Lennox, p. 312 にしたがった。
(6) 直線に相当する内的部分。
(7) 前述の内的部分と頭や「胴体」。
(8) 前章と同じように、本章で「ため」と訳されたのは、大部分が「プロス」という前置詞であるが、ここだけは「ヘネカ」になっている。
(9) 原語は「プロスティテナイ」。時制はアオリスト形。
(10) 有血動物のようであるということ。
(11)「欲する（ブーレスタイ）」の主語が人間ないし動物ではない――「直線的配置（エウテュオーリアー）」が主語になっている――用例。

(685a) Eとして――を折り曲げて、前述のΔをAの方へもっていったようなものだからだ。実際、軟体動物では内的部分がそのように曲がっており、内的部分のまわりを覆っているのが胴袋なのであって、これはタコの場合にのみ「頭」と呼ばれているから。他方、殻皮動物においてそのような性質をもつものは、巻き貝の巻いた貝殻である。そして、以下のことを除けば、軟体動物と殻皮動物は違いをもたない。すなわち、軟体動物は、まわりを覆う部分が軟らかく、殻皮動物は、自然が硬いもの［貝殻］を肉質部のまわりに置いたが、それは、殻皮動物の動きのにぶさゆえの危険から殻皮動物が救われるようにそうしたのである。[1] そして、それゆえに[2]、排泄物は軟体動物でも巻き貝でも口のあたりから排出されるのであるが、ただ、軟体動物では口の下で、巻き貝では側面から排出される。

それで、その原因のゆえに軟体動物の足はあのようになっているのだが、それは他の動物とは反対である。コウイカやヤリイカが足に関してタコに似ていないのは、イカが、泳ぐだけのものであるのに対して、タコが、歩きもするものであることのゆえである。実際、イカは、歯の上に足をもち、それらの足のうち、端の二本は他より大きいが、八本のうちの[3]残りの二本は歯の下にあって、それらのうちでは最も大きいから。これは、ちょうど四足動物の場合に後肢が前肢より強力であるように、それらのイカの場合は下肢が大きいということであるから。すなわち、下肢は体の重さを担いつつイカを最もよく動かすからだ。そして、六本[4]のうちの端の二本は中央の四本の足よりも大きいが、それは、それらの下肢に協力するからである。それに対して、タコは中央の四本が最も大きいのだ。

それで、それら軟体動物は、みな、八本の足をもつが、コウイカやヤリイカは足が短くタコの仲間は長い。

なぜなら、体の胴袋が、イカは大きく、タコは小さいのであるが、その結果、自然は、タコの場合、体から素材を取って足の長さにつけ加え、イカの場合は、足から素材を取って体を大きくしたからである。(5) まさにそれゆえに、タコの場合、足は、泳ぐことのためだけではなく、歩くことのためにも、役立つのであるが、イカの場合、それには役立たない。というのは、足が小さく、胴袋が大きいからだ。

また、イカは短い足をもっているが、これは、波や嵐の時に岩にしがみつき岩から引き離されないことのためには役立たず、また、離れたところからものを引き寄せることのためにも役立たないので、それゆえに

(1) 典型的な目的論的言明であるが、無血動物を扱った章では例外的な登場である (Lennox, p. 312)。なお、「置いた」の原語は「ペリティテナイ」。時制はアオリスト形。

(2)「それゆえに」とは、直前の「体を覆うものの相違」の議論の帰結であるということではなく、もっと広く、「体が折れ曲がっているという点での類似」の議論の帰結であろう。口(A)と排泄物の出口(Δ)とが近いのは、体が折れ曲がっていて、AがΔと近くなることによるから (Lennox, p. 312)。

(3) イカの「足(腕)」は一〇本であるが、一番長い二本の触腕は、機能的に「足」とは考えられていないので、結局、イカの「足」は八本ということになる。

(4) 下肢を除いた残り。

(5) 自然による素材のこのような分配の記述には、直接的には目的への言及がない。そして、目的への言及がない文章から、つまり結果として目的が実現したというニュアンスで、「まさにそれゆえに」という言葉によって、目的の実現が——目的の不成立までが——導入されている。これは、自然の振舞いの記述としては珍しいケースと言えよう (以上は、Lennox, p. 313 による)。なお、「つけ加え」の原語はアオリスト形の「プロスティテナイ」、「大きくした」はアオリスト形の「アウクサネイン」。

685b 二本の長い吻をもっており、(1) これによって、ちょうど嵐の時の船のように錨をおろして停泊し、(2) これによって、コウイカもヤリイカも、遠く離れたところのものを狩り引き寄せる。それに対して、タコは吻をもたないが、それは、その足がそれらのことのために役立つものであるがゆえである。

そして、足があるだけではなく吸盤があり巻腕をもつ動物は、昔の医者が指にかぶせた編み物(3)のような力と構成物をもっている。それはそのように繊維で編まれており、そのことによって、肉片や抵抗しないものを引き寄せる。実際、弛緩した状態でものに巻きつくのであるが、収縮すると、巻きついた内部で触れるどんなものも締め上げて、それにぴたぴたとくっつくから。したがって、タコは足で、イカは吻で、ものを引き寄せるしか他に手段がないので、攻撃や他の防御のために、手の代わりとして、それらの足や吻をもっているわけである。

それで、次のもの以外の軟体動物は吸盤が二列であるが、タコどものうちの或る類は吸盤が一列である。その原因は、それらの自然本性の長さと細さにある。というのは、狭いものは、吸盤が一列であることが必然的であるから。(4) それで、最も善いからそうなっているのではなく、(5) その本質の固有の理(6)のゆえに必然的であるからなのである。

さて、それら軟体動物は、みな、胴袋のまわりに丸く鰭《ひれ》をもっている。また、次のもの以外の軟体動物の場合や、大きな「ヤリイカ（テウトス）」の場合、鰭が一つにつながっており連続している。それに対して、「テウティス」と呼ばれている小さなヤリイカは、(7) 鰭をもっているが、比較的幅が広く、かつ、コウイカやタコのようには狭くなく、そして、鰭は中央部から始まっているのであって、胴袋の全体を通じて丸くとりまいてはいない。しかるに、テウティスがそれをもつのは、泳げるようにであり、ちょうど羽をもつものに尾羽があり魚に尾鰭があるように、進行方向を正すためなのだ。他方、タコの鰭は最も小さく最も不明瞭であるが、それは、胴袋が小さく、足で十分に進行方向を正せるということによる。

以上で、有節動物、軟殻動物、殻皮動物の内的部分と外的部分について語られた。

---

(1) 触腕のこと。「吻(プロボスキス)」と呼ばれていることから、「足(腕)」と思われていないことが分かる。

(2) 先の「しがみつき岩から引き離されない」の文学的表現。

(3) ヒッポクラテス『関節について』(リトレ版全集第四巻三一八―三二〇)参照。

(4) 形態(足の幅の狭さ)に基づく端的な必然であるように見える。

(5) 「最も善い」という言葉が使われているのであるが、すると、最も善くはなくても、ともかく「善い」のではあるのだろうか。このように問うわけは、次に真の理由として「本質(ウーシアー)」に言及されているからである。「本質」に基づくならば、単なる必然によるとは言えないかもしれない。この問題は、次の註で引き続き論じる。

(6) 原語は「イディオス・ロゴス・テース・ウーシアース」。「その本質の(テース・ウーシアース)」とは、今論じている特殊なタコの足の本質の、ということであり、その「固有の理(イディオス・ロゴス)」とは、他のタコの足にはないそのタコ特有の足の幅の狭さのことであるとすれば、ここでの必然が形態に基づく端的な必然であるという解釈が成り立つ。それとも、そのタコの本質とその種差ないし本質から導出可能な特有性のことなのだろうか。しかし、もしそうだとすると、本質によって必然化されるということになり、条件的な必然になる。これは、最善ではないとしても善くはあるという解釈と親和的である。ここでは、文脈的に前者の解釈をとり、「最も善いからではない」という言葉は、「善くはあるが」を含意するわけではないと理解する。

(7) 「テウトス」と「テウティス」の違いについては、『動物誌』第四巻第一章五二四a二五―三三で論じられている。

第十章

さて、再び始めから、有血で子を産む動物について、先に言及した残りの部分から始めて、考察されなければならない。そして、それらが規定されたうえで、有血で卵を産む動物について、同じ仕方で、私たちは論じるであろう。

それで、動物の頭のまわりの諸部分や、いわゆる「頸」や「喉」のまわりの諸部分は、先に述べられた[1]。686a しかるに、すべての有血動物は頭をもつ。他方、一部の無血動物の場合、その部分［頭］が不明瞭であって、たとえばカニがそうである。それで、頸は、子を産むすべての動物がもっているが、卵を産む動物ではもつものともたないものがいる。なぜなら、卵を産む動物のうち、肺臓をもつものは頸をもつが、外から空気を取り入れないもの［魚］はその部分［頸］をもたないからだ。

また、頭は主として脳のためにある[2]。というのは、その部分［脳］をもつこと、そしてそれが心臓と反対の場所にあることは、有血動物にとって必然であるからだが[3]、それは先に述べられた諸原因による[4]。しかるに、自然は、諸々の感覚の一部を頭に、他の感覚と別にして置いたのであるが[5]、それは、頭の血の混合が釣り合いのとれているものであることのゆえ、つまり、頭の血の混合が、脳の熱さに、そして、諸々の感覚の平静さと厳密さに適合していることのゆえである。そしてさらに、［自然は、］栄養物の取り入れを司るもの［口］を、第三の部分として頭に付加した[6]。実際、最も釣り合いがとれた仕方で、そこに置かれているからだ。

なぜなら、心臓すなわち始原の上に胃が置かれることはできなかったし、[7] また、胃が今のように心臓の下にあるのに、さらに栄養物を取り入れるところ［口］が心臓の下にあることはできなかったから。というのは、もし仮にそうなっていたとすれば、体の長さが著しかったであろうし、それ[8]［口］が、動かし加工する始原［心臓］からあまりにも遠くにあったことであろうから。

（1）第二巻第十章六五五b二八から第三巻第三章六六五a二五。ただし、上記の箇所には、ここで「喉」と訳した「トラケーロス」という言葉は登場しない（Lennox, p. 315）。

（2）第二巻第七章で、「有血動物はすべて脳をもつが、それ以外の動物は、いわば、どれも脳をもたない」（六五二b二三―二四）と言われていたことからして、「頭は脳のためにある」という主張は、無血動物の頭には当てはまらないであろう。なお、或る部分が別の部分のためにあるということは、第一巻第五章六四五b二八―三三で語られていることによって正当化される（以上、Lennox, pp. 315-316）。

（3）この「必然」は、目的（「カリン」）の証拠となる必然であるから、条件つきの必然であろう。

（4）第二巻第七章六五二b一六―二六。

（5）原語は「エクティテナイ」。時制はアオリスト形。

（6）原語は「ヒュポティテナイ」。時制はアオリスト形。

（7）第三巻第四章で、「また、心臓の位置も、統括する始原に適した場所にある。実際、中央付近に、かつ、下よりも上の方に、後よりも前の方にある。なぜなら、「自然（ピュシス）」は、何か「より強大なもの（メイゾン）」が妨げない限り、より尊いものを、より尊い場所に置いているからである」（六六五b一八―二一）と述べられている。すると、心臓のほうが胃よりも尊いとすれば、胃が心臓よりも上に置かれることはないであろう。

（8）「それ」の指すものが、Ogle, Peckでは「胃」だが、Lennoxは、それは文法的にありそうではなく、またアリストテレスが妥当な議論をしていないことになるという理由で、「口」としている（Lennox, p. 316）。

それで、頭はそれら[1]のためにあるわけだが[2]、頸は気管のためにある[3]。実際、頸は防壁であって、気管と食道をぐるりと包み込んで守っているから[4]。それで、次のものとは別の動物の場合、頸は曲がることができるものであり複数個の椎骨をもつものなのであるが、オオカミとライオンは、一本の骨でできている頸をもつ[5]。なぜなら、自然は、他の防御のためよりもむしろ強さのために役立つ[6]頸をオオカミとライオンがもつように配慮[7]したからだ。

さて、頸と頭の次は、人間以外の動物の場合、前肢と胴体[8]である。それで、人間は、前脚と前足の代わりに、腕といわゆる「手」をもっている。なぜなら、動物のうちで人間だけが直立しているが、それは、その自然本性と本質が神的であるがゆえに[9]そうなっているのだから。そして、思考することや慮《おもんぱか》ることは、最も神的なもの[10]のはたらきなのである。しかるに、思考することや慮ることは、体の多くの部分が上から体に載せられていると[11]、容易ではない。というのは、重さは思考のはたらきや共通感覚[12]を動きにくくするから。それゆえ、重さや物体的な要素が多くなれば、体は地へ傾くのが必然[13]であり、その結果[14]、自然は、四足動物
686b には、安定のため、腕や手の代わりに、前足を与えたのである[15]。というのは、すべての歩く動物にとって二

---

(1) 脳、心臓、口。

(2) 単に或る部分が別の部分のためにあるというだけではなく、一つの部分が複数の部分のためにあることを示す例。

(3) 第三巻第三章六六四a一四―一七で、頸の目的は咽頭と食道であると言われていた。

(4) この理由文は、「事実として防壁として役に立っている」ということであるが、このことは、「役に立つべく、それを目的として発生した（あるいは目的なく発生したが後で目的のために転用された）」ということとは、一応別である。自然は無駄なことをせず善いことをするから、善いことがある

西洋古典叢書

第Ⅲ期＊第9回配本

月報 55

アリストテレス自然学と現代　横山　輝雄……1

連載・西洋古典ミニ事典(9)……5

第Ⅲ期刊行書目

2005 年 2 月

京都大学学術出版会

アリストテレス自然学と現代

横山輝雄

アリストテレスは、万学の祖として広くあらゆる分野の仕事をしている。科学史では十七世紀の「科学革命」期より前のヨーロッパ科学において、その後の物理学、天文学、化学、生物学などの領域に関する理論の基礎としてアリストテレスが登場する。古代中世を通して維持されてきたアリストテレス自然学にとって代わったのが近代科学であるとされ、アリストテレスをどう「克服」したかが、伝統的な科学史の基本図式となっていた。もっとも、詳細にみるとそう単純でないことは、個別に即した科学史研究で明らかにされてきた。例えば血液循環の発見者ハーヴィは、心臓をポンプにたとえる表現や、定量的とおもわせる記述などから、かつてはその発見が機械論によるものとされてきた。しかし、実はハーヴィはアリストテレス主義者であり、現在ではそれが通説となっている。彼は生物の発生理論においても、前成説ではなく、アリストテレスと同様に後成説をとっている。またガリレオでさえも、学問ないし科学の理念をアリストテレスの考えにそった形にしようとしていた面がある、といったことが指摘されている。

しかし、全体としての近代科学がアリストテレス自然学を捨てたことは、やはり事実である。このことは、哲学史と科学史それぞれでのアリストテレスの扱い方の違いにあらわれている。哲学者としてのアリストテレスは決して過去の人物ではない。例えばその倫理学説や行為の説明などについては、現代の哲学としての意義が認められている。それに対して科学史ではアリストテレスは過去の人物であり、自然学の領域におけるアリストテレスの理論は博物館入りしたものである。天上界と月下界を別の法則が支配するとしたことや、物体は「本来の場所」へ向かうとする運動理論、あるいは四元素説などは、端的に誤った理論とされるか、あるいは非常に素朴な理論とみなされ、いずれにせよ近代科学の厳密な理論にとって代わられたとされる。もちろん、アリストテレスの生物学における個々の記述が正確であり現在でも通用することや、アリストテレスが偉大な科学者であったことが否定されるわけではないが、アリストテレス自然学の理論は過去のものだというわけである。

科学史において、かつての非常に単純化された形の「克服」物語（例えば、ガリレオによるピサの斜塔での落下実験によってアリストテレス理論の誤りが証明された、というような）は否定された。「啓蒙史観」とか「遡及史観」と呼ばれる古い科学史は批判され、科学史研究は当時の「歴史的文脈に即す」べきことが強調されるようになり、先にみたハーヴィやガリレオとアリストテレスの関係などについての修正ないし訂正をもたらした。しかし、そのことは哲学においてアリストテレスの倫理学説が現在問題になっているのとは異なっている。アリストテレス自然学を現在「復権」させようと考えている科学史家はいない。

それに対して、哲学の一分野である科学哲学の場合は事情が異なっている。科学哲学は、単に記述的なものではなく、規範的なものでもある。科学哲学は、単に科学者はこのように実際にやっているという事実を記述するのではなく、何が「正しい科学」である（あるべき）かという規範的問題にも関与する。例えばポパーが、フロイトやアドラーの精神分析を「疑似科学」としたのがその例となる。しかし、二十世紀の科学哲学は、全体としてそれを方法論的な次元で、つまりメタのレヴェルでの議論に限定して行なうことが多かった。つまり、自然ないし世界についてではなく、科学について語る「科学についての科学」としての科学哲学である。このことは論理学や言語分析がその道具であったこととも関係しているが、客観的世界である自然について語る権利をもつのは科学だけであり哲学の仕事ではないとされたからでもある。ヘーゲルの「自然哲学」のようなものは百害あって一理なしといった考えが普通であった。ポパーのフロイト批判も、それが「反証可能性」をもっていないからという方法論的な次元の議論を根拠としていた。そのことは、論理実証主義やポパーと対立することになったクーンやその後の「科学知識の社会学」あるいは

「社会構成主義」派も同じであった。彼等も、「パラダイムの転換」といった、やはり科学についてのメタ次元からの問題に議論を限定していた点でそれ以前と同じである。

それに対して、二十世紀の末になってくると、「自然哲学の復権」や、科学哲学における「宇宙論への回帰」がいわれ、哲学が自然あるいは世界について語るようになり、ある意味で科学と同じ次元の問題を扱うようになってきた。その背景としては、一九七〇年代の科学における「生命科学的転回」がある。それは、科学をめぐる問題が、素粒子論などを中心とした物理学から、分子生物学や環境問題と関連した生命科学へとシフトしたことである。進化論の哲学や生物学の哲学といった領域が一九八〇年代以降開けてきた。そこでは、目的論をめぐる問題などが議論されたが、それはアリストテレス自然学とも関係するものであろう。

近代科学は機械論的自然観に基づいており、それゆえ目的論的なアリストテレス自然学とは相容れないとされてきた。ハーヴィの血液循環の発見を機械論によるものとしたかつての誤認も、そうした先入観がもたらしたものである。しかし、厳密には近代科学の世界像において目的論がすべて否定されたわけではない。人間の行為の説明や、ある種の動物の行動の説明には現在でも目的論的説明が用いられている。人工物や生物の器官についての「機能的説明」としての、あるいは生物学などで何を探求すべき課題とするかの「発見的方法」としての目的論が近代科学と矛盾するものでないことは、現在の科学哲学での通説である。しかし、近代科学は目的論をとらないという議論は単なる誤解ではない。というのは、目的論の使用を先のようないくつかの場面で承認したとしても、問題はその身分である。「本当は必要ないが便宜的にその使用が認められる」といった程度のものであれば、目的論は大きな意義をもたないかもしれない。例えば現在の「心の哲学」における議論では、「素朴心理学（folk psychology）」を「自然化」しようとする還元主義の議論も有力である。また発見の過程において目的論の意義が認められるとしても、その使用はただ問いを発する場面に限定され、答えの方は非目的論的な因果的説明によらなければならない、ともいわれている。

アリストテレス自然学の「論敵」として原子論があったことはよく知られている。古代原子論は近代にいたるまで大きな力をもたなかったが、近代科学が、個々の歴史的場面における事情（例えば、近代初期には原子論ではなくガッサンディなどの「粒子論」が支配的であったことなど）があるにせよ、現代にいたる科学の展開は、還元主義的であり、原子論的な世界像を大規模に発展させたものであるといえよう（もっとも、「生気論」や「場」の考えとか、量子論などの必ずしもそれに入らないものもあったが）。還元主義をめぐる問題は、一九七〇年代の「生命科学的転回」以降、知的理論的問題だけでなく、生命操作や環境破壊などの現実的な問題との関連でも議論されるようになった。「生命」あるいは「いのち」という観念が、分子生物学などの科学的なものに本当に還元できるのか、あるいはしてよいのか、自然環境には内在的価値は存在せず、価値はすべて人間が客観的自然に外部から付与するものにすぎないのか、といったことが問題になってくると、原子論に反対したアリストテレス自然学の意義を現在どう考えるかが問題となろう。

しかも近年、物理学者が最初に提起した宇宙論における「人間原理（anthropic principle）」が哲学者によっても議論されるようになってきた。それは、宇宙の基本的物理定数が人間の存在から導かれるとする「弱い人間原理」と、人間の存在がその理由であり説明原理であるとする「強い人間原理」に区別される。とりわけ後者は目的論的説明であるとされ、場合によっては「宇宙は生命・人間を存在させるためにある」というように解釈されることもある。これまでは、いかにアリストテレス自然学を好意的に理解する場合でも、さすがに宇宙目的論は承認しにくかった。宇宙目的論は近代科学によって明確に否定され、現在それを唱えているのは一部の宗教だけであり、理論的には全く正当化されるものではないと考えられていたからである。しかし、宇宙物理学における人間原理は「観測選択効果（observation selection effect）」の一種であり、何ら科学と矛盾するものではないし、また特定の宗教の議論を前提にしたものでもない。

かつてヘーゲルなどの「自然哲学」が科学者から批判され、哲学者は自然について語らなくなった。ヘーゲル哲学を全体としては高く評価する研究者も、それは主として社会哲学や倫理学などであり、自然哲学にはあまりふれないようにしていた時期もあった。しかし、「自然哲学の復権」の流れのなかで、現在はヘーゲルなどの自然哲学の研究が盛んである。近代科学によって「克服」されたとされてきたアリストテレス自然学、特にその目的論や原子論批判などを現代的な観点からどのように読み直すことができるのか。ギリシャ哲学研究の展開が期待される。

（科学哲学・科学思想史　南山大学人文学部教授）

連載

西洋古典ミニ事典 (9)

ホメリダイ

ホメリダイとはホメロスの家系を引き継いでいると称する吟遊詩人（ラプソードス）たちの集団をいう。ホメリダイへの最初の言及はピンダロス『ネメア第二歌』にあり、「縫い合わされた詩句の歌人たちホメリダイ」（内田訳）と歌われている。この箇所に付された古注によると、ホメリダイとはホメロスの一族のことで、代々にホメロスの歌を歌った者たちを指す。ここで「代々」と書いたが、古注ではディアドケーという語が使われている。これは哲学者が学派の「継承」を言うのに用いる言葉である。ホメリダイは、あたかも哲学者が師の教説を語り伝えるがごとく、ホメロスの歌を語り継いだわけである。古注はさらに続く。その後にホメロスとは血縁のない吟遊詩人たちが現われた。キュナイトスの一派がそうで、彼らは多くの詩句を創作し、ホメロスのテクストを改竄したことで名を馳せた。キュナイトスはキオス島出身の詩人で、『アポロン讃歌』を物してホメロスの作と偽り、また第六十九回オリュンピア紀（前五〇四－五〇一年）にシチリアのシュラクサイではじめてホメロスを吟唱したのも彼である、と古注は述べている。

もっとも、古注のこの記事をそのまま信用してよいかどうかは別問題のようである。ホメリダイもホメロスとの直接の血縁関係があったのかどうか、疑問とする学者もいる。ハルポクラティオン（後一－二世紀）の報告によると、アルゴスのアクシラオスとレスボスのヘラニコス（ともに前五世紀の作家）が、ホメリダイはキオス島出身の一族で、詩人にちなんでこの名があると言ったという。キオス島はホメロスの故郷とされる島であるが（別の出身地を記す記録もある）、この記事ではかならずしもホメロスとの血縁は前提されていないようである。われわれはこの種の問題が調べれば調べるほど分明でなくなり、既知と思っていたことが必ずしもそうでないことを嘆かざるをえない。間違いなく言えることは、ホメリダイがホメロスの末裔を自称し、神話的な存在のホメロスと歴史時代の吟遊詩人との中間にその位置を占めたということである。プラトンの『イオン』では、ラプソードスのイオンが、ホメロスを吟唱する技を自慢して、ホメリダイから金の冠をもらってもよさそうなものだと、自惚れる件があるが、プラトンの時代でもホメリダイはその実体はともあれ存在していたのである。

大いなるパーンは死せり

牧神パーンはアルカディアの羊飼いや家畜の神である。陽気で好色なこの神は、上半身は人間で長い耳をもち、角をはやし、髭をたくわえており、下半身は山羊の姿でシュリンクスと呼ばれる笛を携えて、いつも野山を徘徊している。シュリンクスは実はニンフ——ギリシア語でニュンペーといい、「花嫁」の意味であるが、山々や川などに暮らす若い女性の姿の精霊のこと——であって、パーンに追いかけられ、捕らわれる間際に葦に身を変じた。パーンはこれより葦笛をつくり出したとされる。彼は昼間に木陰で眠り、これを妨げる者を恐怖に陥れた。panic はパーン（Pan）のかかる所業に由来する語である。哲学者たちはパーン（pan 万物）にかけて、宇宙神とみなしたが、Pan（Paon に由来）と pan（pant- が語根）とはなんの関連もない語である。むしろ、パーンは自然の洞や岩屋などに祀られ崇拝された、牧人たちの守護神である。いわゆるオルペウス教にもみられるが、ヘロドトスはむしろこれをエジプトと結びつけ、最も古い神のひとりだと記している。

「神託の衰微について」というプルタルコス『モラリア』の小品に、パーンにまつわる有名な挿話が語られている。ギリシアからローマに向かう一隻の船にあって、アキナデス諸島に近づいたとき、突然島のほうから「タムス」と呼びかける声があった。タムスはエジプト人舵取りの名であったが、一度、二度ならず三度までも呼ばわる声にタムスがたまらず返事をすると、「汝、パロデスの島に赴かば、大いなるパーンは死せりと告げよ」と叫んだ。そこで、船がパロデス島に近づいたとき、タムスが言われたとおりに叫ぶと、岸のあちこちからはたちまち嘆きの叫び声があがったという。この話はローマ中の評判となって、時の皇帝ティベリウス（前四二―後三七年）に言上された。皇帝は事の真相を調べさせるが、原因は分からなかったという。

後にキリスト教作家たちが好んでこの話を取り上げる。折しもキリストが誕生した時の事であったから、作家たちは、パーンを象徴とする異教宗教が滅び去り、かわってキリスト教が誕生したという意味に解したわけである。フランスの哲学者パスカルの遺した『パンセ』にも「大いなるパーンは死せり（Le grand Pan est mort）」という一句が認められていた。ニーチェが『ツアラトゥストラ』で翻案して、ツァラトゥストラらしき男に「時は来た、いよいよ時は迫った」と叫ばせて、これを船員らが聞く場面を設定したというのもよく知られた話である。

形而上学

形而上学は metaphysica の訳である。アリストテレスの哲学書の名前として夙に知られるが、日本語の形而上は『易経』からの借り物で、形＝自然界より上のもの、これを超えるものを指す。つまり、形而上学とは、自然界を超越する存在を扱う学問だということになる。近現代において形而上学はあまり人気のない学問である。むしろ、今日の哲学は形而上学的な思考の否定の上に成立しているとも言えるだろう。たとえば、形而上学に登場するのは、神とか魂の不死とかいった問題であるが、そういった概念そのものが今では御法度になっている。けれども、形而上学という名前が最初につけられたアリストテレスの書物が、どのような意味のものであったかはかならずしも明白でない。

もともと『形而上学』を表わす『タ・メタ・タ・ピュシカ』の名は、アリストテレス自身のつけたものではなく、「タ・ピュシカ」（タは冠詞、ピュシカは「自然に関すること」だから、自然学を指す）の「後に（メタ）」くる書物という意味であって、アリストテレス自身は「知恵」とか「第一哲学」とか呼んでいた。この「メタ」を超越の意味で、つまり Transphysica と解したのは中世のスコラ哲学者であるが、むしろもともとはアリストテレスの著作の編纂に関連するような意味のものであったと考えられる。最古のアリストテレス写本（マルコ写本）には九五五年という年代がついているが、周知のように、アリストテレスの著作は厳密な意味では現存せず、今日に遺されたのは彼の講義ノートの類であって、これらはアンドロニコス（前一世紀終わり頃）がローマで編集したものであることが分かっている。そこで、『形而上学』という名は、編集者がこの著作をどこに入れたらいいか困って、たまたま自然学の書物の後に入れたのだというような説明もされたりする。しかし、ペリパトス派（アリストテレスの学派）の注解書を読むと、そういう偶然的な理由よりも、「われわれにとって後」という意味だという説明が行なわれている。つまり、形而上学は自然本来においては自然学よりも先の学問なのであるが、可知的（分かりやすさ）という点では後なので、自然学を学んだ上で挑戦するのがいい書物という意味になる。

『形而上学』は難解な書物である。はたしてその主題は何であるのか、神学なのか、あるいは存在論であるのかについては、今日でも一致した見解はない。両者を調停する最新の試みに、坂下浩司『アリストテレスの形而上学――自然学と倫理学の基礎』（二〇〇二年）がある。

（文／國方栄二）

西洋古典叢書

［第Ⅲ期］全22冊

★印既刊　☆印次回配本

●ギリシア古典篇

アテナイオス　食卓の賢人たち　5★　柳沼重剛 訳

アリストテレス　動物部分論・動物運動論・動物進行論★　坂下浩司 訳

アルビノス他　プラトン哲学入門　　久保　徹他 訳

エウセビオス　コンスタンティヌスの生涯★　秦　剛平 訳

ガレノス　ヒッポクラテスとプラトンの学説　1　　内山勝利・木原志乃 訳

クイントス・スミュルナイオス　ホメロス後日譚　　森岡紀子 訳

クセノポン　キュロスの教育★　松本仁助 訳

クセノポン　ソクラテス言行録　　内山勝利 訳

クリュシッポス　初期ストア派断片集　4☆　中川純男・山口義久 訳

クリュシッポス他　初期ストア派断片集　5　　中川純男・山口義久 訳

セクストス・エンペイリコス　学者たちへの論駁　2　　金山弥平・金山万里子 訳

ディオニュシオス／デメトリオス　修辞学論集★　木曽明子・戸高和弘・渡辺浩司 訳

テオクリトス　牧　歌★　古澤ゆう子 訳

デモステネス　デモステネス弁論集　1　　加来彰俊他 訳

デモステネス　デモステネス弁論集　2　　北嶋美雪・木曽明子 訳

ピロストラトス　エクプラシス集　　川上　穣 訳

プラトン　ピレボス　　山田道夫 訳

プルタルコス　モラリア　11★　三浦　要 訳

ポリュビオス　歴史　1★　城江良和 訳

●ラテン古典篇

ウェルギリウス　牧歌／農耕詩★　小川正廣 訳

クインティリアヌス　弁論家の教育　1　　森谷宇一他 訳

スパルティアヌス他　ローマ皇帝群像　2　　南川高志・桑山由文・井上文則 訳

とすれば、自然のはたらきであると認定されるのだろうか。

(5) これは誤りであるが、ライオンについて同じことが『動物誌』第二巻第一章四九七b一六―一七で繰り返されている。しかし、『動物誌』では、オオカミについては、この誤った主張はなされていない (Lennox, p. 317)。

(6) 頸が一本の骨でできていて曲がらないのは防御のためには役立たない――むしろ不利でさえある――ことを示唆する。それが、攻撃には役立つということは、一見役立たず不利なことも、自然が行なったことであるからには善いことであることが予想されるので、できるかぎり善さを見つけようとする姿勢を示すのではないか――どうしても無理な場合は断念されるとしても――。

(7) 原語は「ブレペイン」。時制はアオリスト形。

(8)『動物誌』第一巻第七章において、「頸から陰部までの『胴袋(キュトス)』が、『胴体(トーラークス)』と呼ばれている」(四九一a二九―三〇)と述べられている。

(9)『ニコマコス倫理学』第十巻第八章や『形而上学』Λ巻第七章などで述べられているアリストテレスの重要な思想 (Lennox, p. 318)。

(10) 神的なものである人間の最も神的なものである知性のこと。動物のうちでは人間しかもたないものなので、人間だけが直立することの根拠になる。

(11) 体の上部が重いということ。

(12)『魂について』第三巻第一章四二五a一三以下などで説明されている。動、静止、大きさなどの「共通の対象」の感覚であるが、「共通感覚」を正確に解釈することは難しい。ここでは、「思考のはたらき(ディアノイア)」と並べて論じられていることが、共通感覚と思考のはたらきとの何らかの関係を示唆するかもしれない。

(13) 物質の端的な必然。

(14) 以下、結論が四足動物の場合を述べるものになってしまっているが、人間の場合であれば、「思考する人間の体の上部には、体を傾かせる物体的な要素は少ない。それが少なければ、体は傾かない。したがって、直立する。以上から、思考することが人間の本質であれば、直立することは人間の本質が原因である」ということになるはずである。

(15) 思考しないことが四足であることの原因であることになるが、これは明らかにプラトン『ティマイオス』末尾の議論(九一E以下)から得られたアイデア――説明の仕方は異なるが――である (Lennox, p. 317, 319)。なお、「与えた」の原語は、「ヒュポティテナイ」のアオリスト形。

(686b)

本の後足をもつことは必然的であるが、[1] 魂が重さに耐えることができない場合に、[2] そのような動物が四足になったのであるから。実際、人間と比べれば、その他のすべての動物は、「こびとのようなもの（ナーノーデス）」であるから。すなわち、「こびとのようなもの」とは、上体が大きく、重さを担って歩く部分［下体］が小さいもののことであるから。そして、上体とは、いわゆる「胴体」、すなわち、頭から排泄物の出口までのことである。

それで、人間の場合、上体は、下体と釣り合いがとれており、成人ではずっと小さい。しかし、幼児は成人と反対であって、上体が大きく、下体が小さい。それゆえ、幼児はまさに這うのであって、歩くことができず、また、はじめのうちは這うことさえできず動けない。実際、子供はみな、「こびと（ナーノス）」であるのだから。また、人間の場合は、成長するにつれて下体が大きくなっていく。しかし、四足動物の場合は、それと反対であって、始めに下体が最大で、成長するにつれて上の方へ大きくなる。しかるに、それ［体の上の方］が、つまり、尻から頭までが胴袋［体幹］なのである。それゆえ、子ウマは、まさに背の高さの点では、大人のウマよりも、全然小さくないか、少しだけ小さいかであって、若いうちは後脚で頭に触れているが、年をとるとそれもできなくなるのだ。それで、単蹄動物や双蹄動物はそのようであるのだが、指が多くて角をもたない動物は、こびとのようなものではあるものの、それら蹄のある動物ほどではない。それゆえ、下体の成長についても、上体と比較した場合の不足の程度に応じて、なされるのである。

また、鳥どもからなる類も、魚どもからなる類も、すべての有血動物も、述べられたように、[3] こびとのようなものだ。それゆえ、どんな動物も、人間より知的であるということはないのである。実際、人間の場合でさえも、たとえば子供は大人に対し、また成人の場合、自然本性的に、こびとの大人は、普通の大人に対して、まさに他の或る能力が通常以上であったとしても、普通の大人が知性をもっているという点では、劣っているから。そして、その原因は、先に述べられたように[4]、魂の始原[5]が、ずっと動きにくく、物体的な性質を帯びているということだ。さらに、上昇する熱さが少なくなり、土の性質のもの[6]が増えると、動物の体は、いっそう小さくなり多足になって、ついには無足になり地面の上で長く伸びることになる。そして、そのような方向性で少し先へ進めば、その始原でさえ下の方にあるようになり、頭に対応する部分もついには動きえなくなり無感覚になって、そのようにして植物になるわけだが、上部が下に、下部が上になっている。というのは、植物の場合、根が口と頭の能力をもち、種子はその反対にあるから。すなわち、それは、上方
687a の枝の先にできるのであるから。

それで、どのような原因のゆえに、動物には、二足のもの、多足のもの、無足のものがいるのか、どのよ

(1) 歩くという目的のために必要という意味なので、条件つきの必然。

(2) 重さによって魂のはたらきが発揮できそうにない場合、ということ。

(3) 本章六八六b二一―二三。

(4) 本章六八六a三〇―三一。

(5) 「魂の始原」とは、心臓、もしくは心臓の血であろう(Lennox, p. 319)。魂そのものが一種の始原であるから、興味深い表現である。魂が物質的な体においてはたらく基礎になるものということだろうか。第三巻第十章六七二b一六に「感覚を司る魂の始原」という言葉もある。『動物運動論』七〇二a三二、七〇二b二、b一六、七〇三a一二も参照せよ。

(6) 下降する性質のもの、ということ。

(687a)

うな原因のゆえに、或るものどもは植物に、別のものどもは動物になったのか、また、何ゆえに人間が動物のうちで唯一直立するものであるのか、これらが述べられた。そして、自然本性的に直立するものには前脚は無用であるので、自然は、その代わりに、腕と手を与えた[1]のである。それで、アナクサゴラスは[2]、手をもつがゆえに人間は動物のうちで最も賢いと主張している。だが、最も賢いがゆえに手を得たと主張するほうが理にかなっている。というのは、手は道具であり、そして、自然は、常に、ちょうど賢い人間がするように、使うことができるものに、それぞれの道具［器官］を分配するからである[3]。実際、笛吹きに笛を与えるほうが、笛の所有者に笛吹き術を与えるよりも適切であるから。というのは、より大きくて支配力があるもの[4]に、より小さなもの[5]を与えたのであって、より小さなもの[6]に、より尊くてより大きなもの[7]を与えたのではないからだ。それで、もし、そのようであることが、より善いことであって、自然は、諸々の可能なことから、最も善いことをなす[8]のであれば、手をもつがゆえに人間が最も賢いのではなく、人間が動物のうちで最も賢いがゆえに手をもつのである。実際、最も賢いものは最も多くの道具をうまく使えるはずであって、しかるに手は一つの道具ではなく多くの道具のようであるからだ。すなわち、手は、「諸々の道具のための道具（オルガノン・プロ・オルガノーン）」のようなものである[9]から。それで、最も多くの技術を獲得することができるものに、諸々の道具のうちで最も役に立つものである手を、自然は与えた[10]のである。

だが、「人間は、あまりうまく構成されておらず、動物のうちで最も劣悪に構成されている」と言う人たちがいるが——実際、「人間は、裸足で、はだかで、防御のための武器をもたない」と彼らは主張しているから——、彼らの言うことは正しくない。というのは、他の動物は、一つの防御手段をもつが、それを他のものと交換することはできず、むしろ、眠るにも何をするにも、いつも靴を履いたままでいるようなものであって、体を覆う防具を決してとらず、たまたまもつことになった武器を変えないのが必然的であるからだ。687b それに対して、人間にとっては、多くの防御手段をもつことやそれらを交換することが、さらには、欲するままの武器を、欲するままの場所にもつことが、常に可能なのである。なぜなら、手は、鉤爪にも蹄にも角にも、また槍にも剣にも、そして他のどんな武器にも道具にもなるからだ。実際、すべてのものをつかみ保持できるがゆえに、それらすべてになるのであるから。そして、手の形も、まさに自然によって、その点に

(1) 原語は「アポディドナイ」。時制は現在完了形。
(2) 以下、「それぞれの道具[器官]を分配するからである」までが、アナクサゴラス「生涯と学説」一〇二(DK)である。
(3) 自然による器官の分配原理。なお、「分配する」の原語は「ディアネメイン」。時制は現在形。「常に」という強い意味の副詞がついており、公理的な言明であることが分かる。
(4) 使う能力があるもの＝笛吹き。
(5) 使われる道具＝笛。
(6) 笛の単なる所有者。
(7) 笛を吹く能力＝笛吹き術。
(8) 自然の最善性原理。なお、「なす」の原語は「ポイエイン」の現在形。
(9) 類似の表現(「まさに手は『諸々の道具の道具(オルガノン・オルガノーン)』である」)が『魂について』第三巻第八章四三二a一―二に、そして、同じ表現(「手伝うものは、すべて、『諸々の道具のための道具』のようなものである」)が『政治学』第一巻第四章一二五三b三二に登場する。
(10) 原語は「アポディドナイ」。時制は現在完了形。

(687b)

適合するよう工夫されたのだ。[1] 実際、手が分割され、指として多くに分かたれているから。すなわち、手が指に分割されているものであるということにおいては、手の指がひとかたまりのものであることも可能なのであるが、しかし、後者においては前者が成り立たないからだ。[2] そして、手は、一本の指でも二本の指でも、多くの仕方でも使うことができる。指の関節も、見事に、[3] つかむことや、にぎりしめることのためになっている。また、手の側面から指が一本伸びており、これは短く太いが、長くはない。[4] なぜなら、[5] ちょうど、もし手がまったくなければ、つかむということができなかったはずであるように、もし仮にその指［親指］が側面から伸びていなければ、やはりそのようにものがつかめないはずであるからだ。実際、その指は、ちょうど他の指が上から下へ押す物を、下から上へ押すのであるから。しかるに、そのことが起こる必要がある[6]のは、親指が一本の指でありながら多くの本数の指に匹敵するために、ちょうど強力な万力のように強く締めつけるようになるという場合なのである。また、親指が短いのは強さのゆえであり、もし長ければ役に立たない[7]からである。端の指もまた、正しくも小さく、[8] 真ん中の指も、ちょうど船の真ん中の櫂のように長い。なぜなら、つかまれる物は、真ん中でぐるりと丸くつかまれることが、色々なはたらきのためには必然である[9]からだ。まさにそれゆえに、小さいにもかかわらず、「大指」と呼ばれている。[10] なぜなら、他の指は、それがなければ、いわば役立たずであるからだ。爪のそれ［形］[11]もまた、よく工夫[12]された。[13] というのは、他の動物は使用のためにも爪をもつが、人間の場合、爪は覆いなのであるから。すなわち、指の先端を保護するものであるから。[14]

腕の関節も、栄養物を引き寄せることのために、また、その他の使用のために、四足動物とは反対のあり方をしている。すなわち、四足動物にとっては前脚が内側へ曲がることが必然——なぜなら足として使うのであるから——であるが、それは、進行のために役立つものであるようにそうなっているからだ。もっとも、

(1)「適合するよう工夫された」の原語は「シュンメカナースタイ」の現在完了形の不定法。この不定法は、Düring, p. 191によれば、additional or inserted remark を含意する不定法。なお、Bekker 版の εἶδος καὶ の καὶ は Lennox にしたがって削除した。

(2)「後者［手が単にかたまりであるということ］においては、前者［手が指に分割されていること］が成り立たない」ということ。たとえば、ジャンケンの「パー」の状態になりうる指に分かれた手は、「グー」の状態にもなりうるが、もしかりに手が指に分かれておらず単なるかたまりにすぎないとしたら、「パー」の状態にはならない、ということ。

(3)「見事に」の原語「カロース」は、目的にかなっていることを表わす。

(4)「親指」のこと。

(5)なぜこのような指（親指）が手に存在するのかといえば、ということ。

(6)「必然（アナンケー）」という言葉は使われていないが、実質的には条件的な必然である。

(7)締めつけるだけの力が得られない、ということ。

(8)小指の小ささが目的にかなっているということを、「正しくも（オルトース）」と表現している。ここでは、「カロース」と同義であろう。

(9)ただものをつかむだけではなく、つかんで色々な仕事をするためには、ということ。

(10)物理的に小さいが、力が大きい、あるいは、つかむというはたらきにおいて大きな力がある、ということ。

(11)原文は中性単数主格の定冠詞「ト」だけであり、「類（ゲノス）」の可能性もあるが、ここでの爪の議論は、「手の『形（エイドス）』」（六八七b六）の議論の継続であるから、同じように「形」を補って、「爪の形」と解する（Lennox, p. 321）。

(12)「よく（エウ）」も、「カロース」の言い換えであろう。

(13)自然によって工夫された、ということであろう。

(14)人間の爪は、他の動物とはちがって攻撃にも防御にも使用（つまり転用）されていないが、指先の保護用に始めから特化されて「よく工夫された」ものである、ということであろうか。

それら四足動物のうちの指が多いものの場合、前脚は、進行のために役立つものであるだけではなく、ちょうど明らかにそのように手の代わりであることも欲しているのだが。というのは、前脚によって、つかんだり防御したりするからである。しかし、単蹄動物は、後脚によってそうする。なぜなら、688a それら単蹄動物の前脚は、肘や手の類比物をもっていないからだ。また、一部の多指動物は、まさにそれゆえに、前足が五指、後足が四指であって、たとえばライオンやオオカミ、さらにイヌやヒョウがそうである。すなわち、後足の五番目の指が、ちょうど手の五番目の指のように、大指［親指］になっているから。しかし、多指動物のうちの小さいものは後足も五指であるのだが、それは、這うものであるがゆえでそうなっているのであり、爪が多いことによって体を保持することが容易になり、いっそう高いところへ、頭の上へすら這っていけるようになっている。

　また、人間の両腕の間、他の動物では両前脚の間に、いわゆる「胸」があり、人間ではそれは広く、これは理にかなっているが――というのは、人間の両腕は、側面についているので、その場所［胸］が広いことを妨げないから――、しかし、四足動物では、進行して場所を変える際に脚が前へ伸びるがゆえに、その部分は場所的には狭い。まさにそれゆえに、四足動物は、その場所に乳房をもたない。それに対して、人間の場合、胸の広さのゆえに、そして、心臓のまわりの部分が覆われる必要があるということのゆえに、それゆえにその場所は肉質であるから、乳房が分節化したのであって、いま述べられた原因のゆえに男の場合も乳房が肉質なのであるが、女の場合、自然は、乳房を他のはたらきのためにも転用したのだ[1]。まさにそのことをそれ［自然］がたびたび行なう[2]と私たちは主張しているわけだが。すなわち、乳房に、生まれたもののための栄養物をたくわえておくのであるから。ところで、乳房は二つあるが、それは、胸には部分が二つあるがゆえに、すなわち、左側と右側があるがゆえに、そうなっている。そして、乳房は、比較的固く、二つに分かれているのであるが、それは、一方で、その場所で肋骨が互いに接しているがゆえに比較的固く、他方で、その乳房という自然物は、あると負担になるというものではないがゆえに二つある。しかし、他の動物の場合、脚と脚の間の胸のところに乳房をもつことは不可能であって——というのは、もしそこにあれば、進行の妨げになるであろうから——、実際、すでに多くの仕方で乳房をもっている。すなわち、少ない数の子を産む動物は、単蹄動物でも有角動物でも、腿のところに二つ乳房をもっているが、多い数の子を産む動
688b 物、あるいは多指の動物は、ブタやイヌのように腹部の側面のあたりに多くもつものと、ライオンのように腹部の中央に二つしかもたないものがいる。[3] その原因は、少ない数の子を産む動物であるからではなく——時には二匹以上の子を産むので——、多く乳を出す動物ではないからである。なぜなら、ライオンは、そもそも取り入れた栄養物を［乳にではなく］体に消費してしまうのであって、しかも、肉食であるがゆえに、まれにしか栄養物をとらないからだ。

　また、ゾウは二つしか乳房をもたないが、前脚の腋の下あたりにもっている。二つもつ原因は、一腹で一匹しか子を産まない動物だからであり、股のところにもたない原因は、多指の動物だからであって——実際、

(1) 原語は「パラクレースタイ」。時制は現在完了形。
(2)「行なう」の原語は「ポイエイン」。時制は現在形。
(3) ライオンについてのこの情報は誤り。

(688b) 多指の動物はどれも股のところに乳房をもたないから――、そして、腋のあたりの上の方にもつのは、そこにある乳房が、多くの乳房をもつ動物の第一対の乳房であり、最も多く乳を出すからである。ブタに起こることが、その証拠だ。というのは、一腹で一番先に生まれた子ブタには、第一対の乳房をあてがうから。それで、一腹で一番先に生まれたものがその時の唯一の子であるものにとっては、第一対の乳房をもつのが必然的なのである。しかるに、脇の下にあるものが、第一対の乳房なのである。それで、ゾウは、その原因のゆえに、乳房を二つ、その場所にもつが、多くの数の子を産む動物は、腹のあたりにもつ。その原因は、より多く養おうとするものには、より多くの乳房が必要だということである。それで、広さの方向［横］には、右側と左側の二つしか場所がないゆえに、乳房を二つしかもてないので、［それ以上の数の乳房は］長さの方向［縦］にもつのが必然的である。しかるに、前脚と後脚の間の場所だけが、長さをもつのだ。そして、多指ではなく、少ない数の子を産む動物、あるいは有角動物は、まさに股のところに乳房をもつ。たとえば、ウマ、ロバ、ラクダ――というのは、これらは、一腹で一匹しか子を産まない動物であって、前二者は単蹄動物であり、後者は双蹄動物であるから――、さらに、シカ、ウシ、ヤギ、他のそのような動物のすべてが、そうである。その原因は、それらの動物の成長が体の上の方へ向かうということだ。したがって、剰余物や血の集積と超過が起こるところ――この場所は、下の方の、排泄物があるあたりである――、そこに自然は乳房を作った[1]のである。なぜなら、栄養物の運動が起こるところでは、そこから栄養物をとることも、乳房には可能であるから。それで、人間は、女も男も、乳房をもつが、他の動物においては、一部の雄が乳房をもたない。たとえば、ウマの雄には、乳房をもたないものと、母親に似て、もつものがいる。

689a さて、乳房については語られた。胸の次は、胃のあたりの場所であるが、ここは、先に述べられた原因[2]のゆえに、肋骨に囲まれていない。すなわち、熱せられると起こるのが必然的であるところの栄養物の膨張と妊娠中の子宮とを妨げないように、そうなっているのである。

また、いわゆる「胴体」の終端であるのが、乾いた排泄物［便］や湿った排泄物［尿］の出口のあたりの部分だ。そして、自然は、同一の部分を、湿った排泄物の出口にも交接にも転用する[3]が、これは、雌でも雄でも同様であって、少数の例を除いてすべての有血動物に[4]、また、子を産む動物は、すべてに、当てはまる。その原因は、たねが何か湿ったものであり剰余物であるということだ。しかし、今は、このことはそうであると仮定しておこう。それについては、後で証明されるであろう。雌においても、月経や、たねを射出するところは、同様である。だが、それらについても後で定義されるであろうし、今は雌の月経も剰余物である

---

(1)「作った」の原語は「ポイエイン」のアオリスト形。

(2) 第二巻第九章（六五五a一一－一四）。

(3) 原語は「カタクレースタイ」。時制は現在形。

(4)「少数の例を除いてすべての有血動物に」という言葉は、卵を産む有血動物の大部分は湿った排泄物（尿）をそもそも出さないというアリストテレスの主張（『動物発生論』第一巻第十三章七一九b二九－七二〇a一三）と不整合を生じさせているという Ogle, p. 239 の指摘した問題があるので、Lennox, p. 323 は、「『自然（ピュシス）』は、同一の部分を、湿った排泄物［尿］の出口にも交接にも『転用（カタクレースタイ）』する」の「湿った」という言葉が削除される――単に「排泄物」だけであれば「尿または便」という意味になる――可能性があるとしている。ただし、ここでの議論は一貫して「湿ったもの」が中心になっているので、大きな議論の流れとしてはやはり問題が残ると思われる。

と仮定しておくにとどめる。[1] しかるに、月経も、たねも、自然本性に関しては湿っており、したがって、類似した同じものどもは、まさにその部分へ排出されるのが、理にかなっている。

また、精液に関わる部分や妊娠に関わる部分が、内的にどのようになっており、どのように相違するかは、動物に関する探求や諸々の解剖事例に基づいて明らかであるが[2]、後で、発生に関する諸論考[3]において語られるであろう。しかし、それらの部分の形態が機能と必然的に[4]関係しているということは明々白々である。そして、雄の器官［陰茎］は、体の相違に応じて異なっている。というのは、すべての雄の器官が、同様に、自然本性に関して、腱の性質をもつわけではないから。さらに、諸々の部分のうちで、雄の器官だけが、病的な変化なしに、変化の増大［勃起］が起こったり縮んだりする。なぜなら、一方は交接に役立ち、他方は体の他の部分の必要[5]に役立つからである。実際、もし常に同じような状態であれば、邪魔になるであろうから。また、その部分は、それらの両方の状態が生じうるようなものどもから構成されている。すなわち、［陰茎として、］腱の性質のものをもつ動物と、軟骨質のものをもつ動物がおり、まさにそれゆえに、収縮することも伸びることも可能であって、気息を受け入れうるものであるのだ[6]。

それで、四足動物の雌は、すべて、後方に排尿するものなのであるが、それは、そのような配置が交尾に役立つがゆえにそうなっている。しかし、後方に排尿するものは、雄ではわずかであって、たとえば、ヤマネコ、ライオン、ラクダ、ウサギがそうである。しかし、単蹄動物で後方に排尿するものはいない。

ところで、人間の後部、そして脚のあたりの部分は、四足動物と比べて、独特である。ほとんどすべての
689b 四足動物は――子を産む動物だけではなく卵を産む動物も――尻尾をもっている。実際、この部分のもつ大

きさがそれらにないとしても、その尻尾の徴に関しては、(7) 一種の付属物［短尾］をもっているからだ。しかし、人間には尻尾がなく臀部があるのだが、四足動物には臀部はない。さらにまた、人間は肉質の脚を、大腿も下腿ももつが、他のすべての動物は、子を産むだけではなく総じて脚をもつ限りで、肉のない脚をもつ。実際、それらは、腱や骨や棘の性質をもった脚(8)をもっているから。そして、それらすべての原因はいわば一つのことなのである。すなわち、動物のうちで人間だけが直立するからなのだ。それで、上体が軽くて容易に運べるように、自然は、上体からその実質を取り去って、下体に重さをつけ加えた(9)のである。まさにそれ

---

(1)「後で」とは、『動物発生論』第一巻第十八章から第二十章（七二四b二一－七二九a三三）。なお、ここで「仮定」「論証」「定義」といった言葉が使われていることから、方法論的な問題意識がはたらいていることがうかがえる。つまり、排泄のための部分であり発生（生殖）のためでもある部分の考察は、もし発生の部分の考察が独立した分野（『動物発生論』）を形成するとするならば、ここ（『動物部分論』）で考察するのが適当なのか、『動物発生論』で考察するのが適当なのか、判断が難しいということである。その結果、後で論証されるべきことを仮定として用いて議論を構成するという困難な決定をアリストテレスは下したということになるのである（以上、Lennox, p. 323）。

(2)「『動物誌』や『解剖学』から明らか」とも訳せる。

(3)『動物発生論』第一巻第二章－第十六章。

(4) ここの「必然的に」の原語は「アナンカイオース」という副詞である。

(5) 排尿であろう。

(6) 血ではなく気息の流入が勃起の原因であると考えられていることが分かる。

(7)「に関しては」と訳した原語は、通常は、「のために」と訳す「ヘネカ」。

(8) スジばっていて、硬く、ざらざらした脚、ということ。

(9) 原語は「プロスティテナイ」。時制はアオリスト形。

ゆえに、［自然は、］臀部や、大腿や、ふくらはぎ[1]を肉質にした[2]のだ。また同時に、［自然は、］臀部という自然物を休息のためにも役立つものにした[3]。実際、四足動物にとって立っていることは疲れることではなく、連続的にそうしていてもくたびれないが――なぜなら、四本の支えが下にあるので、ずっと横たわっているようなものであるから――、しかし、人間にとって直立したままでいることは容易ではなく、体は休息と着座を必要とするから。

それで、人間は、いま述べられた原因のゆえに肉質の臀部と脚をもち、そしてそれらのゆえに尻尾をもたないが――なぜなら、胴体の後部に行くはずの栄養物が臀部と脚に費やされ[4]、そして、臀部をもっているがゆえに、尾の必然的な使用は除去されるから[5]――、四足動物やその他の動物では反対である。実際、それらは、こびとのようなもの[6]なので、下体から取られた重さと実質が、すべて、上体へ置かれているから。まさにそれゆえに、臀部がなく、硬い脚をもつ。そして、自然は、脚になるはずの栄養物を取って、排泄物の出口としてはたらく部分が保護され覆われるように、いわゆる「尾」や「尻尾」を、それらの動物に付与[7]したのである。しかし、サルは、その形態が中間的であって、人間と四足動物のどちらか一方なのではなく、また、どちらでもあるがゆえに、それゆえに、尾も臀部ももたない。すなわち、一方で、二足であるから尾をもたず、他方で、四足であるから臀部をもたないのだ。そして、いわゆる「尻尾」にも多くの相違があり、自然は、それを、次のことにも、すなわち、尻が保護され覆われるためだけではなく、尻尾をもつものの有益さと使用のためにも、転用[8]している。

また、四足動物の場合は、足が相違している。それらのうちには、単蹄であるもの、双蹄であるもの、多指であるものがいる。単蹄であるものとは、体の大きさと多くの土質のものをもつことのゆえに、角や歯の代わりに、爪という自然物のための分泌を、そのような部分［足］が得るにいたった動物であり、かつ、その分泌量の多さのゆえに複数の爪の代わりに一つの爪、すなわち蹄がある[9]動物のことである。また、それゆえに、[10]大抵の場合のことを言えば、「アストラガロス[11]［距骨］」ももたないが、それは、アストラガロスが関

(1) 原語は「ガストロクネーミアー」。直訳は「『下腿（クネーミアー）』の『腹（ガストロ）』」。
(2) 原語は「ポイエイン」。時制はアオリスト形。
(3) 「自然」としてのピュシスと「自然物」としてのピュシスとが区別されている証拠となる文。なお、この箇所の「した」の原語は「アポディドナイ」のアオリスト形。
(4) 尻尾を形成する素材がないから、ということ。本章と同じく尻尾を論じた第二巻第十四章に登場した「素材の転用原理」が前提されている。すなわち、動物体内部の物質量が有限であり、「［自然は、］どんなところでも、他のところから得たものを、そことは別の部分に与える」（六五八a三五―三六）ならば、その「別のところ」の部分を形成する素材はなくなってしまい、形成されないのである。
(5) 尾が果たしていた役割を臀部が肩代わりするから、尾を使用する必然性はなくなるので、ということ。尾の役割は、少し後の六八九b三〇―三一で述べられている。
(6) 本章六八六b三、二二以下で登場した概念。
(7) 原語は「アポディドナイ」。時制はアオリスト形。
(8) 原語は「パラカタクレースタイ」。時制は現在形。
(9) 爪になる素材（土質のもの）があまりにも多く分泌されるので、細かくて複数できる爪への分節化が起こらず、ひとかたまりの大きな爪ができてしまう、ということであろう。
(10) 土質のものが蹄に使われてしまい、距骨を発生させる素材が残らないという、物質上の制約のゆえに、ということ。
(11) 「アストラガロス」は、第二巻第五章六五一a三一以下でも登場していた。

節の中にあると、後脚の関節が動きにくくなってしまうということのゆえである。[1] すなわち、一つの関節をもつ脚は、それより多くの関節をもつ脚よりも、いっそうすばやく伸び、かつ、曲がるものなのであるが、アストラガロスは骨の留め具であって、ちょうど二つの体肢[2]の間にそれらとは別の体肢——それは一方で重さを増すことになるものの、他方で足取りをいっそうしっかりさせるのだが——が挿入されているようであるからだ。[3] 実際、それゆえに、アストラガロスをもつ動物は、まさに前肢にアストラガロスをもつのではなく後肢にもつのであるが、それは、主導的な肢［前肢］は軽くて曲がりやすいものでなければならず、後肢には安定性と伸展性がなければならないからだ。さらに、アストラガロスは防御のために打撃［蹴り］を重くする。しかるに、それらの動物は、後肢を使って、[4] 自分に害を加えてくるものを蹴るのだ。

しかし、双蹄動物はアストラガロスをもち——なぜなら後肢が軽いから[5]——、そしてアストラガロスをもつがゆえに単蹄動物ではないのだが、これは、足からなくなった土質のものが関節に残っているようなものなのである。それに対して、多指動物はアストラガロスをもたない。もっていたとすれば、多指ではなかったであろうし、アストラガロスが覆うだけの幅の広さにつま先が分かたれていたはずであるからだ。それゆえ、アストラガロスをもつ動物の多くは双蹄なのである。[6]

さて、人間は、その体の大きさと比較してみると、諸々の動物のうちで最も大きな足をもっているが、これは理にかなっている。なぜなら、人間だけが直立しており、したがって、足二本で全体重を支えようとすれば、足底部の長さと広さをもつ必要があるからだ。また、指の大きさが、足の場合と手の場合とでは反対になっているのも、理にかなっている。というのは、つかむことと握りしめることが、手のはたらきであり、

690b

したがって、長さをもつことが必要である——曲がる部分によって手は握るのであるから(7)——が、足のはたらきは、しっかりと歩くことであり(8)、したがって(9)、その部分、すなわち、足の指に分かれていない部分〔足底〕は、手の指に対応していると考える必要があるからだ(10)(11)。しかし、足の先端は、指に分かれているほうが、分かれていないよりも、より善い。なぜなら、一部が害されると、全体が共に害を受けるものだが、指に分

(1) 関節の動きを妨げないために距骨をもたない、という目的論的説明。この文では、「ゆえに(ディア)」という言葉が二回使われているが、一つ目の「ゆえに」は物質上の制約を、二つ目の「ゆえに」はその目的を説明している。全体として、そういう物質上の制約の中で目的が実現しているという記述になっている。

(2) ここでは、骨のこと。

(3) 本来は二本の骨で構成される一関節の場所に、それらの骨とは異なる部分であるアストラガロスが挿入されると、その場所が多関節になり、脚の曲げ伸ばしが遅くなって、しかも、元の関節も動きにくくなる、ということ。

(4) 打撃を重くするアストラガロスが中にある後脚を使って、ということ。

(5) もともとの後肢が軽いから、アストラガロスを挿入して後肢を重くする必要がある、ということ。

(6) 多指ではなく、ということ。

(7) 部分が曲がるためには長さが必要であるという前提が隠されている。

(8) 「しっかり歩くこと」は、手の「つかむ」というはたらきに類比的な、足のはたらき。

(9) 類比的なはたらきを担う部分は、やはり類比的な性質をもつから、ということ。

(10) 「その部分」から「対応していると考える」まで(六九〇b一二—一三)は、Düring, pp. 194-195 の解釈にしたがって訳した。原文は読みにくいので、いくつか改訂案が出されているが、Düring の解釈であれば、Bekker 版のテクストを変更しないで済むという利点がある。

(11) 足底部が手の指のように長い、したがって、足の指は短くて、このことは手の指が長いのと反対だ、ということ。

(690b) かれているので、そのことが同じように起こることはないからだ。さらにまた、指が短ければ、害されることも少ないはずだ。それゆえ、人間の足は、つま先が多くの指に分かれているが、指は長くない。そして、同じ原因のゆえに、人間は、諸々の爪からなる類を手にももつ。実際、先端部は、その弱さのゆえに、保護される必要があるからである。

以上で、子を産んで陸に棲む有血動物については、ほとんどすべて、述べられたわけである。

第十一章

さて、卵を産む有血動物には、四足のものや無足のものがいる[1]。そのような無足動物の唯一の類は、諸々のヘビからなる類である[2]。それが無足である原因は、動物の進行について規定した諸論考で述べられた[3]。その他の点に関しては、卵を産む[4]四足動物と似た形をしている。

これらの動物は、他の有血動物と同じ原因のゆえに、頭とそこにある諸部分をもっており、ワニ[5]以外は口の中に舌ももつ。ワニは舌をもたず、舌の場所だけをもっているように思えるはずである。そして、その原因は、或る意味で、ワニが、乾いた土地に棲むものであると同時に水の中に棲むものであるということだ。それで、乾いた土地に棲むものであるがゆえに、舌の場所をもつが、水の中に棲むものであるがゆえに、舌がないのである。実際、魚は[6]、ちょうど先に述べられたように[7]、よほど大きく口を開けてみない限り舌をもっているとは思えないものや、未分化な舌をもっているものがいる。その原因は、舌をほとんど使用しないということであり、それは、咀嚼したり味わったりすることができず、それらすべての動物にとって、栄養物の感覚と快楽は、飲み込む際に生じるがゆえにそうなのである。なぜなら、舌は液汁の感覚を生み出すが、食べ物(8)の快楽は嚥下において生じるからだ。実際、油ものや熱いものやそういった他のものは、飲み下すときに感じられるから。それで、子を産む動物も、その感覚をもっており、そして、加工された食べもののほとんど大部分の喜びは、食道が拡がって飲み込む際に生じる。それゆえ、飲みものや液汁について抑制のないものと、加工された食べ物について抑制のないものは、同じではなく、むしろ、舌のある動物には味の感覚もあるのだが、これらには、いわば別の感覚があるのだ。

さて、先に述べられたことだが、卵を産む四足動物のうちで、トカゲは、ちょうどヘビのように二つに分

(1) 二足のもの(鳥)もいるはずだが、言及されていない(Lennox, p. 325)。

(2) 「そのような」が「卵を産む有血動物」ということであれば、卵を産む有血の無足動物はヘビだけではなく魚もいるはずである。魚は、第四巻第十三章で論じられていることからすると、ここでは、「陸に棲む」という限定が暗黙のうちにつけられているのかもしれない(Lennox, p. 325)。

(3) 『動物進行論』第八章七〇八a九以下。『動物部分論』第四巻第十三章六九六a一〇以下でも説明されている。

(4) Bekker版の「子を産む」ではなく、Düring, p. 195; Peck, Lennoxらとともに、P、U、Y写本の「卵を産む」を読む。

(5) 原語は「ポタミオス(河の)・クロコデイロス(大トカゲ)」である。

(6) 「[水の中に棲むものである]魚は」ということ。

(7) 第二巻第十七章六六〇b一三―二五。

(8) 飲み物のような液体ではない固形物のこと。

かれた舌をもっており、その先はまったく髪の毛のようである。そして、アザラシも二つに分かれた舌をもっている。それゆえ、それらの動物は、すべて、貪欲[1]なのだ。また、卵を産む四足動物は、ちょうど魚のように、鋸歯である。感覚器も、すべて、他の動物と同様であって、たとえば、嗅覚には鼻が、視覚には目が、聴覚には耳があるが、ただし、耳は、ちょうど鳥のように突き出ておらず、聴道があるだけである。その原因は、両者の皮の硬さである。すなわち、鳥は羽根で覆われており、他方はすべて硬い鱗で覆われているからであるのだが、硬い鱗とは、軟らかい鱗に相当する、自然本性の点でもっと硬いもののことであるから[2]。そのことは、カメや、大蛇や、ワニの場合に明らかだ。実際、それは、骨よりも硬くなるのであるから。自然本性に関してはそのように骨と同じ素材であるのだが。

さて、それらの動物は、ちょうど鳥のように上まぶたをもたず、鳥について言われた原因のゆえに、下まぶたで目を閉じる。それで、一部の鳥は、目頭から出る膜[3]でまばたきするが、これらの動物はまばたきしない。なぜなら、目が、鳥類よりも硬いからである。その原因は、鳥には羽があるので、目の鋭さのほうが、その生活形態にとって、いっそう役に立つが、他方にはあまり役に立たないということだ。実際、そういった動物は、すべて、穴の中を這うものであるから。

また、頭は二つの部分に、すなわち、上部と下顎に分かれており、それで、人間や、子を産む四足動物は、上にも下にも横にも顎が動くが、魚や鳥や、卵を産む四足動物は、上と下にしか動かない。その原因は、そ
691b のような上下の運動が、咬んだり嚙み切ったりするために役立つのに対して、横への運動は、すりつぶすために役立つということだ。それで、臼歯をもつ動物にとっては役立つが、それをもたない動

物にとっては何の役にも立たない。まさにそれゆえに、横への運動は、そういった動物のすべてから取り除かれているのだ。なぜなら、自然は余計なことをしないからである(4)。

それで、他のすべての動物は下顎を動かすが、ワニだけは上顎を動かす。その原因は、つかむことや保持することには役に立たない足をもっているということだ。実際、それはまったく小さいから。それで、自然は、そのような使用のために、足の代わりに口を、役立つものとしてワニに作った(5)のである。そして、保持することやつかむことのためには、打撃がいっそう強くなる方向から動くことのほうが、顎にとってはいっそう役に立つ。だが、常に打撃は、下からよりも上からのほうが、いっそう強いのだ。それで、つかむことと咬むことという両方の使用は、口を通じて行なわれるが、手も、よく発達した足ももたない動物にとって

---

(1) Bekker 版の ἰσχνά（乾いている、しなびている）では意味が通らないので、Karsch が提案した λίχνα（貪欲）という読みを、Peck や Lennox とともに採用する。

(2) 日本語に訳すと「硬い鱗は硬い」という同語反復になってしまうが、ギリシア語では、「硬い鱗」は「ポリス」、「硬い」は「スクレーロン」なので、同語反復ではない。すなわち、「その原因は、両者の皮のスクレーロテース（硬さ）である。すなわち、鳥は羽根で覆われており、他方はすべてポリドートン（硬い鱗で覆われているもの）であるからだが、［「ポリドートン」という言葉に含まれる］ポリスというのは、レピス（軟らかい鱗）に相当する、自然本性の点でもっとスクレーロン（硬い）なもののことだ」と説明されているのである。

(3) 瞬膜のこと。

(4) 自然の経済性原則。「自然は無駄なことをしない」のヴァリエーション。なお、動詞は「ポイエイン」の現在形が使われている。

(5) 原語は「ポイエイン」。時制はアオリスト形。

は、保持するという使用のほうがいっそう必然的であるから、そのような動物にとっては、下顎よりも上顎を動かすほうがいっそう役に立つのである。

そして、同じことのゆえに、カニもまた、動かすのは、鋏の上の部分であって、下の部分ではない。なぜなら、手の代わりに鋏をもっているのであり、したがって、鋏は、すりつぶすことのためではなく、つかむことのために役立つものである必要があるからである。しかし、すりつぶすことや咬むことは、歯のはたらきなのだ。それで、カニや、その他の、水中では口を使わないがゆえに、ゆっくりものをつかむことができる動物にとっては、それらのはたらきは分かれているのであって、手や足でものをつかみ、口で噛み切ったり咬んだりする。しかし、自然はワニの口を両方のはたらきに役立つものとして作った(1)のである——その顎は前述のように動くのであるから——。

さて、そういった動物は、すべて、肺をもつがゆえに、頸ももつ。なぜなら、気息は、長さをもつ器官を通じて、肺へ取り入れられるからだ。そして(2)、頭と肩の間の部分が頸と呼ばれるのであるから、そういった動物のうちで、ヘビは、頸をもつとはほとんど思われないか(3)、少なくとも、もし、その部分［頸］が、言及された末端の部分［頭の下端］によって区別される必要があるとすれば、頸の類比物をもつとは思われるはずである。また、同類の動物と比べてヘビに特有であるのは、体の他の部分を動かさずに頭を後へ回すことだ。その原因は、ヘビが、ちょうど有節動物［昆虫］のように丸くなるものであり、したがって、曲がりやすい 692a 軟骨質の椎骨をもっているということである。それで、そのことがヘビに起こるのは、一方で、必然的に、その原因のゆえに、であるが、それは他方で、より善いことのため、つまり、後から害を加えてくるものを防ぐためでもあるのだ。[4] というのは、長くて無足であるから、向きを変えたり後から来るものを見張ったりするのには、本来不向きだからである。実際、頭を上げることができても、回すことができなければ、何の役にも立たないから。

そして、そういった動物は、胸と類比的な部分ももっている。しかし、そこにも、体の他の部分にも、乳房をもたない。どのヘビも鳥も乳房をもたない。その原因は、それらのどちらも乳をもたないということだ。そして、乳房は、乳の貯蔵所であり、ちょうど容器のようなものである。しかるに、それらも、その他の、自分自身の内に子を産むのではない動物も、乳をもたないが、それは卵を産むからであって、子を産む動物における乳のような栄養物が卵の中に入っているのである。だが、それらについては、発生に関する諸論考[5]で、もっと明瞭に語られるであろうし、すべての動物に共通な、関節の屈曲については、進行に関する諸論

---

(1) 原語は「ポイエイン」。時制は現在完了形。

(2) 六九一b二八―六九五a二八は、Lennox にしたがって、Bekker 版ではなく、Düring, pp. 197-202 の Revised Text を用いる。この箇所には、Ybという特別な改訂を施された写本が存在する。Bekker 版はYbを取り入れたテクスト校訂をしているが、Düring は、この写本を、文体が可能な限り非アリストテレス的――読みやすくなりすぎている――であり、学のある写字生によって気まぐれにテクスト校訂が試みられたものであると判断して (pp. 67-68)、Ybを排除したテクスト校訂をしたのである。

(3) ヘビには肩がないので (Mich., 91, 23-24)。

(4) 「必然的に (エクス・アナンケース)」と「ため (プロス、ヘネカ)」が対比されている。「より善さの実現」タイプの目的を述べる前に、それを実現する物質上の条件が述べられている。

(5) 『動物発生論』第三巻第二章七五二b一五以下。

考で考察された。[1]

また、そういった動物は尻尾ももっており、比較的大きなものをもつものもいれば、比較的小さなものをもつものもいるが、その原因を私たちは、先に全般的に述べておいた。[2]

ところで、卵を産んで陸に棲むすべての動物のうちで、カメレオン[3]は、最も肉が少ない［やせた］動物である。なぜなら、最も血が少ないからだ。その原因は、カメレオンの魂の性格傾向である。[4] 実際、恐怖のゆえに、見かけ［色］がさまざまに変わるから。というのは、恐怖とは、血の少なさと熱さの欠乏ゆえの冷却なのであるから。[5]

692b
さて、以上で、無足および四足の有血動物について、それらの外的な諸部分と、どのような原因のゆえに、それらが存在するのかということとが、ほとんど述べられたわけである。

第十二章

鳥における相互の違いは、部分が超過していることや不足していることに存している。つまり、より多いことやより少ないことによる。[6] 実際、鳥には、脚の長いものと短いものがおり、舌についても幅の広いものをもつものと幅の狭いものをもつものがいるから。他の部分についても同様である。さて、鳥は、独特な点をとってみれば、部分によって相互に異なることはほとんどない。しかし、他の動物とは、まさに部分の形によって異なっている。それで、すべての鳥は羽根で覆われており、そのことが、他の動物とは異なる独特な点である。なぜなら、動物の部分が硬い鱗で覆われているものや軟らかい鱗で覆われているものはいるが、鳥は羽根で覆われているからだ。そして、その翼は裂けており、形の点で全翅動物(7)の翅とは似ていない。一方の翼は裂けているが他方の翅は裂けておらず、全翅動物の翅には軸がないが鳥の羽根には軸があるからだ。

(1)『動物進行論』第十三章から第十五章。

(2) 第十章(六八九b二一―六九〇a四)。

(3) カメレオンについては、『動物誌』第二巻第十一章で詳しく論じられている。

(4) 動物の「性格傾向(エートス)」に訴える説明。とくに「『魂の』性格傾向」と言われているので、魂の状態が体の状態を変化させると考えられていることが分かる。アリストテレスの場合、単純化して言えば、魂は体の現実態であるから、体から魂への影響があることは当然予想されるが、魂から体への影響も考えられていることが注目される。

(5) ここで「恐怖(ポボス)」と言われているのは、体が冷たくなることなので、魂の状態それ自体としての恐怖に対応する体の状態を指すように思われる。実際、『弁論術(レトリカ)』第二巻第五章では、「恐怖とは、将来の破滅あるいは苦痛をもたらす悪しきものを表象することに基づく一種の苦痛あるいは混乱であるとしよう」(一三八二a二一―二二)と定義されているが、その苦痛あるいは混乱は「表象することに基づく」とされている以上、魂の苦痛あるいは混乱であって、こちらはまさに魂の状態それ自体のことを言っているように思われる。なお、恐怖についての議論は、『動物部分論』第二巻第四章六五〇b二七以下や同第三巻第四章六六七a一六以下にもある。また、『魂について』第一巻第一章四〇三a二九以下での、怒りの定義が「問答技術者(ディアレクティコス)」の定義(「復讐への欲求」)と「自然学者(ピュシコス)」の定義(「心臓の周囲の血あるいは熱いものの沸騰」)とでは異なるという議論も参照されたい。

(6) 第一巻第四章の「程度の差による異なり」の概念を使用している。六四四a一六―二三、六四四b七―一五を参照。

(7) 原語は「ホロプテロン」。「均一な全体の(ホロ)」「翅をもつ(プテロン)」動物という意味。有節動物、つまり昆虫を指す。

また、他の動物と比べて、鳥は、頭にも、奇妙で独特な、嘴という自然物をもっている。実際、ゾウには手の代わりに鼻があり、一部の有節動物には口の代わりに舌があるが、鳥には歯と唇[1]の代わりに骨質の嘴があるから。なお、鳥の感覚器については、先に述べられた[2]。

ところで、鳥は、自然本性的に長く伸びた頸をもっているが、それは、ちょうど他の動物もそうであるのとまさに同じ原因のゆえである。そして、短い首をもつものと長い首をもつものがいるが、それは、大部分、
693a 脚の長さの帰結である。すなわち、脚の長いものは頸も長く、足の短いものは、水かき足をもつものを除けば、頸も短いから。というのは、もし脚が長い場合に短い頸をもっていたとしたら、その頸は、地面からエサを取るために鳥の役には立たないであろうし、また、脚が短い場合に長い首をもっていたとしても、役に立たないであろうから。さらに、肉食の鳥の場合、その頸の長さは、生活形態[3]に反する。実際、長い頸は、力が弱いからだ。しかるに、その肉食の鳥の生活形態は、他の動物を屈服させることに基づく。まさにそれゆえに、鉤爪をもつ鳥［猛禽類］のどれも、長い頸をもつものはいないのだ。しかし、水かきをもつ鳥や、指に分かれてはいるが、水かきをもつ鳥と同じ類に属するので[4]、獅子鼻のように平たくなっている足をもつ鳥は、長い頸をもつが——そのような頸は水中から栄養物を取るために役立つから——、泳ぎのために短い脚をもっている。

そして、嘴も、生活形態に応じて異なっている[5]。というのは、まっすぐな嘴をもつものと曲がった嘴をもつものがいるのであるが、栄養物のために[6]嘴をもつものはまっすぐな嘴をもっており、肉食のものは曲がった嘴をもっているからである。なぜなら、そのような曲がった嘴は他の動物を屈服させるのに役立つのであ

るが、しかるに、肉食の鳥にとっては、栄養物が動物からもたらされるのが必然的であるからだ。[7] しかし、沼地に棲み草を食べる生活形態の鳥は、平たい嘴をもっている。なぜなら、そのような平たい嘴は、栄養物を掘り、引き抜き、切り取るのに役立つからだ。また、そのような平たい嘴の鳥の一部は、ちょうど頸がそうであるように嘴も長いのだが、それは、深いところから栄養物を取るがゆえにそうなのである。そして、そのように頸と嘴が長く、かつ、完全にあるいは同じ部分[8]に水かきをもつ鳥の多くは、水中の小動物のいくつかを取って生きている。そのようなものにとって、頸は、ちょうど漁師にとっての竿なのであり、嘴は、釣り糸や釣り針のようなものなのだ。

20 また、体の背面と腹面、すなわち、四足動物の場合に「胴体」と呼ばれている部分の背面と腹面は、鳥の

(1) Düring のテクストの「手(χειρῶν)」ではなく、Lennox にしたがいQ、U、Z、Y写本の「唇(χειλῶν)」を読む。

(2) 第二巻第十二章。

(3) 今日では生態学的(ecological)な概念と見なされるであろう「生活形態(ビオス)」という概念に訴える説明が本章では重要な役割を演じている(Lennox, p. 330)。

(4)「同じ類に属するので」という説明は、「本質が同じであるので」という説明に等しいと思われる。

(5) 以下の説明は、現在の言葉で言えば、adaptation explanations に相当する(Lennox, p. 331)。

(6) 単に栄養物を体内に取り込むために、ということ。

(7) 他の動物を力で圧倒してエサにする、ということ。

(8) 本章六九三a六の「[指に]分かれた部分」と「同じ部分」ということ。

693b

場合、本来一続きの場所である。というのは、腕や前脚からは分離されており(1)、固有な或る部分として(2)「翼（プテリュクス）」をもっているのであるから。まさにそれゆえに、肩甲骨の代わりに(3)、背中に翼の末端をもっているのだ。そして、鳥の脚は、人間のように二本であるが、四足動物のように内側へ曲がるのであって、人間のように外側へ曲がるのではない(4)。また、翼は、四足動物の前脚のように、丸く凸状になる。

さて、鳥は、必然的に(5)二足である。なぜなら、鳥の本質は、有血動物に属しているのだが、同時に、翼をもつ動物にも属しており、しかも、有血動物は四つより多い点によって動くことはない(6)からだ(7)。それで、体から離れた部分は、ちょうど陸に棲む歩行動物の場合と同様、鳥の場合も四つある。しかし、腕と脚で四つ属しているものもいるが、鳥の場合、前脚あるいは腕の代わりに「羽（プテリュギオン）」が鳥に共通して存在する。なぜなら、鳥は、それら[翼(8)]によって身を伸ばすことができるのであって、飛べることが鳥の本

（1）腕や前脚をもたず、ということ。

（2）「胴体」とは別の部分として、ということ。翼があるので、背面と腹面は一続きには見えないかもしれないが、翼は「胴体」とは別の部分なので本来は一続きである、ということである。

（3）鳥に肩甲骨はあるが、あまり目立たないので、ないと判断されたのであろう。

（4）脚が「内側へ曲がる」とは、脚の関節部のくぼみが胴体の腹部の方向を向き、脚の先端が胴体の腹部に付くことである。「外側へ曲がる」場合は、脚の関節部のくぼみが胴体の腹部の方向を向いておらず、脚の先端が胴体の腹部に付かない。足の曲がり方については、『動物進行論』第一章を、鳥と人間の脚の比較は、同第十二章を、鳥と四足動物については、同第十五章を参照。

（5）鳥が二本の脚をもつこの必然は、以下で「本質（ウーシアー）」すなわち「そもそも何であったかということ」に訴えて説明されているから、第一巻第一章で、「これがそもそも人間であることであった[人間の本質]のだから、それゆえ

に、人間は、これら諸部分をもつ。なぜなら、これらの諸部分がなければ、人間であるものが存在することは不可能であるから」（六四〇a三四―三六）と言われていた必然、つまり、その動物の本質からして、その部分をもたなければ、生物体が存在しえないので、その部分が必然であるという意味の必然である (Lennox, p. 331)。

(6)『動物誌』第一巻第五章で、「すべての動く動物は、四つかそれ以上の点によって動くのであって、有血動物は四点だけで動く。たとえば、人間は二本の手と二本の足によって、鳥は二枚の羽［翼］と二本の足によって、四足動物と魚は、前者が四本の足によって、後者は四つの鰭によって動く。鰭を二つもつか、あるいはヘビのように足も鰭もまったくもたないものも、同様に四点で動いている。というのは、四点で曲がるか、ヘビの場合、鰭に加えて二点で曲がるからだ」（四九〇a二六―三二）と述べられている。また、『動物進行論』第七章で、「それで、明らかに、二つあるいは四つの点によって場所を変える動物だけに、あるいは、とりわけその動物に、場所運動が属している。したがって、そのこと［二つあるいは四つの点によって場所を変えること］は、ほとんど、最大限に、有血動物に起こっているのであるから、有血動物のうちのどれも、四つ以上の点によって動くことはできないということは明らかであり、もし或る動物にとって四つの点だけで動くのが自然本性的であるのだとすれば、それが有血動物であることは必然的なのである」（七〇七a一七―二二）と述べられている。

(7) 鳥は、有血動物に属する限りにおいて四点で動くのであるが、翼を二枚もつ動物でもあるので、運動に必要であるのは残り二点であり、この二点を足が担当するがゆえに、足は二本であるのが必然的なのである、ということ。以下で詳しく説明される。

(8)「それら（タウタース）」という女性複数の代名詞が指すものが近くに見当たらないという問題がある。直前に中性単数の名詞「羽（プテリュギオン）」があるので、これを複数形にすることが考えられるが、そうすると、女性の「タウタース」ではなく中性の「タウタ」を予想する――実際、ミカエルの註釈では、「タウタース」の場所には、「プテリュギオン」の複数形の「プテリュギア」が使われている (Mich., 93, 7)――が、m写本以外はそうなっていない。かなりさかのぼることになるが、六九三b一、四に登場する女性名詞「翼（プテリュクス）」の複数形を考えるしかないであろう。Louis の訳註 (p. 155, n. 2) によれば、まず「プテリュギオン」という言葉で一つのシステムとしての羽を表わし、次に「タウタース」で表わされている「プテリュクス」の複数形でそのシステムを構成する二枚の翼を表現したのである。

質の中にあるからだ[1]。したがって、鳥にとっては、二足であることが必然的に残る。なぜなら、そのようにして二足であるならば、二枚の翼を含めて、四つの点で動くことになるからである。

さて、すべての鳥は、尖った肉質の胸をもっているのであるが、尖っているのは飛ぶため――なぜなら、平たいものは、多くの空気を押すので、動く妨げになるから――であり、肉質であるのは、尖ったものは、それを覆うものがあまり多くなければ、弱いからである。そして、胸の下は、ちょうど四足動物や人間のように、排泄物の出口と脚の関節部［股関節］までが腹である。それで、それらの部分［胸と腹］は、翼と脚の間にあることになる。また、子を産むものや卵を産む限りのものは、すべて、発生の時には臍をもつが、鳥は成長すると、それが不明瞭になる。このことは、発生に関する諸論考において明らかである[2]。すなわち、臍帯が腸へ癒着してしまうのであって、子を産む動物のように血管の一部であるのではないからだ。

694a さらに、鳥には、うまく飛ぶことができ、大きく強い翼をもつものがいる。たとえば、鉤爪で肉食の鳥［猛禽類］がそうである。実際、その生活形態のゆえに、うまく飛べるものであるのが必然であり、したがって、そのことのために、多量の羽毛と大きな翼をもっているのであるから。また、鉤爪をもつものだけではなく、諸々の鳥からなる他の類もまた、早く飛び去ることで身を守るものや、渡りをするものは、飛べるものだ。しかし、鳥には、うまく飛ぶことができず、体の重いものがおり、このものの生活形態は、地に棲んで穀物を食べたり、水に棲んで水辺でエサを取ったりするというものである。

さて、鉤爪をもつものの体は、翼を除けば、小さいのであるが、それは、栄養物が翼に、つまり、武器や防御に使われてしまうがゆえである。他方、うまく飛べないものの場合、それとは反対で、体が嵩高く、ゆえに重い。重いものには、防御として、翼の代わりに、[3]いわゆる「蹴爪」を脚にもつものがいる。[4]しかし、同一の鳥が、蹴爪をもつものであると同時に鉤爪をもつものであるということはない。その原因は、自然が余計なことをしない[5]ということである。しかるに、鉤爪をもつものやうまく飛ぶことができるものにとって、蹴爪は役に立たない。それは、地上での戦いにおいて役に立つものであるから。ゆえに、蹴爪は、重いもの[6]のうちのいくつかに属している。これら重くてうまく飛べない鳥にとって鉤爪は、歩行とは反対のはたらきをなし、[7]地面にくい込んでしまうので、役に立たないばかりではなく有害でさえある。それゆえ、まさに鉤爪をもつものは、みな歩行が困難で、岩の上にとまることもない。諸々の爪からなる自然物が、その両方にとって反対のはたらきをなすからだ。

（1）「身を伸ばすことができること（トニコン）」は、次の「飛べること（プテーティコン）」を可能にする能力であり、これは翼によって可能になるから、飛べることが本質に含まれる鳥は共通して翼をもつ、ということ。

（2）『動物発生論』第三巻第一章。

（3）「翼の代わりに」とは、翼がない代わりにということではなく、翼を防御に使う代わりにということ（Lennox, p. 333）。

（4）蹴爪の目的が述べられている。第三巻第一章でも、「強さと防御のための道具的な諸部分」（六六一b二八―二九）として「針、蹴爪、角、牙」（六六一b三一）が挙げられていた。

（5）原語「ポイエイン」。動詞は現在形。

（6）つまり、飛べないもの。

（7）つまずかせる、ということ。

ところで、以上のことは、発生に際して必然的に生じたのである[1]。すなわち、体の中にある土質の流出体[2]が防御に役立つ部分になるのであって、体の上へ流れたものは、嘴の硬さあるいは大きさを作ったのであり、下へ流れると、脚における強い蹴爪、あるいは、足の爪の大きさと強さ［鉤爪］を作ったのであるから。しかし、その流出体が、それらのそれぞれ［蹴爪と鉤爪］をそれぞれ別の場所に同時に作ることはない。なぜなら、そのような剰余物［土質の流動体］の自然本性は、あちこちに分散させられると、弱くなるからだ。また、この剰余物が、脚の長さを準備する場合もあれば、いくつかのものの場合には、それらの代わりに、足の指の間の部分を満たしていることもある。まさにそれゆえに、必然的なこととして、水鳥には、足がそのまま
694b 水かきになっている鳥がおり、そして、諸々の指からなる自然物が個々に分離してはいるが、それらの指のそれぞれの間に連続して全体的に櫂の水かきのようなもの［膜］の生えている鳥がいるのだ。それで、一方では、それらの原因のゆえに必然的にこれらが生じる。しかし他方では、より善きことのゆえに、生活形態のために、つまり、水の中で生きていれば「翼（プテロン）」は役に立たないから、泳ぐのに役立つ足をもつようにと、そのような水かきのある足をもっているのである[3]。実際、水かきのある足は、ちょうど魚[4]にとっての鰭がそうであるように、漕ぎ出ていくもの［船］にとっての櫂のようなものになるから[5]。ゆえに、魚では鰭が、水鳥では足の指の間の部分［水かき］が悪くなると、もう泳げないのである。

さて、一部の鳥は脚が長い。その原因は、そのようなものの生活形態が、沼地に棲むというものだからである。すなわち、自然は、はたらきのために器官を作るのであって、器官のためにはたらきを作るのではないのであるから[6]。それで、水に棲むものではないということのゆえに足に水かきがなく、また、軟らかいと

ころ［沼地］に生活形態が存するがゆえに[7]脚と指が長く、彼らの多くは指に関節がたくさんある。そして、

（1）以下の必然による説明には、水かきの目的の説明はあるものの、蹴爪と鉤爪の目的の説明はない。しかし、蹴爪については、すでに二四九頁の註（4）で指摘した通りに別の箇所に目的の説明があり、鉤爪についても、第三巻第一章で、『鉤爪をもつ鳥』と呼ばれているものは、みな肉食であって、果実をついばんだりしないので、曲がった嘴をもつから。なぜなら、そのようなものが、自然本性的に、獲物を屈服させるのに役立つものであり、いっそう強くなれるからである。しかるに、その強さは、嘴にも爪にも存する。それゆえ、鉤爪ももつのである」（六六二b一－一五）と目的が説明されている。

（2）Düring の提案の「熱いもの（θερμὸν）」ではなく、Lennox にしたがって写本通り「流出体（ἐξόρμιον）」と読む。

（3）まず、「より善きことのゆえに」と、抽象的に目的が述べられ始め、次に、「生活形態のために」と、目的の具体化の方向性が与えられ、最後に、「泳ぐのに役立つ足をもつように」と、目的が特定されている（Lennox, p. 334）。

（4）魚は、「水の中で生きているもの」の例として、水鳥を説明するために持ち出されたと思われる。

（5）Louis の訳し方にしたがう。

（6）「作る」の原語は「ポイエイン」。時制は現在形。「器官」と訳したのは「オルガノン」。なお、第一巻第五章でも、「すべての『道具（オルガノン）』は何かのためにあり、体の諸部分の各々もまた何かのためにあるのであって、何かのためにあると言われるその何かは或る『活動（プラークシス）』であるのだから、諸部分から複合された体も或る完全な活動のために構成されたということは明らかである」（六四五b一四－一七）と言われていた。

（7）つまり、軟らかい泥に脚がめり込むのを防ぐために。

彼らは飛ぶことが得意ではなく(1)、また、みな同じ素材からできているので(2)、彼らの尾羽に使われるはずの栄養物が脚に使われて、脚が大きくなったのである。ゆえに、飛行に際しては尾羽の代わりに脚を使う。実際、脚を後へ伸ばして飛ぶから。つまり、そのようにして長い脚は、飛行の際、彼らにとって役立つのであって、そうでなければ邪魔になるはずであるから。しかし、脚の短い鳥は、脚を腹につけて飛ぶ。なぜなら、彼らのうちには、そうすると足が邪魔にならないものがおり、また、それらのうちの鉤爪をもつものにとっては、獲物を強引に捕らえるのに好都合でもあるから。そして、長い頸をもつ鳥には、頸が比較的太いと、それを伸ばして飛ぶものがいる(3)一方で、頸が細くて長いと、それを折り畳んだままで飛ぶものもいる(4)。なぜなら、飛んでいるときに何かにぶつかっても、頸は保護されるがゆえに容易には損なわれないからである。

さて、すべての鳥が坐骨をもつのであるが、それは、その長さのゆえに、座骨ではなく二本の大腿骨をも

695a

っていると思えるようなものなのである(5)。実際、腹の中央にまで達しているから。その原因は、この動物が二足であるが直立してはいないので、もし、人間や四足動物の場合のように尻から短い坐骨が出て、それに脚がただちに続くのであれば、まったく立つことができなかったであろうということである。なぜなら、人間は直立するが、四足動物の場合、体の重さに対する支えとして前脚が下に置かれているから。しかるに、鳥は、自然本性に関しては、こびとのようなもの(6)であるがゆえに直立しないのであるが、前脚ももっていない——それゆえに前脚の代わりに翼をもつのだ——。自然は、その代わりに、坐骨を長くして体の中央部へしっかりと固定した(7)。そして、その下に脚を置いた(8)のであるが、それは、体の前後両方の重さのバランスがとれて、歩いたり立ち止まっていたりできるようにそうしたのである。

以上で、どのような原因のゆえに鳥が二足であって直立しないのかが述べられた。鳥の脚に肉がないことも、四足動物の場合と同じ原因であるが、これについては先に述べられた。(9)

さて、すべての鳥は四指であって、つま先が指に分かれている足の鳥も、水かきのある足の鳥も、同様にそうである——というのは、リビアのストルートス(10)については、それが双蹄であるということを、そして同時に、諸々の鳥からなる類とは対立すると思われているダチョウの他の性質について、私たちは後で述べよ

(1) すなわち、彼らは飛行の器官をあまりうまく使いこなせないものである。しかるに、第十章で言われていたように、「自然は常に、ちょうど賢い人間がするように、使うことができるものに、それぞれの器官を分配する」(六八七a一〇—一二)とすれば、飛行の器官があまり多くは分配されないことになろう。したがって、尾羽が彼らには分配されなかったのであろう。むしろ、泥にめり込まないはたらきをする器官、つまり脚の指の関節の多さを分配するだろう。

(2) みな同じ素材でできているので、尾羽の素材が脚に転用されることが可能になるわけである。

(3) コウノトリ、ツルなど。

(4) サギなど。

(5) これは坐骨ではなく、実際、大腿骨である。鳥の脚は、骨盤に近い方から、大腿骨、脛骨、跗蹠《ふせき》骨の三つの骨からなる。鳥の場合、大腿骨は隠れて見えにくく、脛骨と跗蹠《ふせき》骨の関節部が膝に見えてしまう——本当は人間の足首に相当する——こともあるので、鳥の脛骨が人間の大腿骨、鳥の跗蹠骨が人間の脛骨に相当すると見なしてしまった結果、鳥の大腿骨に相当するものとして人間の坐骨を割り当て、「坐骨である」と言ってしまったと思われる。

(6) 第十章六八六b三以下を参照。

(7) 「長くして」の「する」は、「ポイエイン」のアオリスト形の分詞。「しっかりと固定した」は、「プロセレイデイン」のアオリスト形。

(8) 「置いた」は、「プロティテナイ」のアオリスト形。

(9) 第十章六八九b一〇以下を参照。

(10) ダチョウのこと。

うと思っているから[1]——。これら四指のうち、三指は前に、一指は後にあって、安定のために踵の代わりになっている。また、脚の長い鳥には、後にある指が大きさの点で欠けるものがいる。たとえば、シギの場合にそうであるように。しかし、四本より多い指をもつことはない。

それで、他の鳥の場合、指の位置はそのようであるのだが、アリスイは[2]後の指を二つしかもたず、前の指を二つもっている。その原因は、この鳥の体が、他の鳥の体ほどは前に傾いていないということである。また、すべての鳥は睾丸をもつが、体内にもっている。その原因は、動物の発生についての諸論考で[3]語られるであろう[4]。

695b
それで、鳥の諸部分は、以上の通りである。

第十三章

さて、諸々の魚からなる類は、外的部分が、さらにいっそう欠けている。というのは、脚も手も翼もなく——それらの原因は先に述べられたが[5]——、全体として胴が頭から尾まで一続きのものであるから。すべての魚が同様な尾をもっているわけではなく、似た尾をもつものもいるが、平たい魚のいくつかは棘状で長い尾をもつ。なぜなら、体の増大が尾から平らなところへ移って起こっているからであり、たとえば、シビレエイやアカエイ、またそのような軟骨魚が何か他にいればそれがそうだ。それで、そのような魚の尾鰭は棘状で長く、また、一部の魚の尾鰭は肉質で短いのだが、それは、軟骨魚の場合と同じ原因のゆえにそうなのである。実際、短くて肉が多めであるか、長くて肉が少なめであるかでは、何の違いもないから[6]。アンコウ[7]の場合は、それと反対のことが生じている。すなわち、それらの前部の平たい部分は肉質ではないがゆえに、そこから取り除かれた限りの肉質のものを、自然は後部と尾に置いた[8]からである。

また、魚は、胴から離れた体肢をもたないが、それは、魚の自然本性が、本質の定義からして、泳げるものであるがゆえであり、自然は余計なことも無駄なこともしないからである。そして、魚は、その本質からして有血であるが、一方で、泳げるものであるがゆえに、鰭をもち、他方で、歩かないがゆえに、足をもたない。足の付加は、平地での運動［歩行］にとってこそ、役に立つものであるから。だが、四枚の鰭と同時

---

(1) 第四巻第十四章。

(2) Lennox のように「アリスイだけが」と訳すのは、「だけ」に相当する原語「モノン」の語順からして不自然である——本訳では「二本」にかけて「二本しか」と訳した——うえに、彼自身が指摘するように (p. 336)、『動物誌』第二巻第十二章五〇四a一一—一九でのアリスイの記述と不整合を生じさせる。

(3)『動物発生論』第一巻第四章七一七b四以下、同第十二章七一九b一一以下を参照。

(4) 六九一b二八からここまで (六九五a二八) は、Düring の revised text を用いた。

(5)『動物進行論』第十八章七一四a二〇—b八。

(6)「[素材の合計的な量は] 何の違いもない」ということ。

(7) 原語は「バトラコス」。「カエルのような魚」という意味。なお、アンコウは現在では軟骨魚に分類されていない。ただし、アンコウが他の軟骨魚とは異なっていることをアリストテレスは認識している。『動物発生論』第三巻第三章七五四a二五—三二、『動物誌』第二巻第十三章五〇五b四などを参照。

(8) 原語は「ティテナイ」。動詞はアオリスト形。

に、足や、そういった他の体肢をもつことはできない。有血であるからだ[1]。また、イモリは、鰓《えら》をもってい
ながら、足ももつ[2]。なぜなら、鰭をもたず、ぶよぶよした平たい尾をもっているから[3]。
　そして、魚の場合、ちょうどガンギエイやアカエイのようには体が平たくないものが、四枚の鰭を、すな
696a わち、二枚を背面に、別の二枚を腹面にもっている[4]。しかし、これ以上の枚数の鰭をもつものはいない。無
血動物になるであろうから[5]。また、それらの鰭のうち、背面のそれを[6]、ほとんどすべての魚がもっているが、
長くて太さをもつものどものうちのいくつかは、腹面のそれを[7]もっていない。たとえば、ウナギやアナゴや、
シパイ[8]の湖にいるケストレウスどもからなる或る類[9]がそうである。ウツボのように、非常に長い体をしてい
て、ヘビにとても似ているものは、まったく鰭をもっておらず、ちょうどヘビが地面を利用して動くように
水を利用し身を曲がりくねらせて動く。ヘビは、まさに地を這う仕方で泳ぐのであるから。
　さて、ヘビのような魚が鰭をもたない原因は、まさに、ヘビに足がない原因でもある。その原因は、動物
の進行や運動に関する諸論考で述べられた[10]。すなわち、四点で運動するのは[11]動きにくいから、つまり、もし
鰭が互いに近くにあれば、ほとんど動けないであろうし、鰭が遠く離れていれば間が空きすぎるがゆえに、
やはりほとんど動けないからである。しかるに、もし運動点が、もっと多かったとすれば、無血動物になっ
ていたであろう。また、同じ原因が、鰭を二つしかもたない魚の場合にも、当てはまる。なぜなら、それは、
ヘビのようであって比較的長く、二枚の鰭の代わりに体の曲がりくねりを利用するからである。ゆえに、そ
れは、乾いたところに這い上がっても、長い間生きているのであって、或るものは、すぐにあえぎだしたり
はしないし、陸に棲むものの自然本性に近いものは、あえぐことがもっと少ない。

鰭自体については、それを二枚しかもたない魚は、背面の鰭［胸鰭］をもっているのであるが、それは体の平たさのゆえに邪魔になるということがない限りのものがもつ。また、頭近くの場所に鰭［胸鰭］をもつ

（1）「有血であるから」とは、本巻前章で述べられたように、「有血動物は四つより多い点によって動くことはない」（六九三b七）からということ。この「四点で動く」という条件を鰭だけで満たしているので、それ以上運動点は増えない。

（2）Peck の訳註で報告されている D' Arcy Thompson によれば、Triton alpestris や Salamandra atra のようなイモリは、成長しても鰓を保持しているということである。なお、この文は、「鰓がある点で魚的な泳ぐ動物であるのに、足がある点で歩く動物でもあって、奇妙な動物だ」ということである。

（3）この理由文はやや分かりづらいが、「鰭をもたない」という理由は、「運動点として鰭をもたないので、そのかわりに足をもつ」ということであり、「尾をもつ」は、「鰭をもたないが尾をもつので、足があっても、魚の『泳ぐ』という性格は保持されており、したがって鰓がある」ということではないだろうか。

（4）地中海の普通の魚の多くの種類が三対の鰭をもっているので、この発言は明らかに誤っており、また、二枚しか鰭がない魚やまったく鰭をもたない魚さえいると後で言われていることとも不整合が生じている（Lennox, p. 338）。

（5）有血動物であれば四点以上で動くことはないから。

（6）「胸鰭」のこと（Peck）。

（7）「腹鰭」のこと（Peck）。

（8）ボイオティアのテスピアイ近くの南岸（Peck）。

（9）「シパイのケストレウス」は、『動物誌』第二巻第十三章五〇四b三三や『動物進行論』第七章七〇八a五にも登場する。「ケストレウス」は通常は「ボラ」であるが、ボラには腹鰭があって、ここでの記述に合わない。『動物進行論』の訳者の Farquharson の同箇所への訳註によれば、ナイル川にいる「ビチャー（Bichir）」などに近い魚ということである。

（10）『動物進行論』第八章七〇八a九—一〇。『動物運動論』にはこういう議論はない。しかし、この箇所の「動物の進行や運動に関する諸論考」という表現は、『動物進行論』とは別のもう一つの著作を必ずしも含意しないので、『動物運動論』の偽作性の証拠になるわけではない。

（11）「［非常に長い体をしているものが、鰭を使って］四点で運動するのは」ということ。

のは、それの代わりに使って動けるような長さがその場所にないがゆえである。実際、そのような魚の体が伸びていっているのは尾の方であるから。ガンギエイやそのようなものは、鰭の代わりに、端の平たい部分によって泳ぐ。また、シビレエイやアンコウは、体の上部［頭部］の平たさのゆえに、背面の鰭［胸鰭］を下［尾］の方にもっており、腹面の鰭［腹鰭］は、頭近くの場所にもつ――平たい部分［頭部］が動くのを妨げないから――。しかし、腹鰭は、上［頭部］にあるのと引き換えに、背面の鰭［胸鰭］よりも小さい。シビレエイは、尾のあたりに二枚の鰭［腹鰭］をもってはいる。しかし、これらの二枚の鰭の代わりに、体の半円形の部分の各々の側の平たい部分(1)を、二枚の鰭のように使う。

頭にある諸部分や感覚器については、先に述べられた(2)。

さて、魚どもからなる類は、他の有血動物に対して固有なものを、つまり諸々の鰓からなる自然物をもつ。
696b どのような原因のゆえにそうであるのかは、呼吸に関する諸論考において述べられた(3)。鰓をもつものには、鰓に蓋のあるものもいるが、すべての軟骨魚は――軟骨質であるから――蓋がない(4)。その原因は、前者が棘骨質であり、鰓の蓋も棘骨質であるのに対して、すべての軟骨魚は軟骨質だということである。さらに、棘骨も腱もないがゆえに、軟骨魚のさまざまな動きは遅いのであるが、棘骨をもつものの動きは速い。しかるに、鰓の蓋の動きは速いものである必要がある。なぜなら、諸々の鰓からなる自然物は、ちょうど息を吐くためにあるようなものであるから。それゆえ、軟骨魚においては、鰓の孔それ自体の閉鎖が起こるのであって、鰓の蓋は必要ないが、それは、閉鎖が速くなるようにそうなっているわけである。

それで、魚には、鰓が多いものと少ないもの、そして、二重のものと一重のものがいる。しかし、大多数の魚は、最後の鰓が一重である。——これらについての正確なことは、諸々の解剖事例に基づいて、動物に関する諸探求において、[5]研究される必要があるが——。さて、鰓の多さと少なさの原因は、心臓の中にある熱いものの多さと少なさである。なぜなら、熱さをより多くもつものにとっては、鰓の動きがより速くより強力である必要があるからだ。[6]しかるに、比較的多くの二重の鰓をもつものは、一重の比較的少ない鰓をもつものよりも、いっそう多くそのような自然本性をもつ。ゆえに、それら、つまり、鰓が少なくあまり強力ではないもののうちのいくつか、たとえば、ウナギやヘビのような魚は、水の外でも長い間生きていることができるのだ。実際、あまり多くの冷却は必要でないから。

さて、魚は、口に関しても違いがある。実際、正面前方に口をもっているものもいれば、イルカや軟骨魚

---

(1) いわゆる「翼《よく》」であって、幅が広いが、これが胸鰭である。半円形の部分を二つ合わせた部分は、「体盤」とも呼ばれる形をしている。

(2) 第二巻第十章から第三巻第二章。

(3) 『呼吸について』第十章四七六a一以下、同第二十一章四八〇b一三以下。

(4) 軟骨が素材では鰓の蓋は形成できないと想定されている。その理由は以下で語られるが、鰓の蓋はすばやく動く必要があり、そのすばやさは軟骨質ではなく棘骨でないと実現できないからである。なお、『動物部分論』で軟骨魚に含められているアンコウは、『動物誌』でもやはり軟骨魚に含められているが、『動物誌』第二巻第十三章五〇五a五―八では、棘骨状ではなく皮状の蓋が鰓にあるとされている。

(5) 『動物誌』第二巻第十三章五〇四b二八以下。

(6) いくつかの前提が隠されている。すなわち、熱さをより多くもつものにとっては、いっそう多くの冷却が必要であるが、いっそう多くの冷却には、鰓の動きがいっそうすばやくいっそう力強いことが必要である、という前提である。

のように腹面にもっているものもいるから[1]。ゆえに、ひっくりかえって腹を上にして栄養物を取る[2]。しかるに、自然が軟骨魚の口を腹面に作ったのは、他の動物を救うため——実際、そういった魚は肉食なのである[3]から、ひっくりかえる際に手間取ってしまって、他の動物が救われるから[4]——というだけではなく[5]、栄養物に関する貪欲さに軟骨魚が従属しないためであるとも考えられる。というのは、もし容易に栄養物が取れてしまうとすれば、食べ過ぎてしまう[6]がゆえに、たちまち破壊されてしまうはずであるから[7]。それらの事情に加えて、丸く曲がった細い吻という自然物をもっているので、口を、容易に開くものとしてもつことはできないのだ[8]。

697a さらに、上に口[9]をもつ魚でも、大きく開く口をもつものと、先細の口をもつものがいるが、ちょうど鋸歯をもつ魚のように肉食のものは、そのようなものの強さが口に存するがゆえに口が大きく開くのであり、肉

---

(1) 同様の記述は『動物誌』第八巻（写本上の順序では第七巻）第二章五九一b二五–三〇にもあるが、イルカの口は腹面ではなく正面前方にある。Ogle, pp. 250-251 らによって、後世の挿入と疑われているが、そう疑わなくても、イルカの口についてのこの記述は確かに理解が難しい。

(2) ひっくりかえってエサを取るという振る舞いは、実際は、軟骨魚の特徴を示すものなのではない。ちなみに、アフリカのコンゴ地方原産のサカサナマズは、軟骨魚類ではないが、口が腹面にあり、これは水底のエサを取るのにはいいが、水面のエサを取るのには不向きであるので、体をさかさに——しかも長時間——して、水面に落ちてくる虫などのエサを取る。

(3) 他の動物を食べようとする、ということ。

(4) 「[逃げて] 救われる」ということ。

(5) 「ではなく（ウー）」ではなくて、「だけではなく（ウー・モノン）」という言い方がされているので、他の動物を救うためであることが否定されているわけではない。

(6) 貪欲であるから。

(7) Ogle, p. 251は、「私の知る限りでは、この箇所が、アリストテレスが動物の構造について、その動物自体とは別の動物の利益のためになっているものとして語っている唯一の箇所である。他の箇所では、彼は、器官について、その動物自体の役に立つために、その動物に与えられているものとして語るのが常である」と述べている。また、或る研究者は、この箇所は、アリストテレスにおいては普通ではない言明であり、講義の際のジョークだろうとしている。この箇所のような言明が、ひんぱんになされているわけではないということは確かであるが、だからと言って、ジョークとして片づけてしまうことは性急ではないだろうか。異例であるように見える「軟骨魚などの口」の説明は、『動物誌』第八巻第二章(五九一b二五—三〇)にも、ほぼ同じ形で現われている。従来の論者は、この説明が『動物誌』のまさにその箇所にも現われていることとの意義をあまり説明できていないように思われる。アリストテレスは、『動物誌』第八巻第二章から第十一章においてて、どのような動植物がどのようなものを栄養物ないしエサにしているかを詳細に調査、記載している。この箇所を見ると、アリストテレスが、個々の動植物だけではなく、それらの間のさまざまな関係にも深い関心を抱いていたことが分かる。『動物部分論』のこの箇所の説明も、『動物誌』と同じく、エサ取りの観点からなされており、例外的でありジョークであると考えるより、『動物誌』第八巻のような生態学的研究の一つの頂点として積極的に捉えたほうがよいのではないだろうか。ただし、アリストテレスは、「……と考えられる」、「……と思われる」ないし「……のように見える」(パイネタイという動詞と不定詞の組み合わせ)という言い方をしており、「明らかに……だ」(パイネタイと分詞という組み合わせ)という言い方をしていないので、断定をしているのではなく(Lennox, p. 341はthe unusually tentative phraseと評している)、試みとして一つの仮説を提示したのではないだろうか。それゆえ、あまり見られてない発言になっているのであろう。なお、動物の部分ではなくその全体が別の動物のためにあるという言明が、『政治学』第一巻第八章一二五六b一五—二五にあって、この箇所も議論を呼んでいる。

(8) この文章も、軟骨魚の口が腹面にあることの説明であるが、口の配置に関しての、吻の形状による物質的制限を述べているので、目的論的説明ではなく、端的な必然による説明である。つまり、同一のこと(この場合は口の配置)に対して、端的な必然による物質的制限と、その制限の中で実現する目的を述べるという、『動物部分論』におけるアリストテレスの通常の説明の仕方が踏襲されているのである。

(9) 頭のある前方のこと。

(697a) 食ではないものは口が先細である。[1]

また、魚どものうちには、皮が鱗で覆われている——鱗はその光沢と薄さのゆえに体からはがれるのだが——ものと、カスザメ[2]やガンギエイやそのような魚のように、皮がざらざらしているものがいる。しかし、皮がなめらかなのは非常に少ない。軟骨魚は、鱗で覆われていないが、軟骨質であるがゆえに、ざらざらしている。それは、自然が、土質のものを、鱗から皮へと費やしてしまった[3]からである。

そして、魚は、外部にも内部にも、睾丸をもたない。その他の無足動物も、もたない。ゆえに、ヘビももたない[4]。ちょうど、子を産む四足の他のすべての動物もそうであるように、膀胱をもたず、湿った排泄物[尿]も生じないがゆえに、排泄物の孔と発生に関わるものの孔が同一であるのだ。

それで、諸々の魚からなる類が他の動物に対してもつ違いは以上のようなものである。それに対して、イルカやマッコウクジラや、そのような鯨の仲間は、みな、鰓をもたないが、肺臓をもつがゆえに管[5]をもつ。実際、海水を、口で受け入れて、その管で出しているから[6]。なぜなら、湿ったもの[水]の中で栄養物を取るがゆえに、湿ったものを受け入れることが必然であるから。しかるに、受け入れたならば、出すことが必然的である。

それで、鰓は、呼吸をしない動物[7]にとって役立つものなのである。しかし、どのような原因のゆえにそうであるのかは、呼吸についての諸論考で述べられた[8]。すなわち、同一のものが、呼吸し、かつ同時に、鰓をもつということは不可能であるから[9]。むしろ、水を出すために管をもつのだ。そして、その管は、脳の前方に置かれている。さもなければ、脳を背骨の髄から切り離してしまうことになるからだ[10]。また、鯨の仲間が肺臓をもっており呼吸をする原因は、大型の動物は、動くために、より多くの熱さを必要とするということである。ゆえに、それらには、血に由来する熱さで満ちた肺臓があるのだ。

(1) 第三巻第一章で、「魚のうちでは、噛みつく肉食のものがそのように大きく開く口をもつ。しかし、肉食でないものは、先細の口をもっている。先細のほうが役に立ち、大きく裂けているのは役に立たないからだ」(六六二a三一－三三)と言われていた。

(2) 原語は「リーネー」。「『ヤスリ(リーネー)』のような皮をもった魚」という意味。

(3) 原語は「カタナーリスケイン」。時制は現在完了形。

(4) 魚とヘビに睾丸がないことについては、『動物発生論』第一巻第六章で議論されており、「睾丸をもたない動物は、ちょうど先にも[同第一巻第五章七一七b一五以下で]述べられたように、もたないことが善いというのではなく、単に必然的であるがゆえに、また、交尾がすばやいものであることが必然的であるがゆえに、その部分[睾丸]をもたない。そのようであるのが、魚とヘビの自然本性なのである」(七一七b三三－三六)と述べられている。睾丸が存在する目的については、『動物発生論』第一巻第四章と第五章で論じられている。第四章のほうでは、「自然は、あらゆることを、それが必然的なことであるがゆえに、あるいは、より善きことであるがゆえに、なす」(七一七a一五－一六)という注目すべき言葉が登場している。

(5) 噴気孔のこと。

(6) 噴気孔は気管につながっているのであって、口から取り入れた水は出ない。いわゆる「クジラの潮吹き」は、口から取り入れた水を噴き出しているのではなく、呼気が急激に冷やされて霧になる現象であるが、そう認識されてはいなかった。

(7) 「呼吸をする(アナプネイン)」とは、「気息(つまり空気)を取り入れる」ということなので、空気ではなく水を鰓で取り入れる場合は、「アナプネイン」していないということになる。

(8) 『呼吸について』第十章四七六a一以下、第二十一章四八〇b一三以下。

(9) 空気を取り入れると同時に水を取り入れることはできない、ということ。

(10) 脳と脊髄がつながっていなければならない理由は、第二巻第七章で説明されている。

さて、鯨の仲間は、或る意味では、陸に棲むものであり、水に棲むものでもある。[1] なぜなら、陸に棲むも
ののように空気を取り入れるが、ちょうど水に棲むもののように、無足であり、湿ったもの〔水〕から栄養
物を取るからである。アザラシもコウモリも、一方は水に棲むものと陸に棲むもの、他方は空を飛ぶものと
697b 陸に棲むものの、両方への傾向をもつがゆえに、それゆえに、両方に与っており、しかも、どちらにも与っ
ていない。というのは、アザラシは、水に棲むものにしては足をもっており、陸に棲むものにしては鰭をも
っているから――実際、その後足は完全に魚の鰭のようであり、さらに、歯はすべて鋸歯で尖っているから
――。コウモリも、空を飛ぶものにしては、足〔前足〕をもち、四足動物にしては、前足をもたず、尻尾も尾
羽ももたないが、それは、空を飛ぶものであるがゆえに尻尾をもたず、陸に棲むものであるがゆえに尾羽を
もたないのであるから。そして、そのことは、それらコウモリに、必然的に起こる。なぜなら、コウモリの
翼は膜でできているのであって、翼が裂けていなければ、[2] 尾羽をもつことはないからである。そのような羽
根から尾羽はできているのであるから。また、尻尾は、翼にあったとすれば、邪魔なものになったであろう。

第十四章

さて、リビアのストルートス[3]も、アザラシやコウモリと同様のあり方をしている。というのは、一方で、鳥の部分をもち、他方で、四足動物の部分をもっているから。すなわち、四足動物ではない限りで翼をもち、鳥ではない限りで空中高く飛ぶことがないのであり、その羽は飛ぶのに役立つものではなく毛髪状であるか

ら。さらに、四足動物である限りで上まつげをもち、[4]頭のまわりの部分と頸の上部は禿げており、したがって、まつげがいっそう濃いが、しかし、鳥である限りで下部に羽がある。そして、鳥のように二足であるが、四足動物のように双蹄である。実際、指ではなく蹄をもっているから。

ところで、その原因は、ダチョウが、鳥の大きさではなく四足動物の大きさをもっているということである。すなわち、鳥の大きさは、一般的に言えば、極めて小さいものであるということが必然的であるから。なぜなら、非常に大きな体が空中高くへ動かされることは容易ではないからである。

以上で、諸部分について、その各々がどんな原因のゆえに動物に存在するのかが、すべての動物に関して個々に述べられた。さて、それらが規定されたのであるから、次の仕事は、動物の発生に関するさまざまなことを詳しく論じることである。[5]

---

(1) 鯨のように分類的に中間的性格をもつものの扱い方については、『動物誌』第八巻（写本上は第七巻）第二章で詳しく考察されている。

(2) 翼が、羽でできておらず、膜でできているのであれば、当然、羽でできた尾羽もない、ということ。

(3) ダチョウ。

(4) 第二巻第十四章六五八a一三－一四で予告されていた、まつげがないはずの鳥に属するダチョウにまつげがある原因の説明。

(5) 『動物部分論』の後に直接に続くのは『動物発生論』であることが分かる。

動物運動論

本文の内容目次

第一章……371
本書『動物運動論』の研究が必要となる二つの理由。(1)『動物誌』や『動物進行論』などの動物の運動の研究を普遍化させるためという理由。(2)『自然学』第八巻の普遍的議論による運動論を個別的感覚対象と調和させるという課題を私たちはもつが、個別的感覚対象から動物の運動が典型例として選ばれるからという理由。自然的世界にとっての「動かないもの」と動物の体にとっての関節は類比的である。関節の動きの数学的（幾何学的）記述。

第二章……374
動物の運動における外部の支えの必要性。その考察がもつ価値は、動物の研究を越えて、世界万有の運動の研究にまで及ぶ。

第三章……376
『自然学』第八巻の運動論の検証。全自然の運動の場合。ちょうど大地が、動物に対して、また動物によって動かされるものに対してもつような関係を、何かが、全自然に対してもっている。アトラス神話の検討による更なる検証。慣性の法則などの一種の先駆形態と言われることもある「留まるものの強さないし力」の概念。
第四章……380
天が分解する可能性の問題。不可能性の概念の区別に基づく議論。ホメロスを用いた説明。動物の場合。無生物の場合。
第五章……388
『動物運動論』前半の議論のまとめ。場所運動する場合だけではなく性質変化や成長をする場合にも動物には静止するものが必要であるのか。
第六章……389
『動物運動論』後半の議論の開始。魂がいかにして体を動かすのか、動物の運動の始原は何か。「魂をもつもの（生物）」と無生物の関係。動物の運動の目的論的考察。動物を内部で動かす魂の能力は知性と欲求である。外部で第一次的に動かすものは知性と欲求の対象である。
第七章……394
いわゆる「実践的三段論法」を用いて行為における知性の役割を解明する。結論は行為である。実践的三段論法の大前提は「善いもの」を表わし、小前提は「可能なもの」を表わす。大前提は「欲求」が表現し、小前提は「知性」が表現する。明白な小前提に立ち止まることはない。「自動人形」と「おもちゃの車」の例。最初の小さな運動から機械的な仕組みによって大きな運動が生まれる。動物の最初の小さな運動は性質変化である。

第八章 …… 404

追求や忌避の対象の思惟や表象には、体が熱くあるいは冷たくなることが付随する。魂は関節に局在しない。小枝を動かす例。

第九章 …… 412

体の左右上下の場所の運動を一つにまとめるものが中間の場所になければならない。数学的なモデルを使った説明の試み。

第十章 …… 416

動かされながら動かす中間的な物体が動物（魂をもつもの）の体の中に存在する必要性。「生来の気息（シュンピュトン・プネウマ）」。動物は「善き法治国家（エウノムーメネー・ポリス）」のように構成されている。

第十一章 …… 422

動物の「自発的な（ヘクーシオン）」運動と「自発的ではない（ウーク・ヘクーシオン）」運動の説明。心臓と陰茎の——理性に反した「非自発的な（アクーシオン）」——運動の説明。

第一章

698a さて、諸々の動物の運動に関しては、一方で、それらの動物からなる各々の類に関わって、どのような相違があるのか、また、それらの動物に個々に付帯するさまざまなことの原因にはどのようなものがあるのか、ということは、別の諸論考で[1]余すところなく考察されている。他方で、いまや、動物が動くことの共通の原因について、それがどのような運動であれ――動物には、動く仕方として、飛ぶこと、泳ぐこと、歩むこと、他にもそのような方式があるから――、一般的に考察されなければならないのだ。

それで、自分自身を動かすものが、その他の諸々の運動の始原であり、自分自身を動かすものの始原は、動かされえないものであること、そして、最初に動かすものは、動かされえないものであることは、先に、永遠の運動について、それはあるのか否か、あるとすれば、どのようなものであるのかが考察されたときに[2]

（1）『動物部分論』第四巻第十章から第十四章あるいは『動物誌』第二巻第一章、そして『動物進行論』のこと。

（2）『自然学』第八巻で、ということ。

規定されたのであった。しかし、そのことは、議論によって普遍的に把握するだけではなく(1)、個別的な感覚対象においても把握する必要がある。まさしくそれを通じて私たちは普遍的議論を追い求めるのであり、個別的感覚対象と普遍的議論は調和している必要があると私たちは思っているのだ。実際、個別的感覚対象の場合にも、静止しているものが何もなければ、動くことは不可能であるということは明らかなのであり、それで、なによりもまず諸々の動物それ自体において、そうなのであるから。すなわち、動物の諸部分のうちの何かが動くとすれば、何かが静止している必要があるから。まさにそれゆえに、動物には関節があるのだ(2)。なぜなら、動物は関節を、ちょうど中心点として使う(3)のであり、関節がある部分の全体が、その関節のゆえに、可能態あるいは現実態において変化して、一つにも二つにも、つまり、まっすぐにも曲がった状態にも(4)なるからである。そして、部分が曲がる運動をする場合、関節にある一方の点は動き、他方の点は静止しているのであって(5)、それはちょうど、［Aを中心とする円の］直径上の［半径］AΔが静止しており、［その反対側の半径AB の］Bが［Γまで］動いて、AΓが生じるようなものなのである。しかし、その場合(6)、いかなる仕方でも中心点は分割しえないと思われる——というのは、彼ら(7)が主張するような「動く」ということすら、彼らの虚構である(8)からだ。なぜなら、数学の対象は何一つとしても運動しないから(9)——が、関節の場合は、可
698b 能態あるいは現実態において、一つになったり、分割されたりする(10)のだ。だが、それで、当の運動が関係する始原は、その始原よりも下の部分が動く場合には、始原である限りにおいては常に静止している(11)。たとえば、前腕が動く場合は肘が静止しているが、腕全体が動く場合は肩が静止しており、また、下腿が動く場合は膝が静止しているが、脚全体が動く場合は腰が静止しているように。それで、各々の動物は、それ自身の

うちにも、[12]何か静止しているものをもつ必要があるのであって、その静止しているものとは、動くものの始

（1）『自然学』第八巻が経験的な研究ではなく抽象的な議論で構成された論理的な研究であったことを示唆している。

（2）「動く」とは『動物運動論』では場所が変化することなので、関節は、場所が変化せず単に曲がるだけの場合、「動かない」つまり「静止している」ということになるのである。したがって、自然的世界における「動かされない（つまり動かない）もの」と、動物の体における関節が類比的だということになる。

（3）「ちょうど［円運動の場合の動かない］中心点として」ということ。以下、円という幾何学図形を用いた、関節の数学的考察が展開されるが、学問を厳格に区別してきたアリストテレスの比較的後期の著作であると推定されている『動物運動論』において、数学を動物学に応用——しかもその応用は、以下の叙述から分かるように、「虚構」に基づいているという自覚をもちながら——しているのは注目すべきことである。

（4）「まっすぐ」が「一つ」に、また、「曲がった状態」が「二つ」に対応している。

（5）「関節にある一方の点［関節から遠い点］は動き、他方の点［関節そのもの］は静止している」ということ。

（6）幾何学上の円の場合、ということ。

（7）プラトニストたちのことか、あるいは、プラトン個人（『国家』第七巻五二九C七以下を参照）を指すのに複数形を使っている（Nussbaum, p. 283）。

（8）「虚構である」の原語は「プラッテイン」。「彼らが作り事をしている」、「彼らが捏造している」とも訳せる。要するに、本当はそうではないということ。

（9）アリストテレス独自の数学観を表わす言葉。『形而上学』E巻第一章参照。

（10）ここで「分割される」とは、「二つになる」ということ。

（11）「始原である限りにおいては」とは、「［始原がその部分の運動の］始原である限りにおいては」ということ。つまり、当の運動との関係で相対的に静止している、ということ。以下の例を使うと、腕全体が運動する場合に腕とともに動かされ静止していない肘も、前腕が曲がる運動に関する限りは静止している。

（12）動物の体の外部だけではなく、「それ自身のうちにも」、ということ。外部の支えについては、次の章で論じられる。

(698b)

原がそこから生じるところのものであり、また、全体がもろともに動くか部分的に動くかする時にそれへと支えを求めるところのもののことであるということは、明らかである。

第二章

しかしそれにもかかわらず、端的に静止しており動かされえないものが外部になかったとすれば、それ自身のうちのいかなる静止も効果がなかったことであろう。さて、ここでいったん立ち止まって、いま述べられたことについて考察することには価値がある。というのは、それは、動物の場合に成り立つ限りの研究を含むだけではなくて、世界万有の運動や移動の研究にまで及んでいるからだ。(1) すなわち、ちょうどもし、動物が動こうとするのならば、それ自身のうちにも何か動かされえないものが存在する必要があるように、そのように、動くものがそれを支えにして動くところの何か動かされえないものが、動物の外部に、さらにいっそう必要であるから。なぜなら、もし、泥の中のカメのように、あるいは、砂地を歩く人たちのように、足下が常にくずれるのならば前に進まないであろうし、地面が留まっていなければ歩みも成立せず、大気や海が押し返さなければ、(2) 飛ぶことや泳ぐことは成り立たないからだ。しかるに、押し返すものは、動くものとは別のものであること、しかもその押し返すものの全体が、動くものの全体と別のものであること、つまり、そのように、押し返すという仕方で動きえないものは、動くもののいかなる部分でもないことが必然である。もしそうでないならば、動かされることはないであろう。その証拠は、次のような難問である。すな

699a

わち、船は、その外から、人が竿によってマストやその他の部分を突いて押す場合は、容易に動かせるのであるが、人が船それ自体の中にいて、そのことをしようと試みるならば、動かせないであろうし、たとえその人がティテュオス(3)であったとしてもだめであり、また、ボレアス(4)であって、船の中から帆に息を吹きかけても、ちょうど画家がしているような仕方で息を吹きかけるのだとすれば、やはりだめなのである。実際、ボレアス自身から息を出しているように描いているからだ。なぜなら、誰かが息を、おだやかに吹きつけるにせよ、非常に大きな風が起こるように力強く吹きつけるにせよ、吹きつけられるものあるいは押し付けられるものが息とは別のものであるにせよ、まず、その者自身の諸部分のうちの何か静止するものを支えにして船を押すことが必然であり、次にまた、その部分——部分それ自身であるか、部分がそれに属しているものであるかだが——が外部の何かを支えにして留まるのが必然であるから。しかし、その者自身が船の中にいて船を支えにしながら船を押す者は、船を動かさないのが理にかなっているのであるが、それは、支えにされているものは留まっているのが必然的なことであるがゆえである。しかるに、その者にとって、その者

(1)『動物運動論』は、動物学にとって価値があるだけではなく、『自然学』第八巻にとっても価値がある、ということ。前章で述べたことを再確認している。

(2)「静止する」あるいは「留まる」と消極的に表現されていた事態が、積極的に、反作用を含意さえする「押し返す」という言葉で表現されている点が注目される。

(3) 大地の女神ゲーないしガイアの子。巨人。

(4) 冬の北風の神。風神の四兄弟のうちで最も凶暴であり、嵐を起こす。

が動かすものと、その者が支えにするものは、同一なのである。(1) だが、外側から押すかあるいは引くのであれば動かす。大地は船の部分ではないからだ。

第三章

また、「もし何か(2)が天全体を動かすのであれば、はたして、それも(3)、動かされえないものであり、そして、天の部分でもなく天のうちにもない必要があるということなのだろうか」という難問を提示する人がいるかもしれない。なぜなら、(1)もし、動かすものが、それ自身動かされつつ(4)、天を動かすとすれば、何か動かされえないものに触れつつ(5)、天を動かすことが必然であり、そして、それは(6)、動かすものの部分ではないことも必然であるし、また、(2)もし、動かすものが、始めから(7)、動かされえないものであるとすれば、「(1)と」同様に、動かされるものの部分にはならないことが必然であるからだ(8)。そして、少なくともこの点に関

(1) 動かす対象と、それを動かす場合に支えにするところの留まっているものとが同一であることはありえないのに、ということ。

(2)「何か」としか言われていないが、いわゆる「不動の動者」のこと。

(3) 前章の議論を受けて、「も」と言われている。すなわち、動物を動かすものや船を動かすものだけではなく、天全体を動かすもの「も」、ということ。

(4) 端的に動かされえないものではなく、ということ。

(5)「触れる」とは、前章の「支えにする」の言い換えであろう。いったいどのような仕方で触れているのかといった、『生成消滅論』第一巻第六章で詳しく論じられている「接触

様式」の問題（とりわけ二二三a二八以下での「一方的で非相互的な接触」の議論）については、『動物運動論』では何も述べられていない。しかし、『動物運動論』では、直接に動かすのではなく、「支える」という仕方で動かすという概念の提示に力点があったと考えれば、接触様式の議論がないことは、必ずしも『動物運動論』の欠点ないし問題点にはならない。実際、動くものや動かすものを「支えるもの」という、『自然学』や『形而上学』にない不動の動者像を提出している点が『動物運動論』の独自性であるとも言えるからである。

（6）動かすものとは別の、支えとしての動かされえないもののこと。

（7）「始めから」と訳した「エウテュス」は、「ただちに」という意味。「ただちに」とは、条件(1)で登場する「支えなしには動かせないもの」を介さないで、ということ。したがって、「ただちに、動かされえないものであるとすれば」とは、「『支えなしには動かせないもの』ではないとすれば」、つまり、「それ自身が支えになる端的に動かされないものであるとすれば」、ということである。

（8）『自然学』第八巻第五章の、「さて、以上の考察から、第一に動かすものは動かされえないものであるということが明らかである。なぜなら、動かされているもの、しかも何か別の動かされているものによって動かされているものの系列が、(1)第一の動かされえないものへ『ただちに（エウテュス）』向かってそこで終わるにせよ、(2)動かされてはいるが自分自身を動かしたり停止させたりするものをいったん経てから終わるにせよ、(1)と(2)のいずれの場合にも、すべての動かされているものにとって、第一に動かすものは動かされえないものだということが帰結するからである」（二五八b四―九）に立脚した記述ではないかと思われる――ただし、『自然学』のこのテクストの(1)と(2)は、それぞれ『動物運動論』では(2)と(1)に対応する――。

しては、「天球[1]が円を描いて運行する時、そのいかなる部分も留まってはいない」と述べる人たち[2]の主張は正しい。というのは、そうだとしたら、天球全体が留まるか、あるいは、天球の連続性が引き裂かれるかすることが必然的なことであったはずであるから。しかし、天球の両極が、大きさをもたず、末端ないし点であるのに、或る力をもつと彼らが思っているのは、おかしい。なぜなら、そのような、末端ないし点は、実体ではないということに加えて、天球の一つの運動が二つのものによって起こされることは不可能なのであるが、しかるに彼らは極を二つであるとしているからである。それで、「ちょうど大地が、動物に対して、また動物によって動かされるものに対して、もつような、そのような関係を、何かが、全自然[3]に対してもっているのだ[4]」と、難問を検討し終えることになるだろう[5]。

さて、神話という形で、アトラス[6]をして大地の上にその両足を置かしめている人たちは、理性に基づいてその神話を語ったのだと思われる[7]。というのも、その者アトラスをして、ちょうど半径[8]のようなものとしてあらしめ、天を両極のまわりに回転させているからだ[9]。これは、大地[10]が留まっているがゆえに、理にかなっていよう。しかし、そのようなことを述べる人たちにとっては、大地は世界全体[11]の部分ではないと主張することが必然的なのである。加えて、動かすものの強さと留まるものの強さとを等しくする必要がある[12]。なぜ

(1) 恒星天のこと。
(2) スペウシッポス、ピュタゴラス派、アナクサゴラスなどさまざまに推測されているが、証拠が乏しく、同定は困難である。それに対して、Nussbaum, p. 299 は、アリストテレスが自己批判をしている可能性を考えている。すなわち、『動物運動論』六九九a二二以下では、この「人たち」について、

点は「実体（ウーシアー）」ではなく、また、実体ではない点に力があるとする説はおかしいと指摘されるが、しかし、アリストテレス自身、比較的初期の著作と見なされている『分析論後書』第一巻第二十七章で、点のことを「位置のある『実体（ウーシアー）』」（八六a三六）と言っているからである。

（3）本章冒頭の「天全体」のこと。

（4）第一章で述べられた「個別的感覚対象と普遍的議論の調和」が確立されたわけだが、「ちょうど……のように（ホースペル）、そのように（フートース）」という言葉から、その「調和」が類比的に把握されていることが分かる。全自然を動かす「何か」とは、いわゆる「不動の動者」であるが、不動の動者である「何か」は大地と同一のものではなく類比的なものであるにすぎないから、もちろん、大地のような物体的存在であるとされているわけではない。

（5）実際は、アトラス神話による検討が続くので、暫定的な結論として、「ということになるだろう」という言い方がなされている。

（6）天を支えている巨人神。

（7）神話を「通念（エンドクサ）」と捉えて、これによってディアレクティケー的に普遍的議論を検証しようとしているのであろう。

（8）原語は「ディアメトロン」。通常は「直径」と訳すが、ここでは「半径」の意味。直径になぞらえると、アトラスは、大地に足を踏ん張らずに、手で支えている極とちょうど反対側の極に直接足を置いていることになってしまうからである。

（9）対応する文学的記述として、ヘシオドスの『神統記』五一七行以下を参照させることが多いが、ヘシオドスではアトラスは天を支えているだけで動かしてはいない。動かすとする文学作品はウェルギリウス以前には見当たらないとする研究もある。すると、『動物運動論』の真作性に疑問が生じることになる。しかし、クリティアスの「断片」一八（DK）にそれを見ることができるので、神話の形でアトラスのことを述べた人たちとは、ソフィスト運動と関わりのある人物かもしれない。よって、この点での真作性の疑問は生じない（以上、Nussbaum, pp. 300-304 による）。

（10）アトラスが天を動かす際に支えにするものとしての大地。

（11）天全体や全自然の言い換え。

（12）このあたりの箇所が慣性の法則やその他の運動法則の先駆として評価されることがあるが、アリストテレスには質量の概念がなかったので、そのような評価には注意深い限定が必要である（Nussbaum, pp. 305-306）。

なら、留まるものが留まるときに基づく一定の量の強さや力が[1]存在するのだが、これは、ちょうど、動かす
ものが動かすときに基づく力にも一定の量があるのと同様であるから。そして、反対の運動どうしの間に、
力の量の一定の比があるように、静止どうし[2]の間にも必然的に力の量の一定の比がある。また、等しい力を
699b もつものどうしは互いによって動じないが、力の超過によって圧倒される。まさにそれゆえに、アトラスで
あろうと、内部[3]にあって動かす他のそのようなものであろうと、動かすものは、大地が行使しているところ
の留まるはたらき以上に押し返す必要はない。さもなければ、大地は、自分自身の場所、つまり、中心[4]から
動かされてしまうであろう。なぜなら、押すものが押すような仕方で、押されるものは押されるのであるが、
それは、強さの点で同様であるということなのであるから[5]。しかるに、始めは静止しているもの[6]が動かすの
であるから、したがって、その動かす強さは、そのアトラス自身が釣り合いを保っている静止と同様で等し
いというより、いっそう大きい[7]。同様にまた、動かされるが動かさないもの[8]の静止よりもいっそう大きい。
それで、全天や、それを動かすもの[9]がもっているだけの力が、静止状態[10]における大地の力である必要がある
だろう[11]。そして、それが不可能であるならば、天が、その内部にあるものどものうちの何かそのようなもの
によって動かされるということもまた不可能なのである。

第四章

さて、天の諸部分のさまざまな運動[12]について或る難問があるのだが、それは、ちょうどいま述べられたこ

(1)「強さ（イスキュース）」と「力（デュナミス）」は、次の章の六九九b一五以下で区別して使われている。その箇所によれば、「強さ」とは物体がもつ自然本性――土という単純物体であれば重さ――のことであり、「力」とはその強さが運動や静止に用いられたもの――土あるいは大地はその重さを静止のために用いる――のことを言っていると思われる（以上は、Kollesch, p. 42 による）。

(2)「[力が釣り合って動かない]静止どうし」ということ。

(3)「[動かされるものの]内部」ということ。

(4)「[世界全体の]中心」ということ。

(5)六九九b五の「カイ」を、Nussbaum, p. 307 にしたがい epexegetic に解して、「それは……ということなのである」と訳した。

(6)アトラスを指す。

(7)この文章の解釈は、Mich., 109, 9-14; Nussbaum, pp. 307-310 にしたがう。ミカエルは、「[アリストテレスは]アトラスのことを『始めに静止しているもの』と述べている。なぜなら、彼[アトラス]自身が大地に対して静止して、[天を支える]柱――その柱も動かされている[もともとアトラスは天の支柱の番人であったので、アトラスに支柱は付き物なのである（訳者）]――とともに天を動かすからである」（Mich., 109, 9-10）と述べている。「始めは静止しているもの[アトラス]が動かす」と訳した文は、「[動かすものであるアトラスが、]始めは静止しているもの[天]を動かす」とも訳される（Farquharson, Foster など）が、この場合は、天のことを論じていると思われる「同様にまた」の議論がなぜさらに必要なのかが理解できなくなってしまうだろう。

(8)天のこと。

(9)アトラスを指す。

(10)「[天やアトラスを押し返し支えている]静止状態」ということ。

(11)ミカエルは、「大地の強さは、必然的に、アトラスの強さに対してだけではなく、アトラスによって動かされる天の強さに対しても対抗するのであるから、大地の強さは、各々の強さそれぞれよりも、つまり、天の強さやアトラスの強さよりも大きいということは明らかなのである」（Mich., 109, 11-14）と議論をまとめている。

(12)ミカエルによれば、ここでの「天」とは恒星天ではなく「世界全体」のことであり、その「諸部分」とは「土、火、また、神的で円運動する物体[アイテール]」のこと、その「さまざまな運動」とは「各々のものの自然本性による場所からのさまざまな移動」のことである（Mich., 109, 22-24）。

と密接に関係するものとして考察することができよう。すなわち、何者か(1)が運動の力によって静止の力を凌駕するならば、それ［静止する大地］(2)をその中心から動かしてしまうということは明らかであるから。そして、大地の静止する力がそれから由来するところの強さ(3)が無限ではないということも明らかである。なぜなら、大地は無限ではなく(4)、したがって、大地の重さも無限ではないからだ(5)。

　ところで、「不可能」は、より多くの仕方で言われるので――なぜなら、(1)「音声が見られることは『不可能』である」ということと、(2)「月に住む人たち(6)が私たちによって見られることは『不可能』である」ということを、私たちは同じ仕方では主張してはいないのであるから。すなわち、前者(1)は、見られることは必然的に不可能であるということであり(7)、後者(2)は、見られることは自然本性ではあるが、見られることはないだろうということであるから(8)――、天は消滅や分解が必然的に不可能であると私たちは思っているが、しかし、今の議論にしたがえば、必然的に不可能というわけではないことになる。なぜなら、大地がそれに基づいて静止するところの運動よりも、また、火や上にある物体(9)がそれに基づいて動かされるところの運動よりも、もっと大きな運動が存在することは、自然本性的なことであり、しかも、可能なことであるからだ(10)。

---

(1) アトラスの話の続きなので、「何か（ティ）」ではなく、「何者か（ティス）」と言われているのであろう。

(2) 「それ」が指すものは、形式的には直前の「静止」であるが、内容的には、静止状態における大地のことであろう。それは、少し遠いが、六九九b九で登場している。

(3) この「強さ（イスキュース）」とは、物体としての大地の強さ。ミカエルによれば、「重さ（バリュテース）」のことである（Mich., 109, 29-30）。次の文で、「大地の『重さ（バロス）』も無限ではない」と言われているので、この「重さ」が「強さ」であるとすれば、大地の「強さ」も無限ではないということになるのである。

（4）「[物体として] 無限ではなく」ということ。

（5）もし大地の「重さ」つまり「強さ」が無限ではないならば、つまり有限であるならば、それの凌駕は可能である。したがって、「誰かが運動の力によって静止の力を凌駕する」ことは可能であり、「それ [静止する大地] をその中心から動かしてしまうということ」もまた可能である、つまり「明らかである」。これが難問である（以上はミカエルの解釈に基づく。Mich., 109, 26-110, 6)。

（6）「月に住む人」は、Diels, *Doxographi Graeci*, p. 361 の資料によれば、ピュタゴラス派の説であり、アリストテレス自身も『動物発生論』第三巻第十一章（七六一b二一）において、火の自然本性をもつ動物がいるとすれば月であろうと述べている (Farquharson; Nussbaum, pp. 314-315)。

（7）後者の場合の記述との対比から分かるように、そのものの自然本性にしたがって、あるいは、そのものの端的な必然によって、不可能ということであろう。音声はその自然本性からして視覚の固有の対象ではないから、音声を見ることは、必然的に不可能である。

（8）「見られることが自然本性であるが」とは、人間は音声とは違って視覚の固有の対象であるから、人間を見ることはそのものの自然本性からすると必然的に不可能というわけではない、ということ。「見られることはないだろう」は、必然的に不可能というわけではないが――実際六九九b二三で「必然的に不可能というわけではない」と言い換えられている――、偶然的な条件によって不可能になっている、ということ。視覚の固有であるのになお「見えないだろう」と言われる理由が、たとえば視覚の対象と目の距離がありすぎるということだとすれば、これは、視覚とその固有の対象という観点にとっては本質的ではない要素による、つまり偶然的な要素によるということになるだろうからである（以上は、Nussbaum, pp. 313-314 に基づいた解釈）。

（9）「上にある物体」とは、自然本性的に円運動する第五元素、すなわち「アイテール」のこと。

（10）この箇所の「可能なことである」は、先の「必然的に不可能であるというわけではない」（六九九b二三）を根拠づける文の結論部であり、これと同値であるはずであるから、「[偶然的な条件次第では] 可能なことである」という意味でなければならないだろう。

それで、もし圧倒的な［無限の］諸々の運動が存在するとすれば、それら(1)は互いに分解されていくであろう。また、もし、存在するのではないが、仮に、存在することが可能――「仮に」と言うのは、運動が無限であることは可能ではないからであるが、それは、物体(2)も無限であることは可能ではないがゆえである――であれば、天が分解することも可能であるはずだ。なぜなら、いやしくも不可能ではないのならば、そのことが生じることを何が妨げるのであろうか。そして、反対のことが必然的ではないならば、その当のものは不可能なことではないのである。しかし、この難問については別に論じよう(3)。

さて、動かされるものの外部に、それの部分ではなく動かされえないものであって静止している何かが、存在する必要が果たしてあるのだろうか、それともないのだろうか。そして、このことは、世界万有に関しても、そのようであることが必然的なことなのだろうか。というのは、もし運動の始原が内部(4)にあるとすれば、おそらくそれは奇妙なことであると思われるはずだから。ゆえに、そのように考える人たちにとっては、それがホメロスによって次のようにうまく語られていると思われることだろう。すなわち、

700a
しかし、汝らが万有の至高者ゼウスを天から地へと引き下ろすことは
できないであろう。汝ら、すべての男神と女神が、［黄金の鎖で天から］
ぶらさがり、疲れ果てるまで引っ張ったとしても(5)。

なぜなら、まったく動かされえないもの(6)は、何によっても動かされることはありえないから。そこからして、先に述べられた難問、すなわち、天という構成体が分解することは可能なのか、それとも可能ではないのか、という難問も、動かされえない始原からぶらさがっているならば、解決されるのである(7)。

（1）「それら（タウタ）」は、中性複数であるから、直前にある「諸々の運動」（女性複数）ではなく、その運動を担う大地すなわち土、火あるいはアイテールなどの諸々の単純物体（中性複数になる）を指すと考えたほうがよい（Nussbaum, p. 318の解釈に基づく）。

（2）運動を担うものとしての物体。

（3）「別に論じよう」とは、「［以上のような不可能性の概念を用いた議論とは］別に論じよう」という意味でなければならない。一見、「『動物運動論』とは別に」、たとえば、『天について』第一巻や『自然学』第八巻においてという意味であるように思える。しかしそうだとすると困難が生じる。なぜなら、この箇所の「難問」は、ホメロスからの引用をしている次の段落の末尾（七〇〇a二一—六）において、「先に述べられた難問」として言及され、しかも解かれてしまっているからである。それゆえ、「別に」とは、直接には著作のことを言っているのではなく、直前の様相の議論とは「別に」、ホメロスからの引用を利用した議論で、という意味であると解した。様相の議論が打ち切られたのは、『天について』などの議論の繰り返しを避けたかった（Nussbaum, p. 319）からかもしれないし、聴講者には難しすぎるので、直感的にわかりやすいホメロスの例を使った説明をしたほうがよいと、アリストテレスに思われたからかもしれない。

（4）「［動かされるものの］内部」ということ。

（5）ホメロス『イリアス』第八歌二〇—二二行の、ゼウスが諸神に自分の偉大さを説明する箇所に対応するが、行の順序の入れ替わりや言葉の違いがある。記憶に基づく引用なのであろう。なお、アリストテレスが、ホメロスのこの箇所を引用しようと思ったのは、プラトン『テアイテトス』一五三Dで、ホメロスが「黄金の鎖」で意味しているのは太陽のことであり、天の連続的で規則的な回転運動が世界の秩序を維持するのに必要であるとされているのを念頭に置き、これに対抗する形で、連続的な回転運動では十分ではなく、まさにホメロスのこの箇所は、不動の動者——ゼウスで表わされる——が必要だという自説を支持すると考えてのことであろう（以上は、Nussbaum, pp. 320-321による）。

（6）ゼウスに相当する。

（7）一切動かされることがない、つまり、釣り合いのとれた静止の状態から変化することはないので、力の凌駕による分解もありえない、ということになろう。

(700a)

しかし、動物の場合は、以上のような、動かされるものの部分ではないという仕方で動かされえないものが、単に存在するばかりではなく、自分自身を動かして場所的に動くものども自身のうちにも存在する必要がある——それ[1]の或る部分は静止し、別の部分は動く必要があるから——、すなわち、動くものが支えにして動くであろうところのものが存在する必要が、たとえば、動物の体の諸部分のうちのあるものを動かす場合に、ある。なぜなら、或る部分は、いわば留まっている別の部分を支えにするのであるから。

だが、次のような難問を提示する人がいるかもしれない。すなわち、運動する限りの無生物について、すべてのものが、自分自身のうちに、静止するものと動かすものをもっているのかどうか、そして、それら運動する限りの無生物もまた、外部で静止する何かを支えにすることが必然であるのかどうか、あるいは、そんなことは不可能——たとえば火や土や何らかの無生物がそうであるように——であって、むしろ、それによってそれら運動する限りの無生物が第一に動かされるところのものがそうであるのかどうかである。というのは、すべての無生物は他のものによって動かされているのであって、そのような仕方で動かされるすべてのものの始原であるのは、自分自身を動かすものであるから。一方で、そのようなもののうちで、動物どもについては、すでに述べられた[2]。すなわち、そのようなものども[自分自身を動かすもの][3]はすべて、静止するものを自分自身のうちにもち、支えになるものを外部にもつのが必然であるから[4]。他方で、もっと上位の仕方で、すなわち第一次的な仕方で動かすもの[5]が何か存在するのかどうかは明らかではなく、そのような始原については別に議論する[6]。ともかく、動く限りの動物[7]は、すべて、息を吸ったり吐いたりするときでさえ、外部に支えられて動いている。なぜなら、投げ出す重さの大きいか小さいかでは何の違いもなく、

まさにそのことを、唾をはいたり咳をしたりする人たちや、息を吸ったり吐いたりする人たちがしているのであるから。(8)

(1) 場所的な自己動者のこと。

(2) Farquharson や Louis は『動物進行論』を参照させているが、『動物運動論』の前半のことであろう (Preus, p. 77)。

(3) 二つ目の「そのようなものども（トイアウタ）」は、直前の「動物ども」を指すのではなく、一つ目の「そのようなものども」と同じく、「自分自身を動かすもの」を指すと思われる。もし、「動物ども」を指したかったのであれば、「そのようなものども」ではなく、端的に「それら（タウタ）」という言葉を使ったであろうから。

(4) そして、動物どもはそのようなものであるから。

(5) 「いっそう上位の仕方で」という比較級の副詞は、文脈的に、「[自分自身を動かすものよりも] いっそう上位の仕方で」という意味のはずである。「[自分自身を動かすものよりも] いっそう上位の仕方で、すなわち第一次的な仕方で動かす」とは、自ら動いて動かす運動因としてではなく、自らは動くことなく動かす目的因として動かすものを指すと思われる。不動の動者はまさにその仕方で動かすものであるが、一般に欲求の対象がそのような仕方で動かす。欲求の対象によって動かされる仕方は、『動物運動論』第六章以降で論じられている（以上は、Nussbaum, pp. 323-324 に基づく解釈である）。

(6) Farquharson は『形而上学』Λ巻第八章を、また Louis は『自然学』第八巻第二章と第六章を参照させているが、『動物運動論』の後半、つまり第六章以降で、欲求の対象によって動かされる仕方を考察している箇所のことであろう (Nussbaum, p. 323; Preus, p. 77)。

(7) 「動く限りの動物」とは、自己動者としての動物ということであろう (Preus, p. 76)。

(8) 『自然学』第七巻第二章二四三b一二では、息を吸い込むことが、引っ張ることの例として、また、息を吐くことが、押すことの例として用いられている。

第五章

しかし、場所的に自分自身を動かすものにおいてのみ何かが留まっている必要があるのだろうか、それとも、自分自身によって性質変化し[1]成長する[2]ものそれ自身においてもそうであるのだろうか。だが、始めからの生成と消滅[3]については話が別である。というのは、私たちが主張するように[4]、第一の運動[5]が存在するとすれば、それが生成と消滅[6]の原因であり、それで、おそらくは、その他のすべての運動の原因でもあるはずだから。ところで、ちょうど世界全体においてそうであるように、動物においても、それが成体になったときには、第一の運動が原因である。したがって、成体の動物が自分自身の原因になるとすれば、第一の運動が成長の原因であり、性質変化の原因でもある。しかし、もしそうでなければ、必然ではない[7]。だが、最初期の成長と性質変化は、他のものによって、他のものどもを通じて[8]、生じる。そして、自分自身の生成と消滅に関しては、いかなるものも、それ自身が原因であるということはありえない。なぜなら、先に存在してい
700b るのは、動かされるものよりも、動かすものであり、また、生まれるものよりも、生むものであるからだ。しかるに、何ものも自分自身より先に存在することはないのである。

第六章

それで、魂[9]について、それが動くのか否か、そして動くとすればいかにして動くのかということは、先に

(1) ミカエルによれば、「自分自身によって性質変化する」は、「快楽や怒りなど」のことである。これらの情念は、まわりのものによって変化させられて起こるのではあるが、一度運動が内部で生じたならば「自分自身による」ものということになる (Mich., 112, 27-30)。

(2) ミカエルによれば、「自分自身によって成長する」とは、母親の胎内で成長することではなく、産まれたあとで成長することである (Mich., 112, 25-27)。

(3) ミカエルによれば、「始めからの生成と消滅」とは、「母親の胎内で始めから構成されること」である (Mich., 112, 30-113, 1)。

(4) ミカエルが『自然学』第八巻に言及している (Mich., 113, 5-6) が、とりわけその第七章において、ということであろう (Nussbaum, p. 327)。

(5) ミカエルによれば、この「第一の運動」とは、「場所変化」のことであり、その中でも、とりわけ「円運動」のことである (Mich., 113, 4-5)。

(6) 「[始めからの生成と消滅ではない通常の]生成と消滅」ということ。

(7) もし第一の運動が成体の動物の成長などの原因でなければ、自分自身によって成長するものそれ自身において何か留まるものが存在することは必然というわけではない、ということ。しかし、原因であるのだから、それにおいても何か留まるものがあるのは必然であるということになる (以上は Mich., 113, 11-14 による)。

(8) 親によって、さまざまな素材を通じて、ということ。

(9) 『動物運動論』において「魂 (プシューケー)」に言及される最初の箇所。

(700b) 魂について規定した諸論考で述べられた(1)。また、魂をもたないものは(2)、みな、他のものによって動かされるのであり(3)、そして、第一にかつ永遠に動くものについて、それがどのような仕方で動くのか、また、第一に動かすものはいかにして動かすのかということは、先に第一の哲学に関する諸論考において述べられたので(4)あるから、残る仕事は、魂がいかにして体を動かすのか、そして、動物の運動の始原は何かということを考察することである。なぜなら、世界全体の運動を除けば、魂をもつものが(5)、それとは別のものども(6)、つまり、互いにぶつかり合うがゆえに互いによって動かされているのではないものども(7)の運動の原因であるから。ゆえに、それらのあらゆる運動は、まさに限界［終局］をもつ。なぜなら、魂をもつものの運動も、まさにそうであるから。すなわち、すべての動物は、何かのために(8)動かしたり動かされたりするのであって、したがって、その何か、つまり、それのためであるその何かが、それら動物のあらゆる運動の限界［終局］であるからだ。

さて、動物を動かすものが、思考、表象(9)、選択、願望、欲望であることを、私たちは見ている。しかし、それらは、みな、知性と欲求に帰せられる。というのは、表象も知覚も、知性と同じ位置を占めているから(10)だ。すなわち、それらは、別の諸論考で述べられた(11)相違をもってはいるものの、みな、判別能力なのである

---

(1)『魂について』第一巻第三－五章、第二巻第四章、第三巻第九－十三章。

(2)「魂をもたないもの」の原語は「アプシューコン」。無生物のこと。後で登場する「魂をもつもの（エンプシューコン）」――生物あるいは動物――と対になる概念。

(3) 第四章七〇〇a一一以下を参照。

（4）『形而上学』Λ巻第七章一〇七二a二六以下、b三―四など。

（5）ここで、「魂をもつもの（エンプシューコン）」とは、「動物（ゾーオン）」を言い換えたものであるが、「魂（プシューケー）」との関係を強調するために言い換えられたのであろう。

（6）魂をもたないものども、無生物のこと。

（7）「互いにぶつかり合うがゆえに互いによって動かされている」とは、当のものども以外のものが登場しないのであるから、自己完結しているという意味であろう。そして、そのように自己完結している「のではない」とは、以下で説明されているように、「生物――とくにその目的――と関わり合いをもっている」ということであろう。もしそうでなければ、その次の「なぜなら、魂をもつもの［生物］の運動も、まさにそうであるから」が理由文として機能しないであろう。なお、この解釈では、Nussbaum, p. 332に反して、生物の目的と関わり合いをもたない無生物というものがあり、それには限界がないということになるが、それは、生物の目的に関わっていない単純物体の端的な必然によるはたらきが不規則で定形のないものを生み出すということではないだろうか。

（8）『動物運動論』において「ため（ヘネカ）」が語られる最初の箇所。

（9）ここで「表象」と訳した「パンタシアー」は、「パンタスマ（表象内容）」と区別されるならば、むしろ、「表象作用」や「表象のはたらき」（中畑訳『魂について』での訳語）であるが、ここでは「表象能力」の意味であろう。しかし、他の訳語とバランスが悪くなるので、とりあえず単に「表象」と訳した。

（10）「位置を占める」と訳したのは、原語では「『コーラー（場）』をもつ」（七〇〇b二〇）だが、この言い回しは七〇〇b二八―二九にも――動物学著作では『動物部分論』第一巻第五章六四五a二五にも――登場する。それらを考慮に入れると、「……と同じコーラーをもつ」または「……のコーラーをもつ」とは、「……と同じ位置を占める」（'fill the same slot in the teleological explanation', Nussbaum, p. 333）つまり「……と同じはたらきをする」ということであると思われる。なお、Farquharsonは、この「コーラー」について、「おそらく、表象・知覚・知性の座としての心臓への言及もある」と訳註で述べているが、それはまったく不可能ではないものの、総合的に考えると、ここで登場する「コーラー」が、「コーラーをもつ」という比喩的な言い回し以上に、Farquharsonの言うような物理的な場所としての心臓も指すと考える必要はないと思われる。

（11）『魂について』第三巻第三章。

から。また、願望、気概、欲望は、みな、欲求であり、(1)選択は思考と欲求に共通なものである。(2)したがって、「欲求されうるものであり、かつ思考されうるもの」が、第一次的に動かすものだ。(3)しかるに、思考されうるもののすべてがそうなのではなく、(4)行為に関わるものども(5)のうちの目的であるもの(6)がそうなのである。ゆえに、そのようなものが、諸々の善いもののうちで、動かすものなのであるが、しかし、すべての善美なるもの(7)がそうなのではない。というのは、それのために他のものがある限りで、そして、それが、何か他のもののためにあるものどもの目的である限りで、(8)動かすのであるから。また、善いものに思えるものも、善いものの位置を占めると(9)想定する必要があり、快いものもそうである。これも、善いものに思えるものであるから。したがって、永遠に動かすもの(10)によって永遠に動かされるもの(11)は、或る意味で、動物の各々と同じ仕方(12)で動かされているのではあるが、しかし、別の意味では、異なる仕方で動かされているのであり、それゆえ、一方は永遠に動かされるが、他方、動物の運動は限界［終点］をもつ、ということは明らかである。また、永遠に善美なるもの、真実に第一次的な仕方で善いもの、つまり、或る時は善いが別の時には善くない

(1)「願望（ブーレーシス）」、「気概（テューモス）」、「欲望（エピテューミアー）」が、みな、「欲求（オレクシス）」であるということは、『エウデモス倫理学』第二巻第七章一二二三a二六－二七、『魂について』第二巻第三章四一四b二（また、同第三巻第九章四三二b五－六も参照）で述べられている。プラトンの魂の三区分説に由来するもの。

(2) 選択は思考と欲求の両方から成り立つ、ということ。『ニコマコス倫理学』第四巻第二章において、選択は、「欲求に即した知性（オレクティコス・ヌース）」、あるいは、「思考に即した欲求（デイアノエーティケー・オレクシス）」と言われている（一一三九b四－五）。言い換えると、欲求されるものを目的としてそれを実現する手段を考えるという面と、

思考によって捉えた目的を欲求するという面を、選択はもっているのである。

(3)「欲求されうるものであり、かつ思考されうるもの」の原語は、「ト・オレクトン・カイ・ディアノエートン」であるが、Bekker, Jaeger, Forster, Louis など、Nussbaum 以外の近代の主要テクストでは、「ト・オレクトン・カイ・ト・ディアノエートン」であり、これを訳せば、「欲求されうるものと思考されうるものが［動かす］」となる。この場合、思考されうるものがそれだけでも動物を動かすという意味にもとれてしまうが、これは、以下の文とも、『魂について』第三巻第九章などとも、合わない（以上は、Nussbaum, p. 337 にしたがった解釈である）。また、直前の文からの帰結（「したがって」）にもならないであろう。なぜなら、選択が動かすという前提がここで隠れていて、そして直前の文で、「選択は思考と欲求に共通するもの」、すなわち、思考と欲求の両方から成り立つと言われているからには、思考と欲求の両方から成り立つもの、すなわち「欲求されうるものであり、かつ思考されうるもの」が動かす、ということになるはずだからである。

(4) たとえば、次章や『ニコマコス倫理学』第七巻第三章などで説明されているように、数学などの純粋に理論的な学問の対象はそうではない、ということ。

(5) 目的とその実現手段のことであろう。

(6) 欲求されうるもの。

(7) 原語は「カロン」。直訳は「美なるもの」だが、「善なるもの」というニュアンスももつ。ここでは文脈的に明らかに「善なるもの」というニュアンスをもつので、「善美なるもの」と訳した。「立派なもの」と訳すこともある。

(8) 何か他のもののためにあるものどもが、善美なるもののためである限りで、ということ。先に述べられた「善美なるもののために他のものがある限り」が、もっぱら善美のためになっているという一重の目的関係を表わしているのに対して、こちらは、他のもののためになっているが善美のためにもなっているという二重の目的関係を表わしている。いずれにせよ、要点は、単なる善いものではなく、目的手段関係に入り、行為によって実現が目指されている善いものでなければならないということである。そして、目的実現の手段を考えるという点で、欲求だけではなく思考も必要となるのである。

(9)「善いものに思えるもの（パイノメノン・アガトン）」は、善いものと同じではないとしても、同じはたらきをする、ということ。

(10) 不動の動者。

(11) 第一の自己動者としての恒星天。

(12) 目的因的な仕方。

701a ということがないものは、他のものと比較できないほどに神的で尊い。それで、第一のものは、動かされずに動かすが、欲求や欲求能力は、動かされて動かす。しかし、動かされるものどものうちの最後のものは、動かすことが必然であるわけではない。さて、以上から、明らかに、また、生成変化する諸事物〔動物〕においては、場所運動が諸々の運動のうちの最後のものであるということは理にかなっている。なぜなら、動物は、感覚あるいは表象と一致して[1]何かが性質変化を起こした[2]ときの欲求あるいは選択[3]によって[4]、動いたり進行したりするのであるからだ。

第七章

しかし、思惟[5]しても、行為する時と行為しない時があるのは、また、動く時と動かない時があるのは、どのようにしてなのだろうか[6]。そのこと[7]は、まさに動かされえないものども[8]について思考し[9]推論する[10]人たちに似た仕方で起こるようである。しかし、その場合、目的は理論的なこと[11]——二つの前提を思惟するとき、結

(1)「と一致して」と訳したのは「カタ」という前置詞であるが、Nussbaum, p. 151 によれば、これには、「によって（引き起こされる）」という、非物質的な感覚が何らかの物質的な変化を引き起こすという仕方の心身二元論的に因果的な意味はない。これは心身関係論にとって重要な意味をもつ。

(2)「何かが性質変化を起こす」は物質的な出来事を指すのであろう。

(3) 欲求や選択も非物質的なものではないことが分かる。これは、次章のいわゆる実践的三段論法の検討において重要な意味をもつ。なお、人間以外の動物は欲求のみによって、人間

は欲求と選択によって動くので、「欲求あるいは選択によって」と言われているのであろう。

(4)「によって」は与格によって表現されている。

(5)「思惟する」の原語は「ノエイン」。ただし、この箇所の「ノエイン」は、「観想」に近い狭い意味の「思惟」ではなく、以下で知覚と表象が含まれていることから分かるように、もっと広い意味の「思惟」であり、前章七〇〇b二〇で登場した「判別能力」のはたらき一般を表わすと思われる。

(6)ミカエルによれば、この問いの答えは、「思惟されるものが、『行為に関わるもの(プラークトン)』であるとき、私たちは動くが、行為に関わるものではなく、『学知に関わるもの(エピステーモニコン)』であるとき、また総じてその思惟が単に『考察(テオーリアー)』であるとき、私たちは動かない」である(Mich., 116, 20-22)。

(7)思惟しても行為せず動かないこと。

(8)ミカエルによれば、ここでの「動かされえないもの」とは「数学の対象」である(Mich., 116, 22)。Kollesch, p. 49は、第一哲学の対象も挙げている。「動かされえないもの」であれば、厳密に言えば自然学の対象は含まれないが、一般に理論学の対象ということであろう。

(9)「思考する」の原語「ディアノエイスタイ」は、単純な思惟対象を直知することではなく、概念を結合して命題を作ることであろう。

(10)「推論する」の原語「シュロギゼイスタイ」は、概念を結合して作った命題をさらに結合して三段論法を作成することであろう。

(11)「理論的なこと」の原語は「テオーレーマ」。「『考察(テオーレイン)』される内容(テオーレーマ)」としての認識そのもの、ということであろう。

論を思惟する、つまり［二つの前提を］結合するから — であるが[1]、ここでは[2]、二つの前提から行為として結論が生じる[3]。たとえば、「すべての人は歩かねばならない[4]、しかるに自分は人である」と思惟するときは、ただちに歩く[5]。また、「何人も今は[6]歩いてはならない、しかるに自分は人である」と思惟するときは、ただちに立ち止まる。そして、何ものも妨害あるいは強制しないならば[7]、それらをどちらでも行なうのである。「私は善いものを作らねばならない。しかるに、家は善いものだ」。この人はただちに[8]家を造り始める。「私は体を覆うものが必要だ。外套は体を覆うものだ。私は外套が必要だ。私が必要としているものを、私は作らなければならない。しかるに、私が必要としているのは外套だ。外套を私は作らねばならない」。そして、「外套を私は作らねばならない」という結論は行為である[9]。しかし、最初に必要とするものにまでさかのぼって、そこから行為する。「もし外套を作ろうとするならば、まずこれがなくてはいけない。これがなくて

（1）ミカエルは、「目的は『認識（グノーシス）』だけである。それゆえに私たちは動かないのだ。なぜなら、二つの前提を思惟するとき、結論を導き出すが、それ以上のことはしないからである」(Mich., 116, 23-24) とパラフレーズしている。

（2）行為に関わることの場合では、ということ。

（3）Forster は、「二つの前提から引き出された結論は行為になる」(the conclusion drawn from the two premises becomes the action.) と訳している — 島崎訳も同様である — が、Farquharson は、「二つの前提が、行為である結論に結果する」(the two premises result in a conclusion which is an action.) と、また、Nussbaum は、「二つの前提から結果した結論は行為である」(the conclusion that results from the two premises is the action.) と訳している — Kollesch は Nussbaum とまったく同様である —。原文は、「エク・トーン・デュオ・プロタセオーン（「二つの前提から」）・ト・シュンペラスマ（「結論」）ギネタイ（「になる」、あるいは、「生じる」）・ヘー・プ

ラークシス（「行為」）」というものであり、「ギネタイ」が、「（結論が行為）になる」――「結論」が主語で「行為」が述語――なのか、あるいは、「（行為として結論が）生じる」――「行為」が「結論」の述語にならずに同格になる――なのかが解釈の分かれ目である。仮に、ミカエルのテクスト（cf. Mich., 116, 25）のように、「プラークシス」の冠詞「ヘー」がなかったとすれば、明らかに述語であり、「結論が行為になる」という訳は可能であったろうが、しかし、冠詞があるので「行為」を述語にとるのは無理がある。「行為」は「結論」と同格にとるのがよいと思われる。この場合は、Farquharson らのように訳することになる。さらに言えば、Nussbaum, p. 343 も指摘するように、七〇一a一九―二〇では、はっきり、「結論は行為である（エスティン）」と――結論が行為に「なる」ではなく――言われているのは決定的であろう。

（4）奇妙な命題であるが、七〇一a二八で「人にとって歩くことは善いことである」と言い換えられていることからも分かるように、たとえば、「健康のために歩くべきである」という一般的なことであろう（Nussbaum, p. 343）。

（5）「ただちに（エウテオース）」という言葉は、結論と行為が別のものではないことを強調するために用いられたのであろう。以下、七〇一a一五、一七、二二、三〇、三三でも、「ただちに（エウテュス）」という言葉が登場する。

（6）してはならないほうにだけ「今は」という限定がついていることは、「歩くべき」が一般的に成り立つことであり、「歩いてはならない」はその例外――たとえば、「今は」、天候が悪いので歩くとかえって健康を害するから、「歩いてはならない」というような――であることを示している（Nussbaum, p. 343）。

（7）「妨害」とは、最初の例のように歩かなければならない場合に歩くことを妨害されることであり、「強制」とは、二番目の例のように立ち止まらなければならない場合に歩くことを強制されることであろう（Nussbaum, p. 343）。

（8）「私は何か善いものを……」と思惟すると、「ただちに」ということ。

（9）結論が行為に「なる」ではなく、「結論は行為である（エスティン）」と言われている重要な箇所。なお、この箇所の「行為」には冠詞がないので明らかに述語である。

はいけないのならば、そのためにはあれがなくてはいけない」。そしてそれをただちに行なうのである。それで、結論が行為［である］(1)ということは明らかだ。しかるに、制作に関わる諸前提(2)は、二つの種類のもの(3)を通じて、すなわち、善いものを通じて、また、可能なものを通じて生じるのである(4)。

しかし、ちょうど、問う者たち(5)のうちの何人かの場合のように、思考が立ち止まって吟味することは(6)、他方の明白な前提［小前提］に関してはまったくない。たとえば、人にとって歩くことが善いことであるならば、自分自身が人であるということ(7)で時を費やしたりはしない。それゆえ、私たちは、まさに、勘案すること(8)なく行なう限りのことは、すぐに行なって(9)いる。すなわち、目的となるもの(10)へ、知覚または表象あるいは知性

(1) 動詞がないが、「である」を補うのが自然であろう。ただし、次の文では前提には二つの種類があることが言われており、また、この箇所の「結論」と「行為」には両方とも冠詞があるので、七〇一a一二―一三の「二つの前提から行為として結論が生じる」を省略して述べたものかもしれない。

(2) 原語は「ポイエーティコン」。使用されている例が制作であったから、「『制作(ポイエーシス)』に関わる(ポイエーティコン)」という形容詞が使われているが、行為とは区別される狭い意味の制作ではないということは、直前で「結論は行為［である］」と言われていることから分かる。したがって、内容的には、理論と対立する広い意味での実践に関わる、ということである。なお、実践に関わる前提を用いる推論は、研究者によって、「実践的推論」あるいは「実践的三段論法」と呼ばれている。

(3) 「二つの」と言われずに、「二つの種類の」と言われているのは、直前の「外套」の推論では、前提が二つ以上あるからであろう。前提が二つ以上あっても、それらは二つのタイプに分類されるというのである。

(4) 実践的三段論法の大前提は、行為の目的となる「善いもの」を表現し、小前提は、目的実現の手段として「可能なもの」を表現する、ということ(Nussbaum, p. 188)。なお、『ニコマコス倫理学』第七巻第三章一一四七a二五以下や

『魂について』第三巻第十一章四三四ａ一六以下では、実践的三段論法の大前提は普遍的なもので、小前提は個別的なものだとされているが、Nussbaumは、行為の説明モデルとしては、「無抑制（アクラシアー）」論に特化されている『ニコマコス倫理学』や『魂について』の「普遍・個別」モデルよりも、『動物運動論』の「善・可能」モデルのほうが、一般性があると考えている（Nussbaum, pp. 201-205）。

(5)「エローターン（問う）」という動詞は、プラトンの「哲学的問答法（ディアレクティケー）」の方式で問うことを示すのに使われる言葉（Nussbaum, p. 345）。

(6) 大前提に相当する命題。

(7) 明白な小前提に相当する命題。

(8)「勘案すること（ロギゼスタイ）」は、『ニコマコス倫理学』第六巻第一章一一三九ａ一二―一三で、「思案すること（ブーレウエスタイ）」と同じであるとされている。そして、同第三巻第三章で、「私たちが『思案する（ブーレウエスタイ）』のは、目的についてではなく、目的に関することども［目的とそれを実現するためのさまざまな手段］についてである」（一一一二b一一―一二）と言われている。したがって、「ロギゼスタイしない」という言葉で、目的実現の小前提をあれこれ考えて立ち止まらないということが正確に表現されているということになるのである。

(9)「すぐに（タキュ）」は、「ただちに（エウテオース、エウテユス）」の言い換え。

(10) 欲求の個別的対象。

を現実に使用するとき[1]は、欲求することをただちに行なう[2]からである。つまり、問い[3]や思惟[4]の代わりに、欲求の現実活動態が生じる[5]から。「私は飲まねばならない」と欲望が言う[6]。「これが飲み物だ」と知覚または表象あるいは知性が述べる[7]。ただちに彼は飲むのである。それでそのような仕方で動物は運動あるいは行為し始める[8]のであり、運動の究極の原因が欲求である[9]一方、欲求が生じるのは[10]、知覚を通じて、あるいは、表象や思惟を通じてである[11]。しかし[12]、行為することを欲求するものどものうち、或るものどもは欲望あるいは気
701b 概のゆえに、別のものは願望のゆえに[13]、制作したり行為したりするのである[14]。

(1) 勘案することなく、という含みがある。なお、「エネルゲイン」という動詞と与格の名詞の組み合わせを、「……によって現実活動する」と訳したのではよく分からないので、「……を現実に使用する」という意味だとするNussbaum, p. 346の解釈にしたがった。内容的には、以下に出てくる、「『これが飲み物だ』と、知覚または表象あるいは知性が述べる」(七〇一a三二―三三)と同じことであろう。

(2) 「ただちに……する」という表現は、「結論は行為である」というテシスの説明にたびたび出てきた。なお、ここで「行なう」と訳した原語は「ポイエイン」であるが、前述の「ポイエーティコン」と同様、狭い意味の「作る」「制作する」ではない。

(3) 原語「エローテーシス」。三九九頁の註(5)で触れたプラトンの「哲学的問答法」での問いのこと。ここでは、明白な小前提ですら、わざわざ問うこと。

(4) この「思惟(ノエーシス)」は、文脈上、「勘案すること」の言い換えである。つまり、「思惟の代わりに」とは、「勘案することがなく」ということであろう。

(5) この文が前文の説明であるからには、「欲求の現実活動態が生じる」は、前文の「欲求することを行なう」に対応しているのでなければならない。つまり、「欲求の現実活動態が生じる」とは、ここでは、行為が生じるということである。

(6) 実践的三段論法の大前提の表現主体は、欲望であることが――欲望は欲求の一種であった(七〇〇b二二)から、一般

化すれば、欲求であることが――分かる。

(7) 勘案することなくというニュアンスがある。また、ここから、実践的三段論法の小前提の表現主体は、知覚、表象または思考であることが――七〇〇b一九一九－二〇によって一般化すれば、知性であることが――分かる。

(8)「始める」と訳した原語は「ホルマーン」。Farquharson, Forster, Nussbaum は、「駆り立てられる (are impelled)」、Louis は、「押しやられる (sont poussés)」と訳しているが、原文の「ホルマーン」(の三人称複数形) は、他動詞の受動相ではなく自動詞の能動相であり、また、受動相にすると、動物が動か「される」ものだというニュアンスが出るが、この文脈ではそういう説明をしようとしているのではない (Preus, p. 84) ので、Liddell & Scott のギリシア語大辞典の「ホルマーン」の項目に挙げられている意味の一つ 'start' (自動詞) がよいと思われる。Preus と Kollesch も、「始める (start, ansetzen)」と訳している。

(9) 実践的三段論法の大前提を表現しているものが欲求である、ということであろう。

(10) この文は、「それでそのような仕方で」という言葉から分かるように、以上の考察のまとめである。したがって、この「欲求 (原文では単に「それ」) が生じる」は、先の「欲求の現実活動態が生じる」に対応しているはずである。すると、「それ [欲求] が生じる」の「生じる」とは、「現実活動態として生じること」、つまり、「現実活動する」という意味であることになる。そして、欲求が現実活動する、つまり、「欲求の現実活動態が生じる」とは、「欲求することを行なう」ということであったのである。――このように理解してみたが、これは解釈の一例にすぎない。

(11) 実践的三段論法の小前提を通じて、ということであろう。

(12)「ディア」という前置詞の用法に着目すると、この「しかし」は、行為が生じるのは、知覚等々を「通じて」(「ディア」という前置詞と属格) である――つまり、知覚などは行為が生じるプロセスの途中で登場する補助的な原因である――が、「しかし」、欲望等々の「ゆえに」(「ディア」という前置詞と対格) なのである――つまり、欲望などが行為の生じる究極の原因である――ということを確認しているように思える。

(13) Bekker 版では「欲求あるいは願望のゆえに」であるが、Nussbaum 版では「欲求あるいは」が削除されている。この文章は、「行為することを欲求するものどものうち」という始まりであったから、「欲求あるいは」を残すと、欲求の下位区分に再び欲求が登場することになるからである。

(14) この箇所では「制作」と「行為」が区別されている。

さて、自動人形が動くのは、小さな運動が生じたからであって、つまり、巻いた糸がほどけて(1)、木製の部品が互いにぶつかり合ってであるし(2)、おもちゃの車もそうだ――なぜなら、乗る者がそれをまっすぐ動かすと、両方の車輪の大きさが等しくないことによって、ぐるりと円を描いて動くから(3)。すなわち、小さいほうの車輪が、ちょうど「キュリンドロス(4)」の場合のように、いわば〔円の〕中心になるから――、それらのように動物も動くのである。というのは、動物は、そのような諸々の道具、つまり、諸々の腱や、骨からなる自然物をもっているのであって、骨は先の自動人形の場合の木製の部品や金具であり、腱は、ほどけてゆるむと自動人形が動くところの巻いた糸のようなものであるから。

それで、自動人形やおもちゃの車において、性質変化は存在しない。なぜなら(5)、もし仮に内部の車輪が小さくなり再び大きくなったとすれば、同じものが回転運動をしたであろうからだ。しかし、動物においては、同じものが(6)、大きくも小さくもなりうるし、形も変化しうる。それは、熱さのゆえに部分が膨れ、冷たさのゆえに再び縮む、つまり、性質変化をするからである。しかるに、性質変化をさせるのは、表象や知覚や考えである。なぜなら、一方で、知覚は、ただちに(7)、或る種の性質変化なのであり、他方で、表象と思惟は、

---

(1)「巻いておいた――あるいは、ねじっておいた――糸（ストレブレー）」がほどけるときに動力（「小さな運動」）が発生する仕組みを指している（Liddell & Scott のギリシア語大辞典の *στρέβλη* の項目を見よ）。

(2) この記述では漠然としすぎており、しかも「自動人形（アウトマトン）」の機械的な仕組みの完全な記述はどこにもないので、どういうことかはよく分からない。Farquharson は、テクストを変更してまで記述に意味をもたせようとしているが、その変更は、写本上の根拠がないうえに、不必要でさえある。なぜなら、この例のポイントは、最初の小さな単純な

運動から、何らかの機械的な仕組みによって、人形の大きな複雑な動きが生じるということ（Nussbaum, p. 347）なので、機械的な仕組みそのものはブラックボックスであってもかまわないからである。

（3）「おもちゃの車（ハマクシオン）」の例は、最初の運動がもっていた性質が、何らかの機械的な仕組みによって、別の種類の性質に——この例では、直線運動が円運動に——翻訳されるということを示している（Nussbaum, p. 347）。

（4）「キュリンドロス」が何であるかということについてはさまざまな解釈が提出されてきたが、アリストテレス全集ではここにしか登場しない言葉だということもあり、同定は難しく、どの解釈にも困難が指摘されている。Nussbaum, p. 348は、ガレノスの「私が『キュリンドロス』と言うのは、子供たちが遊んでいるところのものではなく、柱に属している形のことである」という言葉から、「キュリンドロス」は、通常、子供のおもちゃを意味していたと推測し、『動物運動論』での文脈から、一種の「ころ」、しかも、左右両端の大きさが違っていて、前にころがすと、小さいほうの端を中心にぐるりと回ってくるようなそれであろうとしている。

（5）「なぜなら」と訳した原語は「エペイ」。理由で訳したが、「もし内部の車輪が小さくなり再び大きくなった［性質変化をした］とすれば、…〈中略〉…回転運動をしたであろう」という文は、自動人形などに性質変化がないことの理由には見えにくいので、Farquharson と Forster は、「もし性質変化したとすれば、回転運動をしたであろうが（though）、性質変化はないのである」という具合に、譲歩で訳している。しかし、「なぜなら、もし仮に［現実にはありえないが］内部の車輪が小さくなり再び大きくなった［性質変化をした］とすれば、［巻いておいた糸がほどけなくても、あるいは乗り手が動かさなくても、］同じもの［内部の車輪］が回転運動をしたであろう［が、実際には、巻いた糸がほどけるなどしなければ回転運動は起こらない］から［性質変化も存在しないのだ］」と補訳すれば理由であることが分かるであろう。Nussbaum, p. 350も譲歩で訳す必要はないとしている。

（6）ここで「同じもの」とは、腱のこと。次の「部分」も、腱。

（7）「ただちに」とは「即」ということ。

諸々の事物の力をもつからだ。すなわち、快いものや恐ろしいものの[1]思惟された形相は、まさに諸々の事物の各々がそうであるようなものであり、それゆえ、思惟しただけで、寒気がして恐怖するのであるから。そして、それらは、すべて、受動的状態であり性質変化である。しかるに、体の中で性質変化が起こると、或る部分は大きくなり、別の部分は小さくなるので[2]である。

さて、始原において生じた小さな変化が、大きくて多くの差異を、離れたところからでも作り出すということは、分からないことではない。たとえば、ほんの少し舵が動いても、舳先の動きが大きくなるようなものである。さらにまた、熱さや冷たさの点での、あるいは、他の何かそのような受動的状態の点での性質変化が、心臓付近に、たとえ大きさの点では知覚されえない[3]部分においてであるとしても、生じたときには、その性質変化は、赤らみや蒼白による、また、寒気や身震いによる、そして、それらの反対のものによる、体の多くの相違を作り出すのである。

第八章

それで、ちょうど述べられたように[4]、運動の始原であるのは、行為に関わることにおいて追求されうるものと忌避されうるもの[5]だ。そして、これらを思惟することや表象することに、熱さや冷却[6]が必然的に付随する。[7] なぜなら、忌避されうるものであるのは苦痛なものであり、追求されうるものであるのは快いものであ
702a って[8]、ほとんどすべての苦痛なものどもと快いものども[9]は、或る冷却や熱さを伴うものであるからだ――し

(1) Bekker版では「熱いものや冷たいものあるいは快いものや恐ろしいものの」であるが、Nussbaum版では「熱いものや冷たいものあるいは」は削除されている。

(2) これも、一種の――目に見えるレベルでの――性質変化であろう。

(3) 極めて小さい、ということであろう。

(4) 第六章七〇〇b一五―一七、二四―二五を参照。

(5)「追求されうるもの」と「忌避されうるもの」は、「先に述べられた」ものではないが、第六章七〇〇b二四に登場した「欲求されうるもの」を言い換えたものであろう(Nussbaum. p. 353)。

(6)「[体の]熱さや冷却」は、前章の「性質変化」の例。

(7) この箇所(七〇一b三四)の「付随する(アコルーテイン)」は、七〇二a一、四では「伴う(メタという前置詞と属格の組み合わせで「……とともに」という意味)」と言い換えられている。「……とともに」は時間の前後関係を含意しない。すると、「追求と忌避の対象の思惟や表象が、体が熱くなったり冷たくなったりすることに時間的に先行し、体の熱や冷を引き起こす」ということではないであろう。

(8) 直訳は「苦痛なものが忌避されうるものであり、快いものが追求されうるものであって」であるが、これがもし、「苦痛なものは一種の忌避されうるものであり、快いものが一種の追求されうるものであって」ということであれば、追求されうるものと忌避されうるものを一般的に論じたのではないことになり、議論が弱くなってしまう。そうではなく、忌避されうるものと追求されうるものを、苦痛なものと快いものと置き換えたのであれば、ここでの議論に必要なステップが得られる(以上は、Nussbaum, p. 354の整理に基づくが、彼女自身は、議論が弱くなる方の解釈が妥当であり、アリストテレスはここで決定的な論証を提示しているわけではないとしている)。

(9) Nussbaumの訳では、「ほとんどすべての苦痛なものどもと快いものども[を思惟することや表象すること]は」と特別に補訳されているが、必要ないと思われる。前章七〇一b一八―二二で「表象と思惟は、諸々の事物の力をもつからだ。すなわち、快いものや恐ろしいものの思惟された形相は、まさに諸々の事物の各々がそうであるようなものであり、それゆえ、思惟しただけで、寒気がして恐怖するのであるから」と言われていたのであるから、「快苦の思惟や表象は、その対象の快苦が体の熱や冷を伴うものであるから、やはり同様に体の熱や冷を伴う」という論理が展開されていると理解すればよい。

かし、小さな部分でそのことが起こっていても[1]気づかれない[2]――。そして、このことは、諸々の受動的状態[3]から明らかである。すなわち、大胆さ[4]、恐怖、性的興奮、その他の肉体的に苦痛なことや快いことは、部分的に、あるいは、全身的に、熱さや冷却を伴うものだからだ。そして、像として[5]、そのような種類のものども[6]を用いる記憶や期待は、時には比較的少なく、時には比較的多く、体の熱さや冷却の原因である。したがって、内部は[7]、そして、道具的な諸々の部分[8]の諸始原[9]のあたりは、すでにもう[10]、理にかなった仕方で、つまり、凝固したものから湿ったもの[11]へ、湿ったものから凝固したものへ、そして、軟らかいものと硬いものが互いから変化して[12]、作られている。そして、それらはその仕方で起こるのであり、さらにまた、受動的なものと能動的なものは、何度も述べられたような性質[13]の自然本性をもっているので、一方が能動的なものであり他方が受動的なものであるようなことが起こり、そして、それらのどちらも、その定義の中にあるものどもを何ら欠くことがないときには[14]、ただちに[15]一方は能動し他方は受動する。それゆえに、「進行しなければならない[16]」と思惟することと進行することとは、何か別のものが妨げなければ、いわば同時[17]なのである。な

（1）前章七〇一b二五の「始原において生じた小さな『変化（メタボレー）』」と関係している。

（2）前章七〇一b三〇の「たとえ大きさの点では知覚されえない［極めて小さな］部分においてであるとしても」と関係している。なお、この「しかし小さな部分でそのことが起こっていても気づかれない」という文は、Bekker版では、「なぜなら、苦痛なものが忌避されうるものであり、快いものが追求されうるものであって」（七〇一b三五―三六）の後、つまり七〇一b三六―三七にあるが、Nussbaum版では本訳のように、「ほとんどすべての苦痛なものどもと快いものどもは、或る冷却や熱さを伴っている」（七〇一b三七―七〇二a一）の後へ移されている。

(3) 原語は「パトス」。「情念」という意味も含んでいる。

(4)『弁論術』第二巻第五章で、「『大胆さ（タルソス）』は『恐怖（ポボス）』の反対のもの」（一三八三a一六―一七）であり、「大胆さとは、助けてくれるものが近くにあり、恐ろしいものが存在しないか遠くにあるという表象を伴った期待」（一三八三a一七―一九）と言われている。

(5) 実際に起きているものとしてではなく、ということ。

(6) 肉体的な快苦。

(7) 心臓付近の領域のこと（Nussbaum, p. 356）。

(8) 手足のこと。

(9) 関節のこと（Nussbaum, p. 357）。

(10)「すでにもう」とは、「すでにもう［この段階で］」ということ。なお、「すでにもう」と訳した「エーデー」を、Nussbaum, p. 356 は、「したがって」という帰結の意味だとするが、しかし、もしそうだとすると、「したがって」という意味の「ホーステ」がすでにあるので、冗語的になってしまうように思われる。

(11) ここで「湿ったもの」とは、液体状のもののこと。

(12) 性質変化しているということ。

(13)『生成消滅論』第一巻第七章から第九章など。内容的には、後でも述べられているように（七〇二a二〇―二二）、「相互的」という性質の自然本性のこと。

(14) 定義に完全に当てはまるときには、ということ。

(15)『動物運動論』第七章で、実践的三段論法の結論が行為であることを示す際に、「『ただちに（エウテュス）』……する」という例が挙げられたが、その「ただちに」という重要な言葉がここで登場している。このことは、この文で述べられている「能動と受動のはたらきがただちに起こる」ということが、「結論がただちに行為である」ということの、端的な必然による物質的な基礎であることを示唆する。実際、「それゆえに」という言葉で導入される次の文に、『動物運動論』第七章で登場した「ただちに『歩く（バディゼイン）』」の例とほぼ同じ「進行する（ポレウエスタイ）」の例が登場している。

(16) 実践的三段論法の大前提であろう（Nussbaum, p. 358）。

(17)「同時（ハマ）」は、「ただちに」のヴァリエーションであろう。あとで、「『同時』つまり『すぐ』」と言われている（七〇二a二〇）が、三九九頁の註（9）で指摘したように、「すぐ」は「ただちに」の言い換えなのであった。また、「同時」という言葉に、「いわば」という限定がついているのは、これは、妨げが起こる可能性が考慮されているからであろう。

ぜなら、道具的な諸部分を諸々の情念が、諸々の情念を欲求が、欲求を表象が、適切に準備するからだ。(1)そして、表象は、思惟を通じて、あるいは、知覚を通じて生じる。(2)しかるに、能動的なものと受動的なものは自然本性に関して相互的なものどもに属するがゆえに、「同時」つまり「すぐ」であるのだ。

さて、動物を動かす最初のもの(3)は、何らかの始原(4)において存在するということが必然である。(5)(6)ところで、関節は、或る部分の始端であり、(7)別の部分の終端であることは、(8)すでに述べられた。(9)ゆえに、関節を自然が使う仕方には、(10)一つのものとして使うという仕方と、(11)二つのものとして使うという仕方がある(12)のだ。なぜなら、関節から動く(13)ときには、端の点の一方(14)が静止し他方(15)が動くことが必然だからである。すなわち、動かす

(1)「道具的部分」が受動的なものであり「情念」が能動的なものであるが、また、「情念」は受動的なものであって「欲求」が能動的なものである、ということであろう。しかし、「欲求」が受動的なものであり「表象」が能動的なものである、ということではない。むしろ、欲求が受動的であるのは欲求の対象が能動的なものであるからなのであって、表象は、欲求の対象が欲求に与えられる媒介になるものである。たとえば、『魂について』第三巻第十章で、「動かすものは…〈中略〉…欲求する能力であるが、すべてのうちで最初にくるのは欲求されるものである。なぜなら、欲求されるものは、思惟の対象となったり表象されたりすることによって、自らは動かずに他を動かすからである」（四三三b一〇―一二）と言われている通りである。したがって、道具的部分、情念、欲求、表象の関係は一様ではなく、「適切に」――それぞれ固有な仕方で――関係し準備しあっている、ということであろう。

(2)「通じて（ディア）」という前置詞と属格の組み合わせは、思惟と知覚が欲求の対象を媒介するものであることを示していると思われる。

(3)「動物を動かす最初のもの」は、魂を強く示唆する言葉である。ミカエルは、アレクサンドロスの解釈を紹介している箇所で、「動物を動かす最初のもの」を、「魂の欲求的で衝動

的な能力」だとしている（Mich., 121, 3-4）。実際、以下で、「魂の動かす始原」（七〇二a三二）、そして、「魂に由来する、動かす始原」（七〇二b二）という言葉が登場することからして、「動物を動かす最初のもの」は、魂の何らかの能力、つまり動物を動かす能力であると思われる。七〇二a三五では、あっさりと、「魂」の一語で言い換えられているが、魂の能力ないし部分もまた魂であるから、問題はないであろう。

（4）次章で、この「何らかの始原」が心臓であることが明らかにされるが、本章の以下の議論で、それが関節ではないことが示される。

（5）アリストテレスの場合、魂は全身にあるはずであるから、「魂が体の特定の部分に存在する」というのは奇妙な表現（Nussbaum, p. 369 は soul- "location" と呼んでいる）である。しかし、どのような仕方で「魂が体の特定の部分に存在する」かは、まだここでは——本章全体でも——問題にされていない。それは、次章の課題である（四一五頁の註（5）を参照）。

（6）「必然」である理由が説明されていないが、最初のものが何らかの始原において存在するということは自明である、つまり、ミカエルの言い方では、「万人が同意する」（Mich., 120, 23）から、「必然」なのであろう。

（7）関節が「始端（アルケー）」であるからといって、何らかの「始原（アルケー）」において存在する魂が、関節に存在するわけではない、ということが以下で論じられる。ミカエルによれば、関節とは、或るものの「始端（アルケー）」であり、かつ他のものの終端であるような「始原（アルケー）」であるが、動物を動かす最初のものは、このような、いわば相対的な始原において存在せず、それ自体として始原である心臓に存在する（Mich., 120, 24-26）。

（8）後で登場する肘関節を例にすると、肘関節は、前腕の終わりであり、かつ、上腕の始まりである、ということ。

（9）『魂について』第三巻第十章四三三b二一以下での関節の説明を参照。

（10）「使う」の原語は、「クレースタイ」。時制は、現在形。

（11）まっすぐな状態の腕が曲がる場合は一点で曲がるのであり、それが肘関節だということ。

（12）腕が曲がった状態の場合、肘関節は、前腕の終わりであり、かつ、上腕の始まりであるので、その意味で二つである、ということ。『魂について』第三巻第二章四二七a一〇以下での「線分における一点は二つとも数えることができる」という議論を参照。

（13）腕が曲がること。

（14）たとえば、上腕の始まり。

（15）たとえば、前腕の終わり。

ものは[1]、静止するものを支えにする必要があるということは、先に述べられたから[2]。それで、前腕の端［始端］は、動かされているのではあるが動かすことはなく、肘における関節の一部［前腕の末端］は、すなわち、全体としては動かされるもの［前腕］それ自身にある一部［前腕の末端］は、動かされているのだが[3]、しかし、動かされえない或る部分［上腕の始端］も［関節に］存在するということが必然である。そのことを、私たちは、可能態においては一点であるが、現実態においては二点になると主張しているのだ。したがって、もし仮に前腕が動物であったとしたら[4]、そこ［肘関節］のどこかに、魂の動かす始原[5]が存在した[6]ことであろう[7]。しかし、そのような関係[8]を、たとえば或る人が小枝[9]を手において動かす場合[10]に何らかの無生物が手に対してもちうる[11]のであるから、魂[12]は、どちらの端にも、すなわち、動かされるものの末端［前腕の末端］にも、別の始端［上腕の始端］にも、存在しないであろう。実際、その木切れは、手との関係で、始端も終端ももっているから[13]。

(1)「［自分自身動きながら］動かすもの」のこと。
(2)第一章六九八a一八以下の関節に関する議論を参照。
(3)「［動かしながら自分自身］動かされている」ということ。
(4)「動物であったとしたら」とは、「動物のように現実に一つのもの」だとしたら、ということであろう。しかし、直前で言われているように、関節は現実的には二点なのであるから、それゆえに非現実の想定になっているのである。
(5)四〇八頁の註(3)を参照。なお、ミカエルも、この箇所を、「したがって、もし仮に前腕が動物であったとしたら、肘に魂があったことだろう」とパラフレーズしており(Mich., 122, 1-2)、アリストテレスのテクストの「魂の動かす始原」を、「魂」で置き換えていることが分かる。また、Nussbaum, p. 153 は、『動物運動論』第九章七〇二b一六の「動かす魂の始原」と同列に論じるが、七〇二b一六は「魂」と言い換えられてはいないということに加えて、「動かす」という言葉がつけられているものが、一方は「始原」、他方は「魂」であって異なるので、賛成できなかった。
(6) アリストテレスの場合、魂は全身にあるはずであるから、この「存在」は「局在」という意味であろう。七〇二b二で「内在(エンエイナイ)」と言い換えられているが、これが「局在」に相当すると思われる。
(7) 非現実の想定の帰結。しかし、運動する関節は現実態において一点ではなく二点なのであるから、現実に一つの独立したものである動物のようではなく、したがって、現実には、関節に魂が局在することはありえない。次の「しかし」以下で、魂が運動する関節に局在することが否定される。
(8) 前腕の末端と上腕の始端の関係のこと。
(9)「小枝」と訳した「バクテーリアー」は、棒状のものを表わす言葉で、「杖」とも訳せるが、指先で動かせる大きさであることと、二行あとで「クシュロン」(木材の意、「木切れ」と訳した)と言い換えられていることから、「小枝」としてみた。
(10) これは、以下の記述からして手首の関節を使わないはずであるから、たとえば小枝を二本の指に挟んでゆらゆらさせることであろう。Nussbaum, p. 357 も wiggle it with my fingers だろうと述べている。
(11) 現実態において二つであることが誰の目にも明らかである例。動物の関節は皮や肉に包まれているために、現実態において二つであることが分かりにくいので持ち出されたのであろう。なお、Nussbaum によって stick argument と呼ばれている理解困難なこの箇所の本訳における解釈は、Nussbaum, pp. 364-368 の解釈とは、細かい部分でかなり異なったものになった。私の解釈は、「現実態において二つのものであるものには、現実態において一つである動物をまさに統一している原理である魂は局在しえない」という考えがこの箇所全体を貫いているという立場である。
(12) 七〇二a三二に登場した「魂の動かす始原」を、「魂」の一語で言い換えている。つまり、「魂の動かす始原」もまた「魂」だと考えられていることが分かる。したがって、七〇二a三二の「魂の動かす始原」を、そして、この「魂」をさらに言い換えた「魂に由来する、動かす始原」(七〇二b二)を、Nussbaum, p. 153 のように the bodily arche of, or for, the soul とすることには賛成できない。
(13)「[手の]始端も[小枝の]終端ももっている」ということ。つまり、小枝の末端のつままれている部分と、そこをつまんでいる指との間で、擬似的な関節が構成される、ということ。

702b
したがって、少なくともそのこと[1]のゆえに、「魂に由来する、動かす始原[2]」が、まさに小枝[3]に内在しないならば、手にもない。なぜなら、そのような関係[4]を手の端［末端］も手首［前腕の先端[5]］に対してもち[6]、その部分［前腕[7]］もまた、［前腕の末端において、］肘［上腕の先端］に対してその関係をもつから[8]だ。というのは、成長して体につけ加わったものであるか否かは、ここでは何の違いもない[9]から。実際、その小枝は、ちょうど、［体から］取り外し可能な[10]部分のようになるのだから。してみると、他のものの終端であるところのいかなる始端［関節］にも魂は存在せず、また、それよりももっと外側の何か別のものが、たとえば、一方で小枝の末端にとっての始端［つまんでいる指］が手にあり、他方で手の末端の場合は始端が手首にあるように、あったとしても、やはりそこには、魂は存在しないのが必然である。そして、手よりももっと上もあるのであるから、もし魂が手にすらもないとすれば、始原［魂］は、もっと上にもない。実際、手よりも上の肘が留まってもなお、肘よりも下の部分のすべてが途切れずに動くからである。

第九章

しかし、(1)の(a)左の諸部分からと右の諸部分からとでは事情が同様になっており[11]、(1)の(b)しかもそれら

（1）現実態において二つのものであること。

（2）四〇八頁の註（3）を参照。「魂に由来する、動かす始原」は、七〇二a三五の「魂」を言い換えたもの。

（3）「［小枝と指とからなる疑似関節をもつ］小枝」ということ。

(4) 現実態において二つのものであるという関係。

(5) この箇所の「手首」は、「手の端」に相関するものであるから、関節としての手首のことではなく、やはり同じく、端、つまり前腕の先端のことであろう。

(6) 手の末端と前腕の始端としての手首からなる手首関節が考えられていると解した。

(7) ここで「手首」は前腕の先端としてとらえられており、先端は「部分」とは言いがたいから、手首を先端とする部分、つまり前腕が、「その部分」という言葉で考えられていると思われる。

(8) 前腕の末端と上腕の始端からなる肘関節が考えられていると解した。

(9) 現実態において二点であるということだけをここでは問題にしているのであるから。

(10) 現実態において二つになりうる、ということ。

(11) 「事情が同様になっている」と訳した ὁμοίως ἔχει の ἔχειν は、副詞を伴う ἔχειν の自動詞の非人称用法なので、Farquharson のように主語として「動物は」を補う必要はない (Nussbaum, pp. 370-371)。また、「事情が同様になっている」の意味については、「体のつくりが、左側と右側とで同様である、つまり、左右対称である」という意味にとる解釈 (Farquharson, Forster, Nussbaum, Kollesch) と、「体の運動は、左側からも右側からも同様に起こる」という意味にとる解釈 (Loius, Whiting, p. 168) がある。後者の解釈がよいと思われる。七〇二b一七以下で、「上からと下からの『運動』」が論じられていることに加えて、議論の構造からしてもそうであろう。すなわち、(1)の(a)で、体の左と右に関して運動は二つあるということが言われており、(1)の(b)で、それにもかかわらず、体の左と右を使った一つの運動、つまり、体全体として進行という場所運動をしている、その結果、どちらか一方の半身が場所運動して他方の半身が静止しているということはないと言われているとすれば、帰結としては、左右二つの運動を全身的な一つの運動に統一するもの、つまり一つの始原が存在するのでなければならないということになる。そして、(2)で、左右の体の運動を統一する始原は、常に、左と右の両方よりも上位のもの、つまり、上位のものという仕方で共通するものにおいてあると言われているとすれば、さらなる帰結として、二つの運動を一つの運動にする始原は、左と右に共通するものでなければならないということになる。そして、そういうものが、中央のものとしての心臓なのである。以上の議論は、『動物進行論』第六章が下敷きになっていると思われるので参照されたい。

(702b)

反対の諸部分は同時に動くのであり[1]、その結果、右側が留まっていながら左側が動くということはなく[2]、その逆もまたないのであるから、そして、(2) 始原は[3]常に左と右の両方よりも上位のもの[4]においてあるから、動かす魂の始原[5]は中央のもの［心臓］に存在するのが必然である。なぜなら、中央のものが、両方の先端［左と右］の末端のもの[6]であるから。また、その中央のもの［心臓］は、上からの運動と下からの運動に関して、つまり、頭からの運動と、背骨をもつものの場合の背骨からの運動に関して、同様な事情[7]にある。そして、そうなっているのは理にかなっている。すなわち、私たちの主張では、知覚能力もそこ［心臓］にあり、したがって、始原［心臓］のまわりの領域が、知覚のゆえに性質が変わって変化し、そこに接する諸部分は、そことともに変化して、膨らんだり縮んだりし、したがって、それらのゆえに、必然的に、運動が動物に生じるのだからである。

そして、体の中央の部分は、可能態においては一つであるが、現実態においてはもっと多くになるのが必然である。なぜなら、諸々の体肢が［一つの］始原に基づいて同時に動くのであり、しかも、始原が静止しつつ、体肢が動くのであるからだ。私が言っているのは、たとえば、ＡＢΓの場合[8]、Ｂが動かされ、Ａが動かすことである。しかし、一方が動かされようとし、他方が動かそうとするのならば、何かが静止している必

(1) 一つの体として場所運動する、ということであろう。
(2) 左半身が右半身から切り離されて場所運動することはない、ということであろう。
(3) この「始原」は、議論の構造からして、左右の体の運動を統一するものでなければならないであろう。
(4) 「上位のもの」とは、統一するのにふさわしい高次のもの、

ということであろう。

(5)「動かす魂の始原」という表現の「動かす魂」は、前章七〇二a三二の「魂の動かす始原」における「動かす始原」の言い換えであろう。「魂の動かす始原」は「魂」と言い換えられてもいた（七〇二a三五）のであるから。しかし、本章のこの箇所の「動かす魂の始原」が、前章七〇二a三二の「魂の動かす始原」の言い換えであり、したがって、やはり「魂」と言い換えられるとすれば、重大な問題が生じる。なぜなら、この文では「動かす魂の始原」が「中央のもの［心臓］に存在する」と言われており、「動かす魂の始原」が「魂」と言い換えられるとすれば、アリストテレスの場合いわば全身に存在するはずの魂が体の特定の部分に局在することになってしまうからである。しかし、本章末尾で言われているように、「魂は、そのような種類の［物体的な］大きさとは異なるものではあるが、この大きさにおいて存在する」（七〇三a一一―一三）ので、体とは異なりつつ体において存在する魂の形態が、「動かす魂の始原」と表現されているのではないだろうか。Nussbaum, p. 153 は、それを、the bodily arche of, or for, the soul と表現し、魂が「……に存在する」とは、「……に因果的に依存する（causally dependent on）」という意味だとしているが、本章のこの箇所に関しては Nussbaum に私は賛成する。

(6)「両方の先端の末端」とは、右の先端の反対側の端と左の先端の反対側の端を結合した、両方に共通する端の部分のことであり、具体的には左右の中央の部分であるが、共通する部分だということがポイントであろう。両者に共通のものでなければ、両者を統一することはできないであろうから。

(7)「［左からと右からの運動の場合と］同様な」ということ。

(8)「ABΓ［という曲がった線分］の場合」ということ。以下の記述からして、点Aと点Bを結んだ線分ABと、点Aと点Γを結んだ線分AΓを作り、線分ABと線分AΓが直線にならないように点Aを中心として結合したもの。つまり、全体としては、点Bと点Γをつないだ線分BΓがその線分の中心にある点Aで折れ曲がった図を思い浮かべられている。そして、点Aを中心にして点Bが円運動する、つまり線分ABが動き、線分AΓは動いていない、と想定されている。腕で言えば、線分ABが前腕、中心点Aが肘関節、線分AΓが上腕に相当する。

要がある。してみると、Aは、可能態においては一つでありながら、[1]現実態においては二つになるの[2]であっ
て、したがって、それは、点ではなく、或る大きさであるのが必然である。[3]しかし、ΓがBと同時に動かさ
れ[4]ることは可能であり、したがって、Aにおける諸始原[5]の両方は動かされながら動かすのが必然である。し
てみると、それらAにおける諸始原と並んで、動かすが動かされることはない別なものが何か存在する必要
があるのだ。なぜなら、Aにおける諸先端つまり諸始原[6]は、動く時には互いを支えにしあうはずであり、そ
703a れはちょうど、背中合わせに互いにもたれあって立ち脚を動かすようなものであるから。しかし、両方を動
かすもの[7]は一[8]つあるのが必然的であり、それが魂なのであって[9]、魂は、そのような［物体的な］大きさとは異
なるものではあるが、この大きさにおいて存在するのである[10]。

第十章

それで、［動物の］運動の原因を述べている議論[11]によれば、欲求が、動かされながら動かすところの中間的なものである。しかるに、魂をもつものの「体（ソーマ）」の中には、何かそのような[12]「物体（ソーマ）」が存在する必要がある。それで、一方で、動かされるのではあるが、動かすことは自然本性的なことではないものは、それとは別の力によって受動することがありうる。他方で、動かすものは、或る力つまり強さをもつ

（1）線分BΓ上の点Aは数学的に一つの点である。これが「可能態において」であるというのは、厳密な数学的存在は可能

態においてしか存在していない——つまりそれ自体としては現実に存在しない——というアリストテレスの数学論による。

（2）線分ＢΓが点Ａで折れ曲がった場合、点Ａは、線分ＡＢの末端の点でもあり、また、線分ＡΓの先端の点でもあるので、現実には二つの点になっている。

（3）「したがって、それ［曲がるという運動をするものの場合のＡ］は、［数学的な］点ではなく、或る大きさ［物理的な大きさ］であるのが必然である」ということ。数学を応用する場合の限界に注意を促している。

（4）ＡＢΓの全体が動く、ということ。

（5）「Ａにおける［現実態において二つある］諸始原」ということ。

（6）「Ａにおける［現実態において二つある］諸先端つまり諸始原」ということ。

（7）「［Ａにおける二つの始原の］両方を［同時に］動かすもの」ということ。

（8）Nussbaum 版のテクストでは「一つ（ἕν）」が補われている。議論の展開上たしかに必要である。Jaeger 版は「不動のもの（ἀκίνητον）」を補っている。

（9）二つのものを統一するものとして魂が考えられているということになる。

（10）魂が、体とは異なりつつ、しかし体において存在する、という微妙な事態が述べられている。

（11）『動物運動論』第六章から第八章。Kollesch, p. 58 は『魂について』第三巻第十章四三三ｂ一三—二七を挙げている。

（12）欲求のように動かされながら動かすところの中間的な、ということ。

(703a) ことが必然的である。しかるに、すべての動物は、明らかに生来の気息[1]をもっており、これによって強さももっている[2]——それで、生来の気息の保持とはいかなるものであるかが、他の諸論考[3]で述べられた——。また、ちょうど、関節における点、つまり、動かすのではあるが動かされるものが、動かされえないものと結ぶ関係と同様の関係を、生来の気息は、魂的な始原[4]と結んでいるようだ。そして、その始原は、或る動物にとっては心臓にあり、別の動物にとっては心臓の類比物においてあるので、それゆえに、生来の気息も明らかにそこにある——それで、気息が常に同じものであるのか、それとも常に別のものになるのかは、別に議論しよう[5]。というのは、他の諸部分についても[6]、同じ議論が当てはまるからである[7]——。また、動かしうるものであること、つまり、強さを動物に与えることに対して、生来の気息は、明らかに、うまく生まれついている。そして、運動のはたらき方は押すことと引くことであり、したがって、運動の道具は膨らむことと縮むことが可能である必要がある。しかるに、気息の自然本性は、そのようなものなのである。実際、気息

(1)「生来の気息（シュンピュトン・プネウマ）」とは、動物が生まれつき体の中にもっている「プネウマ（気息）」のことなのであるが、アリストテレスの「プネウマ」は難しい概念であって、彼がプネウマの体系的な理論をもっているのか、プネウマは動物の運動の説明においてどれくらいの重要性をもつのかなどについてさまざまな議論がなされてきた。Nussbaum は、「私たちに言えることは、プネウマとは、明らかに空気なのであるが、通常の空気とは違った仕方で空気を振る舞わせる特別な種類の熱［「生来の熱（シュンピュトス・テルモテース）」と呼ばれるもの］をもった空気であって、むしろ［空気とは］別の元素に近いと言ったほうがよい、ということだけだ」（Nussbaum, p. 162）と述べ、「私たちは、…〈中略〉…、プネウマを、そのはたらきをあまり詳しく吟味できない仮説的な gap-filler として扱ったほうがよい」

(Nussbaum, p. 163) としている。ただし、Nussbaum 以後も、Freudenthal (1995) や Bos (2003) が、「生来の気息」および「生来の熱」の研究という困難な課題に取り組む研究書を出している。アリストテレスのプネウマ論と先行思想の関係については、木原論文（二〇〇〇年）が啓発的。

(2) 動かす力をもっている、ということ。なお、Freudenthal, pp. 126-137 によれば、生来の気息のはたらきは、ここで述べられている「運動を起こす」ということの他に、「生来の熱の基体になる」ということと、「感覚の効果を伝える」ということがある。その他のはたらきや関連したテクストの解説は、Loeb 版の Peck の『動物発生論』の Appendix B: *Σύμφυτον Πνεῦμα* (pp. 576-593) を見るのがよい。

(3) 十九世紀の学者たちによって偽作の『気息について』のことだとされたこともある——もしそうだとすると偽作に言及している『動物運動論』も偽作の可能性が濃くなる——が、現在では、この偽作に言及しているのではないとされている。ミカエルは、『栄養物について』なる著作を挙げており (Mich., 127, 16-17)、文献学者たちによってこの説がさまざまに検討されたが、Nussbaum, pp. 375-376 は、栄養物についての独立した論考は書かれなかったであろうとしており、結局は不明である。内容的には、『動物発生論』第二巻第六章や、『眠りと目覚めについて』第二章などが該当する。

(4)「魂的な（プシューキケー）」という形容詞は「魂の（テース・プシューケース）」という名詞の属格形に等しいであろうから、「魂的な始原」とは「魂の始原」という意味であろう。すると、解釈は、前章七〇二b一六の「動かす魂の始原」と同じになる。四一五頁の註（5）を参照。

(5)『動物発生論』第二巻第六章および第七章、同第五巻第四章を参照。

(6)『動物部分論』第二巻第三章、同第四巻第四章を参照。

(7) ミカエルは、「ちょうど諸部分が、常に同じものであるのではなく、運動においてある——なぜなら流入と流出においてあるから——ように、生来の気息もそうである」(Mich., 127, 19-21) と言っているが、イデア的な「常に同じものである」と、強いヘラクレイトス主義的な「常に別のものになる」の中間として、同じものとして保持される側面と別のものになる側面がある、という可能性もあるであろう。『動物進行論』第八章冒頭では、自然は、「各々のものの固有の「本質（ウーシアー）」を、すなわち、「そのものであるとはそもそも何であったのかということ（ト・ティ・エーン・アウトー・エイナイ）」を、保持する」（七〇八a一一—一二）と言われており、個々のものの本質は自然によって保持されるが、それ以外の面は変化していく、という答えをアリストテレスが用意していることを予想させる。

(703a) は、強制を受けないもの[1]であり、縮みそして膨らみ[2]、また、同じ原因のゆえに、引きうるもの[3]であり押しうるものであって、火の性質のものに対しては重さをもつが、その反対のもの[4]に対しては軽さをもつ[5]のである。そして、性質変化によってではなく[6]動かそうとするものは、そのようなものである必要がある。なぜなら、諸々の自然的物体[7]は、超過によって[8]互いに圧倒し合うのであって、軽いものは、それより重いものによって打ち負かされて下に、重いものは、それより軽いものによって上にあるからだ。

それで、魂は、動かされている部分によって動かすのであるが、その部分はどのようなものであるのか、そして、どのような原因のゆえにそうであるのかは述べられた。しかし、動物は、ちょうど善き[9]法治国家のように構成されていると考えられねばならない[10]。実際、国家[11]においては、秩序[12]がいったん確立してしまうと、

---

(1) それ自身の自然本性によるもの、ということ。

(2) 「そして膨らみ」は Bekker 版にないが、Nussbaum が Farquharson の提案にしたがって本文に補った。

(3) Bekker 版では「強制するもの(βιαστική)」——「押しうるもの」とほぼ同じ意味——であるが、Nussbaum が Farquharson の提案にしたがって「引きうるもの(ἑλκτική)」に改訂した。

(4) 土の性質のもののこと。

(5) 近年この文に二つの解釈が出された。一つは、Nussbaum, p. 162 の解釈で、「気息は、火よりも重いが、その反対のものよりも軽い」とするものであり、気息がそれ自体として火と土の中間的な重さをもつと解する。もう一つは、Berryman, p. 95 の解釈で、「気息は、他のものと関係させないならば、それ自体としては、重くも軽くもない。つまり、それ自体としては、下へ動く傾向も上へ動く傾向ももたない」とするものである。ミカエルは、「[自然本性にしたがって縮みそして]膨らむものは、[四元の一方向的運動とは異なって]上にも下にも動くが、そのように[上にも下にも]動くものは、重くも軽くもある。しかるに、そのようなものが気息なのである」(Mich., 128, 6-8)と述べており、気息は縮んだり

膨らんだりすることによって重くも軽くもなりうるものであり、それ自体としての傾向はもたないということならば、実質的に、Berryman はミカエルと同じ解釈であろう。文脈的に、ミカエルと Berryman が適切であると判断した。

(6) 膨らむことと縮むことによって、ということ (Berryman, p. 95)。

(7) いわゆる「四元」(火、空気、水、土) およびそれらからなる物体のこと (Nussbaum, p. 377)。

(8) 膨らむことと縮むことは、プネウマの絶対量が変化せずに行なわれる——そうでなければ増大と減少と言われていたであろう——から、超過にあたらないのであろう。

(9)「善き法治」と訳した原語「エウノムーメネー」は、「善く秩序づけられている」という意味と「善い法をもつ」という意味をもつ「エウノメイスタイ」という動詞の分詞形である。この「善い法をもつ」という意味に含まれる法が次の文で「秩序(タクシス)」と言われていると解した。

(10) 人間を国家に喩えるプラトンに導かれた発想 (Preus, p. 98)。なお、この「善き法治国家」の喩えを含むパラグラフ (七〇三a二九―b二) の魂観は、Nuyens (1948) 以来、アリストテレスの魂論の発展をどう考えるかの試金石となってきた、解釈の難しいものである。Nuyens では、初期著作『エウデモス』などにおいて、体と魂は別々の本性のものであり、魂は体に閉じ込められていると考える二元論的な第一期、動物学著作において、魂は体の中にあって、心臓におけるプネウマなどによって体と結びつき、体を魂の道具として用いると考える中間的な第二期、『魂について』において、魂と体は形相と質料の関係にあって、魂を体の現実態と考える一元論的な第三期に分けられたので、このNuyens的図式では、プネウマが魂と体を媒介すると述べているように思える『動物運動論』(とくに第十章) が第二期に属するものであって『魂について』よりも前であるということになるのである。Nuyens的図式をそのまま採用する研究者は現在ではほとんどおらず (Louis, p. 170 は Nuyens に依拠しており、Preus, p. 98 に批判されている)、『動物運動論』は『魂について』よりも後であると考えられることが多いが、思想内容の問題として、魂と体とプネウマの関係を考える際に、この「善き法治国家」の喩えの解釈は重要になってくるのである。

(11) 動物あるいはその体の喩えであろう。

(12) 法によって実現する秩序のこと。体の諸部分の間の秩序の喩えであろう。

生じてくることごとの各々を取り仕切るところの、独立した(1)専制君主は必要なく、むしろ、各人(2)が自分で自分のはたらきを、ちょうど秩序づけられてしまっているように行なうのであって、つまり、習性(3)のゆえにこれの次にこれが生じる(4)のであるから。そして、動物において同じそのことが生じるのは、自然本性のゆえ、つまり、各々の部分が現にあるように構成されているから自分自身のはたらきをなすのが自然本性的であるということによるのであり、したがって、各々の部分に魂が存在する必要がなく(5)、むしろ、魂が体の何らか
703b の始原［心臓］に存在する(6)のであり、他の諸部分は、心臓と関係するように生まれついていることによって生き、自然本性のゆえにそれら自身のはたらきをなすのである。

第十一章

それで、動物は、「自発的な（ヘクーシオン）」運動(7)に関して、どのような仕方で、そしてどのような原因のゆえに動くのかが述べられた。しかし、いくつかの部分は、或る「非自発的な（アクーシオン）」運動(8)に関して、そして大抵の場合は「自発的ではない（ウーク・ヘクーシオン）」運動(9)に関して動く(10)。私が、非自発的な運

(1)「独立した」と訳した原語「ケコーリスメノス」の直訳は「切り離された」であるが、何から「切り離された」のかは直接には述べられていない。国家から、あるいは、直前の「［法的］秩序」から、という解釈が考えられる。(1)国家が動物あるいはその体の譬えだとすると、体から切り離されて、という意味になり、(2)「［法的］秩序」からだとすると、体

の諸部分の間の秩序から切り離されて、という意味になる。(1)の解釈だと、単に魂は体から独立したものではないということが言われているにすぎないが、(2)の解釈だと、それ以上の考え――魂はそういう秩序であるか、あるいは、そういう秩序に基づくかなどするという考えが予想される――が述べられていることになるであろう。「[法的]秩序」が「ケコーリスメノン」の直前にあるので、(2)をここでは採用したい。

(2)体の部分の喩えであろう。

(3)部分の自然本性の喩えであろう。

(4)「これの次にこれが[というふうに順序よく秩序づけられて]生じる」ということ。

(5)Bos, p. 35は、この文を、「魂が体の『すみからすみまで(throughout)』存在する必要はない」という意味にとっているが、賛成できなかった。なぜなら、「各々[の部分]に魂が存在する必要がなく」という言葉は、「善き法治国家」の喩えの「生じてくることごとの各々を取り仕切るところの、『独立したすなわち切り離された(ケコーリスメノス)』専制君主は必要なく」に相当すると思われるので、「魂が体のすみからすみまで存在する必要はない」という意味ではなく、魂が専制君主のように体の諸部分にいちいち命令を下したりする必要はないという意味であろうと考えられるからである。こう考えると、第十章の末尾が第十一章のテーマへ自然に流れていくと思われる。すなわち、魂が命令を下しているのではないような運動が、第十一章の「自発的な(アクーシオン)」あるいは「自発的ではない(ウーク・ヘクーシオン)」運動であろうから。

(6)四〇九頁註(5)で指摘したが、ここでも、魂が或る始原に存在する仕方は述べられていない。

(7)魂が動かすことによる能動的ないし意図的・随意的な運動のことであろう。

(8)魂が動かされることによる受動的ないし反意図的な運動のことであろう。

(9)魂が動かすこととも動かされることとも関係がない中動的ないし自律的・不随意的運動のことであろう。

(10)ミカエルは、『ニコマコス倫理学』第三巻第一章を参照させている(Mich., 128, 19-20)。たしかに、「ヘクーシオン」「アクーシオン」「ウーク・ヘクーシオン」という言葉がその箇所に登場するが、意味内容が異なっているので注意が必要である。というのは、『動物運動論』のこの箇所では、『ニコマコス倫理学』のその箇所で重要な役割を果たしている無知や後悔というファクターが登場しないからである(Nussbaum, pp. 379-381)。

(703b) 動と言うのは、たとえば、心臓の運動[1]や陰茎の運動[2]——なぜなら、何かが表象されると、知性が命じなかったのに、それら心臓や陰茎は動くのであるから——であり、また、自発的ではない運動と言うのは、たとえば、睡眠、目覚め、呼吸、そしてそのような種類の他のもののこと——なぜなら、端的に言えば、それらのどれも表象[3]や欲求[4]が支配しているのではないから——である。しかし、動物は自然本性的な性質変化をすることが必然であり、そして、諸部分が性質変化すると或るものどもは成長するが別のものどもは消滅することが必然である。そうすると[5]、その結果として、運動するのが必然であり、自然本性的に相互につながっている諸々の変化をするのが必然である——しかるに、それらの運動の原因は諸々の熱さと冷却であって、これらには、外からのものと、自然本性的に内部にあるものとがある——。したがって、理性に反して先述の諸部分[6]に生じる運動[7]もまた、性質変化が起こるときに生じる。なぜなら、思惟と表象は、ちょうど先に述べられたように[8]、諸々の受動的状態［性質変化］を作り出すものどもをもたらすから。つまり、受動的状態を作り出すものどもの諸々の形相をもたらすから。さて、諸部分のうちでは、それら心臓と陰茎が最も顕著にそうした理性に反した運動をする。それは、それら心臓と陰茎の各々が、独立した動物のようなものであることのゆえである[9]。それで、心臓は、どのような原因のゆえにそうであるのかが明らかである。すなわち、心臓はさまざまな知覚の諸始原をもっているからだ。他方で、発生に関わる部分[10]も、そのように独立した動物のようなものであることの証拠がある。すなわち、ちょうど或る種の動物のような精液の能力は陰茎から来るからだ[11]。しかるに、［動物の体の中の］諸々の運動は、始原においては諸部分から、諸部分においては始原から起こり、そのような仕方で互いへ到達するということが理にかなっている。というのは、以下のようであるからだ。まずAを始原であると考える必要がある。それで、書かれたもの(12)の各々の文字による諸運動が、始原へと、かつ、運動し性質変化する始原から到達する——実際、始原は可能態において多であるから(13)——

(1) 以下で、「睡眠、目覚め、呼吸」などの通常の自然な不随意的運動と区別されているので、通常の心臓の運動である「拍動」ではなく、驚きや恐怖による「動悸」のことが考えられているのであろう（Nussbaum, p. 383）。

(2) 勃起のこと。

(3) 「[アクーシオンな運動の場合の]表象」のこと。

(4) 「[ヘクーシオンな運動の場合の]欲求」のこと。

(5) 「そうすると」と訳した原語「エーデー」は帰結を表わすと解した。

(6) 心臓や陰茎。

(7) 動悸や勃起。

(8) 第七章七〇一b一八以下。

(9) Bekker版では、この文の次に、「しかるに、そのことの原因は、生命に関わる湿り気[血や精液]を[心臓と陰茎が]もつということである」（七〇三b二二—二三）という文がくるが、Nussbaum版では、Jaeger版にしたがって削除されている。削除の理由は、直前の「心臓と陰茎が独立した動物のようだ」と言っている文の「独立した」の説明になっていないので、文脈に合わないということである（Nussbaum, HSCP, p. 157-158）。

(10) 陰茎のこと。

(11) 射精された後の精液が、射精した親の動物とは独立してその生殖のはたらきをなすので、そのようにあたかも独立した或る種の動物のように、独立したはたらきをする能力をもった精液を出す陰茎も、独立した動物のようであると言えるということだろうか。

(12) 「書かれたもの」とは、線分BΓの中心に点Aが書かれた図であろう。

(13) 「始原は可能態において多である[多くの種類である]から[多くの種類の運動の始原でありうる]」ということ。

のであって、Bに属するそれ［運動］[1]がBへ、Γに属するそれ［運動］がΓへ、両方へ到達する。そして、［線分の一方の末端］Bから［反対側の末端］Γへ到達するのは、［一方の末端］Bから、始原としての［中心点］Aへ、そして始原としての［中心点］Aから、［反対側の末端］Γへ到達することによってである。しかるに、同じことを思惟しても、理性に反した運動が諸部分に[2]生じる時と生じない時があるの
704a だが、このことの原因は、受動的状態に関わる質料が、それだけの量あるいはそのような性質で内在している時[3]とそうでない時があるということなのである。

それで、私たちは、各々の動物の諸部分について[4]、魂について[5]、さらに、知覚、眠り、記憶[6]、［動物の］共
704b 通の運動について[7]、諸々の原因を述べた。残る仕事は、発生について[8]語ることである[9]。

（1）Bekker版七〇三b三一の *ἀρχὴ* が、Nussbaum版では、「明らかに欄外註記である」との判断のもとに削除されている。するとギリシア語原文では女性単数主格の冠詞だけが残されることになるが、Nussbaumはそれの指すものとしては、*ἀρχὴ* ではなく *κίνησις* が——たしかに七〇三b二九に複数形の *κινήσεις* がある——考えられるべきだとしている（Nussbaum, HSCP, p. 158）。

（2）心臓と陰茎のこと。

（3）「それだけの［適度な］量あるいはそのような［適切な］性質で［それらの部分に］内在している」ということ。

（4）『動物部分論』。

（5）『魂について』。

（6）『自然学小論集』の諸論文。

（7）『動物運動論』。

（8）『動物発生論』。

（9）文字通りにとれば、『動物運動論』の後に『動物発生論』が執筆されたということになる——実際、Rist, p. 287は、そう考えている——が、必ずしもそういうことではなく、講義の順番を述べているのかもしれないし、あるいは、『動物運動論』の後に『動物発生論』が改訂されたという可能性もある（Preus, p. 100）。

動物進行論

本文の内容目次

第一章……434
本書の考察対象は、動物の場所運動のための諸部分である。説明されるべき事実の列挙。いまやその原因が考察されねばならない。
第二章……436
本書の研究に必要な諸前提。前提(1)自然は何ものも無駄にはなさず可能なことどもの中で最善のことをなす。前提(2)大きさがあるものの延び広がり方（方向）には六つ（上下前後左右）ある。前提(3)場所運動の始まりは押すことと引くことである。
第三章……438
場所運動の際の支えとなる「基にあるもの（ヒュポケイメノン）」の重要性。それは歩行する動物だけではなく跳躍する動物にとってさえ必要である。陸上選手の跳躍と競走選手の例。場所運動には、押すものと押されるものが必要である。

第四章……440
動物が自然本性的に規定される方向は、上下前後左右の六つであり、区分の根拠は、動物がもつ部分の「はたらき（エルゴン）」であって、世界内での物理的な位置ではない。
第五章……444
足の数と体の向きの関係について。
第六章……445
六つの方向それぞれの固有な仕方の運動を統一する共通の始原がある。
第七章……448
有血動物が四つより多くの点で動くことはありえない。有血動物は多くの部分に分割されると生きていないが、無血で多足の動物はそうされても長い間生きている。無足であっても有血動物であれば四つの点で動く。
第八章……451
自然は各々のものの本質を保持する。すべての有足動物は、必然的に偶数の足をもつ。ムカデのような多足のものの例。
第九章……454
動物は、曲がることがなければ、動くことはありえない。数学的モデルを使った考察。無足動物であっても、動くためには曲がることが必要。

第十章……458
飛ぶ動物の場所運動の仕方について。
第十一章……461
二足の動物としての人間と鳥の比較。
第十二章……463
人間、鳥、および、子を産む四足動物の脚の曲げ方の比較。
第十三章……466
脚を曲げる四つの方式。
第十四章……467
前肢と後肢は対角線的に（交差して）動く。横へ動くカニも例外ではない。
第十五章……469
飛ぶ動物の脚の曲げ方は、四足動物と同様である。鳥の翼は、前脚の代わりにある。ワニなど脚が横についているものの説明。
第十六章……471
無血の多足動物の中間部の脚の特徴。カニの特殊性の説明。
第十七章……473
カニとザリガニの比較。ヒラメと水鳥の説明。

第十八章……………………………………………………………………………475
鳥と魚の比較。生活形態による説明。
第十九章……………………………………………………………………………476
殻皮動物（貝類）の運動の難問。体形が円盤状のカニにとっての左右の区別。まとめ。

(704a)

第一章

さて、場所運動[1]のために諸々の動物にとって役立つ[2]諸部分について、次のことが考察されなければならない。すなわち、それら諸部分の各々がどのような原因のゆえにそのようなものであるのか、そして、何のためにそのような部分がそれらの動物に属すのか、ということであり、さらに、同一の動物のさまざまな部分の相互の差異について、また、類的に異なるさまざまな動物の諸部分の間の差異についてである。しかしまずは、考察されるべきであることごとについて把握しておこう。

さて、それらのうちの一つは、最小いくつの点で動物は動くのか、次に、何ゆえに、有血動物は四つの点で、無血動物はそれ以上の点で動くのか、そして一般に、どのような原因のゆえに、動物には、無足のもの、二足のもの、四足のもの、多足のものがいるのか、また、何ゆえに、それらのうちで足をもつ限りのものは、すべて、偶数の足をもち、総じて、動く際に用いる点は偶数であるのかということである。

さらに、どのような原因のゆえに、人間と鳥は二足である一方、魚は無足であるのか、そして、人間と鳥は、[同じ]二足であるのに、脚の曲げ方が反対であるのかということ——実際、人間は脚を凸型に曲げる[3]が、

20 鳥は凹型に曲げるから(4)。また、人間は、自分自身にとって正反対の方向に(5)、脚と腕を自分で曲げる(6)。すなわち、腕を凹型に、膝を凸型に曲げる。また、子を産む四足動物は、人間とは反対の仕方で、かつ、自分自身
704b にとって正反対の方向に自分で曲げる。実際、前脚を凸型の丸みに沿って、後脚を凹型に曲げるから。さらに、四足動物のうちでも、子ではなく卵を産むものは、独特な仕方で、すなわち、側方へ曲げる――、以上に加えて、どのような原因のゆえに四足動物は脚を対角線の形にして動く(7)のか、ということである。

以上のすべてについて、そして、それらと類縁の事柄について、原因が考察されねばならない。それで、

---

(1) 原語は「キーネーシス・カタ・トポン」。「キーネーシス」は性質変化も含む広い意味の「動」であるため、「カタ・トポン（場所に関する）」という限定がつけられている。要するに「移動」のことであるが、「移動」を一語で表わす「ポラー」という言葉が別にあるので、「キーネーシス・カタ・トポン」は基本的に「場所運動」と訳した。

(2) 「……の『ため（プロス）』に『役立つ（クレーシモン）』」は、目的のための手段であることを表わす言葉。『動物進行論』は、冒頭から目的論的に思考していることが分かる。

(3) 関節部を前へ突出させる曲げ方。人間の脚の膝関節のこと。

(4) 関節部を後へ突出させる曲げ方。ただし、鳥の脚の部分でこのように曲がる関節は膝関節ではなく足首の関節なので、比較の対象がずれてしまっている。

(5) 「自分自身にとって」という限定がついていることから、動物の体の方向を決めるためには特別に基準が必要であることが分かる。動物の体の方向――前後左右上下――の決め方については、第四章において実に興味深い仕方で考察されている。

(6) 他者から無理に曲げられるのではなく、ということ。

(7) 足を交差させるということ。右前足と左後足の交差など。

(704b) それらがそのようであるという事実は、自然に関する探求から[1]明らかであって、いまや、その原因が考察されねばならないのである[2]。

第二章

ところで、考察を始めるにあたって前提とすることがいくつかある。それらは自然の研究のためにたびたび私たちが使用してきたものであるのだが[3]、自然の諸々のはたらきのすべてにおいて、この仕方で事物が成り立っているということを把握したうえで[4]、そうしてきたのである。

さて、それらの前提のうちの一つに、(1)の(a)自然は何事も無駄には為さず[5]、(1)の(b)むしろ、動物の各々の類に関して、その本質にとって可能なことども[6]のうちで最善のことを常に為す[7]、というものがある。まさにそれゆえに、事情がこれこれの仕方であるということが、[他の仕方よりも]いっそう善いのだとすれば、事情がそのようになっていることは自然にかなったことなのだ。

(2)さらに、大きさがあるものの延長方向[8]には、どれだけの数が、そしてどのような種類のものがあって、どのようなものに属するのか、把握する必要がある。すなわち、六つの延長方向があるが、それらは三つの対になっており、一つ目の対は上と下、二つ目は前と後、三つ目は右と左というものであるから。

(3)加えて、諸々の場所運動の始原は押すことと引くことであるということを理解する必要もある。それで、それらの始原は自体的に動くものだが、他のものによって運ばれるものが動かされるのは付帯的である。

705a なぜなら、何かによって運ばれているものは、自分で自分を動かしているのではなく、他のものによって動

(1)『動物誌』第二巻第一章四九八a三など。

(2)「事実（ホティ）」を確定してから「原因（ディオティ）」を探求するという『分析論後書』の方法論に忠実にしたがっている。

(3) 以下の諸前提が自然の研究に有効であったということ。

(4) 以下の諸前提が経験に裏づけられたものであるということ。

(5) 前提(1)の(a)は、アリストテレスにおいてしばしば登場するよく知られたものである。『動物進行論』第八章七〇八a九—一〇、第十二章七一一a一八、『動物部分論』第二巻第十三章六五八a八、第三巻第一章六六一b二三、第四巻第十一章六九一b四、第四巻第十二章六九四a一五、第四巻第十三章六九五b一九、『動物発生論』第二巻第四章七三九b一九、第二巻第五章七四一b四、第二巻第六章七四四a三六、第五巻第八章七八八b二一、『魂について』第三巻第九章四三二b二一、第三巻第十二章四三四a三一、『呼吸について』第十章四七六a一二—一五、また、『天について』第一巻第四章二七一a三三、第二巻第十一章二九一b一三、さらに自然学著作以外にも、『政治学』第一巻第二章一二五三a九、第一巻第八章一二五六b二〇に登場する。

(6) 本質が可能性を限界づけるということを示唆する。なお、Kollesch は、「本質にとって」を「可能なことども」にではなく「最善のこと」にかけるが、ギリシア語の語順からすると不自然であろう。

(7) 前提(1)の(b)は、(1)の(a)ほど知られていないが、『動物進行論』第八章七〇八a九—一二、第十二章七一一a一九、『動物部分論』第二巻第十四章六五八a二三、第四巻第十章六八七a一五、また『天について』第二巻第五章二八八a二に登場している。とくに、(1)の(b)の別バージョンが、『動物進行論』第八章冒頭に、「自然は、すべてのことに関して、各々のものにとって可能なことどものうちの最善のことに注意を払い、各々のものの固有の本質を、すなわち、そのものであるとはそもそも何であったのかということを、保持するものなのである」(七〇八a九—一二)といういっそう詳細にされたかたちで登場していることは注目に値する。なお、「為す」の原語は「ポイエイン」。時制は現在形。

(8)「延長方向」の原語は「ディアスタシス」。延び拡がりのこと。

(705a) かされていると考えられるからである。

第三章

さて、以上のことが規定[1]されたので、それらの次にくることを述べよう。

それで、場所を変わる限りの動物には、跳躍する動物のように、体全体で一気に場所を変わるものと、歩行する動物の各々のように、部分によってそうするものとがいる。そして、両方の変わり方において、動くものは、常に、自分自身の基にあるもの[2]で自らをしっかり支えて場所を変わる。ゆえに、それに基づいて運動するものが、それをさっと抜き取られ、身を支えることができなくなるならば、また総じて、運動するものどもに対して、基にあるものがまったく押し返さないならば、それに基づいて自分自身を動かすことはできない。というのは、跳躍する動物でさえ[3]、上の部分そのものと足の基にある部分を支えにして[4]跳躍しているからだ。すなわち、関節の中の諸部分が互いに押し合うからであり、総じて、押すものは、押されるものに対して押すのであるから。それゆえ、五種競技の選手たちも、跳躍用の重り[5]を手に持つほうが、持たないよりも、いっそう遠くへ跳躍するし、競走選手たちも、手を振るほうがいっそう速く走るのだ。なぜなら、手や手首への伸張において一種の押し返しが生じる[6]からである。しかるに、動くものは、最小二つの道具的な部分、いわば、押す[7]ものと押されるものを使用して場所を変わる。すなわち、荷物を運ぶためには、一方で、留まっているものが押され[8]、他方で、持ち上げられる荷物が、それを運ぶものによって上へ引っ張られるのであるから。まさにそれゆえに、部分のないものは、そのような仕方で動くことはできない。なぜなら、それは、受動する部分と能動する部分の区別を自分自身のうちにもっていないからだ。

(1) 場所運動をすること。
(2)「基にあるもの」は、「基体」とも訳される「ヒュポケイメノン」。
(3) 跳躍して空中を移動するものは、その間支えがないように見えるが、実はそのようなものでさえ、ということであろう。
(4) 以下の理由文からすると、関節を利用して、ということであろう。
(5)「跳躍用の重り(ハルテーレス)」とは、走り幅跳びの場合のように「ハレスタイ(跳躍)」する際に両手に持って、跳躍の瞬間、それを持った手を勢いよく前へ振り出し、そして空中で後へ放り投げることによって、勢いがつき、より遠くへ跳躍できると思われていた重りのことである。しかし、アリストテレス自身は、以下の記述からすると、勢いがつくからではなく一種の押し返し、つまり支えが生じるから遠くへ跳躍できたり速く走れたりできるのだと考えていたようである。つまり、空中を跳躍中の選手の問題は、投射体問題と同じ構図の問題なのである。よく知られているように、空中を飛んでいる投射体が飛び続けるのは、その物体に勢いあるいはimpetusが——まして慣性力が——内在するからだとはアリストテレスは考えなかったのである。ただし、選手の問題のほうが投射体の問題よりも複雑である。なぜなら、投射体は、選手のように重りを持って放り投げたりはしないからであり、また特別な説明が必要になるからである。
(6) したがって一種の支えが生じる、ということ。
(7) 大地のこと。
(8) それは同時に、重荷を運ぶものが、留まっているものを押すということである。

第四章

さて、動物が自然本性的に規定される延長方向の数は六つである。すなわち、上と下、前と後、さらにまた右と左があるのだが、上と下の部分はすべての生物[1]がもっている。上と下は、動物だけではなく、植物にもあるからだ。そして、六つの延長方向は、はたらきによって区分されるのであって、単に、大地と天への関わりにおける位置によってではない[2]。なぜなら、各々の生物にとって栄養物の分配と成長が始まるところがはたらきの点で上なのであり、それが最後に終わるところがはたらきの点で下なのであるから。すなわち、
705b
一方は一種の始点であり、他方は限界点［終点］であるが、上が始点なのであるから。しかるに、植物にとっては、むしろ、下が始点であると考えるのが適切であろう。実際、植物と動物の場合、上と下が位置的には異なるから。しかし、植物と動物は、世界全体との関係においては[3]異なるが、はたらきの点では同様なのである。というのは、植物にとっては、根が、はたらきの点では上部なのであるから。すなわち、根から、栄養物が、植物の成長する諸部分へ分配されるのであり、栄養物を、根によって、ちょうど動物が口によってそうするように、取り入れるからだ。

また、単に生きているだけでなく動物でもあるようなものには[4]、前部と後部がある。なぜなら、動物はみな感覚をもっており、感覚によって後部と前部が区分されるからだ。すなわち、各々の動物にとって感覚が自然本性的にあり感覚が始まるところが前部であり、その反対側が後部であるから。

そして、動物のうちでも、感覚に与っているだけではなく、自ら、自分自身の力で、場所に関する変化[5]をすることができるものには、以上で述べられた区別に加えて、左と右が区分されるのだが、先に語られた区別と同様に、それらの各々は、或るはたらきによって区分されるのであって、位置によってではない。すなわち、体の場所変化の自然本性的な始点が、個々のものの右であり、それに相対して自然本性的に付随するのが左であるから。

20 ところで、右と左の区分は、或る動物よりも別の動物においていっそうはっきりと分かれている。すなわち、道具的な部分――私が言っているのは、足や翼、そしてそういった種類の他の何かのものであるが――を使用して、前述の、場所に関する変化をするものは、そういう部分の付近で、いま述べられた右と左の区分がいっそうはっきりしているから。しかし、そのような道具的な部分によらず、体そのものによって右と左の区別をつくりだして前進するもの、たとえば、ヘビ、そして、諸々のイモムシからなる類、加えて、

(1) ここでは、「動物(ゾーオン)」と「植物(ピュトン)」を合わせた概念として、「生物(ゾーン)」が立てられている。
(2)『動物進行論』の根本思想。動物の体の方向は、物理的な位置関係によってではなく、機能によって決まるという興味深い考えが述べられている。
(3) 大地と天への関わりにおいては、ということ。
(4) 植物は除く、ということ。
(5) 原語は「カタ・トポン(場所に関する)・メタボレー(変化)」。

「大地のはらわた」と呼ばれているもの[1]などのような、無足のものどものうちのいくつか[2]にも、いま述べられた右と左の区分があるのだが、それほどはっきりしているわけではない。

また、運動の始まりが右からであることの証拠は、すべての人が荷物を左側で担ぐことである。実際、そのようにすれば、動かす側が荷物から解放されて、荷物を担いでいる側が動かされうるのであるから。それゆえに、また、片足でぴょんぴょん跳ぶことは、左側を上にして右足でするのが楽なのである。すなわち、
706a 右は動かすことが、左は動かされるのが、自然本性的なことであるから。したがって、荷物も、動かす側ではなく、動かされる側に、のせられる必要があるわけである。しかし、もし、動かす側に、つまり、運動の始まる側［右側］に荷物をのせるとすると、それは全然動かされないか、あるいは、ずっと動かされにくくなるのだ。

また、運動が始まるのは右側からであることの証拠としては、足を踏み出す仕方もある。すなわち、すべての人が左足を踏み出すのであって、立ち止まった状態からは、左足を踏み出すことのほうが多い――たまたまそうではなかったという場合は別として――から。なぜなら、踏み出した足［左足］によってではなく、踏み残した足［右足］によって動くのであるから。防御も右側によってする。その原因のゆえに、すべての動物の右側は、同じもの[3]なのである。というのは、運動が始まるところはすべての動物にとって同じであり、自然本性によって位置も同じところにあるから。しかるに、運動が始まるところは右なのである。まさにそれゆえに、殻皮動物［貝類］の殻は、みな右側にある。すなわち、螺旋のある側へ動くのではなく、みな、その反対の方向へ、たとえばアクキガイやホラガイのように、前へ進む。

それで、すべての動物は右側から動き、右側は自分自身と同じ方向へ動くのであるから、すべての動物は同じように右側がよく利くのが必然なのである。また、人間は、動物のうちで最も自然に(4)かなっているがゆえに、動物のうちで最も右側が遊離している〔自由に動く〕。しかるに、右側は、左側よりも自然本性上いっそう善いので(5)、左側から分離されている。ゆえに、人間における右側がもっとも右らしい(6)のである。また、右側が分化しているので、左側があまり動かされにくく、それら動物のうちで最も遊離しているのは、理にかなっている。そして、運動の他の始まり、つまり上と前も、人間において、最も自然本性にかなっており、分化しているのだ。

---

(1) ミミズのこと。

(2) 第九章七〇九a二四以下によれば、ヘビやイモムシは波のようにうねって前に進み、ミミズやヒルは蠢きを利用して前に進む。とくに、ヘビやヘビのような形態の、有血で無足の動物の動き方については、第七章七〇七b五以下に詳しい説明がある。

(3) 同じはたらきをするところのこと。

(4) どんな動物でも自分自身の自然本性にかなっているはずであるから、この箇所の「ピュシス」は「自然は……する」という場合の「自然」ではないだろうか。

(5) 単なるピュタゴラス派的価値判断の主張に見えるが、「自然本性上」という限定がついていることからすると、運動の始原という「はたらき（エルゴン）」の観点からして、より良く機能するということかもしれない。実際、次の章の末尾では、「上は下よりも、前は後よりも、右は左よりも尊い」という価値観を無批判的に主張せず根拠づけしている。

(6) 運動が始まるところとしての右の自然本性を最も善く実現している、ということであろう。

第五章

それで、ちょうど人間や鳥のように、上と前が区分されているものは、二足である――［運動に用いる］四点のうちの［残りの］二点は、鳥の場合、翼であり、人間の場合、手や腕である――が、前と上を同じところにもつものは、四足か多足か無足である。というのは、私が「足」と呼んでいるのは、場所的に動かしうるものとして「地面の上にある（pezon）」点に接する部分のことであるから。実際、「地面（pedon）」から「足（podes）[1]」という名称がとられたようであるから。

また、いくつかの動物は、たとえば、軟体動物や、殻皮動物のうちの巻貝のように、前と後を同じところ
706b にもつ。しかし、これらについては、先に別の諸論考で[2]述べられた。

さて、場所には上、中、下の三つがあって、二足のものは、体の上部が、世界全体の上を向いており、多足あるいは無足のものの場合は、中を向いており、植物の場合は、下を向いている。その原因は、植物が動きえないものであり、上部とは栄養物に関わるところであって、植物の栄養物は、［下である］大地からくるということである。四足、多足、無足のものは中を向いているが、それは直立していないがゆえである。二足のものが上を向いているのは、直立しているがゆえであって、とりわけ人間がそうだ。なぜなら、最も自然本性にかなった仕方で二足であるから。そして、まさに始原がそれらの部分からであるのは、理にかなっている。というのは、始原は尊いものであるのだが、しかるに、上は下よりも、前は後よりも、右は左より

も尊い[3]のであるから。しかし、それらについては、まさに逆に言うのがよい。すなわち、始原が[4]それらの場所にあるがゆえに、それらは反対側の部分よりも尊いのであると。[5]

第六章

20 それで、動物の運動の始まりが右側からであるということは、述べられたことから[6]明らかである。また、或る部分は動いているが別の部分は静止しているところの連続的な全体が、一部は止まっているのに全体としては運動しうるためには、両方の部分が反対の諸運動[7]をするところに、それら両方の部分を互いに接続す

(1)「足(pous)」の複数形。

(2)『動物誌』第四巻第一章五二三b二一以下。『動物部分論』第四巻第九章六八四b一四以下も参照。

(3) イデオロギー・バイアスの一例。しかし、バイアスはバイアスであるとしても、それが無批判的に主張されているわけではないことが次の文から分かる。

(4)「[それ自体として尊いものである]始原が」ということ。

(5)「上は下よりも、前は後よりも、右は左よりも尊い」という価値観を、アリストテレスなりに根拠づけしているということがここから分かる。

(6) 第四章七〇五b一八―七〇六a二六。

(7) Farquharson は、「反対の諸運動」を、運動とその欠如(静止)とするが、Kollesch, p. 113 は、以下で体の六つの方向が論じられているというコンテクストからして、「反対の諸運動」とは、上への運動と下への運動、右への運動と左への運動、そして、前への運動と下への運動であるとする。運動の欠如つまり静止を「反対の諸運動」に含めるのは奇妙であり、コンテクストも考慮して、Kollesch の解釈を支持する。

る共通のものが存在することが必然であり、そしてそこには、諸部分の各々の運動の始原があることが、同様に、静止の始原もあることが、必然であるのだから、述べられた(1)諸々の対に関して、相対する部分の各々に固有の運動がある限りで、それらすべては、述べられた諸部分——私が言っているのは、右と左、上と下、前と後のことである——の結合部［関節］によって、共通の始原をもつということは明らかである。

それで、前と後によるそのような区別は自分自身を動かすものに関わらないのであるが、それは、後への自然本性的な運動はいかなる動物にも属さず、運動するものには、それら前と後のどちらかへ変化するための区分をもたないがゆえに、そうなのである。(2)右と左および上と下によってもそうだ。ゆえに、道具的な部707a 分を使用して前進する限りの動物は、それらが、前と後の違いによって区分されたのではなく、残りの両方の違いによるのだ。すなわち、まず先に、右と左の違いによって区分されるが、それは、二つのものにおいてはただちに属すのが、また、もう一方の、上と下の違いは、四つのものにおいて初めて属すのが、必然的なことであるがゆえである。

それで、上と下および右と左は、同じ共通の始原——私が言っているのは、運動を支配するもの(3)であるあれ［心臓］のことである——によって、それら自身に密接に結びつけられ、また、それぞれの側からの運動を一定の方式で起こそうとするすべての動物において、上述のすべての運動の原因——それは、動物におけるそれらの側のうちの、右と左の運動が始まり、同様に上と下の運動が始まるところの共通の始原［心臓］のことである——が何らかの仕方で区分され、上述の諸々の始原——これらの部分においてあるものどもの、反対の列に属した(4)、あるいは、同じ列に属した諸々の始原(5)——に対して距離をおいて配置される必要があり、そして、この始原は、各々の動物にとって、上述の諸部分における諸々の始原の各々に対して同様のところにある必要がある(6)。

---

(1) 第二章七〇四b一九－二二。

(2) 第四章七〇五b一〇－一三によれば、前と後は、運動するかどうかによってではなく、感覚のあるところによって区別されるのであった。

(3) 「始原」と訳した「アルケー」は、ものごとの「始まり」という意味と、「支配」という意味があるので、この箇所の「同じ共通のアルケー」とは、単に運動が始まる場所が同じだということではなく、運動を支配するものが同じだという意味であることを確認するために、「支配するもの」と訳した「キューリアー」──この言葉は、「アルケー」とは異なり、「支配するもの」しか意味しない──と言い直したのであろう。

(4) 「アンティストイコン」。右側の脚と左側の脚の、かつ、前脚と後脚の、組み合わせのことであり、たとえば、右側の前脚と左側の後脚の組み合わせなどがそうである。実質的に、「対角線的に［交差して］」と同じ事態を指す。

(5) 「シュストイコン」。右側の脚どうしの組み合わせ、もしくは、左側の脚どうしの組み合わせのこと。Preus, p. 159 は、さらに、前脚どうしの組み合わせと、後脚どうしの組み合わせも含めている。

(6) 原文では、「必要がある」で文が終わっているのではなく、「必要がある『ので（エペイ）』」となっており、次の第七章冒頭の「それで（ウーン）」につながっているのだが、ここで章が区切られてしまっている。

第七章

それで[1]、二点あるいは四点で場所を変わる動物だけに、または、とりわけその動物に、場所運動が属するということは明らかである。したがって、そのことがほとんどとりわけ有血動物に起こっているのであるから、有血動物が四つより多くの点で動くことなどありえないということは明らかであり、そしてもし何らかの動物が四つの点だけで動くのが自然本性的なことであるならば、その動物は有血動物であることが必然的なのである。

ところで、諸々の動物に関して起こることも、述べられたことに一致している。というのは、有血動物は、多くの部分に分割されると、いわばほんのわずかな時間さえも生きることができないし、連続したものであり分割されていないときに行なっていた場所運動にも与ることはできないからである。それに対して、無血で多足の動物のうちのいくつかは分割されても、諸々の部分の各々で、長い時間にわたって生きていることができ、そして、分割される前とまさに同じ運動を行なうことができる。たとえば、いわゆる「ムカデ」や、有節の長いもののうちの他のものがそうである。すなわち、これらの場合すべて、分割された後部でさえ、
707b 前部と同じ方向へ進行するから。そして、分割されても生きている原因は、それらの動物の各々が、あたかも多くの動物からなる一種の連続的な動物であるかのように構成されているということである。何ゆえにそのようであるのかは、先に述べられたことから明らかである。

実際、二つあるいは四つの点で動くのが自然本性的なことであるものは、最も自然(2)にかなった仕方で構成された動物(3)であって、有血動物のうちでなら無足のものどもであっても同様であるから(4)。というのは、それらも、[足がないとしても] 四つの点で運動するのであって、これらの点によって運動を起こすからだ。すなわち、二つの曲折部を使って前進するからである。実際、それらの曲折部には、右と左および前と後が、平面上に存在するのであって、頭のほうの部分には前部の右と左の点 [前の曲折部] が、尾のほうには後部のそれら右と左の点 [後の曲折部] があるからだ。しかるに、それらの動物は、二つの点で、すなわち前部と後部で大地に接して動いているように思われている。その原因は(5)、体の横幅が狭いということであり、ちょうど

(1) 前章の最後の段落からの帰結である。

(2) このピュシスは、個々のものの自然本性という意味ではないと思われる。なぜなら、「最も」という表現は、共通の基準によって計られていることを含意するが、それぞれの動物の自然本性は、それぞれに特有であって、共通ではないであろうから。そして、何かであることが自然本性的であることの理由に、再び自然本性をもちだせば、説明になっていないことになろうから。ここでは、第二章で説明された「前提(1)」の、無駄なことをせず本質を保持する「ピュシス」(こちらの意味のピュシスを「自然」と訳している)に最もかなっていれば、最も無駄なく二点または四点で動くことが本質つまり自然本性になっている、ということであろう。

(3) 有血動物のこと。

(4) この理由文は、直前の文の理由文ではなく、一つ前のパラグラフの末尾への理由文であるように思える。

(5)「その [ように思われている] 原因は」ということ。

四足のものの場合のように、それらの場合でも、右側[1]が先導しており、後部で反応があるということである。また、体そのものに曲折部がある原因は、体が長いということだ。すなわち、背の高い［長い］人間は、体を前へ彎曲させて［姿勢を悪くして］歩くものであって、右の肩が前へ先導する――つまり、左の尻が［右肩］より後に残り[2]、［体の］中央部がくぼんで前へ彎曲するから――ように、［長い］ヘビも体を彎曲させて大地を動くと考える必要がある。そして、ヘビが四足のものと同様な仕方で動くということの証拠がある。実際、部分において凹部と凸部が変化するから。すなわち、前部の左［の凸部］が先導するたびに凹部が再びその反対側［右］に生じるというようになっているから。つまり、右が再び内側に［凹状に］なるから[3]。前の曲折部の右の点をA、その左をB、後の曲折部の左をΓ、その右をΔとする[4]。

さて、そのような仕方で動くのは、陸に棲むもののうちでは、ヘビ、水に棲むもののうちでは、ウナギ、アナゴ、ウツボ、その他に、比較的ヘビのような形のものである。ただし、水に棲むそのようなもののうちで、いくつかのものは、たとえばウツボは、鰭《ひれ》をもたず、ちょうどヘビが地面や海を利用する
708a ような仕方で――ヘビは地上を動くときでさえ同じように泳いでいるのであるから[5]――、海を利用する。他のもの、たとえば、アナゴ、ウナギ、シパイの湖に産するケストレウスどもからなる或る類[6]は、鰭を二枚だけもつ。まさにそれゆえに、ちょうどウナギどもからなる類のように地上で生きる習性のものどもは、水の中では、地上でよりも、ずっと少ない曲折部で動く。しかし、ケストレウスのうちで二枚の鰭をもつものは、水の中では曲折部によって二枚の鰭を四つの点と等しくするのである。

第八章

さて、ヘビに足がない原因は、自然は何事も無駄にはなさないということであるが、自然は、すべてのことに関して、各々のものにとって可能なことどものうち[7]の最善のことに注意を払い、各々のものの固有の本

（1）この「右側」は、以下の人間の例では右肩に相当すると思われる。そして、右肩のさらに前に左足が踏み出されているのと同じように、右側よりもさらに前に左側が出るはずである。実際、以下（七〇七b二三―二四）で「前部の左［の凸部］が先導するたびに」と言われている。以上のように解しないと、「右が先導しており」という言葉とこの言葉に不整合が生じるのではないだろうか。

（2）一番後にあるのは、地面に接して運動の支えになっている右足である。つまり、これは、右手を振り出して、左足を踏み出し、右足で運動を支えている状態であろう。

（3）第九章七〇九a二四以下でのヘビの「うねって前進する」仕方の記述からして、同第七章でのこの記述も、蛇行運動ではなく、アコーディオン運動ではないかと思われる。

（4）Kollesch は本訳のように Jaeger 版のテクストの読みをしているが、Bekker 版の「後の［曲折部の］右をΓ、その左をΔとする」という読みをとるものも多い。ただし、どちらの読みをとっても、このパラグラフの理解を左右するほどの違いは生じない。

（5）ヘビは地上を動く動作と泳ぐ動作が同じであるということ。『動物部分論』第四巻第十三章では、「ヘビは、まさに地を這う仕方で泳ぐのであるから」（六九六a八―九）と言われている。

（6）「シパイの湖のケストレウス」については、三五七頁の註（9）を参照。

（7）底本の Jaeger 版は、τῶν ἐνδεχομένων の前に、ἐκ（から）を補うことを提案するが、不必要だと思われる。

質を、すなわち、そのものであるとはそもそも何であったのかということを、保持するものなのである[1]。さらに、先に[2]私たちによって語られたこと、すなわち、四つ以上の点で動きうるものは有血動物にはいないということも、原因である。実際、以上のことから、有血動物のうちで、ちょうどヘビのように、長さに関して体の他の自然本性と釣り合いがとれていないものは、有足のものであることができないということは、明らかであるから。なぜなら、一方で、それらが四つ以上の足をもつことはできない——もしもっていたとすれば、それらは無血動物のはずであるから——し、他方で、二足か四足ではほとんどまったく動きえず[3]、そうであれば、動きが緩慢で役立たないものになるのが必然的であろうからだ。

また、すべての有足動物は必然的に偶数の足をもつ。なぜなら、一方で、歩かずに跳躍だけを利用して場所を変わる動物どもは、少なくともそのような跳躍運動のためには足を必要とすることはなく[4]、また、他方の動物どもは、すなわち、跳躍を利用するがこれらの動物にとってこの跳躍運動では十分なものではなく、さらに歩行も必要とする動物どもは、偶数の足をもつほうがいっそう善いか、足が偶数でないと歩行することがまったく不可能であるからだ[5]。実際、そのような、歩行という変化は、部分によるものであって、跳躍のように全身で一度に行なうものではないから、その歩行という場所変化をする足の一方にとっては留まることが、他方にとっては動くことが必然的であり、動く足から留まる足へと体の重心を移して、相対する足によって、それら留まることと動くことのそれぞれを行なうことが必然的であるから。まさにそれゆえに、利用する足が三つでも一つでも、歩くことはできないのである。なぜなら、一方の、足が一つの場合では、体の重さをのせる支えがまったくなく、他方の、足が三つの場合では、別の一対[6]だけによって進行するのであり、したがって、そのような仕方で動こうとすれば倒れるのが必然的(7)であるから。しかし、ムカデのような多足のものにとっては、奇数の足で進行することが可能だ。それは、まさに今それらの足を一つ損なってみれば分かるように、対になった足の欠損(8)が、両側に残った多くの足によって矯正されるがゆえである。すなわち、損なわれた部分が残りの諸部分によって、いわば、引きずられるということが(9)、それらムカデのような多足のものどもに起こるのであるから。しかし、それらさえも、足は偶数で欠けるところがなく対にな

(1) これは、第二章で登場した、自然研究の前提(1)、すなわち、「(1)の(a)自然は何事も無駄には為さず、(1)の(b)むしろ、動物の各々の類に関して、その本質にとって可能なことどものうちで最善のことを常に為す」(七〇四b一五―一八)に対応しているが、ここでは、前提(1)の(b)がいっそう詳しく述べられている。

(2) 前章七〇七a二〇―二一。

(3) 二足や四足程度ではその長い体を動かすには少なすぎるので、ということであろう。

(4) 足の本来の目的は歩くことであって跳躍することではない、ということであろう。ただし、『動物部分論』第四巻第六章で、「[或る種の有節動物の]後脚は中脚よりも大きいが、それは、歩行のゆえに、そして、地面から離れて跳び上がるためにそうなっている」(六八三a三一―三三)と言われており、足そのものではなく、足の大きさならば、跳躍が目的になりうることがうかがえる。

(5) Bekker 版では、この文の次に、「それゆえに、すべての動物は、偶数の足をもつのが必然的なのである」(七〇八a二七)という文があるが、Jaeger 版では削除されている。

(6) 「別の一対」とは、一つだけの足は、対であったものが損なわれたものと考えられているところから出てきた表現であろう。

(7) 対になっていない一本足が本来対になって動かすところの胴体の部分が結局動けないので、倒れざるをえない、ということ。

(8) 対で二本あるはずのものが一本になってしまったこと。

(9) Bekker 版では、この次に、「歩くことなのではないが」という言葉があるが、Jaeger 版では削除されている。

(708b) って並んでいるほうが、明らかに、いっそう善く場所変化できるはずだ。すなわち、そのようにして、対になって並んだ支えとしての足をもち、相対する部分である足の一方の場所が空いていないとすれば、それらの重さを均等にでき、どちらかの側へいっそう大きく揺れ動くことはありえないはずであるから。しかるに、進行する動物は、諸部分のいずれかの側から交互に前へ出ていく。なぜなら、そうすると、体勢が始めと同じ形になるからだ。

それで、すべての動物が偶数の足をもつこと、そしてそれはどのような原因のゆえにかということが述べられた。

第九章

さて、静止する部分[1]がなければ曲がることも伸びることもないということは、以下のことから明らかである。すなわち、曲がるとは、伸びたまっすぐな状態から、弧あるいは角に変化することであり、伸びるとは、それらのどちらかから、まっすぐな状態に変化することであるから。しかるに、いま述べられたあらゆる変化においては、一つの点[2]との関係で、曲がることや伸びることが生じるのが必然である。しかし、少なくとも、曲がることがなければ、歩くことも泳ぐことも飛ぶこともありえないであろう。というのは、有足動物は、相対する脚のどちらか一方で交互に立ち、体の重さを支えるので、一方が前へ出るとき、他方は曲がるのが、必然的なことであるから。なぜなら、対になって並ぶ体肢は長さの点で等しいのが自然本性的なこと

709a

であり、重さの下になっている部分は、地面に対して垂直なように、まっすぐである必要があるから。しかるに、脚を踏み出すときには、踏み出した脚が直角(3)に対した線(4)になり、そして、その線は、留まっている大きさ(5)であることが可能な線になり、また、間の線(6)であることが可能な線になる。(7)だが実際は、両脚の長さは等しいのであるから、(8)留まっている脚が、膝においてか、あるいは、たとえばもし、膝のないものが、歩く動物のうちにいるとすれば、膝以外の関節において、曲がることが必然である。事情がそのようであることの証拠は次の通りである。すなわち、もし誰かが壁に沿って地面を歩くならば、(9)踏み出した脚が曲がったときには［影が］小さくなり、立って身を起こすときにはそれが大きくなるがゆえに、描かれていく線(10)はまっ

(1) 関節のこと。
(2) これも関節のこと。
(3) ここで「直角」とは、地面とそれに垂直になっている脚とからなる直角のこと。
(4) 「直角に対した線」とは、斜辺のこと。
(5) 垂直になった脚のこと。つまり、三角形の垂線。
(6) 「間の線」とは、踏み出した脚の先と留まっている脚の先との間の線のこと。つまり、三角形の底辺である。
(7) 踏み出した脚を斜辺とする直角三角形において、その斜辺の二乗は、踏みとどまっている脚に相当する線（垂線）の二乗と、踏み出した脚の先と踏みとどまっている脚の先の間の線（底辺）の二乗に等しいという、三平方の定理のことが述べられていると解釈されている。「可能な」と訳した「デュナメノン」の名詞形「デュナミス」には「二乗」という意味がある。
(8) 両脚の長さが長ければ、踏みとどまっている脚が垂直に立つ場合、踏み出した脚が曲がらない限り、踏み出した脚は地に着くはずがないから、ということ。本章七〇九b一六―一七で説明されている。
(9) このあたりは原文がひどく壊れており、いくつもの脱落があると考えられている。
(10) 歩くにつれて影の頭の部分で壁に描かれていく線のこと。

(709a) すぐではなく曲がったジグザグのものになるから。しかし、ちょうど幼子が這うように、脚に関節をもたなくても動くことはできる。ゾウについても昔そのように言われていたが、それは真ではない。そのような動物でさえも、肩や腰に曲折部が生じて動くのである。[1] しかし、連続的にしっかりと直立して動くことはできないであろうし、ちょうどレスリングの学校で、砂ぼこりの中を膝で前進する人たちのように動くことになるだろう。実際、上体が大きく、したがって脚が長い必要があるから。もしそうだとすると、脚に曲折部があるのが必然的なのである。というのは、垂直に立っているので[2]、前に動く脚が曲がらないとすれば[3]、直角がもっと小さい角になったときに倒れるか、前進できないか、どちらかであるから。すなわち、もし、一方の脚が垂直で、他方の脚が前に出るとすれば[4]、それらは等しくありながら、いっそう長くなるはずだから[5]。つまり、前に出る脚は、留まっている脚と同じ長さであり、かつ、直角に対する線〔斜辺〕であることが可能になるはずだからだ[6]。してみると、必然であるのは、前に出る脚は曲がって、曲がると同時に他方の脚は伸びたまっすぐなままで、体が傾いていって踏み出るわけだが、垂直に留まっているものもあるということである。というのは、両脚が二等辺三角形になっており、そして、頭は、その上を歩くところの線に対して垂直になるとき、いっそう低くなるからだ[7]。

さて、無足動物には、一方で、うねって前に進む[8]ものがおり――これには二通りある。すなわち、ちょうどヘビのように地面に沿って屈曲するものと、ちょうどイモムシのように上の方向に屈曲するものがいるから――、しかるに、うねるとは曲がることなのである[9]。他方で、ちょうど、いわゆる「大地のはらわた[10]」やヒルのように、蠢きを使用するものがいる。すなわち、それらは、前部が先導をしながら前へ進み、体の残

りの部分すべてを前部へ引き寄せて、そのような仕方で場所から場所へと移っていくから。また、うねる動

（1）この記述によれば、ゾウの脚には関節がなく曲がらないということになるはずだが、『動物進行論』第十三章七一二a九では脚が曲がるとされている。『動物誌』第二巻第一章四九八a八でも曲がるとされており、『動物部分論』第二巻第十六章六五九a二九では、ゾウの前脚について、「ゾウの体の大きさと重さは、はなはだしいので、それゆえに、ゾウの前足は支えのためでしかなく、また、前足を曲げるための動きがのろいことと、曲げるのには本来適していないことのゆえに、支えとは別のことには役立たない」（六五九a二六―二九）と言われている。

（2）留まっている脚が曲がらずに。

（3）「前に動く脚が曲がらないとすれば」はY写本にある言葉で、Bekker版の本文にはないが、Jaeger版では本文に入れられている。

（4）二本の脚と地面で直角三角形を作るとすれば、ということ。

（5）直角三角形の斜辺である脚が、地面と垂直な――つまり地面と直角になる――脚と同じ長さであれば、斜辺の脚は地面に届かない――つまり閉じた直角三角形は形成されない――はずだが、それが形成されると仮定する限りでは、斜辺の脚は長くなるのでなければならない、ということ。しかし、脚が長くなるはずはないので、踏み出す脚が曲がるのでなければ、閉じた図形――結局、実際に形成される閉じた図形は、最初は四角形、そして二等辺三角形ということになる――は形成されない、というように議論が続いていく。

（6）しかし、そんなことは起こるはずがないので、「してみると」、踏み出す脚が曲がるのでなければならない、と議論が続く。

（7）留まっている脚が垂直であるときの頭よりもいっそう低くなる、つまり体が傾くということ。

（8）四五九頁の註（2）で指摘する通り、「うねって前進する」とは、蛇行運動ではなく、アコーディオン運動ではないかと思われる。

（9）したがって、「うねって前進する」場合でも、やはり曲がることが必要なのである。

（10）ミミズのこと。

709b 物は、もし二つの線が一つの線よりも長くなければ、[1]明らかに、動くことができない。なぜなら、曲折部が伸びてまっすぐになっても、長さが等しければ、前進はできないであろうから。しかし現実には、曲折部が伸びて前へ越え出ていくのであり、そしてそれが静止した上で、体の残りの部分を引っ張るのである。[2]

さて、上述の場所変化すべてにおいて、動くものは、時にはまっすぐに伸び、時には曲がって、前進するのであって、先導する部分によってまっすぐになり、それに続く部分によって曲がっているのだ。また、跳躍するものも、みな、体の基にある部分に曲折部を作って、まさにそのような仕方で跳躍するのである。飛ぶものや泳ぐものもそうであり、前者は翼を伸ばしたり曲げたりして飛び、後者は鰭によるのであって、鰭には四枚のものと二枚のものがある。ちょうど諸々のウナギからなる類のように、比較的細長い形のものがそうである。しかし、残りの運動に関しては、〔足りない〕二枚の鰭の代わりに、先に[3]述べられたように、体の残りの部分によって曲がって泳ぐ。平たい魚は、〔足りない〕鰭の代わりに体の平たい部分を、そして二枚の鰭を使用する。また、エイのように、完全に平たい魚は、鰭そのものと体の丸い末端とによって伸びたり曲がったりして泳ぐのである。

第十章

しかし、おそらく、次のような疑問をもった人がいるだろう。すなわち、いかにして鳥が、飛ぶにしろ歩くにしろ、四点で動いていることになるのか、なにしろ、すべての有血動物が四点で動くと言われているのだから、と。だが、そうではなく、四つ以上の点で動くのではないと言われたのだ。しかし、鳥は、脚が切り離されれば飛べないであろうし、翼が切り離されれば歩けないであろう。人間も肩を何らかの点で動かさなければ歩けないであろうから。しかし、すでに述べられたように、ともかくすべての動物は、体を曲げることと伸ばすことによって、場所変化をする。なぜなら、すべての動物は、或るところまで、いわば撓むものとしての基にあるもの(4)の上で前進するのであって、したがって、もし他の部分で曲折が生じないとしても、全翅動物［昆虫］では翅の始まりのところに、鳥では翼の始まりのところに、その他、ちょうど魚のような動物では類比的な部分の始まりのところに、曲折が生じるのが必然的であるから。そして、ヘビのようなものでは、体の曲折部に曲折の始まりがある。

さて、尾羽は、飛ぶ動物にとって、飛行をまっすぐにするためのものであり、ちょうど諸々の船にとって
710a の舵のようなものなのである。しかるに、舵も付着部で曲がるのが必然的である。まさにそれゆえに、全翅動物［昆虫］や、そして裂翅動物［鳥］では、たとえば、クジャクやニワトリ、総じて、飛ぶのがうまくない鳥の場合のように、尾羽が、上述の利用に適さないものは、まっすぐに飛ばない。すなわち、全翅動物は尾羽をまったくもたず、したがって、舵のない船のように運ばれ、それらの各々はたまたま行き当たったとこ

---

(1)「もし［曲がってできる］二つの線が［まっすぐになってできる］一つの線よりも長くなければ」ということ。
(2) この記述からすると、「うねって前進する」とは、蛇行運動ではなく、アコーディオン運動ではないかと思われる。
(3) 第七章七〇八a五。
(4) 下体のこと。

ろへ進んでいくのであって、これは、クソムシやコガネムシのように、翅に鞘のあるものでも、ミツバチやキバチのように、翅に鞘のないものでも、同様であるから。また、バンやサギ、あらゆる水鳥のように、飛ぶのがうまくない鳥にとっては、尾羽は役に立たず、尾羽の代わりに足を伸ばして飛ぶ、つまり、飛行をまっすぐにするために尾羽の代わりに脚を利用するのである。そして、全翅動物の飛行は遅くて弱々しいのであるが、それは、翅という自然物が体の重さと釣り合っておらず、体の重さが大きく、翅が小さく弱々しいがゆえにそうなっているのである。それで、貨物船が櫂によって航海しようとする場合のように、飛行という運動方式を利用するのだ。しかも、それらの翅とそこから生え出ているものが弱々しいということが、上述の事情に何らかの寄与をしている。また、鳥のうちでも、クジャクの尾羽は、或る時期には、その大きさのゆえに役立たないものであり、別の時期には、抜けおちるがゆえに役に立たない。

さて、諸々の鳥は、翼という自然物の点で、全翅動物［昆虫］とは正反対であり、とりわけ、それら鳥のうちで最も速く飛ぶものがそうである。しかるに、鉤爪をもつもの［猛禽類］がそのようなものだ。というのは、これらにとっては、飛行の速さが、その生活形態のために役立つから。また、それらの体の残りの諸部分も、そのすばやい(1)運動に適合しているようであって、それらの頭は小さく、頸は太くなく、胸は強く尖っている。尖っているのは、ちょうど快速船のへさきのように張り出したものであるためであり、強いのは、肉という自然物によってであるが、そうなっているのは、向かってくる空気をはねかえすことができるよう
710b
にであって、しかも、楽に苦もなく、そのことをするのだ。そして、体の後部は、軽くて再び細くなっているが、これは、幅広さのゆえに空気を引きずるということなく、前部にぴったり適合するように、そうなっ

ているのである。

第十一章

さて、それらについては以上のように規定されたとしておくが、直立して歩こうとする動物は二足であるのが必然的であり、そして、体の上部のほうが軽く、下部が上部より重いのが、必然的なことであるのはなぜかということは、明らかである。というのは、そのようになっている場合だけ、自分自身を容易に運ぶことができるであろうからだ。まさにそれゆえに、動物のうちで唯一直立する人間は、体の上部と比較した場合には、有足動物で最大かつ最強の脚をもっている(2)。そして、幼児に起こることも、そのことを明らかにする。すなわち、幼児は直立して歩くことができないのであるが、それは、幼児はみなこびとのようであって(3)、体の上部が下部と比較して大きく強いがゆえにそうなのであるから。そして、年齢が進み、下部が固有の大きさになるまでどんどん成長すると、そのとき、体を直立して歩くのである。

また、鳥は軽いのであるが、それらの重さが後にあるがゆえに二足なのであって、それはちょうど、前脚を持ち上げた青銅の馬を作るようなものなのである。そして、鳥が二足で立つことができる主な原因は、大

(1) Bekker版では「固有の(οἰκείαν)」であるが、Jaeger版では「すばやい(ὠκεῖαν)」である。

(2)『動物部分論』第四巻第十章六九〇a二七以下を参照。

(3)『動物部分論』第四巻第十章六八六b八以下を参照。

腿骨に似た坐骨をもっていること、しかも、その坐骨は、大腿骨が二本、関節よりも前の脚におけるそれと、尻からその部分へのそれが、あるように思えるほどの長さをもっていることである。[1] しかし、それは、大腿骨なのではなく、坐骨なのだ。なぜなら、坐骨がそれほどの長さでなかったならば、鳥は二足ではなかったはずであるから。すなわち、ちょうど人間や四足動物の場合のように、短い坐骨からただちに大腿骨やその他の脚が出ることになったはずであるから。それで、それらの全身がひどく前に傾くことになったはずだ。しかし実際は、坐骨は長く、腹の中央部の下にまで達しており、したがって、脚がそこで支えになって全身を運ぶのである。

さて、以上から、鳥が人間のように直立することはできないということも明らかだ。なぜなら、翼という自然物は、鳥の体が現在のようになっているので、鳥にとって役に立っているが、ちょうど人々が、翼をも
711a ったエロースを描いているように、それらが直立していたら役には立たなかったであろうから。実際、すでに述べられたことから、同時に、次のことが明らかであるから。すなわち、人間も、そして、もし形の点でそのようなものが他にいればそれも、翼をもつものではありえないのであって、それは、有血動物でありながら四つ以上の点で運動することになってしまうからというだけではなくて、翼をもっていても、自然本性にしたがって運動するそれら人間などには役に立たないからということもあるのだ。なぜなら、自然は自然本性に反したことを何もしないからである。[2]

第十二章

それで、以下のことが先に[3]述べられたのであった。すなわち、もし脚において、あるいは肩や腰において、そして、曲折部がなかったとすれば、有血で有足のものに、前進できるものはいなかったであろうということ、そして、何らかの部分が静止していなければ、曲折はありえないであろうということ、また、人間と鳥は、二足でありながら、反対の仕方で脚を曲げるということ、さらに、四足のものは、それら自身の間でも、[4]人間と

（1）『動物部分論』第四巻第十二章六九四b二九以下と三五三頁の註（5）を参照。

（2）この文は、「自然本性は、自然本性に反したことはしない」という意味には読めないと思われる。なぜなら、もしそういう意味であれば、ピュシスを主語に立てたうえで、もう一度ピュシスという言葉をわざわざ繰り返して「ピュシスに反した」という言い方はせず、「それ自身に反した」という言い方をしたであろうから。したがって、この文に二度登場する「ピュシス」にはレベルの差があり、かつ、主語の「ピュシス」のほうが、上位の、規制的なものであろう。それは、第二章の「前提(1)」の「自然（ピュシス）」ではないだろうか。そして、第八章の「前提(1)」の、「各々のものの固有の本質を、すなわち、『そのものであるとはそもそも何であったのかということ』を、保持する」（七〇八a一一―一二）をネガティブに表現したものが、「ピュシスに反したことをしない」ではないだろうか。もしそうだとすると、「ピュシスに反した」の「ピュシス」は、「前提(1)」に登場する「本質」に相当すると思われる。なお、「する」は「ポイエイン」。時制は現在形。

（3）『動物進行論』第九章。

（4）前脚と後脚の間でも、ということ。

でも、正反対の仕方でそうするということである。すなわち、人間は、腕を凹型に、脚を凸型に曲げるが、四足のものは、前脚を凸型に、後脚を凹型に曲げるから。しかるに、鳥も四足のものと同様の仕方で曲げるものなのだ。その原因は、ちょうど先に[1]述べられたように、自然は何も無駄に作る[2]ことはなく、諸々の可能なことのうちの最善のこととの関係ですべてのものを作るということである。したがって、自然[3]によって場所変化が脚に属している限りのすべての動物にとって、どちらかの脚で立つときには、それに体の重さがかかるのであり、前へ動くときには、位置の点で主導的な足が軽いものである必要があって、また、その進行が連続的になされるときには、足における体の重さを何度も移しかえる必要があるのであるから、明らかに、前へ押し出された足における点[4]と下腿が留まるとき、〔大腿が動いて〕脚は曲がった状態から再びまっすぐになるのが必然的である。そして、この、脚の曲げ伸ばしが起こると同時に動物が前に進むということが可能であるのは、主導的な脚の関節が前の方を向いているからであって、後の方を向いていれば不可能だ。なぜなら、前者のように、関節が前向きになっていれば、体が前へ運ばれるときに脚の伸びが生じるのであるが、後者のように、関節が後向きになっていれば、体が後へ運ばれるときにそうなるのであるから。さらに、関節が後へ向いていると、二つの相反する運動を通じて、つまり、後への運動と前への運動を通じて、脚の位711b 置が生じたことであろう。すなわち、関節が後へ向いていると、脚の屈曲において、大腿の下端は後へ行くことが、関節から下の下腿は足を前へ動かすことが、必然的であるから。しかし、関節が前へ向いていると、上述の進行は、相反する〔二つの〕運動によってではなく、前への一つの運動によって行なわれるであろう。

それで、一方で、人間は二足であり、自然[5]にしたがって脚で場所変化を行なうのだが、前述の原因のゆえに、脚を前へ［凸型に］曲げ、腕を、理にかなったことに、凹型に［後へ］曲げる。というのは、もし腕が反対の方向へ曲がるものであったとすれば、手を使うためにも、栄養物をつかむためにも、腕は役立たないものであったろうから。他方で、子を産む四足のものども[6]の場合、前脚は、それらの進行を先導し体の前の部分にあるので、丸く［凸型に］曲がることが必然なのであるが、それは、人間も脚が凸型に曲がるのとまさに同じ原因[7]のゆえなのである[8]。その点では、それらと人間は事情が同様であるから。まさにそれゆえに、四足のものども、前脚をいま述べられたような仕方で前へ［凸型に］曲げるのである。実際、それらの曲折がそのようになるのであればこそ、前の足をぐっと空中高く上げることができるようになるのだから。しかし、反対の方向に［凹型に］曲げるとすれば、足を大地から少ししか上げることができなくなるが、それは、前進のときに、大腿全体と、下腿が自然本性的に始まる関節とが、腹の下になってしまうがゆえである。また、

（1）第二章七〇四b一五―一七、第八章七〇八a九―一二。この第十二章のヴァージョンには「本質」への言及がない。
（2）「作る」の原語は「デーミウールゲイン」。時制は現在形。
（3）このピュシスは、直前の文に出てきた「デーミウールゲインするピュシス」のことでないと、議論が「したがって」という形では続かないであろう。
（4）膝のこと。
（5）この「ピュシス」も、前述の「デーミウールゲインするピュシス」でないと、「それで」と議論が続かないであろう。
（6）以下の「［前の］足をぐっと空中高く上げることができる」（七一一b一八―一九）という記述からして、もっぱら馬が思い浮かべられているようである。
（7）進行の先導。
（8）人間の脚で凸型になるのは膝であるが、馬などの前脚で、歩くとき凸型になるのは膝ではなく、人間では手首にあたる部分である。

もし後脚が前へ［凸型に］曲がったとすると、その足の高く上がる部分は、前脚と同様になるはずである——すなわち、その場合[1]も、大腿と関節の両方が腹の場所の下になって、足の上がり方が少しになるであろうから——が、しかし、ちょうど現実に曲がっているような仕方で後へ曲がるとすれば、足のそのような動きにおいて、進行にとっての妨げは全然それらには生じないのである。さらに、それらのうちで、乳を飲ませているものども［母親］にとっては、そのようなはたらきのためにも、脚が以上のように曲がることが、必然的なことであるか、あるいは、ともかく、より善いことなのだ。というのは、四つの脚を内側へ曲げるとすれば、自分自身の下に子を保持して覆うことは容易ではないから。

第十三章

712a さて、曲折の方式は、組み合わせ方の点で四つあって——すなわち、必然であるのは、ちょうどAのように[2]前肢も後肢[3]も凹型に曲げることとか、あるいは、それと反対に、ちょうどBのように前肢も後肢も凸型に曲げることとか、あるいは、ちょうどΓのように同じ方を向かず相反する方向へ、前肢は凸型に、後肢は凹型に曲げることとか、あるいは、それと反対に、ちょうどΔのように凸面が互いに向かい合って凹面は互いに外へ向く[4]ことであるから——、Aあるいはβのように曲げるものは、二足のものにも四足のものにもいないが、Γのように曲げるのは四足のものであり、Δのように曲げるのは、四足のものではゾウ以外にないが、人間は腕と脚をそのようにする。すなわち、腕を凹型に、脚を凸型に曲げるから。また、人間の四肢は互い違いに曲がるのであって、たとえば、肘は凹型に、手首は凸型に、また、肩も凸型に曲げる。脚の場合も同様であって、大腿〔股〕は凹型に、膝は凸型に、足〔足首〕はそれと反対に凹型に曲げる。そして、下肢は上肢に対して明らかに反対である。なぜなら、曲折の始まりが正反対であって、肩は凸型に、大腿〔股〕は凹型に曲がるから。ゆえに、また、足〔足首〕は凹型に、手の手首は凸型に曲がるのである。

それで、脚の曲がり方にはそのような方式があり、そしてそれは上述の原因のゆえにそうなっているのだ。

第十四章

しかし、後肢は前肢に対して対角線的に動く[5]。すなわち、前肢の右を動かしたあとに後肢の左を、次に前肢の左を、そしてそのあとに後肢の右を動かすから。そして、その原因は、もし前肢の右と左を同時にかつ最初に動かしたとすれば、その歩行が、まるっきりバラバラなものにされるか、あるいは、前へ倒れがちなものにも、また、後肢が引きずられるようなものにも、なっただろうということである。さらに、そのよう

（1）後脚が凸型に曲がる場合。

（2）A、および以下に登場するB、Γ、Δの図があったと推測されているが、曲折のパターンは本文から十分に明らかであろう。

（3）「前肢」は腕あるいは前脚、「後肢」は脚あるいは後脚。

（4）前肢が凹型に、後肢が凸型に曲がること。

（5）交差して、ということ。

712b なものは、進行ではなく跳躍である。しかるに、跳躍しながら連続して場所変化をすることは難しいことなのだ。それには証拠がある。すなわち、現にそのような仕方で運動する馬は、たとえば行列に参加する馬のように、すぐにまいってしまうから。それで、それらのゆえに、別々に前肢と後肢によって動くのではないのだ。[1]もし、前肢と後肢の両方の右で最初に動いたとすれば、体の重さを支えるものの範囲から出てしまうことになって倒れたであろう。それで、もし、以上の仕方[2]のどちらかで動くか、あるいは対角線的に動くのが、必然であり、また、それら前二者のどちらで動くのも不可能であるとすれば、対角線的に動くのが必然であるのだ。実際、ちょうど述べられたような仕方で、対角線的に動くものどもは、前述の困難のどれもこうむることはありえないから。また、そのことのゆえに、ウマやそのような動物は、脚を対角線的に前に出して立ち止まるのであって、前肢と後肢の右側の脚を一緒に、あるいは、左側の脚を一緒に前に出して立ち止まるということはないのである。

そして、四つ以上の足をもつものも、同じ仕方で運動する。なぜなら、連続する四つの足においては、常に前足は後足に対して対角線的に動くからである。このことは、ゆっくり動くものどもにおいて明らかだ。しかるに、カニも同じ仕方で動く。これは多足のものどもに属すから。すなわち、カニも、どこへ進行するのであろうと、対角線的に動く。実際、この動物は独特な仕方で動くのであるから。つまり、動物のうちでそれだけが、前ではなく横へ動く。しかし、「前」は、目の方向によって「後」と区分されるので、自然は、カニの目を、足に随伴できるように作った[3]のである。というのは、カニにとって目は横へ動くのであり、したがって、そのことのゆえに、カニさえも、或る意味では「前」へ動くからだ。

第十五章

ところで、鳥は、(4) ちょうど四足のものどものように体肢を(5)曲げる。なぜなら、それらの自然本性が、或る意味で似ているからである。というのは、鳥にとっての翼は、前脚の代わりにあるのだから。ゆえに、鳥の翼は、ちょうど、四足のものどもの前脚と同じ仕方で曲がっているのだが、それは、鳥の進行における運動の、つまり、場所変化の、自然本性にしたがった始まりが翼からであるからだ。すなわち、翼の固有の運動は、飛行であるから。まさにそれゆえに、翼が取り去られると、いかなる鳥も、立つことも進行することもできなくなるであろう。さらに、鳥は、二足であるが直立はせず、また体の前部が［後部より］ずっと軽いので、立つことができるためには、大腿を(6)、現状のように、体を支えて基にあるものとしてもつことが、つまり私の言っている意味では、後向き［凹型］であるのが自然本性的であるものとしてもつことが、必然的で

(1) 進行運動において前肢と後肢には一定の仕方で連携しているのであって、別々に勝手な動き方をしているわけではない、ということ。

(2) 「［左右の］前肢を同時にかつ最初に動かす」という仕方と、「［前肢と後肢の］両方の右で最初に動く」という仕方。

(3) 原語は「ポイエイン」。時制は現在完了形。

(4) 鳥の外的な諸部分については、『動物部分論』第四巻第十二章に詳しい。

(5) 「体肢」と訳した原語は「脚」と同じだが、ここの文脈では「翼」も含んでいるので、「脚」よりももっと広い概念であると判断した。

(6) 以下の記述によれば、これは、実際には下腿のことである。

713a あるか、あるいは、より善いかである。しかるに、そのようであることが必要であるならば、脚の曲折は、ちょうど四足のものどもの後脚の場合のように、凹型になるのが必然であるのだが、それは、私たちが、子を産む四足のものどもの場合に述べたのと同じ原因のゆえである。

さて、総じて、飛ぶものどものうちの、鳥や、全翅のもの［昆虫］、そして、水[1]の中を泳ぐもののうちで、道具的な部分を通じて水の中を進行するものについては、いま述べた部分が側面から生えているのがより善いということを見てとるのは難しいことではない。ちょうど、鳥や全翅のものの場合に、それらに当てはまると思われるように。魚の場合も、それと同じことである。というのは、鳥にとっての翼は、水に棲むものにとっての鰭であるから[2]。実際、そのようにして、最も速く最も強く、一方は空気を、他方は水を、引きつけ、かつ[3]押し分けることにより、運動するから。すなわち、体の後部も、一方は水の中を、他方は空気の中を、それらから離れていく水や空気によって運ばれて、前部に引き続くであろうからだ。

また、四足で卵を産むものどものうち、穴の中に棲むもの、たとえば、ワニ、トカゲ、ヤモリ、淡水ガメ、海ガメは、みな、側面から脚が生えていて、地面に這いつくばり、脚を側面へ曲げるが、それは、そのようにして、穴にもぐり込むことを容易にするために、また、卵の上に座ってそれを保護するために、役立つがゆえである。そして、脚が外にあるので、大腿をしまいこみ自分自身の下に置いて、全身を持ち上げることが必然的だ。しかるに、そのことが生じているので、脚を外へ曲げる以外は不可能なのである。

第十六章

さて、有足で無血のものどもは多足(4)であって、これらに四足のものはいないということは、先に私たちに(5)よって述べられた。そして、何ゆえに、これらのもつ諸々の脚は、前と後の末端のものども以外、側面から生えており、関節は上を(6)向いていて、かつ、[関節ではなく、脚]それ自身が後へやや彎曲しているのが必然的であったのか、明らかである。なぜなら、そのように、有足で無血のものどもすべてがもつ中間部の諸々の脚(7)は、先導的でもあり従属的でもあるのが必然的であるから(8)だ。それで、もし仮に、中間部の諸々の脚が、

---

(1) 直訳は「湿ったもの」。以下に登場する「水」も同様。

(2) Bekker 版では、この文の次に、「しかるに、全翅のものの翅は側面から生えているのである」という文が続くが、Jaeger 版では削除が提案されているので、それにしたがった。

(3) 「引きつけ、かつ (*συστέλλοντα καὶ*)」という言葉を Jaeger 版はテクストに補っている。

(4) 四足より多ければ、つまり六足以上は、「多足」と言われる。

(5) 第一章七〇四a一一—一二、第八章七〇八a一七—一八を参照。

(6) 「上」とは、ここではおそらく、「前」の類比的な方向なのであろう。

(7) 最初の一対と最後の一対の中間にある脚のこと。

(8) ミカエルによれば、その理由は、「[中間部の脚が、]後端の足に対しては先導的なものであり、前端の足に対しては、従属的なものであるから」(Mich., 168, 15)。また、関節が上を向いていることが先導性を、脚それ自身が後へやや彎曲しているのが従属性を表わしているのであろう。

713b それらの下にあったとすれば、それらは前に向いた関節も後へ向いた関節ももつ必要があったであろうが、それは、一方では、先導するがゆえに前に、他方では、従属するがゆえに後に、ということなのである。しかるに、両方の、前へ向くことと後へ向くことが、それらに起こるのが必然的であるのだから、そのことのゆえに、中間部の諸々の脚は、後へやや彎曲し、かつ、その関節は横を向いているのだ(1)。末端のものども以外は。これらは、いっそう自然本性的であるようであって、後端は従属的であり、前端は先導的である。さらに、そのような仕方で中間部の諸々の脚が曲がるのは、脚の多さのゆえということもある。すなわち、そのようであれば、進行において、それらが自分自身にとって妨げになったり、ぶつかり合ったりすることが、少なくなるであろうから。また、それらが彎曲しているのは、それらのすべてであるいは大部分が穴の中に棲むものであるがゆえである。すなわち、そのようであれば、動物は、背の高いものではありえないからだ。

さて、カニは、多足のものどものうちで、自然本性的に最も奇妙なものである。というのは、ちょうど先に(2)述べられたようである以外は、前へ進行することがなく、動物のうちで唯一、先導的な脚を多くもっているからだ。その原因は、足が硬いことと、足を、泳ぐためではなく歩行のために利用するということである。実際、歩いてばかりいるから。

それで、すべての多足であるものの関節は横を向いており(3)、ちょうど、四足のものどものうちで、穴の中に棲むものどものようなものである。たとえば、トカゲ、ワニ、卵を産むものどもの多くが、そのようなものだ。その原因は、それらのうちの或るものどもは産卵の場合に、別のものどもは全生涯においてすら、穴の中に棲むということである。

第十七章

しかし、一方で、カニとは別の多足のものどもの脚は、やや彎曲しているのだが、それは、軟らかいものであるがゆえにそうなっており、他方で、ザリガニは、皮が硬いものであるというので、足がやや彎曲しているが、それは、泳ぐためであって、カニのように歩くためではない。そして、カニの脚の関節は横向けだが、脚それ自体は、四足で卵を産むものや無血で多足のもののそれのようにやや彎曲しているということはなく、それは、脚の皮が硬く殻のようであるがゆえであって、カニは泳ぐものではなく穴の中に棲むものなのだ。実際、その生活形態は、地上のものであるから。また、カニは体の形に関しては円盤状であって、ザリガニのような尻尾はもっていない。なぜなら、尻尾はザリガニにとっては泳ぐために役立つが、カニは泳

（1）この場合の「横」とは、「前」と「後」に対して言われているのであろうから、「前」と「後」に対して「横」すなわち垂直方向である「上」と「下」のことであろう。そして、先（七一二a二九―三〇）に、「上を向いている」と言われていたので、とくに「上」を指すのであろう。そうでなければ、不整合が生じるであろうから。

（2）第十四章七一二b一九。

（3）註（1）で述べた通り、関節が「横」を向いているとは、上下に曲がるということであろう。そうであればこそ、背を低くして穴の中へ入ることができるから。

714a ぐものではないから。そして、側面がその後部に似ているのも[1]、カニだけであるが、それは、先導する足を多くもつがゆえ[2]である。その原因は、カニの足が、前へ曲がらず、やや彎曲してもいないということである。やや彎曲していないことの原因は先に述べられたが、皮が硬く殻のようであるということだ。それらのことのゆえに、カニはすべての足で、かつ横へ先導することが必然であるのだが、「横へ」であるのは、足が横へ曲がるからであり、「すべての足で」であるのは、静止している足があれば、動いている足の妨げになるはずであるからだ。

魚のうちで、ヒラメのような形のものどもは、ちょうど独眼の人が歩くような仕方[3]で泳ぐ。実際、それらの自然本性は、ねじれている[4]からだ。

さて、鳥のうちで、足に水かきのあるものは、足で泳ぐが、空気を取り入れ呼吸するがゆえに二足であり[5]、生活形態が水中のものであるがゆえに足に水かきがある。それらの足は、そのように、水かきがあれば、翼の代わりに役立つから。また、それらの脚は、他のものとは違って中央になく、むしろ後にある。なぜなら、脚が短いので、後の方にあれば、泳ぐために役立つからだ。しかるに、そのような鳥の脚が短いのは、自然が、脚の長さから取ったものを足につけ加え[6]、長さの代わりに、太さを脚に、広さを足に与えた[7]がゆえである。すなわち、足が広ければ、泳ぐとき、水を押しやるために、足が長いよりもずっと役立つからだ。

第十八章

20　また、翼のあるもの〔鳥〕は足をもつが、魚が足をもたないのは、理にかなっている。なぜなら、前者の生活形態は、乾いたところ〔地上〕であって、常に空中高くに留まっていることはできず、したがって、足

（1）分かりにくい箇所であるが、ミカエルによれば、「〔この箇所の〕『後部』とは、〔或る側面の反対側であるもう一つの〕別の側面のことを言っている。それで、側面どうしが互いに似ている」（Mich., 169, 23-24）ということである。Farquharson は、「カニは横へ進むから、最後の対の脚も側面にあり、かくして、その側面は後部に等しい」という意味だとするが、しかし、そうすると、アリストテレス自身が挙げている「先導する足を多くもつ」という理由が機能しないと思われる。ミカエルの解釈は次の訳註で述べる通り、それが理由として機能している。

（2）ミカエルによれば、「〔側面どうしが互いに似ているというのは〕足の多さと足の数の等しさのゆえである。すなわち、両方の側面の足の数が等しいからである」（Mich., 169, 24-26）。

（3）ミカエルによれば、「独眼の人は、頸を、〔進む方向の〕肩の方へと十分にまわし、そのようにして歩く」（Mich., 169, 33）。

（4）両眼が体の片側に存在することを、「ねじれている」と言ったのである。

（5）呼吸は、血の熱を冷却するために行なう。つまり、有血のものが呼吸するが、有血のものが運動に利用する点は四つであり、そのうちの二つは翼であるから、足は二つになる。

（6）「つけ加えた」の原語は「プロスティテナイ」のアオリスト形。

（7）「与えた」の原語は「アポディドナイ」のアオリスト形。

714b をもつのが必然であるから。それに対して、魚の生活形態は、湿ったところ［水中］であって、空気ではなく水を取り入れるのだ。それで、泳ぐために鰭は役立つが足は役立たない[1]。また、仮に両方をもっていたとすれば、無血動物になっていたことだろう[2]。

しかし、鳥は、或る意味で[3]、魚に似ている。というのは、鳥の翼は体の上の方に、魚の二枚の鰭は背面［上の方］にあるから。また、鳥の足は腹面［下の方］に、魚の大部分の鰭は腹面にしかも背面の鰭の近くにある。また、一方は尾羽を、他方は尾鰭をもっている。

第十九章

さて、殻皮動物［貝類］については、疑問に思う人がいるかもしれない。すなわち、その運動はどのようなものなのか、また右と左をもたないとすれば、いったいどこから運動が始まるのか[4]、と。しかるに、明らかに殻皮動物は動いているのである。

あるいは、次のように考えられる必要があるのだ。すなわち、そのような類は、みな、損なわれたもののようであって、有足のものの脚を誰かが切り取った場合と同様に、ちょうどアザラシやコウモリのように動くと。実際、これらも四足なのであるが、足が悪いから[5]。しかるに、殻皮動物は、動くのではあるが、自然本性に反して動く。というのは、殻皮動物は動きうるものではないが[6]、一方で、定住的で固着するもの[7]と比較すれば、動きうるものであり、他方で、進行するものと比較すれば、定住的であるから。

20 また、カニも、劣ってはいるが右をもつ。ともかくもってはいるのだから。しかるに、鋏がそのことを明らかにする。実際、右の鋏のほうが、ずっと大きく力が強いのであって、(8) 区別されることを右と左が望んで

(1)『動物部分論』第四巻第十三章にある対応する記述では、「そして、魚は、その「本質（ウーシアー）」からして有血であるが、一方で、泳げるものであるがゆえに鰭をもち、他方で、歩かないがゆえに足をもたない。足の付加は、平地での運動［歩行］にとってこそ、役に立つものであるから」（六九五b二〇―二三）と言われており、本質の中に「泳げるものである」と「歩かない」が含まれているので、本質と生活形態が密接に関係していることが分かる。

(2)運動のための点が四つよりも多くなり、そうなると、有血動物の条件を満たさなくなるから。『動物部分論』第四巻第十三章でも、「四枚の鰭と同時に、足や、そういった他の体肢をもつことはできない。有血であるからだ」（六九五b二三―二五）と言われている。

(3)ミカエルによれば、「或る意味で似ている」とは、「『類比（アナロギアー）』に基づいて類似性をもつ」ということ（Mich., 170, 3-4）。

(4)ミカエルによれば、動物の体において場所変化が始まるのは右からであるとアリストテレスは主張していた（第四章七〇五b一八―一九）ので、右と左の区別がないとすれば、いったいどこから運動が始まるのか分からなくなるであろう、ということ（Mich., 170, 12-14）。

(5)アザラシとコウモリの特殊な中間性――「アザラシもコウモリも、一方は水に棲むものと陸に棲むもの、他方は空を飛ぶものと陸に棲むものの、両方への傾向をもつ」（六九七b一―一三）――については、『動物部分論』第四巻第十三章六九七b一以下を、とくに、アザラシの足の奇妙さについては、『動物誌』第二巻第一章四九八a三一以下を参照。

(6)その自然本性からすると動きうるものではない、ということ。

(7)ミカエルによれば、「固着するもの」は、植物やカイメンに言及したもの（Mich., 170, 22-23）。

(8)『動物部分論』第四巻第八章六八四a二六以下、『動物誌』第四巻第三章五二七b六以下に同様の記述がある。

（714b）

いるかのようにそうなっているから。

それで、動物の諸部分については、他の部分も、進行に関わる、かつ、あらゆる場所変化に関わる部分も、以上のような事情になっているのである。さて、これらについて規定し終わったので、残る仕事は、魂について考察することである。(1)

（1）このパラグラフはさまざまに解釈されている。ミカエルは、そのまま、「動物の諸部分について、他の部分も」を『動物部分論』と解し、また、「進行に関わる、かつ、あらゆる場所変化に関わる部分も」を『動物進行論』、そして、「魂について考察する」を『魂について』と解している（Mich., 170, 28-34）。しかし、現行の『動物部分論』が『動物進行論』に先行して書かれ、現行の『魂について』が『動物進行論』の後に書かれたということは、『動物進行論』の内容などからして考えにくい。このパラグラフ全体を削除するという提案がなされたこともあるが、いくつかの調停案が出されている。原文を改訂しないのが、Prues, p. 187 であり、彼は、『動物進行論』が、初期の『動物部分論』と初期の『魂について』の間に位置すると推測する。Farquharson は、Z写本の欄外註記「生（ζωῆς）」に基づいて、「魂（ψυχῆς）について」を「生と死について」に改訂し、『自然学小論集』の中の論文を指していると解する（「動物の諸部分について」をどう理解するかは述べられていない）。Rist, p. 215 は、やはりZ写本の「生（ζωῆς）」を手がかりにして「たね（γονῆς）」が本来の読みであったろうとし、「魂について」を「たねについて」と改訂したうえで、これが、比較的初期の著作である『動物誌』の、動物の発生を論じている第五巻―第七巻を指していると解する。また、「動物の諸部分について」を、動物の部分を論じている『動物誌』第一巻―第四巻のことであると解している。

解説

序　哲学書としての生物学著作

アリストテレスを理解する鍵は生物学だ。——こう主張したとしても、反対する者はいないであろう。にもかかわらず、彼の生物学著作は、それほど読まれているとは言えない。なぜか。

生物に関する彼の考察は、事実として正しいにせよ間違っているにせよ、それ自体として興味深い点が少なくない。しかし、多種多様な生物とその部分の考察が次々と繰り出されていくにつれて、その基盤となっている哲学的な観点が覆い隠され、その結果、読者を途方に暮れさせてしまうのではないだろうか。そして、途方に暮れながら、それでも努力して読み続けたと思われる生物学者のメダワーは、こう結論した——「アリストテレスの生物学の著作を読まないと決意した人が、精神的貧困を招くおそれがあるとは思わない。なぜならアリストテレスの著作のどこにも、サミュエル・テイラー・コールリッジのような霊感を受けた洞察を見いだすことができないからだ(1)」と。

コールリッジはさておき、このことからは重要な教訓が引き出されうる。すなわち、アリストテレスの哲学的「洞察」を明らかにすることを目的とした註解なしに素手で彼の生物学著作を読んだとしても、それはおそらく読んだことにはならないだろうということである――実際、メダワーは、そもそも註がそれほどついていない版で読んでいる[2]――。それゆえ、ここに新訳された『動物部分論』『動物運動論』『動物進行論』には、生物学的事実に関わる註はもちろんのこと、個々の記述に隠された哲学的な観点を明るみに出すための註が詳細につけられた。しかし、アリストテレス独自の「霊感」に満ちた「洞察」を見いだす手引きとしては、おそらくまだ不十分だと思われる。

そこで、この「解説」の目的は、これら三つの生物学著作を読み進めるために知っておくべきこと、すなわち、関連する他の著作のどういった理論がこれらの著作の枠組みとされているのか（「解説」一）、生物学著作群は互いにどのような関係をもっているのか（「解説」二）、また、どのような興味深い哲学的問題を提起しているのか（「解説」三以下）などを、近年盛んになったアリストテレスの「生物学の哲学」の研究の成果もふまえて――しかし古代哲学を専門としない方々にも興味がもてるように――情報提供することである[3]。

（1）メダワー／メダワー、三九頁。同じ生物学者でも、以下の「文献案内」で紹介した分子生物学者 Delbrück は、著名な古典学者である Jaeger や Düring の研究書を参照したうえで、彼らとは正反対のことを述べている。
（2）同、三七頁。オックスフォード版のアリストテレス全集のこと。優れた読みやすい版ではある。
（3）なお、『動物部分論』『動物運動論』『動物進行論』の章ごとの内容の詳細は、「内容目次」で確認することができるので参照されたい。

一　アリストテレスの生物学の枠組みとしての『魂について』

魂論と生物学は[1]、英語ではpsychology（心理学）とbiology（生物学）となってしまい、「動物の心理」でも研究するのでない限り、あまり関係がないように思える。しかし、古代ギリシア的に考えると、psyche（魂）はbios（生命）の原理であり、魂の研究と生物の研究は本質的な関係をもっている。とくに、アリストテレスにおける魂論と生物学の関係を理解する際に重要となるのは、『魂について』から読みとれる次の二つの論点である。

論点一　魂はいわば生物の始原である[2]。

魂を認識することは、真理の全体にとっても寄与するところは大きいが、とりわけ自然の研究に対して資するところが最大であると思われる。なぜなら、魂は、いわば生物の始原［原理］だからである[3]。

論点二　魂論は考察範囲を人間の魂に限定すべきではない。人間以外の生物も視野に入れるべきである[4]。

…〈中略〉…現在、魂について論じかつ探求しているひとびとがもっぱら人間の魂について考察を進めているように見える…〈中略〉…。しかしながら、次の点の考察を怠らないように十分に注意しなければならない。すなわち、魂の定義は、動物の定義がそうであるように、一つであるのか、それともそれぞれの魂に対応して定義は異なるのであって、ちょうど馬、犬、人間、神では、それぞれその定義が異なり、他方普遍としての動物というのは、無に等しいか、あるいは二次的なものであるという事情と同様なのか、ということである[5]。

以上から、

(1) 魂論が生物学研究の枠組みを提供するであろうこと、

(2) 生物学が或る意味で魂論の研究を行なうであろうこと、

が予想される。実際、研究者によって「アリストテレスの生物学序説」とも呼ばれる『動物部分論』第一巻では、生物の形相が魂である(6)とすれば、魂について語り認識することは自然学者の仕事になると言われて

（1）本「解説」一は、Lloyd (1996) 所収の論文 The relationship of psychology to zoology に基づいて、関連する話題を紹介したものであり、かつて、平成一〇年度——一四年度文部科学省科学研究費補助金特定領域研究（A）一一八「古典学の再構築」研究成果報告集V『論集 古典の世界像』に掲載された拙論「古代ギリシアにおける魂論と生物学・医学・生理学——ヒッポクラテス・アリストテレス・ガレノス」と内容が重複していることをお断わりしておく。

（2）Lloyd, 1996, p. 39.

（3）『魂について』第一巻第一章四〇二a四―七。——以下、『魂について』は中畑正志訳（西洋古典叢書、京都大学学術出版会）を使用させていただいた。

（4）Lloyd, 1996, p. 39.

（5）『魂について』第一巻第一章四〇二b三―八。

（6）『魂について』第二巻第一章の魂の定義を確認しておこう。「魂とは『可能的に［可能態において］生命をもつ自然的物体の、形相としての実体』である」（四一二a一九―二一）。「形相としての実体は現実態である」（四一二a二一）。「魂とは以上のように規定された物体［可能的に生命をもつ自然的物体］の現実態である」（四一二a二一―二二）。「現実態は二通りの意味で語られる。すなわち一方は『知識の所有』であり、他方は『知識を行使する［観想する］』という意味である。…〈中略〉…魂が現実態であるというのは…〈中略〉…『知識の所有』という意味に相当する。…〈中略〉…同一個人においては、知識を所持していることの方が知識の現実の行使よりも生成の順序としてはより先である」（四一二a二二―二七）。「それゆえ魂とは、『可能的に生命をもつ自然的物体の、第一次の現実態』と規定される」（四一二a二七―二八）。

いる[1]。

さて、魂論が生物学研究の枠組みをいかに提供するかという観点から重要なのは、『魂について』の以下のようなテクストである。

> また、器官をそなえたものであれば、それは以上のような物体の性格づけに合致する。植物の部分でさえも、まったく単純ではあるものの、やはり器官なのであり、たとえば葉は莢《さや》を覆うものであり、莢《さや》は果実を覆うものである。また根は口に類比的である。両方とも、栄養分を摂取するという役割を果たすからである。そこで、魂のすべてにわたって何らかの共通する事柄を語らなければならないとすれば、それは「器官をそなえた自然的物体の、第一の現実態」ということになるだろう[2]。

ここで述べられている「栄養摂取」は、魂の諸能力、すなわち、①栄養摂取・生殖の能力、②感覚能力、③欲求能力、④場所運動の能力、⑤表象能力、⑥理性の一つであるが、生物の器官を魂の能力の実現と捉えている点が、生物学と魂論の関係にとって重要である。

したがって、生物学においては、生物の器官について、それは魂のどの能力をどのように実現しているのかと問うことになるだろう。このことが意味しているのは、生物の器官は魂の能力の「ために」ある、器官の「目的」は魂の能力である、ということでもあるから、生物の器官について目的論的アプローチをとるということになる[3]。「なぜこのような器官があるのか」「この器官はなぜこのようなものであるのか」を解明するために、魂の能力分類がその枠組みを提供する。一般的に言えば生物体の部分で魂のない部分というものはないと考えられるので[4]、以上の枠組みは生物体全体について適用されうる。

具体例を見てみよう。まずは、肉と魂の関係についてであるが[5]、現代のわれわれは、肉を筋肉として考える。しかし、魂論的枠組みで生物学を研究しているアリストテレスは、なによりもまず、感覚能力との関係で肉を考える。あらゆる動物は、第一の感覚である触覚をもつが、その感覚を受容するもの（正確には媒体）が肉であるという指摘がまずなされるのである。

また、魂の能力④の場所運動とりわけ前進の能力を実現している器官——足、羽、鰭など——の独立した考察として『動物進行論』があるが、この著作の第四章では、準備考察として、生物体の「上下」「前後」「右左」を、魂の能力から意味づけしている[6]。たとえば、生物体における上部と下部の区別は、天と地の位置関係によるのではなくて、「はたらき（エルゴン）」によるとされる[7]。生物体の上部とは栄養摂取するはたらきをする器官があるところである。動物の口は、定義からして上部であり、しかも天と地の位置関係での上にあるが、植物の根は、天と地の位置関係では下になる。しかし、それにもかかわらず、植物にとっては根が「上部」だとされる。口と根は、世界内での位置関係の点では似ていないが、はたらきに関しては似ているのである。また、生物体の前部は、感覚があり感覚が起こる器官——目、鼻、耳など——があるところ

（1）『動物部分論』第一巻第一章六四一a一八以下および『動物発生論』第二巻第一章七三四b二五—二六。Lloyd, 1996, p. 42.

（2）『魂について』第二巻第一章四一二a一八—b六。Lloyd, 1996, p. 39.

（3）Lloyd, 1996, p. 41.

（4）「魂をもたない顔はなく、魂をもたない肉はない」（『動物部分論』第二巻第八章。Lloyd, 1996, pp. 43-44.

（5）『動物部分論』第二巻第八章。Lloyd, 1996, pp. 43-44.

（6）Lloyd, 1996, p. 48.

（7）『動物進行論』第四章七〇五a二九—三一。

であり、その反対が後部である。[1] さらに、生物体の右側とは場所運動の始まるところであり、その反対が左側である。――このように、魂の能力から生物体の方向が規定されている。

そして、動物の体を分析していくと、異質部分(手など)、同質部分(肉など)、構成要素(火、空気、水、土)、力(湿、乾、熱、冷)に至るが、湿、乾、熱、冷などの基本的な物質的諸力でさえ、生命現象――したがって魂――と密接な関係がある。[2]

自然本性によって構成されたものどものうちの何かを「熱いもの」「冷たいもの」「乾いたもの」「湿ったもの」であると語るのは、どのような意味である必要があるのかということが、見逃されてはならない。なぜなら、熱いものなどが、生と死の、さらには、眠りと目覚めの、盛りと老いの、病気と健康の、主たる原因だということは明らかなようであるから。[3]

とりわけ、熱と湿が、生命ないし魂の本性に関係する。[4]

自然本性上、より熱くより湿っていて土的ではない動物が、より完全である。[5]

湿ったものは、生命に資するが、乾いたものは、「魂をもつもの(生物のこと)」から最も遠い。[6]

熱くて湿っているものは空気であるが、生命現象を説明する独特の空気が「気息(プネウマ)」と呼ばれるものである。これに関連して、最後に、生物の自然発生(自発的発生)と魂の関係を見ておこう。[7] 生物の自然発生は、生命のないところから生命が――すなわち、魂のないところから魂のあるものが――生まれるように見える。魂を生命の原理と捉えると、魂のないところから魂のあるものが生まれる自然発生は難問になるのである。ここでプネウマが重要な役割を果たしていることが注目される。

動物や植物は土の中や水の中で発生するが、これは、土の中には水があり、水の中には「気息（プネウマ）」があり、すべての気息の中には「魂的な熱（テルモテース・プシューキケー）」があるからである。したがって、ある意味では、万物は魂に満ちているのである。それゆえ、［気息が海水などに］取り込まれて封じ込められれば、生物はすぐに形成される。体の素材を含む液体［海水などのこと］が熱せられると、［気息がこの液体に］取り込まれて封じ込められて、細かい泡のようなものが生じるのである。(8)

プネウマの中には「魂的な熱」があるという形で、やはり生命誕生と魂の関係が保持されている。しかも、有性生殖とのアナロジーも見られる。すなわち、雌の体内の子供の素材になる月経血が自然発生における「体の素材を含む液体」に相当し、これにはたらきかける精液に相当するものが「魂的な熱」なのである。

二　生物学著作群の体系的連関と発展史的関係

では、生物学著作群はどのように関係しあっているのだろうか。これには、内容上の体系的な連関と、発

（1）ちなみに、感覚があるのは動物だけとされるので、植物には前後の区別はない。植物に前後の区別がないのは感覚能力がないからだという説明が可能である。

（2）Lloyd, 1996, p. 45.

（3）『動物部分論』第二巻第二章六四八b一－五。

（4）Lloyd, 1996, p. 45.

（5）『動物発生論』第二巻第一章七三二b三一－三二。

（6）『動物発生論』第二巻第一章七三三a一〇－一一。

（7）Lloyd, 1996, p. 46.

（8）『動物発生論』第三巻第十一章七六二a二〇－二四。

展史的な関係がある。

生物学著作群の体系的な連関を Peck にしたがって示せば、次のようになる。[1]

(1) 観察の記録——『動物誌』

(2) 観察に基づく理論

(a) 動物の「素材ないし質料」(動物の体、その部分、それらを構成する物体)がさまざまな目的に役立つように設定される仕方を扱うもの——『動物部分論』、『動物進行論』

(b) 動物の「形相」を扱うもの——『魂について』

(c) 動物の体(「素材ないし質料」)と魂(「形相」)の共通のはたらきを扱うもの——『自然学小論集』、『動物運動論』、『動物発生論』

これらはどのような発展史的関係にあるのだろうか。生物学著作群の発展史的図式にはいまだ決定的なものはなく、結局はどれも仮説にすぎない。しかし、代表的なものをいくつか挙げておこう。

まず、Düring の唱えた「生物学の講義コースの三つのヴァージョン」説を紹介する。これは、生物学著作群は一連の講義コースを構成していたのであって、以下のような三つのヴァージョンがあったと推定するものである。[2]

第一ヴァージョンの講義コース……『動物進行論』の講義、[3] そして、後に『動物誌』にまとめられるはずの諸講義[4]が、アリストテレスの最初の生物学講義を構成した。

第二ヴァージョンの講義コース……レスボス島でテオプラストスと共同研究をしていた時期。[5] [6]『呼吸について』、『動物部分論』第二巻－第四巻、[7]『青年と老年について、生と死について』、『感覚と感覚されるもの

(1) Peck, pp. 9-10. いささか古いが、オーソドックスな見解として紹介しておく。

(2) Düring, p. 30. 彼の主張の根拠は、アリストテレスの諸著作に含まれる「他の著作への言及」を調べ上げ著作の前後関係を推測することと、それに方法論的な観点を考慮することである。これは、高度に文献学的な作業なので、詳細をここで述べることはできない。ただし、Lennox, in Wians (ed.), 1996, p. 231, n. 6 が批判しているので参照されたい。

(3)『動物進行論』は、『動物誌』第一巻－第四巻第七章（Düring が「旧『動物部分論』」と呼ぶもの）と同時期に書かれ講義された可能性がある（Düring, p. 27）。

(4)『動物誌』は、以下のような独立した諸講義の集成とされている（Düring, p. 25）。

『動物誌』第一巻－第四巻第七章…………「部分について」
第五巻－第六巻（第七巻）………「発生について」
第八巻第一章－第十一章………「栄養について」
第八巻第十二章－第十七章……「活動」
第八巻第十八章－第三十章……「健康と病気」
第九巻…………………………「性格について」
第十巻は一般に偽作とされている。

(5) Düring, p. 29.

(6) Düring, p. 27. アリストテレスの生涯については、朴一功訳『ニコマコス倫理学』（西洋古典叢書、京都大学学術出版会）の「解説」における厳密かつ文学的な記述を参照されたい（レスボス島滞在は、五一九－五二六頁）。

(7) Düring, pp. 21, 25 によれば、著作に含まれる他の著作への言及を調査した結果に基づいても、そして、『動物部分論』第一巻における自然学の問題に関する彼の見解と知識が、同第二巻－第四巻におけるそれらよりも、ずっと広く深くなっていることからしても、『動物部分論』第一巻と同第二巻－第四巻とは、もともとは別の講義であったと考えられる。

について』、古いヴァージョンの『魂について』、そしておそらくは『気象学』第四巻[1]を含んでいた。

第三の最終ヴァージョンの講義コース[2]……アテナイへの帰還後の時期。『動物部分論』第一巻、『動物誌』、『動物部分論』第二巻–第四巻、『動物進行論』、書き直された『魂について』、『動物運動論』、『自然学小論集』、『動物発生論』、を含んでいた——そしておそらくこの順序で講義された——であろう。『動物部分論』第一巻は、この非常に長くなった講義コース全体への序論として組み立てられたものであり、アテナイへの帰還後まもなくの時期に講義されたものであろう。

以上によれば、本書に含まれる著作の相対的な成立順序は、『動物進行論』、『動物部分論』第二巻–第四巻、『動物部分論』第一巻、『動物運動論』、ということになる。

次に、近年注目を集めているBalmeの「『動物誌』=最後の生物学著作」説の図式を見てみよう[3]。

第一期……『動物進行論』、『動物部分論』第二巻–第四巻。アカデメイア時代（修行時代）の初期。

第二期……『動物部分論』第一巻。『自然学』第二巻と『形而上学』Z巻第十二章の時期。

第三期……『自然学小論集』、その後で『動物発生論』。この段階でもまだアカデメイア時代（修行時代）。

第四期……『動物誌』。おそらくアカデメイア時代に書き始められたが、大部分は後に書かれた。アリストテレスは四十歳代になっている。

Balmeの主張は、たとえば『形而上学』の中で述べられている生物学的言明や例は意外なほどオリジナリティがなく当時の一般的な見解にすぎない——おそらくアカデメイアで知られていたこと以上ではない——

ようであり、また、彼自身の生物学的著作での説と矛盾することさえあるのであって、それに比べると、初期の単なる記述的研究と思われている『動物誌』が、実は彼の成熟した生物学思想を展開している、というものである。[4]

『動物部分論』や『動物発生論』さえもがアカデメイアでの修業時代の著作だというのはにわかには受け入れがたい主張であるが、[5]『動物誌』が単なる記述的研究にすぎないかどうかは熟考に値する問題である。だが、これについて判断することは、『動物誌』の解説にゆずろう。

ともかく、Balmeの考えによっても——『動物誌』の位置が変わることを除けば——、『動物進行論』、『動物部分論』第二巻−第四巻、『動物部分論』第一巻、『動物運動論』、という相対的順序は変わらない。他のもう一人の、比較的、体系的な解釈を提示している研究者[6]によってもやはりほとんど変わらないので、本訳書でも、この順序を採用しておきたい。すると、次の三つのことに注意しなければならない。

まず、『動物部分論』は、第一巻から読まされることになるが——そしてその順序で読まれることないし

(1)『気象学』第四巻は、本訳書の註でも指摘した通り、その理論が『動物部分論』第二巻−第四巻と密接な関係があるので、生物学の講義コースに組み入れられていたと推測されている(Düring, p. 27)。

(2) Düring, p. 30.

(3) Balme, D., The Place of Biology in Aristotle's Philosophy. In Gotthelf and Lennox (eds.), 1987, p. 18.

(4) Balme, 1962.

(5)「『動物誌』が生物学著作では後期である」というBalmeの説を擁護するLennoxすら、この図式そのものは擁護しない。

(6) Rist, 1989.

聴講されることをアリストテレス自身もおそらく意図していたであろうが——、発想の順序としては、第二巻—第四巻の研究を終えてから、その反省として第一巻を書いたであろうこと。つまり、第一巻は方法論の巻であるが、第二巻—第四巻は、その方法論の「応用」ないし「適用」なのではない[1]。一例を挙げると、本「解説」一で、生物学研究の枠組みとしての「魂」概念を説明したが、「魂」という言葉は、それほど分量があるわけではない第一巻で一三回も登場するのに対して、第二巻は五回、第三巻はたった二回、第四巻は五回の登場になっている[2]。これは、第一巻の魂論的視点が第二巻—第四巻に「応用」されたというより、第二巻—第四巻の研究が第一巻で魂論的に反省され魂論的視点がはっきりと自覚されるに至ったということを意味するのではないだろうか。すると、『動物部分論』第二巻—第四巻は、方法論の単なる「応用」以上の或る種の豊かさをもつ、いわば哲学的鉱脈であると考えられる。これを掘り起こし、どのような鉱石を見つけるかは、今後の課題であり、その課題は読者の手にゆだねられている。鉱石と思われるもののいくつかは、註そして本「解説」三で述べられているので参照されたい。

さて、『動物運動論』は、本訳書に収められたものの中では最も後期のものである。このことが意味するのは、この著作は短いがよく考え抜かれたものであるということだ。いくつかの点では、教科書的な「アリストテレス」——これもまた、まぎれもなく彼自身が述べたことに基づいてはいるが——が乗り越えられているとさえ言えるようなアイデアも見られるのである。

そして、『動物進行論』は、この訳書ではBekker版全集の収録順序にしたがって最後に置かれているが、実は生物学著作では最初に書かれたものである。したがって、『動物進行論』に書かれていて、その他の著作に出てこない考えは、後に捨てられたのか、あるいは当然のこととして省略されているだけであるのか、判断する必要がある。

それでは、各著作の解説に移ろう。

三　『動物部分論』について

1　内容概観

『動物部分論』は全四巻であるが、先にも述べられた通り、大きくは、第一巻と第二巻–第四巻に分かれる。

第一巻は、『動物部分論』だけではなく彼の生物学著作全体への序論と考えられているほど一般性のある内容をもつ。その第一章は、専門家ではなくても知を愛する者なら――そしてアリストテレスによれば「人間はみな生まれつき知ることを欲する」のであるが――教養として心得ておくべき生物学の基本的・方法論的諸問題を扱っており、アリストテレスの生物学著作では最もよく読まれ研究されてきた部分である。第二章–第三章は、アカデメイアで用いられていた分割法が動物の種の定義には適さない理由をいくつか挙げた

（1）アリストテレスの研究者たちの間ですらそのように思われてきたので、第二巻–第四巻は、最近まであまり詳しく研究されてこなかった。

（2）Bodson, p. 350.

うえで、分割法の改訂案――研究者によって multiple differentiation と呼ばれている、一度に多くの種差を類に与える定義方法――を提示している。第四章は、第一章で答えを与えなかった原理的に困難な問題を再び取り上げ、第二章―第三章の考察の成果を生かして解決を試みている。第五章は、前半が「動物学の勧め」になっており、後半は動物研究のポイントを「全体と部分」そして「目的としての機能」という観点で論じている。初めてアリストテレスの生物学著作に触れる読者は、第五章前半の「動物学の勧め」を読んでから、第一章へもどるのがいいであろうが、第二章―第三章の分割法の批判的検討と独自の定義論はフォローするのに少々骨が折れるかもしれない。

　第二巻―第四巻は、連続する一貫した研究である。構成は比較的単純であって、第二巻第一章が全体の構図を与えている。すなわち、動物の体を、三つの階層、すなわち、(1)火や土などの「単純物体」あるいは熱いものや冷たいものといった「力」、(2)血や肉や骨などの「同質部分」、(3)手や足といった「異質部分」に分けるという構想を述べている。第二巻第二章―第三章では、動物の体の内部における単純物体や力のはたらきが述べられている。これは、単純物体などが論じられている『生成消滅論』第二巻と『気象学』第四巻――「アリストテレスの『化学』」とも呼ばれる――を基礎としている。[1] この部分は、現代で言えば、生化学に相当するだろう。第二巻第四章―第九章が同質部分論であり、ここは生理学に相当すると言えよう。残りすべてが異質部分論にあてられている。第二巻第十章―第四巻第四章および第四巻第十章―第十四章が、有血動物（赤い血をもった動物）の内的な器官（臓器）と外的な器官（頭や手足など）を、また、第四巻第五章―第九章が無血動物（赤い血をもたない動物）のそれらを扱っている。[2] 異質部分論は、形態学や解剖学に相当すると言えるが、さまざまな動物を比較している点では、比較解剖学であり、器官を機能の面から考察するという点では、機能解剖学でもある。そして最後に、『動物発生論』の研究ないし講義が次に続くことが述べられて、『動物部分論』全巻は終わっている。

第二巻—第四巻は、第一巻の単なる応用ないし適用と見られてきたので、あまり研究の対象になってこなかった。しかし、発展史的には成立時期が逆であることに加えて、そもそも「単なる応用」というものがあるのか、という哲学的な問題がある——これは近年、応用倫理学で盛んに論じられている問題である——。第二巻—第四巻をどのように研究するかは、読者にゆだねられた重要な課題であるが、以下の「『動物部分論』の諸問題」において研究テーマをいくつか紹介した。しかし、その前に、『動物部分論』を読むうえで気をつけたい、いくつかの概念に触れておくことにする。

2 『動物部分論』においてとくに注意すべき概念

(A)「類比」すなわち「相似」の概念を使用している比較解剖学的短所と機能解剖学的長所

アリストテレスが『動物部分論』全体で駆使している概念が「類比（アナロギア）」や「類比的なもの（アナロゴン）」である。これは、現代では「相似（英語では同じ系統の analogy）」に相当し、相似は、現在では、進

(1) これらの「化学」理論も、魂論とともに、生物学研究の前提ということになる。

(2) 詳細は、本訳書冒頭の「内容目次」を参照されたい。

化的に起源を同じくする「相同（homology）」と区別されている。相同と区別すれば、類比ないし相似は、起源が同じではないが単に同じ機能を果たしているということにすぎないので、比較解剖学の場合、対応関係がないところにそれを見たり、対応関係がずれたりする危険性がある。実際、『動物部分論』第四巻第十二章六九五a一以下で鳥の大腿骨を坐骨であるとしてしまっている――しかも「大腿骨のように見える」とまで言いながらである――。これは、鳥の大腿骨が、他の動物の大腿骨とは異なる機能を果たしており、むしろ他の動物の坐骨の機能を果たしていると判断された結果、「坐骨」だとされてしまったのだと思われる。その意味で、アリストテレスが「類比」ないし「相似」の概念しかもたなかったことは、比較解剖学的には彼の弱点になっていることは認めなければならない。

しかしこれは物事の一面である。わが国の著名な解剖学者で一般にもファンが多い養老孟司氏は、こう言っている。

相同と相似の説明ではしばしば相同のほうが偉い、という感じがすることがある。相似は、単に外見が似ているだけで、いわば、偶然である。本質的な意味はない。とくに形態学者は、そう考えやすいのではないか。／しかし、その感覚は、もちろん誤りである。相似は、生物にとって、極めて本質的な問題を呈示している。すなわち、同じ機能を前提にすれば、しばしば同じ形態を採用せざるをえない、ということである。すなわち、相似に見られる「構造の一致」こそ、典型的な機能形態、すなわち「機能が形態を決める」例である。違った材料を利用しても、同じ構造を作らざるを得ないからである。(1)

アリストテレスは、類比に劣らず機能を重視し、機能を類比の基礎とするので、まさしく養老氏の述べていることが、『動物部分論』の研究に当てはまる。アリストテレスが、類比（ないし相似）と機能の概念を『動物部分論』で駆使していることは、機能解剖学的には長所になるわけである。とくに、養老氏の、

> 自然は異なった素材を利用して、類似の構造を作る。(2)

という言葉は、まるでアリストテレス自身のものであるかのようである。

(B) 生物の部分の原因として「生活形態（ビオス）」などの概念が使用されていること

アリストテレスの原因論と言えば、形相因、目的因、始動因、質料因という言葉がすぐに思い浮かぶ。実際、動物の部分の原因を論じる『動物部分論』でも、それらが追及されている。しかし、原因論を生物学に特化したと思われる諸概念が駆使されてもいる。それらの諸概念は、原因論を、型にはまった通常の理解よりも、もっと陰影のある姿で明らかにするはずである。

さて、『動物誌』第一巻第一章では、動物研究の根本的な観点が、

> 動物の諸々の相違は、さまざまな「生活形態（ビオス）」、「活動形式（プラークシス）」、「性格傾向（エートス）」、「部分（モリオン）」による。（四八七a一一－一二）

と述べられている。しかし、『動物部分論』においては、これらは同列に扱われているのではなく、生活形

(1) 養老、一〇〇－一〇一頁。

(2) 養老、一〇二頁。

態、活動形式、性格傾向が、部分の原因になっているようである。たとえば、『動物部分論』第二巻第十三章の次の文を見ていただきたい。

> 他方、卵を産む四足動物は、これ〔鳥〕と同じ仕方でまばたきするのではない。地上で生活するものどもにとって、湿った性質の厳密な視力をもつことは必然的ではないからだ。しかし、鳥には必然的なのである。というのは、遠く〔空〕から視力を使うからである。それゆえ、諸々の「鉤爪をもつもの〔猛禽類〕」も鋭い視力をもつ――これらにとっての獲物探しは上から行なわれるのであり、ゆえに、それらは鳥のうちで最も空高く舞い上がるから――が、他方、地上で生活しており飛行はしない鳥、たとえば、ニワトリやそういったものは鋭い視力をもってはいない。実際、ニワトリなどの「生活形態（ビオス）」では、鋭い視力をもつことを迫るものは何もないのであるから。（六五七b二三―二九）

ここには、その動物にとって本質的な「生活形態（ビオス）」との関係で、それに必要な――つまり目的に合った――器官や機能をもつことを迫られると、それが生じ、迫られなければ生じない、というタイプの目的論的な論法が見てとれる。現代風に言えば、「適応」ということになろうが、これに関してはアザラシについての議論が興味深い。アリストテレスは、『動物部分論』第二巻第十二章で、アザラシが聴道しかなく耳をもたないことの理由として、「アザラシは、損なわれている四足動物なのであるから」（六五七a二四―二五）という説明を与えている。四足動物には本来は備わっているはずの耳がアザラシには先天的に欠損しているということだが、或る部分を動物がもたない理由として「損なわれている」ということをここで挙げるのは奇妙ではないだろうか。なぜなら、ここで「損なわれている」とは、この言葉から通常思い浮かべられる事例とは異なり、個体として奇形のものが発生するということを意味しているのではないからだ。それは、種について言われている。ということは、種としての動物が「損なわれている」のにもかかわらず、なおも種として存続し続けているということなのである。これは、いったいどういうことなのだろうか。アリストテレスは、『動物発生論』第五巻第二章で、次のように述べている。

> 自然は、アザラシに関しても、感覚器を理にかなった仕方で作った。実際、アザラシは、四足動物であり子を産むものであるが、耳をもたず聴道しかもたない。その原因は、アザラシの「生活（ビオス）」が水の中で営まれているということである。しかるに、耳という部分は、遠くからの空気の運動を守るために、聴道につけ加わっている。それで、［水の中で生活する］アザラシにとって、耳は、役に立たず、むしろその反対のはたらきをしてしまう［妨げになる］であろう。その中へ多くの水が入ってしまうのであるから。（七八一b二二―二八）

このテクストといま問題にしている『動物部分論』の「損なわれている」という言葉を考え合わせると、アザラシは耳を生まれつき欠損し「損なわれている」が、それは、アザラシの「ビオス」が水中に適応していることが原因であり、しかもアザラシはそのような欠損をかかえたまま種として存続している、あるいはむしろ、そのような欠損があるからこそ存続できるのだという興味深い説明が見えてくるであろう。

アリストテレスの原因論あるいは目的論にこういった面もあることはもっと知られてよいであろう。読者は、内容目次、索引、註解を通じて、生活形態の他の用例や、行動形式、性格傾向の用例にも触れていただきたいと思う。

(C) 動物を分類する用語について

アリストテレスの動物分類の話は科学史の本などにしか登場しないと思われるかもしれない。しかし、現代思想の解説書にも登場しており、意外と人口に膾炙しているようである。たとえば、

ドゥルーズは、進化論以前の分類体系の典型であるアリストテレスの分類体系を批判的に検討している。／アリストテレスにおける生物分類の原則は次のごとくである。先ず存在者が、大きく生物と無生物に分類される。そして生物が、動物と植物に分類される。動物は、有血動物と無血動物に分類される。有血動物は、人類や魚類に分類され、無血動物は、軟体類や軟殻類に分類される。さらにそれぞれの類は、いくつかの種に分類される。種は、それ以上分類されないが、種にはいくつもの個体が含まれることになる。太郎は生物個体であるが、分類体系からすると、存在者の中の、生物の中の、動物の中の、有血動物の中の、人類の中の、人間種であるということになる。…〈中略〉…。このような分類体系は、存在者を頂点として、それがつぎつぎと枝分かれする図式になっている。これを逆転して見れば、存在者が根になり、そこから幹が伸びて、つぎつぎと枝分かれする図式に見えないこともない。典型的なツリー〔樹状〕図式である。(1)

という記述に出くわす。非常に整然とした見事な説明であるが、いったいこれはどこに出典をもつのだろうか。というのは、実際、本訳書を読んでいただければ分かるように、アリストテレスが、動物を把握する際には、むしろ、動く生物である動物を特徴づける運動の器官たる足の数——四足か二足か多足か無足か——と、生殖の形式——卵を産むか子を産むか——も、大いに使用しており、さらには、さまざまな生活形態、活動形式、性格傾向も用いているからである。アリストテレスの実際の動物の取り扱いを読めば、右の整然

とした図式は、実に貧しい痩せたものに見えてくるはずである。さらに言えば、無理にツリー状にしようとしてもいない。これに関して、著名なアリストテレス研究者であり標準的なアリストテレス入門を書いたロイドは、次のように述べている。

アリストテレスはどこにも決定的かつ組織的な動物分類を行なおうとはしていない。(2)

体系的な「ツリー図式」は、むしろ、アリストテレスの『カテゴリー論』への「序説（エイサゴーゲー）」を書いたポルピュリオスの、いわゆる「ポルピュリオスの樹」に由来するものではないだろうか。また、ラマルクの有名な『動物哲学』では、

実際、アリストテレスは、動物をはじめに二つの主要な区切り、彼によれば、二つの綱に区別した。すなわち、

一、血液をもつ動物
胎生四足類
卵生四足類
魚類
鳥類
二、血液を欠く動物

(1) 小泉、八二―八三頁。なお、この本自体は大変興味深いものであり他意はない。
(2) ロイド、七四頁。

軟体類
甲殻類
介殻類
昆虫類(1)

と述べられており、ラマルクが初めではないであろうが、歴史のどこかの時点でこのような図式が作られ、継承されていったと思われる。

しかし、体系的な図式があるかのように思わせる原因は、生物学著作の従来の翻訳の仕方にもあったと、近年反省されている。つまり、ラテン語あるいはラテン語に由来する分類用語――日本語では「胎生四足類」や「卵生四足類」といったような――を使った翻訳をしてきたのだ。そう訳すと、あたかも確固とした分類体系があったかのような印象をどうしても読者に抱かせてしまうである。そこで、最新の Lennox の訳では、従来 oviparous quadruped と訳してきたところが、those that have four feet and lay eggs などと訳されており、本訳書でも基本的にそのように訳す方針をとった。ただし、そうすると、冗長になりがちであるので、結果としては、両方の折衷になってしまった。読者は、アリストテレスには確固とした分類体系があったわけではないということを常に念頭において訳を読んでいただきたい。

では、哲学的問題を次に論じよう。

3 『動物部分論』の哲学的諸問題

(A)『動物部分論』における三種類の「ピュシス」

『動物部分論』の最重要キーワードは、いったい何だろうか。言葉が登場する頻度を基準にすると、「動物（ゾーオン）」は二七〇回、「部分（モリオン）」は二一三回、登場する。しかし、「動物」の頻度にほぼ匹敵する二六五回も登場する言葉が存在する。[2] それが、「ピュシス」である。『動物部分論』は、単に動物をそれ自体として研究しているのではなく、アリストテレス自身の言葉を使えば、[3]「ゾーイケー・ピュシス」——直訳すれば「動物的なピュシス」——を研究している。それは、アリストテレスのピュシス研究という大きな課題の一環として営まれているのだ。実際、『気象学』第一巻第一章の冒頭で、ピュシス研究の全プログラムが、次のように語られている。

それで、(イ)自然の第一の諸原因とあらゆる自然的な動について、さらに、(ロ)上方での移動によって配置された星々と物体的なものどもの諸々の構成要素について、それらがどれだけの数あり、どのような性質のものであるかに関して、そして、それらの相互変化について、また、(ハ)それらに共通な生成と消滅についても、先

(1) ラマルク、七四頁。

(2) Bodson のワード・インデックスによる（p. 269）。参考のため、頻度の高い言葉（とくに名詞）を順に挙げると、「部分」の次は、「栄養物（トロペー）」一六一回、以下、「体ないし物体（ソーマ）」一二七回、「血（ハイマ）」一一九回、「原因（アイティアー）」一〇五回、「腔所ないし胃（コイリアー）」九七回、「類（ゲノス）」九三回、「人間（アントローポス）」九一回、がベストテンである。

(3)『動物部分論』第一巻第五章六四五a六。

に論じられたのだった。しかし、(ニ)先人たちがみな、「空中で起こることごとの考察［気象学］」と呼んでいた研究部門がまだ残されており、これがさらに研究されなければならない。…〈中略〉…そして、以上について論じたうえで、(ホ)動物と植物について、普遍的にも個別にも、いままで営まれてきた方式にしたがって何らかの説明が提示できるのかどうか、私たちは考察するであろう。なぜなら、それらが論じられたならば、［自然に関する］私たちの最初からの計画が、おそらくすべて完成したことになるであろうからだ。（三三八a二〇―b一、三三九a六―九）

ここで、(イ)が『自然学』、(ロ)が『天について』第一巻と第二巻、(ハ)が『天について』第三巻と第四巻および『生成消滅論』、(ニ)が『気象学』、(ホ)が生物学著作群を表わしている。そして、生物学著作群の研究は、それを行なうことによって「自然（ピュシス）」に関する「私たちの最初からの計画」が「完成」するほどの重要性をもつとされているのである。

しかし、では、最重要キーワードである、その「ピュシス」とは何なのだろうか。『動物部分論』の「ピュシス」は、大きく分けると次の三つの用法があると考えられ、本訳書では、それぞれ、「自然本性」、「自然物」、「自然」と訳し分けた。(1)

(1)『自然学』第二巻で説明されている「動と静止の(2)内在的で自体的本質的な始原」という意味の、最も一般的な用法の「ピュシス」。これは、「自然本性」と訳された。

(2)直訳すると「諸々のXの(3)ピュシス」であるが、文脈上、単なるperiphrasis（迂言《うげん》法）、つまり単に「諸々のX」ではなく、「諸々のXが単一の目的に役立つように結合された一つのシステム」と読める場合、(4)「諸々のXからなる自然物」と訳された。
(3)具体的な場面で、「ピュシスはAがBになるようにCを工夫した」とか、あるいは一般的に、「常にピュシスは無駄なことをすることはない」というように、行為の動詞の主語になっている場合の「ピュシス」。この場合は、「自然」と訳された。(5) 一例として、『動物部分論』第二巻第七章における脳と髄の関係を論じた箇所を見てみよう。

(1)の用例と(3)の一般的な言明

さて、脳について論じることが、まさに次の課題である。なぜなら、多くの人たちによって、脳もまた髄であり髄の始原でさえあると思われているが、それは、背骨の髄が脳と連続しているのを見ているがゆえであるからだ。しかし、[(1)の用例] 脳は、自然本性に関して、いわば、あらゆる点で、髄とは反対のものなのである。

(1)『動物部分論』で最初(六三九a一〇)に登場する「ピュシス」は「もの」と訳した。また、自然の世界全体を表わすと思われる用法も少数ながらあった。どちらの用法も訳註で説明されている。
(2)動物学の文脈では、動物、その体の部分、それを構成する物質などの、「動と静止」ということになる。
(3)Xの複数形が属格に使われることが多いのが特徴である。単数属格の場合は、「Xという自然物」と訳した。
(4)Lennox, p. 284.
(5)解説で後述されるように、このピュシスも、(1)の「自然本性」という意味の「ピュシス」か、あるいは、そのはたらきを抽象的に表現したものであると解釈する研究者(Lennox, 2001)もいるが、読者に判断をゆだねる意味でも、一応区別した。

実際、体の諸部分のうちでは脳が最も冷たいのに対して、〔(1)の用例〕髄は自然本性に関して熱いのである。このことを明らかにするのは、髄がもつ油の性質と脂の性質だ。それゆえ、背骨の髄は脳とまさしく連続しているのである。なぜなら、〔(3)の一般的言明〕常に自然は、各々のものの超過に対する救助として、反対のものとの結合を「工夫（メーカナースタイ）」するのであって、一方のものの超過を他方のものが均等にするようにしているからである。（六五二a二四―三三）

(3)の具体的な場面の用例と(1)の用例

それで、動物は熱さを分け持つことが必然的であるということが、それらから明らかである。また、すべてのものは、適度な中庸の状態に達するため、自分とは反対の傾向を必要とするので――実際、中庸の状態は本質と理をもっているが、両極端の状態のどちらもそれぞれがそういったものをもつのではないから――、その、反対の傾向を必要とするという原因のゆえに、〔(3)の具体的な場面での用例〕自然は、心臓の場所と心臓の中の熱さとの関係で、脳を「考案（メーカナースタイ）」したのであって、まさに心臓の熱さの超過をおさえバランスをとることのために、〔(1)の用例〕水と土の共通の自然本性をもつその部分〔脳〕が動物に存在し、そして、そのことのゆえに、有血動物はすべて脳をもつが、それ以外の動物は、いわば、どれも脳をもたないのだ。ただし、類比的になら脳をもつ。たとえば、タコのように。実際、脳をもたない動物はみな、無血性のゆえに、ほとんど熱くないのであるから。（六五二b一六―二六）

このうち、現在、最も問題になっているのは、(3)の用法である。Lennoxは、(3)の用法のピュシスも、(1)の用法のピュシス――animal's formal natureと彼が呼ぶもの――か、そのはたらきを抽象的に表現したものであるという解釈を提示している。[1] しかし、その根拠は、『動物部分論』第一巻第一章や『自然学』第二巻

第一章および第二章におけるピュシス概念の哲学的分析に、(3)の用法のピュシスが存在する余地がない、つまり正式に説明されていない、ということにすぎない。[2] したがって、まだまだ検討の余地があると言わざるをえない。もちろんデーミウルゴスのごとき実体的なもの[3]と解すわけではないが、たとえば、「神とピュシスが」というように神と並べて使用される場合の、[4] 個々のものに内在するだけのものではない「ピュシス」ではあるようだ。というのは、この場合のピュシスは、生物の成り立ちのそもそもの「プログラム」あるいは「デザイン」に関わることをしているのであって、火などが自然本性的に上昇するという場合とはレベルが異なるように思えるからである。

実際、『動物部分論』第二巻第八章の、肉と骨の関係を論じた次の箇所は、個々の「自然物（ピュシス）」や「自然本性（ピュシス）」とも区別された第三のピュシスが含意されているように見える。

> さて、他のすべての同質部分が、肉のためにあるということは、感覚にてらして明らかである。私が言っているのは、骨、皮、腱、血管、さらに、毛、諸々の爪からなる類、そして他にあればそのようなもののことである。実際、骨をもつものにおいて、諸々の骨からなる自然物は、軟らかいもの［肉］の補助のために「工夫（メーカナースタイ）」されたのであるが、それ［諸々の骨からなる自然物］は自然本性に関して硬いのであるから。

（1）Lennox, 2001, pp. 184, 189.
（2）Lennox, 2001, pp. 184, 189, 190.
（3）といっても、デーミウルゴスのリテラルな解釈を採用する限りでは、という限定がつくが。
（4）『天について』第一巻第四章二七一a三三。もちろん、神と自然が同一であるなどと主張しているのではない。神と自然の関係は非常に大きな形而上学的問題であって、ここでは論じることができない。

（六五三b三〇—三五）

「諸々の骨からなる自然物（ピュシス）」を主語としたこの受動態の「メーカナースタイ」は、「メーカナースタイ」した能動者が「諸々の骨からなるピュシス」とは別のものであり、また、骨の「硬い」という「自然本性（ピュシス）」とも別のものであることを示唆していると思われる。(1)

『動物部分論』第三巻第二章の次の箇所も重要である。

それで、諸々の角からなる「自然物（ピュシス）」は何のためなのか、そして、どのような原因のゆえにそのようなものをもつ動物と、もたない動物がいるのか、これらが語られた。しかし、「必然的な自然本性（アナンカイアー・ピュシス）」が存在するのであるから、「理にかなった自然（カタ・ロゴン・ピュシス）」が、いかにして、「必然的に（エクス・アナンケース）存在するものども」を、何かのために転用したのか、このことを語ろう。（六六三b二〇—二四）

このテクストでは、「生物の部分（角）のピュシス」、「必然的なピュシス、または、必然的に存在するもの（物質あるいは素材）」、「理にかなった仕方で物質ないし素材を転用するピュシス」の、三種類のピュシスが明瞭に確認できる。

さらに、『動物部分論』第四巻第十章の次のテクスト。

それで、上体が軽くて容易に運べるように、「自然（ピュシス）」は、上体からその実質を取り去って、下体に重さをつけ加えたのである。まさにそれゆえに、［自然は、］臀部や、大腿や、ふくらはぎを肉質にしたのだ。また同時に、［自然は、］臀部という「自然物（ピュシス）」を休息のためにも役立つものにした。実際、四足動物にとって立っていることは疲れることではなく、連続的にそうしていてもくたびれないが――なぜなら、四本の支えが下にあるので、ずっと横たわっているようなものであるから――、しかし、人間にとって直立したままでいることは容易ではなく、体は休息と着座を必要とするから。（六八九b一一―一二）

「［自然は、］臀部という『自然物（ピュシス）』を休息のためにも役立つものにした」という一文は、「自然」としてのピュシスと「自然物」としてのピュシスとが区別されている証拠となる文である。

しかし、自然本性とはレベルを異にする自然とはいったい何か。生物学著作におけるピュシス論は、今後、重要な研究課題の一つになると思われる。読者も、索引や註解を使ってこの難問に挑戦していただきたい。

(B) 自然の公理

(3)の意味のピュシスすなわち自然には、現在形の動詞をとる――そしてしばしば「常に」「どこでも」「いつもやるように」などの副詞を伴う――原則性の高い公理的言明がいくつか存在する。それらは、「経済性原理」と「最善性原理」と呼ぶべきものに分けられる。

（1）また、『動物部分論』第三巻第二章六六三a三四―三五は、ピュシスに二つのレベルがあることを示唆していると思われる。二〇一頁の註（6）を参照。

自然の経済性原理

『動物部分論』第二巻第十四章。

自然は何事も「無駄に（マテーン）」なすことはない。（六五八a八―九）

『動物部分論』第四巻第十一章。

自然は何事も「余計なこと（ペリエルゴン）」をしない。（六九一b四―五）

これは、或る器官がその動物に存在しないことを説明する際に使用される論理で、他の動物がもっている器官をその動物がもっていないのは、その動物の「生活形態（ビオス）」からして、その器官をもつことが「無駄」あるいは「余計なこと」になるからだという論法をとる。これにはいくつかのヴァリエーションがある。

『動物部分論』第二巻第十四章。素材の転用原理。

長さのある尾が生えている動物に関しては、その尾を、自然は毛で飾った。すなわち、尾の基部が馬のように短いものには長い毛で、尾の基部が長いものには短い毛で飾った。そして、それは体の他の部分の自然本性にしたがっている。なぜなら、自然は、どんなところでも、他のところから得たものを、そことは別の部分に与えるからだ。それで、自然が体中を毛だらけにした動物の場合は、尾のまわりの毛が欠乏している。たとえば、クマどもの場合に、こういうことが起こる。（六五八a三一―b二）

ここでは、どんな動物の身体でも、全体として与えられている物質の量ないし割合は限られていると想定されているようである――これがおそらく経済性原理の根本的前提であろう――。それゆえ、ある物質が別の部分に使われてしまった場合、その部分に使える物質が少なくなり、その形態のヴァリエーションが生じるのである。

『動物部分論』第三巻第一章。攻撃と防御の道具的部分の分配原理。

ところで、私たちが把握すべき或る普遍的なことがある。それは、今の議論にも、今後の多くの議論にも、役立つことだ。すなわち、自然は、使うことができるものだけに、強さと防御のための道具的な諸部分の各々、たとえば、針、蹴爪、角、牙、その他何かそのようなものを与えたり、あるいは、他の動物よりもいっそう多く与えたり、また、最もうまく使うことができるものに、最も多く与えたりするということである。（六六一b二七―三二）

使えないものには渡さないということ、および、使えるものにはうまく使える分だけ渡すということは、「自然は無駄なことをしない」という経済性原理のヴァリエーションであろう。実際は、「同じ種の動物であるのに、なぜ雄と雌で、もつ部分の種類や程度が異なるのか」という問題を解くのに使われているが、この原則は「普遍的」と言われているので、もっと広い範囲に適用される根本的な観点であると思われる。

経済性原理のヴァリエーションは他にもいくつか認められるので、読者は註を利用して自ら確認していただきたい。

自然の最善性原理

『動物部分論』第四巻第十章

自然は、諸々の可能なことから、最も善いことをなす。（六八七a一―一六）

『動物部分論』第二巻第十四章。

常に〔自然は〕、諸々の可能なことどものうちのいっそう善きことの原因なのである。(六五八a二三―二四)

ライプニッツの思想と比較されることもある重要な考えである。これについては、『動物進行論』の解説「自然の公理・再論」で論じる。

(C) 目的論の問題

さて、アリストテレスの「生物学の哲学」で最も活発に論じられている問題が、「目的論(teleology)」であり、とくに、動物の体における物質の必然と目的の関係が熱心に論じられている。[1] キーワードは、「端的な必然」と「条件的な必然」である。

「端的な必然(simple necessity, absolute necessity)」……原語は「ト・ハプロース・アナンカイオン」。ここで「端的(ハプロース)」とは、「『条件ないし前提(ヒュポテシス)』なしに」ということであり、条件や前提がなければ、それに左右されることもないので、単一のあり方しかないということになる。「他のあり方がありえない(メー・エンデコメノン・アッロース・エケイン)」という、アリストテレスの有名な言い回しで表現される必然性である。

「条件的な必然(hypothetical necessity)」……原語は「ト・エクス・ヒュポテセオース・アナンカイオン」。「『前提ないし条件(ヒュポテシス)』に『基づけば(エクス)』『必然的(アナンカイオン)』」になる――つまり必要になる——が、その条件がなければそうではないような必然。その意味で、条件次第で「他のあり方がありうる（エンデコメノン・アッロース・エケイン）」、すなわち条件次第で必要になったり必要でなくなったりするのである。ここで条件ないし前提になるのが目的である。

さて、考察の出発点になるのは、『動物部分論』第一巻第一章の次のようなテクストである。

「『必然的に』ということ」は、あらゆる自然物に同じ仕方で属するわけではないのであるが、ほとんどすべての人は、自然物の諸々の説明をこれに還元しようとしており、必然性がどれくらい多くの仕方で語られるのかを区別していない。しかし、永遠なものどもには端的な必然性が属しているが、あらゆる生成する自然物には条件的な必然性もまた属する。（六三九b二一—二五）

ここで「もまた」と訳した原語「カイ」の一語がアリストテレスの目的論を解釈する際の大きな争点になっている。本訳の場合は、「あらゆる生成する自然物には、〔端的な必然性だけではなく、〕条件的な必然性もまた属する」という意味になる。すると、生成する事物に、どのような仕方で二つの必然性が属するのかという問題が生じるのである。

また、『動物部分論』第四巻第二章の次のテクストも見ていただきたい。

自然は、時には、剰余物すら、有益なことに転用するのだが、しかし、それだからといって、あらゆることに

(1) 研究者によって「内的目的性（internal finality）」と呼ばれるもの。自然的世界全体の合目的性は「外的目的性（external finality）」と呼ばれている。

ついてそれが何のためであるのかと探求してはならない。そうではなく、或るものどもがそのようである時、それらのゆえに他の多くものどもが必然的に起こるのである。（六七七a一五—一九）

このテクストでは、すべての自然現象が目的で説明されるわけではなく、物質の端的な必然によって生じることもあるということが、はっきりと認められている。するとやはり、物質の端的な必然と目的に基づく条件的必然はどう関係しているのかということが問題になるのである。

そこで重要になってくるのが、『動物部分論』第一巻第一章の次のテクストである。

してみると、次の二つの原因、すなわち、「『それのために』ということ」と、「『必然的に』ということ」があるのだ。実際、多くのことが必然であるがゆえに生じているから。しかし、おそらく、「『必然的に』何かが生じると言う人たちは、どのような種類の必然のことを言っているのだろうか」という疑問をもつ人が出るであろう。というのは、いま私が話している必然とは、哲学的に書かれた諸論文で規定された二種類の必然のどちらでもありえないからだ。しかし、少なくとも、生成過程をもつものどもには、第三の必然がある。実際、私たちが、「栄養物は、何か必然的なものだ」と言う場合、それら二つの必然のどちらによっているのでもなく、「栄養物なしには、動物は生きていくことができない」という意味であるから。これは、条件に基づくような必然だ。すなわち、ちょうど、斧で何かを割る必要があるのだとすれば、硬いものであることが必然であり、硬いものであることが必然であれば、青銅製か鉄製であることが必然であるように、そのようにまた、体は道具であるので——なぜなら、体の各々の部分は何かのためにあり、全身もそうであるから——、してみると、体が生じるというのであれば、これこれの性質のものであるのが必然であり、そして、これこれのものからできているのも必然なのであるから。（六四二a一—一三）

ここで、「哲学的に書かれた諸論文」は同定困難であるが、「第三の必然」は、挙げられている実例からして、条件的必然であることは明白である。もしここで、「生成過程をもつものども」とは、自然の世界のことであるとするならば、原因には目的と必然の二つがあり、そして、この必然は条件的必然でしかありえないとすると、「自然の世界に存在する必然は、すべて条件的必然である、あるいは、条件的必然しか存在しない」という非常に強力なテーゼが提出されていることになるように思えるのである。(1)

しかし、そうすると、アリストテレスは、先に引用したテクスト（『動物部分論』第四巻第二章六七七a一五―一九）で、すべての自然現象が目的で説明されるわけではない――すなわち、すべての必然が条件的必然であるわけではない――と明白に述べていたのであるから、不整合が生じる。これが、近年激しい論争を呼んだ条件的必然の問題である。不整合問題とその解決法の詳細をここで述べることはできないが(2)、ともかく、端的な必然が成り立つ領域ないし局面と、条件的な必然が成り立つ領域ないし局面を、どのように自然的世界に確保するかがポイントになったのである。

まず、従来の解釈の代表として、Cooper の説(3)を紹介する。これは、根本的な前提として、「物質の端的な

(1) 実際、そのように解釈する有力な研究者（Balme, p. 100）がいた。しかしここでは、文脈上、動物の合目的的性質や生殖に話が限定されている上に、自然的世界には目的と条件的必然「しかない」と言われてもいない。「今話をしている必然」は、「哲学的に書かれた諸論文」の必然の「どちらでもありえない」と言われているだけであって、今話していない必然が、自然的世界にあることは否定されていない。

(2) 坂下「アリストテレスの目的論における物質の必然」（一九九二年）を参照されたい。

(3) Cooper, in Gotthelf and Lennox (eds.), 1989, pp. 243-274.

必然は、目的因に限定されている限り条件的必然に切り替わる。しかし、その限定作用を受けていなければ、再び端的な必然に切り替わる」と考える。そして、生物が構成されていく発生のプロセスを考えた場合、目的因によるこの限定作用はプロセス全体の二つの局面でしかはたらかないとするものである。

最初の局面……或る生物の発生に必要とされる物質が、適切な場所と時間に存在するようになることは、物質の端的な必然によるのではなく――もしそうであれば任意の時間と場所で任意の生物が発生するはずである――、目的因のはたらきであり、これは条件的必然である。

中間の局面……しかし、いったん物質が適切にセッティングされると、それ以後は、目的因がはたらき続けなくても、物質の自然本性による端的な必然によって、プロセスが進行する。この振る舞いの必然は、条件的な必然ではない。

最終の局面……しかし、このプロセスの最終局面における産物は合目的的なものであるから、物質の単なる必然によって必然化されない。この必然は、目的因によって必然化される条件的必然である。

以上から分かる通り、条件的な必然が成り立つ局面が最初の局面と最終の局面で確保され、端的な必然が成り立つ局面が中間の局面で確保されている。その限りでは見事な解釈である。しかし、最初の局面で物質に適切な初期条件が与えることが可能であるならば、最終の局面で再び目的因がはたらく必要はないはずである。もしそうでないならば、初期条件の適切さとはいったいどのような適切さであるのか。それは、合目的的な産物を生み出すという意味での適切さであるはずだ。そしてもし、最終の局面も物質の端的な必然で十分だとするならば、それは、むしろ、プラトンの『パイドン』でソクラテスが不満をいだいたアナクサゴラス説——目的因であるヌースがプロセスの最初の局面にしか登場せず後は機械的な説明がなされる——になってしまうであろう。

次に、私がかつて提示した解決案(1)を示そう。これは、「物質の端的な必然は、目的因に限定されている限り条件的必然に切り替わる。しかし、その限定作用を受けていなければ、再び端的な必然に切り替わる」と考える前提そのものを疑う。すなわち、私の立場は、「同一の物質が、目的にしたがっていながら、しかも同時に、物質の端的な必然によってはたらきもする」というものである。ヒントとなるのは、『動物部分論』第二巻第十三章で目が論じられている箇所である。

> それらの動物〔人間や鳥〕が、視力を守るものをもつのは、両の目が湿っているからであり、視力の自然本性に基づいて、目が湿るという仕方で、ものを鋭く見るためである。なぜなら、もし仮に、目が〔湿っておらず〕硬い皮のものだったとしたら、何かが目に入って傷つくということは少なくなるが、目の鋭さは失われたはずであるからだ。（六五七a三〇―三四）

このテクストでは、「硬い皮」という同一のものが、「目を保護できる」というメリットと、「視力が悪くなる」というデメリットの両方を同時にもつことが指摘されている。この場合、硬い皮の「硬い」という一つの性質だけが問題になっているが、このことは、同一の性質だけではなく、同一の物質についても、なおさら当てはまる。なぜなら、同一の物質であっても、複数の性質を同時にもっているからである。そのうちの

（1）前述論文（坂下、一九九二年）。

或る性質は目的にとって必要とされるが、その他の性質は不必要とされるであろう。たとえば、薬には必ず何らかの副作用があるように、同一の物質が、メリットとデメリットを、さらにはどちらでもない帰結を、同時にもちうるのである。同じく、目の例で説明しよう。アリストテレスは、『感覚と感覚されうるものについて』第二章で、

> 視覚が水に属するということは真であるが、しかし、見ることが生じるのは、［視覚の感覚器が］水である限りにおいてではなく、透明なものである限りにおいてである。（四三八a一三―一四）

と述べている。この文は、ある目的（視覚）の実現のために、何らかの物質（水）が必要とされるとしても、その物質のすべての性質が目的実現のために必要であるわけではないこと、すなわち、その物質のある性質（透明さ）は、見るという目的にとって必要な条件的必然であるが、その他の性質はそうではなく端的な物質的必然にすぎないということを示している。たとえば、目に含まれる水は、視覚の実現を妨げない限りで、その分量に幅があるが、『動物発生論』第五巻第一章七七九b一八以下によると、その水が多すぎると黒い目になり、少なすぎると青い目になるとされている。それはちょうど、深い海が黒っぽく暗く見え、見通しのよい浅い海が青く明るく見えるのと同じなのだという。目の色は、物質のもつ分量の端的な必然によって生じた無目的なものであるのだ。水という同一の物質は、透明なものである限りでは、条件的な必然にしたがって視覚を実現し、同時に、一定の分量のものである限りでは、物質の端的な必然にしたがってさまざまな目の色を生み出すのである。このような仕方で、端的な必然が成り立つ局面と、条件的な必然が成り立つ局面を、Cooperとは異なる仕方で確保できるのである。

しかし、『動物部分論』第二巻–第四巻の具体例は、必ずしもこのような解釈で読めるものばかりではない。私のこの解釈にとって困難となるようなテクストには訳註で対処を記しておいたが、読者自身も、内容目次、註、索引を利用し、別の解決案を求めて『動物部分論』を読み返すことを訳者は期待している。幾度も読み返される著作こそが古典であるからだ。

四　『動物運動論』について

1　内容概観

全一一章からなる短論文であるが、非常に密度の濃い充実した議論が展開されている。全体は、天の運動と動物の運動を比較対照しながら、それらを動かすものが、それらの「支え」になりながら外部に存在する必要性を説く第一章から第五章までの前半と、動物において魂が体をいかにして動かすかを、欲求と思惟のはたらきに着目しながら、外部に存在する欲求対象に動かされつつ、それを欲求しながら自ら動くという仕方で論じる第六章から第十一章までの後半に大きく分かれる。各章の詳しい内容については、「内容目次」を参照されたい。

2　『動物運動論』の哲学的諸問題

(A)　自己運動の否定と自己動者としての動物について

『動物運動論』の前半は、『自然学』第八巻の考察を展開させたものであり、第八巻での議論に慣れていないと理解するのにやや苦労するかもしれない。後半は、現代哲学で言えば、行為論に当たる。前半をスキップして、第六章から読んでも理解可能ではある。しかし、『動物運動論』全体の構成を理解しておくことも大切だ。その際ポイントになるのが、「自己運動」そして「自己動者」である。自分で自分を動かすという「自己運動」の問題は、アリストテレスとプラトンの世界観を分かつ根本問題であり、『自然学』第八巻のテーマであるのだが、一般の読者がにわかには理解しがたい性質の問題でもある。自己運動の問題を本格的に説明することは、『自然学』の解説にゆずり、ここでは、その問題を一般にも分かりやすい形で、しかも動物の問題と関係させて論じたFurleyの古典的な論文を紹介する。(1)

アリストテレスは、しばしば動物を、自分で自分を動かすもの――自己動者――と呼んでいる。しかし、『自然学』第八巻では、世界の究極の動者は自己動者ではなく不動の動者であることを示すために、自己動者だと思われているものが、実は外部のものに動かされていると論じる。外部のものに動かされているのならば、自分で自分を動かしているようには思えない。つまり、これによって、アリストテレスは、動物が自己動者であることを否定しているように思えるのである。この不整合をどう考えればよいのか。アリストテレスは、一方で、動物は自己動者であるという直感を保持したがっているが、他方で、そういう動物とのアナロジーで世界全体が自己動者であると主張する説は退けたい――世界は不動の動者を必要とすると論じたい――とも思っている。そのため、『自然学』第八巻では、あえて、動物の自己運動でさえも外部のものに依存している、つまり外部のものに動かされている、と主張する。しかし、Furley によると、それでも動物は、或る意味で自己動者である。なぜなら、外部のものが動物を動かすのは、欲求されるものとしてであるからだ。つまり、動物の欲求を前提にしている。欲求されるものは、欲求するものと無関係に同定されえない。現代風に言えば、欲求の対象は志向的な対象なのである。その意味で、欲求によって生み出された活動の始原は動物の《内》にあると言われうる。このような仕方で、動物は、外部のものに動かされつつ、なお、自己動者としてのステイタスを保持するのである。――以上が Furley の論文の概要である。

この論文は、『動物運動論』の構成を考える手がかりを与えてくれる。なぜなら、『動物運動論』の前半においても、動物や天の外部にそれらの運動を支えるものが必要だということが論じられており、これは『自然学』第八巻で、自己動者だと思われているものが、実は外部のものに動かされていると論じられているのとパラレルだからである。しかるに、『動物運動論』第一章での説明によると、『動物運動論』の研究が必要となる理由は、(1)『動物誌』や『動物進行論』などの動物の運動の研究を普遍化させるためというものと、(2)『自然学』第八巻の普遍的議論による運動論を個別的感覚対象と調和させるという課題を私たちはもつが、個別的感覚対象から動物の運動が典型例として選ばれるからというものなのだが、どちらにしても考察の焦点は天よりもむしろ動物の運動ということになる。さらに、『動物運動論』の後半で、欲求や知性の対象に

(1) Furley, in Gill and Lennox (eds.), 1994.

よって動物が動かされる仕方が論じられているのは、動物が志向的な意味で自己動者であると言えることにパラレルである。すると、全体として『動物運動論』は、動物が、外部のものに動かされつつ、なお、自己動者としてのステイタスを保持することの解明になっているであろう。以上が、『動物運動論』の全体の構図である。

(B)「アクラシアー（無抑制）」論をめぐって

さて、現代哲学で行為論を学ぶものなら知らない者はないデイヴィドソンの「意志の弱さ」論は、次の三つの原理を出発点にしている。

P１　行為者がyを行なうことよりxを行なうことを欲し、かつ彼がxもyも自由に行ないうると信じているとき、もし彼がxかyを意図的に行なうのであれば、彼はxを意図的に行なうであろう。

P２　もし行為者がyを行なうよりxを行なうほうが良いと判断するならば、彼はyを行なうよりxを行なうことを欲する。

P３　自制を欠いた行為が存在する。

善いと判断されたことは欲求され（P２）、欲求と信念のあることは行為される（P１）。P２とP１が必ず結合するならば、P３と矛盾する。――これが、デイヴィドソンによる「意志の弱さ」問題の定式化であるが、アリストテレスの「アクラシアー（無抑制）論」も同じように定式化できる。

(1)「善いと判断されたことはただちに行為される」、または、「実践的推論（実践的三段論法とも言う）の結論は行為である」というテシス。――これを「結論イコール行為テシス」あるいは省略して「結論行為テシス」と呼ぶ。

結論行為テシスの証拠となる――そして実践的三段論法の実例が読みとれる――テクスト

『動物運動論』第七章

しかし、思惟しても、行為する時と行為しない時があるのは、また、動く時と動かない時があるのは、どのようにしてなのだろうか。そのことは[1]、まさに動かされえないものどもについて思考し推論する人たちに似た仕方で起こるようである。しかし、その場合、目的は理論的なこと[2]――二つの前提を思惟する時、結論を思惟する、つまり［二つの前提を］結合するから――であるが、ここでは、二つの前提から行為として結論が生じる。たとえば、「すべての人は歩かねばならない、しかるに自分は人である」と思惟する時は、ただちに歩く。また、「何人も今は歩いてはならない、しかるに自分は人である」と思惟する時は、ただちに立ち止まる。そして、何ものも妨害あるいは強制しないならば、それらをどちらでも行なうのである。（七〇一a八―一六）

以上から読みとれる実践的三段論法は次のようなものである。

（1）思惟しても行為せず動かないこと。

（2）行為に関わることの場合では、ということ。

大前提　「すべての人は歩かねばならない」
小前提　「自分は人である」
結論　　ただちに歩くという行為

『ニコマコス倫理学』第七巻第三章

さらにわれわれは、次のようにして、魂の自然本性に即しても原因を見定めることができるかもしれない。すなわち、ある思いなしは普遍を対象とし、他の思いなしは個別的なものにかかわるが、個別的なものについては、すでに知覚が支配している。そしてこれら両方の種類の思いなしから単一の思いなしが形成されるとき、ある場合には、魂は結論された事柄を肯定するのが必然であるが、作ること、行なうことにかかわる思いなしにおいては、魂は結論に基づいてただちに行為するのが必然である。たとえば、もし甘いものはすべて味わうべきであり、いまこのものが、すなわち個別的なものの一つであるこのものが甘いとすれば、その場合、行為する能力をもっており、かつ行為が妨げられることのないような人は、同時にまたこの特定の甘いものに関して行為することも必然なのである。そこで、われわれに味わうことを妨げる普遍的な思いなしが内在しており、他方、「すべての甘いものは快い」、しかるに「これは甘い」、という別の思いなし（こちらの思いなしが、現実に活動するのだが）も内在しており、また、甘いものへの欲望もたまたま内在しているとすれば、その場合、一方の思いなしは、われわれにこの甘いものを味わうことを避けるように告げるが、欲望の方はわれわれを当の行為へと衝き動かすのである。なぜなら、身体の各部分を動かしうるのは欲望だからである。[1]（一一四七a二四—三五）

実践的三段論法に関して、このテクストから直接に読みとれる内容をまとめると、以下のようになる――なお、慣例にしたがって、「Xという善きことをしなければならないという結論の推論」を、理性の実践的三段論法と呼び、「Xという善きこと以外の、Yという快き（しかし結果として悪しき）ことをしなければならないという結論の推論」を、欲望の実践的三段論法と呼んでおく――。

欲望の三段論法A

大前提　「すべての甘いものは味わうべきである」

小前提　「このものは甘い」

結論　　「？（不明）」

理性の三段論法

大前提　「すべての（これこれの（甘い？））ものは味わうべきでない」が再構成可能。（テクストの「味わうことを禁止する」から「味わうべきではない」を、また「普遍的な思いなし（普遍的見解）」から「すべての（これこれの）もの」を再構成できる。「これこれの」の部分に何を入れるかは解釈が分かれている。）

小前提　「？（不明）」

（1）朴一功訳。以下、基本的に『ニコマコス倫理学』からの引用は朴訳を使用させていただいた。

結論　「？（不明）」

欲望の三段論法B

大前提「すべての甘いものは快い」

小前提「このものは甘い」

結論　「？（不明）」

↓付加

快いものに対する「欲望」（三段論法の外部から欲望が結論につけ加わるかのようにも読める）

以上を基にした従来の最も一般的な――そして問題があるので使えない――再構成は、次のようなものである。

理性の三段論法（従来のヴァージョン）

大前提「すべて甘いものは健康に悪い」

小前提「このものは甘い」

結論　「このものは健康に悪い」

欲望の三段論法（従来のヴァージョン）

大前提　「すべての甘いものは快い」

小前提　「このものは甘い」

結論　「このものは快い」

なお、この再構成には、大きな問題点が指摘されている。それは、小前提が理性の三段論法と欲望の三段論法で共通していることである。欲望の三段論法にしたがっている無抑制のひとは、「このものは甘い」という小前提をもっており、それを現実にはたらかせているとテクストで言われている。そして、それは理性の三段論法の小前提でもある。それなのに、なぜ理性の三段論法だけはたらかないのか、それが理解困難になるのである。

(2)「善いと判断されたにもかかわらず葛藤が起こりそれが行為されないということがある」というテシス。——これを「アクラシアーにおける葛藤の実在テシス」あるいは省略して「葛藤実在テシス」と呼ぶ。

葛藤実在テシスの証拠となるテクスト

『ニコマコス倫理学』第七巻第七章

ところで、「抑制のなさ」の一つの形態は「性急さ（プロペテイア）」であり、もう一つは「弱さ（アステネイア)」である。というのも、弱い人たちは熟慮したにもかかわらず、情念のゆえに熟慮した事柄に踏みとどまれず、他方、性急な人たちは熟慮しなかったがゆえに情念に導かれるからである。（一一五〇b一九―二二）

『ニコマコス倫理学』第七巻第八章

悪徳は行為者に気づかれていないが、「抑制のなさ」の方は気づかれている。（一一五〇b三六）

『ニコマコス倫理学』第一巻第十三章

他方、魂における別の自然本性も、ある仕方で理性を分けもっているとはいえ、やはり非理性的であるように思われる。なぜなら、われわれは、抑制的な人と抑制のない人にそなわっている理性を、そして魂における理性をもつ部分をこそ賞賛するからである。事実、その部分が、彼らを正しく、かつ最善の事柄へと促すのである。けれども、彼らの内には、明らかに、理性とは別のものもまた本来そなわっていて、それが理性とたたかい、対立する。（一一〇二b一三―一八）

さて、葛藤実在テシスは結論行為テシスと矛盾しているように見える。なすべきことを知っているとは、理性の判断の結論がきちんと出されていることであり、結論行為テシスによると、これはただちに行為されるはずである。しかし葛藤実在テシスが述べているのは、葛藤が起こって、その結論がただちに行為されないことがあるということだからである。

しかし、デイヴィドソンとアリストテレスを比較してみると、後者のほうがいっそう見込みのない立場をとっているように見える。デイヴィドソンが、判断と行為の間に欲求というファクターを入れて、ワンクッションおいているのに対して、アリストテレスは、結論行為テシスで判断と行為を直結させているからである。するとやはり、アリストテレスのほうが不利なのだろうか。だが、事情はもっと複雑である。なぜなら、アリストテレス自身にも、実践的三段論法の本性に関して二つの見方があるようだからだ。

結論行為テシスの証拠となるテクストの二つ目に挙げた『ニコマコス倫理学』第七巻第三章のテクストでは、「ある思いなしは普遍を対象とし、他の思いなしは個別的なものにかかわる」、また、「欲望の方はわれわれを当の行為へと衝き動かす」と言われていた。ここからすると、『ニコマコス倫理学』の実践的三段論法では、大前提が普遍的なもの、小前提が個別的なものであり、そして、欲望は三段論法そのものには含まれておらず、その外部からつけ加わると考えられているように読める。

しかし、『動物運動論』第七章では、次のように言われている。

制作〔実践〕に関わる諸前提は、二つの種類のものを通じて、すなわち、善いものを通じて、また、可能なものを通じて生じるのである。（七〇一a二三―二五）

これによれば、大前提は「善いもの」に、小前提は「可能なもの」に関わると考えられていることが分かる。これは、『ニコマコス倫理学』とはやや異なっているように思える――本当に異なるかは検討を要する――。さらに、同第七章で、

「私は飲まねばならない」と欲望が言う。「これが飲み物だ」と知覚または表象あるいは知性が述べる。ただちに彼は飲むのである。（七〇一a三二―三三）

と言われていることからすると、ここで大前提を表明しているのは、欲望である。実践的三段論法の大前提

の対象が一般に「善きもの」であるならば、大前提を表現するものも、一般に、欲望の類である欲求だと言えるだろう。そして、理性の三段論法の大前提を表現するのは、正しい欲求——理性が善として示すものへの欲求——たる願望であると考えることができよう。すると、『動物運動論』では、欲望あるいは欲求は、三段論法の外部から来るのではなく、最初から大前提という形で三段論法に内在していることになるのである。

以上から、『ニコマコス倫理学』と『動物運動論』の実践的三段論法観は異なっている——『ニコマコス倫理学』は、判断と行為の間に欲求というファクターを入れ、ワンクッションおいているが、他方、『動物運動論』は、判断と行為を直結させている——ように見えるのである。この二つの実践的三段論法観は、どう関係しているのだろうか。[1] そして、そもそもアリストテレスは、どういうつもりで結論行為テシスを唱え、判断と行為を直結させたのだろうか。『ニコマコス倫理学』をも巻き込んだアクラシアー論の研究史をここで詳しく述べることはとうていできないが、[2] 結論行為テシスと葛藤実在テシスの不整合問題の対処は、次の三つのタイプに分かれる。

(A) 結論行為テシスを保持して、葛藤実在テシスを事実上否定する。すなわち、X以外のことを行為したのであれば、その行為をしたときは、実は、Xすべきであるという判断は不成立であったのであり、X以外の何かをすべき(たとえばYすべき)であるという判断が成立していたのだとする(つまり、この場合は、心の中の葛藤は起こっていなかったことになる)。

(B) 葛藤実在テシスを保持して、結論行為テシスを制限あるいは否定する。

(B)の(1)結論行為テシスに例外を設ける。すなわち、結論が行為である場合（技術の場合）はアクラシアーが起こらないが、結論が行為ではない場合（実践の場合）もあってこの場合はアクラシアーが起こるとする。

(B)の(2)結論だけでは全然行為にならないとし、結論行為テシスを事実上完全否定する。

(C)両方のテシスを保持する。

また、三段論法の構成要素に着目する仕方で解釈をタイプ分けすると、

(イ)大前提に着目する解釈

(ロ)小前提に着目する解釈

(ハ)結論に着目する解釈

となる。

私自身は、(C)の(イ)という立場を取りたいと考えている。[3] 解釈の手がかりとなるのは、『ニコマコス倫理学』第七巻第三章の「獣はアクラシアーになるものではない。なぜなら、一般的な判断をもたず、個別的な

(1) Nussbaum は、行為の説明モデルとしては、「無抑制（アクラシアー）」論に特化されている『ニコマコス倫理学』や『魂について』の「普遍・個別」モデルよりも、『動物運動論』の「善・可能」モデルのほうが、一般性があると考えている。(Nussbaum, pp. 201-205)。

(2) 坂下「アクラシアー論 —— アリストテレスの立場から —— 」、内山勝利・中畑正志編『イリソスのほとり —— 藤澤令夫先生献呈論文集』世界思想社（近刊）で詳しく論じたので、参照されたい（なお、この論文よりも本「解説」のほうが後に書かれている）。

(3) 詳しくは、前掲の私のアクラシアー論を参照していただきたい。

ことの表象や記憶をもつだけだから」（一一四七b三―五）という言葉である。これには、アクラシアーは人間以外の動物には起こらないこと、そして人間以外の動物は大前提にあたる一般的判断をもたないことが述べられている。この二点からして、アクラシアー成立の鍵を握るのは大前提にあるのではないかと考え、そして、理性の三段論法の大前提「すべてのこれこれの（甘い）ものは味わうべきではない」は、人間の力の範囲内にないという意味で実行不可能な――あるいは実行困難な――単なる願望「すべての甘いものを味わないでいられたらなあ！」というものにすぎないのではないかと考えるのである。これが実行不可能ないし困難である理由は「いつでも、どこでも、誰でも、すべて、……すべきである／すべきでない」という普遍的当為命題が有限な人間にはそもそも実現不可能ないし困難であることなのだが、普遍的当為命題はアリストテレスの個別重視の倫理学においても正しくないと判定されると思われる。常に他の仕方でもありうる実践の世界においては、内実のある普遍化された命令を立てることはできないであろうからである。

では、なぜこのような実行不可能ないし困難な願望を抱いてしまうのだろうか。ヒントは、次のことにあると思われる。すなわち、理性の三段論法の大前提「すべてのこれこれの（甘い）ものは味わうべきではない」は、欲望の三段論法Aの大前提「すべての甘いものは味わうべきである」の否定であり、後者の大前提が立てられた後でなければ成立しないと考えるのである。つまり、研究者が名づけた「理性の三段論法」とは実は名ばかりのもので、すでに欲望に支配されている者が、単純に欲望に反発して立ててしまう無理な原則ないし大前提が、「すべてのこれこれの（甘い）ものは味わうべきではない」なのではないだろうか。「すべての甘いものは味わうべきである」は、過多という意味で極端であるが、「すべてのこれこれの（甘い）ものは味わうべきではない」も、過少という意味でやはり極端である。「すべての甘いものは味わうべきである」の否定としては、「いくつかの甘いものは味わうべきではない」も立てられうる。これは、甘いものの量を制限することを指示するものであり、実行可能である。医者が健康法として甘いものに関する指示を出すとすれば、こちらであろう。

以上のようであるとすれば、「理性の三段論法」の大前提を実行可能なものないし実行の容易なものに書き換えれば、すくなくとも大前提に起因するアクラシアーは起こらないであろう。すなわち、「いくつかの甘いものは味わうべきではない」を願望すればよい。しかし、アクラテース（抑制のない人）においては、「すべての甘いものは味わうべきではない」というように、欲望によって願望が実行不可能ないし困難にされ無力化されてしまっているのである。たとえば、アクラシアーを起こしていない場合の実践的三段論法の例を『動物運動論』第七章（七〇一a一六―一七）からとってみよう。

大前提　「私は善いものを作らなければならない（善いものは、私によって作られなければならないものである）」。
小前提　「家は善いものである」。
結論　ただちに家を造り始める。

この実践的三段論法においては、大前提が、「私はすべての善いものを作らなければならない」（「すべての善いものは、私によって作られなければならないものである」）とはなっていない。また、『ニコマコス倫理学』第七巻第三章で、アクラシアーの発生が記述されるとき、「理性の実践的三段論法」の大前提が「普遍的見解」とされているが、「普遍的」であればこそアクラシアーが起こりうるというのが私の立場である。アクラシアーの記述という目的を離れて実践的三段論法を扱う『動物運動論』では、決して大前提が普遍的とは特徴づけられないことも有力な証拠になるだろう。そして、大前提が実行不可能ないし困難にされておらず、妨害がなければ、それだけで行為の端緒になるのであるから、このような仕方で結論行為テシスも保持される。

――以上が私の解釈の概要であるが、読者もぜひ、『動物運動論』および『ニコマコス倫理学』第七巻を読んで、「意志の弱さ」ないし「無抑制」の問題に取り組んでいただきたいと思う。

五　『動物進行論』について

1　内容概観

全一九章。第二章に、自然に関する興味深い考えが、また、第四章に、機能を中心に生物を考察するという重要なアイデアが述べられている。その他は、動物が前に進む方式についての個別的な考察であるが、科学哲学者のクーンの理論で言う anomaly の処理に興味深いものがある。

『動物進行論』の研究の必要性に関しては、『動物部分論』第一巻第一章の論点(1)で次のように言われている。すなわち、睡眠や成長などは多くの動物に共通するが、「進行（ポレイアー）」については、飛ぶことも、泳ぐことも、歩くことも、這うことも、これらは非常に異なる運動であるにもかかわらず、同じ「進行」という名称が用いられているという特殊な事情がある。この特殊性のゆえに、『動物進行論』の研究が特別に必要になったのであろう。各章の詳しい内容については、「内容目次」を参照のこと。

2 『動物進行論』の哲学的諸問題

(A) 自然の公理・再論 「自然は本質を保持する」をめぐって

『動物部分論』の解説で触れた「最善性原理」は、『動物進行論』において、次のように、もっと詳しく述べられている。

『動物進行論』第二章

ところで、考察を始めるにあたって前提とすることがいくつかある。それらは自然の研究のためにたびたび私たちが使用してきたものであるのだが、自然の諸々のはたらきのすべてにおいて、この仕方で事物が成り立っているということを把握した上で、そうしてきたのである。

さて、それらの前提のうちの一つに、自然は何事も無駄には為さず、むしろ、動物の各々の類に関して、その本質にとって可能なことどものうちで最善のことを常に為す、というものがある。まさにそれゆえに、事情がこれこれの仕方であるということが、［他の仕方よりも］いっそう善いのだとすれば、事情がそのようになっていることは自然にかなったことなのだ。（七〇四b一二—一八）

第二章では、公理の内容自体に更なる情報はないが、「自然の研究のためにたびたび私たちが使用してきたものである」というところから、この公理が自然の研究に有効であったということが、また、「自然の諸々のはたらきのすべてにおいて、この仕方で事物が成り立っているということを把握した上で」というところから、経験に裏づけられたものであるということが分かる。

『動物進行論』第八章

さて、ヘビに足がない原因は、自然は何事も無駄にはなさないということであるが、自然は、すべてのことに関して、各々のものにとって可能なことどものうちの最善のことに注意を払い、各々のものの固有の本質を、すなわち、そのものであるとはそもそも何であったのかということを、保持するものなのである。（七〇八a九—一二）

後半に「本質を保持する」という新しい論点が登場していることが注目される。しかし、「本質の保持」とはどういうことなのか。ここでは、「何であったのか」は、私たちが「意味」と呼ぶものに相当することに注目して、「意味」を論じている『動物部分論』第二巻第二章の次のテクストを見てみよう。

それでは、「熱いもの」は、単一の仕方で語られるのだろうか、それとも、多くの仕方で語られるのだろうか。そこで、把握する必要があるのは、「より熱いもの」のはたらきは何かということであり、もしそのはたらきが多くあるならば、いくつあるかということである。（六四八b一一—一二）

言葉の意味とは、それが表示する実在の「はたらき（エルゴン）」だということが示唆されている。これは、アリストテレスの意味論を考える際に重要になると思われるが、「何であったのか」あるいは本質が、形相あるいは定義よりもむしろはたらきに求められている点が注目され、「本質の保持」とは、「はたらきの保

持」ではないかという予想が立てられる。実際、『動物部分論』第一巻第一章の論点⑹で、
死んだ人間は、その形が［生きている人間と］同じ形態をもっているが、それにもかかわらず人間ではない。さらにまた、どのようにできているのであれ、たとえば青銅製あるいは木製の手が手であることは、同名異義的である場合を除けば、不可能である。ちょうど、絵に描かれた医者と同じように。なぜなら、それ自身のはたらきを果たすことができないからだ。それはちょうど、石でできた笛も、絵に描かれた医者も、そうできないのと同様である。死んだ人間の部分もこれらと同じことであり、もはやそういうもの――私が言っているのは目や手のことであるが――なのではない。（六四〇a三三―六四一a五）
と言われている。「同名異義的」という言葉が登場していることからも分かるように、意味とはたらきの結びつきが確認できるが、単なる形の保持は事物の保持にはならない、その事物の機能が保持されなければならない、機能が果たせないならば端的にその事物ではない、という点が重要である。同じく、『動物部分論』の第一巻第一章の論点⑺では、事物の同一性の保持が語られており、
少なくとも、魂がなくなれば、もはや動物ではないし、その部分のどれもが、同じものとしてとどまることはない。ただし、石にされてしまったという神話上のもののたちのように、形だけはとどまるであろうが。（六四一a一八―二一）
と言われている。またしても、「石」が登場している点が注目される。動物が話題になっているが、事物一般に当てはまることが言われていると考えることができるだろう。事物の同一性は、石のように固定されたものであることによってではなく、はたらきないし現実活動態――魂は現実活動態なのであった――によっ

て動的に保たれているのだ。たとえば、哲学史の授業などで流転説を説明する時、教師は——私もやるが——、教室の黒板を指さして、「この黒板も変化していないように思えますが、刻一刻と少しずつ変化しているわけです」などと言ったりする。しかし、ここでのアリストテレスの考えによれば、刻一刻と変化していること自体は言わばどうでもよいことであって、黒板としての機能が果たせていれば、欠けようと歪もうと、黒板としてとどまっている、あるいは端的に、「黒板である」、「黒板が存在する」と言える。逆に、まったく流転せず黒板の形をしているとしても、何も書けなければ、端的に、「黒板ではない」、「黒板は存在していない」と言えるのである。「はたらき（エルゴン）」に着目して何かを把握することは、「存在」などの、そもそも定義ができないものへアプローチすることにとって非常に有益であり、アリストテレスの存在論が「現実活動態（エネルゲイア）」論に極まることとも密接に関係していると思われるが、これはまた別の機会に論じたい。

(B)「イデオロギー・バイアス」について

たとえば、「体の右側が場所運動の始まるところ」であるという、にわかには理解しがたい言葉をとりあげてみよう。これは以下のように説明されている。荷物を肩にかけるとき、左肩にかける。これは、右腕を自由に動かせるようにだ。つまり、右腕が動かすもの、左腕が動かされるものだ。足を踏み出すとき、左足から踏み出す。これは、右足がふんばるからこそ歩き出せるからである。右足が動かすものだ。——現在から見ると滑稽なこれらの説明が擁護しようとしているのは、結局のところ、「自然本性的に右は左よりも善い」(1)(七〇六a二〇―二二)という、アプリオリな、あるいは文化依存的な価値判断でしかないようにも思える。また、「上は下より、前は後より尊い」、「中央は尊い」とも考えられているらしく、『動物部分論』第三巻第四章では、「自然は、より尊い器官を、より尊い場所に置く」ので、心臓は、生物体の「中央あたり、下部よりも上部に、後部より前部にある」とされている(六六五b一八―二二)。

しかし、「左は右より劣っている」となると、困ることも出てくる。人間の心臓は中央ではなく左にあるからだ。このことが、特別に説明の必要なことになってしまうのである。六六六b五―一〇では、「心臓は、人間以外の動物では胸部中央にあるが、人間では少し左にずれている。体の左側が冷えないようにするためである。というのは、人間は、他の動物よりも、体の左側が冷えるからである」と、目的論的な説明が与えられている。

『動物部分論』第三巻第三章でも、次のような言明が見つかる。「総じて、常に、より善くより尊いものは、より強大なものが妨げない限り、上と下では上に、前と後では前に、右と左では右に、いっそう多く存在する」(六六五a二二―二六)。ここで語られている生物体の部位の「尊さ」は価値判断のバイアスにすぎないように見えるかもしれない。しかし、『動物進行論』第五章(七〇六b一一―一六)では、感覚や運動の始原が存

(1)『形而上学』A巻第五章で紹介されている(九八六a二三―二七)、ピュタゴラス派の「十対の原理」の表は、こうした考えの背景にあると思われるものを示していると思われている。Rist, 1989, p. 212は、このピュタゴラス派的な性格のゆえに、『動物進行論』を初期の著作と判断している。

在する場所であるということに、その部位の尊さの根拠が求められている——『動物部分論』のこの箇所の文脈でも、感覚や運動の「始原」が登場していたのであった——。

イデオロギー・バイアスは、その一種の「ジェンダー・バイアス」の問題もあり、近年盛んに論じられている。しかし、それは、生殖における雄の雌に対する優位の説をターゲットにして行なわれるので、ここでは問題を指摘するにとどめる。詳細な検討は、『動物発生論』の解説にゆずりたいと思う。

六　その他の註記

「本文の内容目次」は、本訳書オリジナルであり、付録の中で最も力を入れたものである。ざっと読むだけでも、『動物部分論』『動物運動論』『動物進行論』のおおよその内容が分かるようになっており、こんなところにこんなことが書かれているのかという発見があるように工夫をこらしたつもりである。一頁目から読まずに、「内容目次」で興味が出たところから読んでいくのもいいだろう。

「索引」は、「必然」や「目的」など、哲学的に重要と思われる項目については、哲学の論文や卒論を書くための研究に使えるように、後述の Bodson のワード・インデックスに基づいて、登場箇所がほぼ完璧に挙げてある。なお、「目的」の項目で挙がっている「……ために」と訳した原語は、索引で挙げた前置詞「ヘネカ」と「カリン」の他にも、「プロス」や「エイス」や「ディア」や「エピ」があるが、これらは、「ために」と訳さなかった場合も含めると、登場回数があまりにも多いので、項目を挙げることは、今回は見送られた。「ヘネカ」と「カリン」の箇所以外で、訳の本文で、「ために」となっている場合は、「プロス」や「エイス」などであると考えていただいてよい。動物名、部分名、機能名については、後述の Louis の Index des Traités Biologiques に基づいて代表的な箇所を挙げてある。

文献案内（年代順）

以下は、網羅的なものではなく、これからアリストテレスの生物学著作を勉強してみようと思った人のためのガイドである。

(1)『動物部分論』の原典、翻訳、註解

Bekker, I., *Aristotelis Opera*, Berlin, 1831.

原典。『動物部分論』の底本。Balme（後述）は、「Oxford Classical Text 版が出版されておらず」翻訳の底本に選んだと述べ、「細かい点で疑問の余地もあるが、全体としては思慮がある適当なバージョンである」と評している。略号 Bekker。

Frantzius, A. von, *Aristoteles' Vier Bücher über die Teile der Tiere*, Leipzip, 1853.

全四巻の原典、訳、簡単な註。略号 Frantzius。

Külb, P. H., *Aristoteles Von den Theilen der Thiere. Vier Bücher*, Stuttgart, 1857.

全四巻の訳、簡単な註。Bekker 版のページ数が記載されていないので、その点、使いにくい。略号 Külb。

Langkavel, B., *Aristotelis De Partibus Animalium Libri Quattuor*, Leipzig (Teubner), 1868.

原典。本文は Bekker 版とそれほど変わらない。詳細な apparatus criticus と index をもつ。略号 Langkavel。

Ogle, W., *Aristotle on the Parts of Animals*, London, 1882.

全四巻の訳と、主として生物学的註解。生物学的な事実に関しては現在でも一番詳しい。一九一二年のオックスフォード版アリストテレス全集第五巻にも収められているが、註解が大幅にカットされている（訳も修正されている）ので、一八八二年の単行本版をまずは参照すべきである。訳註での略号 Ogle は単行本版を指す。全集版に言及するときは、「Ogle の全集版では」などと述べる。

Michael Epheius, *In Libros De Partibus Animalium Commentaria*. Ed. Hayduck, M., *Commentaria in Aristotelem Graeca* XXII. ii, Berlin, 1904.

十一あるいは十二世紀のビザンチン哲学者、エペソスのミカエルによるスコリア（ギリシア語で書かれた註解）。現代の研究ではあまり利用されておらず、シンプリキオスなどと比べると見劣りもするが、それなりに有用。略号は Mich. である。

Peck, A. L., *Aristotle Parts of Animals*, Harvard (Loeb), 1937.

全四巻の原典、訳、簡単な註。現在最も利用しやすい版であるが、独自の改訂が多数なされているので、後述の Balme も Lennox も、翻訳の底本は、これではなく、Bekker 版を採用している。Bekker 版の読みは、Peck 版では、ギリシア語テクストの下にある apparatus の vulg. という略号で示されている――網羅されているわけではないが――ので、Peck 版を利用する際は、その読みを参照すれば Bekker 版の読みが分かる。

何度か改訂されており、訳者が利用したのは、一九八三年版である。略号 Peck。

Düring, I., *Aristotle's De Partibus Animalium: Critical and Literary Commentaries*, Göteborg, 1943.

詳細な文献学的序論、全四巻の主として文献学的な註解、第四巻第十一章六九一b二八－第十二章六九五a二八の原典（この箇所についてはDüringの校訂によるこの本文が一般に利用されており、本訳書でもそれにしたがっている）。略号 Düring。

Le Blond, J. -M., *Aristote Philosophe de la Vie: Le Livre Premier du Traité sur les Parties des Animaux*, Paris, 1945.

第一巻の原典、訳、詳細な註解。本文は Bekker 版とそれほど変わらない。略号 Le Blond。

Louis, P., *Aristote Les Parties des Animaux*, Paris (Budé), 1957.

全四巻の原典、訳、簡単な註。本文は Bekker 版からは離れている。略号 Louis。

島崎三郎訳、アリストテレス『動物部分論』岩波書店（『アリストテレス全集』第八巻）、一九六九年。

全四巻の訳、註。Ogle の研究が十二分に生かされた労作。訳註では「島崎訳」として言及されている。

Balme, D. M., *Aristotle's De Partibus Animalium I and De Generatione Animalium I (with passages from II. 1-3)*, Oxford (Clarendon Aristotle Series), 1972. Reprinted with new material, 1992.

『動物部分論』第一巻と『動物発生論』第一巻の訳と哲学的註解。一九九二年版は、ごく一部の訳と註解が改変されただけのもの。Gotthelf による近年の研究の概観と新しい文献表が付加された。Clarendon Aristotle Series からは、後述の Lennox による全訳が出たが、哲学的なインパクトは或る意味で Lennox 以上であり、その意義は決して失われていない。『動物部分論』を読む際に何よりもまず参照すべき文献である。

訳註での略号 Balme は本書を指す。彼の論文に言及する場合は、Balme, 2000 のように出版年が付されている。

Bodson, L., *Aristote De partibus animalium: Index verborum, Listes de fréquence*, Liège, 1990.

『動物部分論』の最も完全な索引。原典も訳も註もない純粋なワード・インデックス。意味的な分類もされていない。しかし、二種類ある「頻度表」が大変便利である。一つは、単純に言葉ごとの頻度を示す表であり、もう一つは、巻ごとの頻度を示す表である。後者を利用すれば、或る言葉が第一巻でしか使われていないことなどが一目で分かる。略号 Bodson。

Lennox, J. G., *Aristotle On the Parts of Animals I-IV*, Oxford (Clarendon Aristotle Series), 2001.

全四巻の訳と近年の研究を反映させた哲学的註解。Balme とともに、『動物部分論』の研究に欠かせない文献。第一巻だけではなく第二巻から第四巻についても詳細な註解を作成したのは、Ogle 以来の快挙。訳は、Ogle と Peck の訳について、「エレガントではあるが、しばしばミスリーディング」と評している (p. xii) ことからも分かるように、かなり直訳的である。訳註での略号 Lennox は、本書を指す。後述の彼の論文集に言及する際は、Lennox, 2001 というように出版年が付されている。

なお、ミカエル・スコトゥスによる、アラビア語訳からラテン語への重訳が近年出版された。

van Oppenraaij, A. M. I., *Aristotle De animalibus: Michael Scot's Arabic-Latin translation: Part Two: Books XI-XIV: Parts of Animals*, Leiden, 1998.

ギリシア語テクストを校訂する際の意義が問題になっている (Peck は重視し、Düring は重視しない)。

また、この重訳に基づいたアルベルトゥス・マグヌスの註解も近年英語で全訳された。

Kitchel Jr., K. F. and Resnick, I. M., *Albertus Magnus On Animals: A Medieval Summa Zoologica.* 2 Vols, Baltimore, 1999.

(2)『動物運動論』『動物進行論』の原典、訳、註解

Bekker, I., *Aristotelis Opera*, Berlin, 1831.

原典。略号は Bekker。

Michael Epheius, *In Libros De Animalium Motione, De Animalium Incessu Commentaria.* Ed. Hayduck, M., *Commentaria in Aristotelem Graeca* XXII. ii, Berlin, 1904.

エペソスのミカエルのスコリア。有用である。略号は Mich. である。

Farquharson, A. S. L., *Aristotle De Motu Animalium, De Incessu Animalium*, Oxford, 1912.

訳と有益な註解。Jaeger とともに『動物運動論』が見直されるきっかけになった。オックスフォード版アリストテレス全集の第五巻に収められている。略号は Farquharson。

Jaeger, W., *Aristotelis De Animalium motione et De Animalium Incessu. Ps-Aristotelis De Spiritu*, Leipzig (Teubner), 1913.

『動物運動論』『動物進行論』そして偽作の『気息について』の原典。『動物進行論』の底本。偽作と判断されあまり研究されていなかった『動物運動論』を見直させるきっかけになった重要な仕事である。略号は

Jaeger。

Forster, E. S., *Aristotle Movement of Animals, Progression of Animals*, Harvard (Loeb), 1937.

原典、訳、簡単な註。Peck の『動物部分論』と合本になっている。略号は Forster。

島崎三郎訳、アリストテレス『動物運動論　動物進行論』岩波書店（『アリストテレス全集』第九巻）、一九六九年。

訳と註。Farquharson の研究を十二分に活用した労作。訳註では「島崎訳」として言及される。

Louis, P., *Aristote Marche des Animaux, Mouvement des Animaux, Index des Traités Biologiques*, Paris (Budé), 1973.

原典、訳、簡単な註。略号は Louis。

Nussbaum, M. C., *Aristotle's De Motu Animalium*, Princeton, 1978.

『動物運動論』の底本。原典、訳、註解、五つの Interpretive Essays。本書によって『動物運動論』の研究は飛躍的に高まった。訳註での略号 Nussbaum は、本書を指す。

なお、詳細な文献学的な議論が、

Nussbaum, M. C., The Text of Aristotle's *De Motu Animalium. Harvard Studies in Classical Philology*, Vol. 80, 1976, pp. 111-159.

でなされている。註での略号は、Nussbaum, HSCP である。

Preus, A., *Aristotle and Michael of Ephesus On the Movement and Progression of Animals*, Hildesheim, 1981.

『動物運動論』と『動物進行論』の訳、さらにエペソスのミカエルの『動物運動論』のスコリアと『動物進行論』のスコリアの訳、アリストテレスの著作とミカエルのスコリアへの註解。有用である。ただし、ミカエルの註解の訳は独特な訳語が使われているため、ギリシア語で読む代わりにはならない。略語は Preus。

Kollesch, J., *Aristoteles Über die Bewegung der Lebewesen, Über die Fortbewegung der Lebewesen*, Berlin, 1985.

『動物運動論』と『動物進行論』の訳、註解。訳は直訳的で、原文の構造がよく分かる。略語は Kollesch。

(3) 研究書

(i) アリストテレスの生物学をテーマにしたもの

Thompson, D. W., *On Aristotle as a Biologist with a Prooemion on Herbert Spencer*, Oxford, 1913.

講演原稿を印刷したわずか三〇頁ほどのものだが、現代の研究でも執筆年代を論じる際に参照されることがある。

Hantz, H. D., *The Biological Motivation in Aristotle*, New York, 1939.

これもわずか四〇頁ほどのもので、最近ではほとんど言及されない。ただし、アリストテレスの動物分類として哲学史の教科書によく載っている「有血か無血か」を基準にした分類以外の動物分類表を作成している点が目を引く（紹介は『動物誌』の解説にゆずる）。

Preus, A., *Science and Philosophy in Aristotle's Biological Works*, Hildesheim, 1975.

アリストテレスの「生物学の哲学」に関する本格的な研究書は、これから始まる。

Louis, P., *La découverte de la vie: Aristote*, Paris, 1975.
ビュデ版の生物学著作の訳者による研究書。最近はあまり言及されない。
Kullmann, W., *Die Teleologie in der aristotelischen Biologie: Aristoteles als Zoologe, Embryologe und Genetiker*, Heidelberg, 1979.
六〇頁ほどの薄い本だが、いくつかの新解釈を提示している。ドイツの学者らしく、カント（『判断力批判』第二部）に依拠している。略号は、Kullmann, 1979である。
Pellegrin, P.（Translated by Preus, A.）, *Aristotle's Classification of Animals: Biology and the Conceptual Unity of the Aristotelian Corpus*, California, 1986.
『動物誌』の研究書だが、『動物部分論』の考察を含んでいる。一九八二年のフランス語版の英訳だが、英語に訳されるにあたって内容が改訂されているので、この英訳版を読むべきである。略号は、Pellegin, 1986。
Lennox, J. G., *Aristotle's Philosophy of Biology: Studies in the Origins of Life Science*, Cambridge, 2001.
『動物部分論』を全訳したLennoxの論文集。『西洋古典学研究』第LII巻（二〇〇四年）に、国越道貴氏による書評が掲載されているので参照されたい。略号は、Lennox, 2001。
Mayhew, R., *The Female in Aristotle's Biology: Reason or Rationalization*, Chicago, 2004.
訳註や解説で触れたアリストテレスの生物学著作における「イデオロギー・バイアス」ないし「ジェンダー・バイアス」に関する研究書。アリストテレスの生物学著作の中の女性に関する言明を弁護するのではなく、それがイデオロギー・バイアスに動機づけされているという近年一般的になった批判からアリストテレスを弁護しようとする試み（詳しい紹介と批評は『動物発生論』の解説にゆずる）。

(ii) アリストテレスの生物学著作、あるいは生物学思想や目的論を論じているもの

Owens, J., *The Doctrine of Being in the Aristotelian Metaphysics*, Toronto, 1st, 1951; 2nd, 1963; 3rd, 1978.
 pp. 181-182で、生物学著作における「ト・ティ・エーン・エイナイ」の用例を分析している。略号は、Owens, 1978である。

Anscombe, G. E. M., *Intension*, Oxford, 1st, 1957; 2nd, 1963.（邦訳、菅豊彦訳『インテンション――実践知の考察――』産業図書、一九八四年。）
 現代哲学における行為論の古典であるが、第三三節以下で、実践的三段論法が、『ニコマコス倫理学』だけではなく『動物運動論』も視野に入れて考察されている。

Randall, Jr., J. H., *Aristotle*, New York, 1960.
 過激な現代的解釈を提示していることで知られた（が、最近はやや忘れられている）概説書。Aristotle's Functionalism Illustrated in Biological Theory の章を含む。なお、「アフォーダンス」の概念で近年注目されているギブソンは、このRandallの書が描き出した「機能主義者アリストテレス」に「つよく共鳴していた」ということである（河野哲也著『エコロジカルな心の哲学――ギブソンの実在論から』勁草書房、二〇〇三年。一一三―一一六頁を参照）。

Wieland, W., *Die aristotelische Physik: Untersuchungen über Grundlegung der Naturwissenschaft und die sprach-*

lichen Bedingungen der Prinzipienforschung bei Aristoteles, Göttingen, 1st, 1962; 2nd, 1970; 3rd, 1992.
重要な Zum Teleologieproblem の章を含む。

Kullmann, W., *Wissenschaft und Methode. Interpretationen zur aristotelischen Theorie der Naturwissenschaft*, Berlin, 1974.
第一章が Fortlaufende Interpretation von De part. An. A と題する『動物部分論』第一巻の独自の註解（約九〇頁の分量がある）になっている。略号は、Kullmann, 1974 である。なお、Kullmann による『動物部分論』の全訳が以前から予告されているが、現時点では出版されていない。

Sorabji, R., *Necessity, Cause and Blame: Perspectives on Aristotle's Theory*, London, 1980.
第三章が Necessity in Nature、第四章が Purpose in Nature、第五章が Ancient and Modern Theories of Natural Selection: their Relation to Purpose になっている。

Lloyd, G. E. R., *Science, Folklore and Ideology: Studies in the Life Sciences in Ancient Greece*, Cambridge, 1983.
議論を呼んだ Man as Model in Aristotle's Zoology の章を含む。

Spaemann, R., and Löw, R., *Die Frage Wozu?: Geschichte und Wiederentdeckung des teleologischen Denkens*, München, 1985（邦訳、山脇直司・大橋容一郎・朝広謙次郎訳『進化論の基盤を問う 目的論の歴史と復権』東海大学出版会、一九八七年。）
目的論的世界観の歴史を記述している。

Nussbaum, M. C., *The fragility of goodness: Luck and ethics in Greek tragedy and philosophy*, Cambridge, 1st ed.,

1986. 2nd ed., 2001.

著作名からは分かりにくいが、第九章 Rational animals and the explanation of action で『動物運動論』を論じている。

Mayr, E., *Toward a New Philosophy of Biology: Observations of an Evolutionist*, Harvard, 1988.（邦訳、八杉貞雄・新妻昭夫訳『進化論と生物哲学 一進化学者の思索』東京化学同人、一九九四年。）

第三論文 The Multiple Meanings of Teleological においてアリストテレスの目的論が論じられている。

Rist, J. M., *The Mind of Aristotle: A Study in Philosophical Growth*, Toronto, 1989.

生物学著作の執筆年代の考察を含む。Balme に批判的。

Althoff, A., *Warm, kalt, flüßig und fest bei Aristoteles: Die Elementarqualitäten in den zoologischen Schriften*, Stuttgart, 1992.

第二部第一章が、『動物部分論』第二巻–第四巻の研究（約八〇頁の分量）になっている。略号は、Althoff, 1992 である。

Freudenthal, G., *Aristotle's Theory of Material Substance: Heat and Pneuma, Form and Soul*, Oxford, 1995.

「生来の気息」と「内在的な熱」の研究書である。

Lloyd, G. E. R., *Aristotelian Explorations*, Cambridge, 1996.

啓発的な論文 The relation of psychology to zoology 他三編の生物学関係の論文を含む。略号は、Lloyd, 1996。

Perfetti, S., *Aristotle's Zoology and its Renaissance Commentators (1521-1601)*, Leuven, 2000.

アリストテレスの動物学著作に関する註釈を書いたルネサンス期の学者たちについての研究書。『動物部分論』――とくに第一巻第一章――の解釈が数多く紹介されている。

Charles, D., *Aristotle on Meaning and Essence*, Oxford, 2000.

著作名からは分かりにくいが、第十二章に、Biology, Classification, and Essence という興味深い論考が含まれている。略号は、Charles, 2000 である。

Cho, D. -H., *Ousia und Eidos in der Metaphysik und Biologie des Aristoteles*, Stuttgart, 2003.

第二部で『動物部分論』と『動物発生論』における実体と形相について研究している。

Bos, A. P., *The Soul and Its Instrumental Body: A Reinterpretation of Aristotle's Philosophy of Living Nature*, Leiden, 2003.

主として『魂について』を研究しているが、第三章で、*Pneuma* as the *organon* of the soul in *De motu animalium* が、そして、第八章で、The role of vital heat and *Pneuma* in *De generatione animalium* が論じられている。略号は、Bos, 2003 である。

黒田亘『行為と規範』勁草書房、一九九二年。

現代哲学の観点から、しかも『ニコマコス倫理学』だけではなく『動物運動論』も視野に入れて、アリストテレスの実践的三段論法を解説している。

菅豊彦『道徳実在論の擁護』勁草書房、二〇〇四年。

第七章の「価値の知覚と実践的推理」で、『ニコマコス倫理学』だけではなく『動物運動論』も、Nussbaum などに言及しつつ、論じている。

(iii) 論文集

アリストテレスの生物学や「生物学の哲学」をテーマにしたもの

Gotthelf, A. (ed.), *Aristotle on Nature and Living Things: Philosophical and Historical Studies*, Pittsburgh, 1985.

Gotthelf, A. and Lennox, G. (eds.), *Philosophical Issues in Aristotle's Biology*, Cambridge, 1987.

アリストテレスの「生物学の哲学」を研究する者にとって必携の論文集が、これらである。

他に次の二つがある。

Devereux, D. and Pellegrin, P. (eds.), *Biologie, Logique et Métaphysique chez Aristote*, Paris, 1990.

Kullmann, W. and Föllinger, S. (eds.), *Aristotelische Biologie: Intentionen, Methoden, Ergebnisse*, Stuttgart, 1997.

アリストテレスの生物学関係の研究論文を含む論文集

Monod, J. and Borek, E. (eds.), *Of Microbes and Life*, NewYork, 1971.

哲学の論文集ではないが、Delbrück, M., Aristotle-totle-totle. を含む。わずか六頁のエッセイではあるものの、現代の分子生物学者がアリストテレスの生物学を語ったものとして貴重。Jaeger や Düring の概説書に触れ、『動物部分論』や『動物発生論』を引用しながら、アリストテレスは DNA に含意される原理を発見したのだとし、“unmoved mover” perfectly describes DNA: it acts, creates form and development, and is not changed in the process と述べ、It is my contention that Aristotle’s principle of the “unmoved mover” originated with his biological studies, and that it was grafted, from here, first onto physics, then onto astronomy, and finally onto his cosmological theology（以上、p. 55）と、それなりに興味深いアイデアを語っている。このエッセイを紹介したのは、アリストテレスの生物学著作が、古典学者や科学哲学者だけではなく、原理的な事柄にも関心のある生物学者、さらには一般読者にも読まれ、そして語られるものになって欲しいという願いを訳者がもっているからである（ちなみに、Aristotle-totle-totle という奇妙なタイトルは、遺伝子の重複のパロディーであろうか）。

Gill, M. L. and Lennox, J. G. (eds.), *Self-Motion: From Aristotle to Newton,* Princeton, 1994.

『動物運動論』の前半や『自然学』第八巻におけるアリストテレスの自己運動の理論を考察した論文八編を収める第一部と、ストア派・スコトゥス・オッカム・ニュートンの自己運動の理論を考察した論文四編を収める第二部からなる論集。Furley の重要な論文 Self-Movers を含む。

Wians, W. (ed.), *Aristotle’s Philosophical Development: Problems and Prospects,* Maryland, 1996.

Balme による生物学著作の新しい発展史的な取り扱いを論評した、Lennox, J. G., Aristotle’s Biological Development: The Balme Hypothesis. を含む。

Hassing, R. F. (ed.), *Final Causality in Nature and Human Affairs,* Washington, 1997.

アリストテレスの目的論の研究状況を簡潔にまとめた Gotthelf, A., Understanding Aristotle’s Teleology. を

含む。

Wöhrle, G. (ed.), *Geschichte der Mathematik und der Naturwissenschaften in der Antike Band 1: Biologie,* Stuttgart, 1999.

ヒッポクラテスから古代後期までの生物学を考察した論集。アリストテレスの論文として、Hünemörder, C., Aristoteles als Begründer der Zoologie. と Kullmann W., Aristoteles' wissenschaftliche Methode in seinen zoologischen Schriften. を含む。

Steel, C., Guldentops, G. and Beullens, P. (eds.), *Aristotle's Animals in the Middle Ages and Renaissance,* Leuven, 1999.

西洋中世とルネサンス期におけるアリストテレスの生物学著作の受容を研究した論集。

Sfendoni-Mentzou, D. (ed.), *Aristotle and Contemporary Science.* 2 Vols, New York, 2000.

Vol. II に、Gutiérrez-Giraldo, D., *Ψυχή* and Genotype. と Thompson, P., "Organization," "Populaton" and Mayr's Rejection of Essentialism in Biology. を含む。

Ariew, A., Cummins, R., and Perlman, M. (eds.), *Functions: New Essays in the Philosophy of Psychology and Biology,* Oxford, 2002.

Ariew, A., Platonic and Aristotelian Roots of Teleological Arguments. を含む。

(iv) 雑誌論文

註や解説で言及されたもの

Balme, D. M., Development of Biology in Aristotle and Theophrastus: Theory of Spontaneous Generation, *Phronesis*, 7, 1962, pp. 91-104.（略号は Balme, 1962）

Gregoric, P., The Heraclitus Anecdote: *De Partibus Animalium* I 5. 645a17-23, *Ancient Philosophy*, Vol. 21, 2001, pp. 73-85.（略号は Gregoric）

Whiting, J. E., Locomotive Soul: The Parts of Soul in Aristotle's Scientific Works, *Oxford Studies in Ancient Philosophy*, Vol. XXII Summer 2002, pp. 141-200.（略号は Whiting）

Berryman, S., Aristotle on *Pneuma* and Animal Self-Motion, *Oxford Studies in Ancient Philosophy*, Vol. XXIII Winter 2002, pp. 85-97.（略号は Berryman）

小池澄夫「『分割法』考案――プラトン後期対話編への視点――」『哲學研究』第五百四十五號、一九八二年、五四－七四頁。（略号は「小池」）

浜岡剛「定義と質料――アリストテレス『形而上学』における *σιμόν*（獅子鼻）問題をめぐって――」『哲学論叢』Vol. XXI、一九九四年、一－一二頁。（略号は「浜岡」）

木原志乃「プネウマの生理学――アリストテレスとギリシア医学の関連から」『アルケー 関西哲学会年報』第八号、二〇〇〇年、三五－四六頁。（略号は「木原」）

アリストテレスの目的論に関する邦語文献選

岩田靖夫「秩序と偶然——アリストテレスの目的論における一つの局面——」『哲学雑誌』（ギリシア哲学の研究）第九三巻第七六五号、一九七八年、六四－八八頁。

永井龍男「アリストテレス自然学における目的論の基礎づけについて」『哲学誌』二八号、一九八六年、六一－八八頁。

山田道夫「アリストテレスにおける目的論と必然」『古代哲学研究』Vol. XXI、一九八九年、三八－四五頁。

坂下浩司「アリストテレスの目的論における物質の必然」『古代哲学研究』Vol. XXIV、一九九二年、三八－四八頁。

樋口博也「自然と必然——アリストテレス『自然学』における一問題——」『哲学誌』三六号、一九九三年、二五－四四頁。

千葉恵「アリストテレス『自然学』II 9における目的と必然性」『西洋古典学研究』Vol. XLII、一九九四、四七－五六頁。

国越道貴「アリストテレスの自然目的論——『自然学』B巻8章——」『古代哲学研究』Vol. XXVII、一九九五年、二九－三九頁。

茶谷直人「自然と技術のアナロジー——アリストテレス『自然学』第2巻における有機体目的論展開の一方策——」『哲學』五一号、二〇〇〇年、一六〇－一六九頁。

坂下浩司「アリストテレスにおける外的目的性の問題——『政治学』第1巻第8章と『形而上学』Λ巻第10

章の解釈を中心に――」『古代哲学研究』Vol. XXXIV、二〇〇二年、一―一五頁。

アリストテレスのアクラシアー論に関する邦語文献選

安藤孝行『アリストテレス研究　認識と実践』公論社、一九七五年。

田中享英「ソクラテスと意志の弱さ（二）――Aristoteles, Ethica Nicomachea, VII 3――」『北海道大学文学部紀要』三〇-二号、一九八二年、三―二四頁。

加藤信朗「行為の根拠について（Iのi）――『ニコマコス倫理学』第七巻のアクラシアの説、および、『プロタゴラス』篇の快楽説に即して――」『東京都立大学人文学報』一六一号、一九八三年、一二五―一六五頁。

岩田靖夫『アリストテレスの倫理思想』岩波書店、一九八五年。

高橋久一郎「アリストテレスの「アクラシアー」論――その基本構図――」『東北哲学会年報』四号、一九八八年、一―一三頁。

丸橋裕「アリストテレスのアクラシアー論について」『哲學』四二号、一九九二年、一二二―一三四頁。

坂下浩司「アクラシアー論――アリストテレスの立場から――」内山勝利・中畑正志編『イリソスのほとり――藤澤令夫先生献呈論文集』世界思想社、近刊。

(v) その他の参考書

ギリシアの動物に関する辞典的なもの

Sundevall, C. J., *Die Thierarten des Aristoteles von den Klassen der Säugethiere, Vögel, Reptilien und Insekten.* Stockholm, 1863.

アリストテレスに登場する動物名の辞典。やや使いにくい。

Thompson, D. W., *A Glossary of Greek Birds.* Oxford, 2nd edn., 1936.

Thompson, D. W., *A Glossary of Greek Fishes.* Oxford, 1947.

古代ギリシアの動物を調べる時に有用。

なお、右の Thompson の有名な二著の補遺として、

Davies, M. and Kathirithamby, J., *Greek Insects.* Oxford, 1986.

が出版されている。Davies が古典学者、Kathirithamby が昆虫学者である。序論に Aristotle and the scientific study of insects を含む。出典索引をはじめ各種索引が完備されている。

動物学関係の参考書

古典学者あるいは哲学史研究者が読んでおくとよいものをいくつか挙げておく。

〈全般的なもの〉

内田享『増補 動物系統分類の基礎』北隆館、初版一九六五年、一九九七年。

内田享監修『谷津・内田 動物分類名辞典』中山書店、一九七二年。

M・フィンガーマン著、青戸偕爾訳『比較動物学 アメーバからヒトまで』培風館、一九八二年。

養老孟司『形を読む 生物の形態をめぐって』培風館、初版一九八六年、新装版二〇〇四年。（略号は「養老」）

『動物部分論』は解剖学的内容を多く含むので、何か解剖学ないし形態学一般の入門書を読んでおくのがよいだろう。本訳書でも訳註と解説で養老氏のこの本に言及した。

解剖図説、アトラス
『動物部分論』を読み込むためには、解剖図説が必要不可欠である。
人体については、
井上貴央・遠藤俊行・牛木辰男訳『アトラス解剖学 人体の構造と機能　第2版』西村書店、二〇〇二年。
が、適度に薄く、持ち運びに便利で、写真や図が分かりやすかった。訳者の序文に「本書はパラメディカルを対象に編纂されたものであるが、医学科の学生の解剖学実習の伴侶としてもコンパクトにまとめられたアトラスとして充分使用できる」と書かれている。
その他の動物については、
広島大学生物学会編『日本動物解剖図説』森北出版、一九七一年。
『動物部分論』に登場する多くの動物の解剖図がある。
加藤嘉太郎・山内昭二共著『新編 家畜比較解剖図説』全二巻、養賢堂、二〇〇三年。

獣医を志す人が使用するもので、詳細かつ高度なもの。

図鑑類

今回の『動物部分論』などの翻訳のために必要であったのは、動物の骨格の構造がよく分かり、立体感があって、さまざまな方向からとられたカラー写真であった。しかし、図鑑の多くは、動物の外観の写真を多く載せているが、骨格は白黒の模式図しかないものがほとんどであった。同朋社発行・角川書店発売の『ビジュアル博物館』シリーズは初心者向けであるが、その動物関係の巻はさまざまな動物の骨格のカラー写真を、前面・側面・背面など色々な角度から見ることができて便利であった。とくに、日本語で書かれた鳥学の分かりやすい入門書・概説書が見つからなかったので、このシリーズの、デビッド・バーニー著『鳥類』は役に立った。しかし、『動物部分論』第四巻第五章に登場するホヤの体内の構造がよく分かるカラー写真が何カットも載った本が見つからなかったのは残念であった。

〈個別的な概説書〉

岩井保『魚学概論 第二版』恒星社厚生閣、一九九一年。

分かりやすい。『動物部分論』第三巻第四章に登場する「魚の心臓」の話も、第一二章の「血液循環」を読めば理解がいっそう容易になるだろう。

波部忠重・奥谷喬司・西脇三郎共編『軟体動物学概説』全二巻、サイエンティスト社、一九九九年。

かなり高度な概説書。

初心者向けの分かりやすい個別的な入門書として、『動物部分論』で記述されていることが実際にはどうなっているのか、現代ではどう考えられているのかを知ることができるものを、最近のものに限って三つだけ挙げておきたい。

山口恒夫『ザリガニはなぜハサミをふるうのか 生きものの共通原理を探る』中公新書、二〇〇〇年。

『動物部分論』第四巻第五章で、ある種のエビやカニは「胃の中に歯がある」（六七九b一）という記述があり、本訳書の註では従来の解釈にしたがって「胃石（oculi cancri）」とした。この胃石の分かりやすい説明が三八―四二頁にある。ただ、これは脱皮の時にだけできるらしく、常に胃の中にあるわけではないようである。山口氏のこの本によれば、胃石の他にも、「胃歯」というものがザリガニの胃にはあり、「そしゃく胃の内面にはキチン質が肥厚して、歯列状に石灰化した胃歯と呼ばれる構造が随所に形成されている。…〈中略〉…硬い胃歯の運動は食物を細かく破砕する」（八四頁）と述べられている。もしこれが肉眼で観察できるものならば、これである可能性もあろう。

遠藤秀紀『ウシの動物学』東京大学出版会、二〇〇一年。

反芻胃の話が『動物部分論』第三巻第十四章に登場するが、ウシの反芻胃が非常に分かりやすく最新の知見とともに説明されている。第二章「生きるためのかたち――ウシの解剖学」と第三章「もう一つの生態系――ウシの胃」で、人間以外の動物の解剖に――まるで解剖実習に立ち会っているように――親しむことができる。教育的配慮に満ちたすぐれた入門書。

仲谷一宏『サメのおちんちんはふたつ ふしぎなサメの世界』築地書館、二〇〇三年。

『動物部分論』第四巻第十三章で「なぜ軟骨魚の口は下にあるのか」が論じられているのだが、現代のサメ研究でこの問題がどう考えられているかが、五六―五九頁で説明されている。また、一四八頁から、「世紀の大発見」であるというメガマウスザメの上唇にある白線がなんのためにあるのか――まさにこれが目的論的考察なのであるが――が熱く語られているのを読むと、生物の形態の意味を考える「歓び（ヘードネー）」は、二千数百年前も現代もなんら変わるところがないのだということが実感される。形態学や分類学の楽しさが分かる好著。

その他
ハーヴェイ著、暉峻義等訳『動物の心臓ならびに血液の運動に関する解剖学的研究』岩波文庫、一九六一年。

松平千秋訳、ヘロドトス『歴史』中巻、岩波文庫、一九七二年。

G・E・R・ロイド著、川田殖訳『アリストテレス その思想の成長と構造』みすず書房、一九七三年。（略号は「ロイド」）

ベーコン著、服部英次郎・多田英次訳『学問の進歩』岩波文庫、一九七四年。

ラマルク著、木村陽二郎編・高橋達明訳『動物哲学』朝日出版社（科学の名著第Ⅱ期第五巻）、一九八八年。（略号は「ラマルク」）

ドナルド・デイヴィドソン著、服部裕幸・柴田正良訳『行為と出来事』勁草書房、一九九〇年。

P・B・メダワー／J・S・メダワー著、長野敬・鈴木伝次・田中美子訳『アリストテレスから動物園まで生物学の哲学辞典』みすず書房、一九九三年。

ダニエル・デネット著、土屋俊訳『心はどこにあるのか』草思社、一九九七年。

岩谷智・西村賀子訳、パエドルス／バブリオス『イソップ風寓話集』国文社、一九九八年。

小泉義之『ドゥルーズの哲学 生命・自然・未来のために』講談社現代新書、二〇〇〇年。（略号は「小泉」）

＊

謝辞　草稿段階で訳と註解の一部を藤本温氏に検討していただきました。出版の際には京都大学学術出版会に大変お世話になりました。記して感謝いたします。また、本書を、昨年の二月に亡くなられた藤澤令夫先生に感謝を込めて捧げたいと思います。直接に教えていただいたのは一年間にすぎませんでしたが、修士論文を書き直して一九九二年に発表した内的目的性の論文については、「努力賞だね」と、また、その十年後に書いた外的目的性の論文については、「君にはエートスがあるね」（?）と評していただきました。今回も感想をいただきたかったのですが、それもうかなわず大変残念です。先生のご冥福を心からお祈り申し上げます。

なお、本書の訳、註解、解説のための基礎研究の一部は、二〇〇三年度南山大学パッヘ研究奨励金I－A－2の助成を受けました。

索　引

数字と a, b は、ベッカー版の頁数と欄、および行数を示す。本書では本文欄外上部に示した数字がそれにあたるが、日本語訳に際しては若干のずれが生じるので、その前後も参照されたい。また、索引項目は原文に基づいているので、訳文において補われた言葉は含まれていない。なお、*P.A.* は『動物部分論（*De Partibus Animalium*）』、*M.A.* は『動物運動論（*De Motu Animalium*）』、*I.A.* は『動物進行論（*De Incessu Animalium*）』を表わす。

ア　行

アオルテー（動脈に相当）（*ἀορτή*）　*P.A., 652b29, 666b25, 667b13, 668b32, 670a18, 672b5, 678a1, 3*
アカエイ（*τρυγών*）　*P.A., 695b9, 27*
アカシカ（*ἔλαφος*）　*P.A., 650b15, 662a1, 663a10, b12, 664a3, 667a20, 674b8, 676b26, 677a32, 688b24*
アカレーペー（トゲイラクサのように刺す動物の意。イソギンチャクのこと）（*ἀκαλήφη*）　*P.A., 681a36*
アクキガイ（*πορφύρα*）　*P.A., 661a21, 679b15, 19; I.A., 706a15*
アザラシ（*φώκη*）　*P.A., 657a23, 671b4, 676b28, 691a8, 697b1*
脚（*σκέλος*）　*P.A., 684a10, 686a26, b17, 687a6, b30, 688a12, 29, 689b1, 9, 21, 27, 690a12, 692b5—6, 693a27, b2, 10, 694b1, 12, 16, 22, 23, 695a5, 7, 9, 12, 14; M.A., 698b4; I.A., 704a18—b, 709a18, 710a15, b10, 23, 27, 29, 711a8, 12, 15, 20—b10, 13—31, 712a12, 23, b22, 713a1, 18, 28—b11, 714a12—19*
足（*ποῦς*）　*P.A., 640b21, 642b8, 24—30, 643b31, 644a7, 645b5, 659a25—29, b7, 662b30, 663a7, 682a37, b7, 683a26—b3, 26, 34, 684a7, 13, b8—14, 685a12—b3, 686a26, 35, b31, 687b28, 690a4—b16, 691b7, 693a7, 694b1—25, 695b22, 23, 25, 697b4, 7; I.A., 705b23, 706a31—33, 708a9, b19, 711a22—32, b23—29, 712a18, 21, 713b12, 714a6, 9, 11, 29—b7*
アストラガロス（距骨）（*ἀστράγαλος*）　*P.A., 651a32, 654b21, 690a10—27*
汗（*ἱδρώς*）　*P.A., 668b3*
頭、頭部（*κεφαλή*）　*P.A., 653a19, 34, 37, 654a23, 656a14—27, 32, b6, 657a11, 659b9, 11, 662b17, 24, 663a34—b10, 665b27, 666b12, 680b14, 683b18, 22, 684b28, 685b33, 686a24, b14, 33, 687a1, 690b18, 691a27, b28, 696a33; I.A., 707b12, 710a29*
熱いもの（*θερμόν*）　*P.A., 648a22, 649b8, 650a5, 652b11—16, 653a31, b5, 654a6, 656b5*
熱さ（*θερμότης*）　*P.A., 648a27, 649b26, 654b9, 668b12, 672a22, 681a7*
アトラス（天を支える巨人神）（*Ἄτλας*）　*M.A., 699a27, b1*
アナクサゴラス（*Ἀναξαγόρας*）　*P.A., 677a5, 687a7*
アナゴ（*γόγγρος*）　*P.A., 696a4; I.A., 707b28, 708a3*
アブ（*μύωψ*）　*P.A., 661a24*
アマオブネガイ（*νηρείτης*）　*P.A., 679b20*
アリ（*μύρμηξ*）　*P.A., 642b33, 643b2, 650b26, 661a16, 678b17, 19, 683a6*
アリスイ（*ἴυγξ*）　*P.A., 695a24*
アンコウ（原語はカエルのような魚の意）（*βάτραχος*）　*P.A., 695b14, 696a27*
アンテロープ（*βούβαλος*）　*P.A., 663a11*
胃、腔所（*κοιλία*）　*P.A., 640b13,*

650a13, 31, 664a21, 25, 31, b11, 15, 16, 18, 665a22, 668a6, 674a9, 675a31, b3, 676b3, 677b20, 678a10, 12, b27, 679a35, b10, 36, 680a8, b28, 681b19, 682a16, 684b25, 686a14
イガイ (原語はネズミのような貝の意) (μῦς) P.A., 679b26, 683b15
異質部分 (ἀνομοιομερῆ) P.A., 640b20, 646a23, b7, 10, 647a24, 30—b9, 22, 655b18
イタチ (γαλῆ) P.A.667a21; G.A., 756b16, 31, 757a2
イヌ (κύων) P.A., 639a25, 643b6, 658a29, 674a2, 25, 675a26, 36, 688a6, 35
イノシシ (κάπρος) P.A., 651a2
イモリ (κορδύλος) P.A., 695b25
イルカ (δελφίς) P.A., 655a16, 669a8, 676b29, 677a35, 696b26, 697a15
陰茎 (αἰδοῖον) M.A., 703b6, 24
咽頭 (φάρυγξ) P.A., 664a16—19, 35, b26, 665a10, 19
ウサギ (δασύπους) P.A., 669b34, 676a7, 14, 689a35
ウシ (βοῦς) P.A., 639a17, 643b6, 659a19, 662a2, 666b19, 671b6, 673b34, 674b8, 688b24
ウツボ (σμύραινα) P.A., 696a6; I.A., 707b29, 31
腕 (ἀγκών) P.A., 688a11, 14
ウナギ (ἔγχελυς) P.A., 696a4; I.A., 707b28, 708a4, 7, 709b12—15
ウニ (ἐχῖνος) P.A.674b15, 676a11, 17, 679b28, 34, 680a4, 5, 16, 31, b3, 9, 32, b9, 11, 681a2, 683b14
ウマ (ἵππος) P.A., 639a25, 641b34, 643b6, 658a30, 33, 663a3, 666b8, 674a3, 26, 676b26, 686b15, 688b23, 32; I.A., 712a33, b7
栄養物 (τροφή) P.A., 642a7—8, 647b25, 28, 650a2—b13, 652b11, 653b13—14, 655b31—32, 661b1, 35, 662a21, 664a21—24, b4, 668a5—8, 670a20, 674a13—20, b9—14, 675b13—32, 678a6—20, b4—6, 681b13, 682a9—29, 686q12—17; I.A., 705a32, b6, 706b6—7
エピペトロン (岩の上に生えているものの意。ベンケイソウのこと) (ἐπίπετρον) P.A., 681a23
鰓 (βράγχια) P.A., 659b15, 660b24, 669a4, 676a28, 695b25, 696a33—b23, 697a23
エロス (ἔρως) I.A., 711a2
エンペドクレス (Ἐμπεδοκλῆς) P.A., 640a19, 642a18, 648a31
尾、尾鰭 (οὐρά, οὐραῖον) P.A., 682b36, 684a2, 3, 685b23, 689b28, 690a3, 695b6—17, 26; I.A., 707b13
老い (γῆρας) P.A., 648b5, 651b8
横隔膜 (διάζωμα) P.A., 672b10, 673a31, 676b12
オウムウオ (σκάρος) P.A., 662a7, 675a3
大エビ (殻に棘のあるエビのこと。イセエビなど) (κάραβος) P.A., 654a2, 661a13, 679a31, 679b1, 683b27, 31, 684a1, 22, 26; I.A., 713b22, 29—30
オオカミ (λύκος) P.A., 686a21, 688a6
多くの指をもつ (πολυδάκτυλος) P.A., 659a23, 25, 674a26, 686b18, 687b30, 688a4, 8, 690a24, 25
大トカゲ (河の) (κροκόδειλος ὁ ποτάμιος) P.A., 660b15, 25, 690b20, 691a18, b6, 7—8, 24; I.A., 713a16, b19
奥歯 (γόμφιοι) P.A., 661b8, 691b1
オノス (インドの) (ὄνος ὁ Ἰνδικός) P.A., 663a19, 23
尾羽 (οὐροπύγιον) P.A., 685b22, 694b19, 20, 697b8—12; I.A., 710a5—23, 713b29—31, 714b7
オリュクス (北アフリカのガゼルあるいはアンテロープ) (ὄρυξ) P.A., 663a23

カ　行

カイメン (σπόγγος) P.A., 681a11, 15
害する (βλάπτειν) P.A., 651b2, 652b31, 654b6, 663a11, 664a7, 35, 679b22, 682b33, 692a5

貝類、カキ（ὄστρεα） P.A., 654a3, 680b7, 681b10
顎（σιαγών） P.A., 658b30, 33, 659b5, 660b26—31, 691a27—b25
殻皮動物（ὀστρακόδερμα） P.A., 654a2, 661a17, 21, 678a30, b11, 22, 679b2, 15, 31, 35, 680a24, 681b31, 683b4, 684b17; I.A., 706a13, b2, 714b8—19
加工（πέψις） P.A., 650a4, 11, 14, 21, 27, 652a9, 670a27, 675a10, 29
カサガイ（λεπάς） P.A., 679a25, 680a23
カスザメ（ῥίνη） P.A., 697a6, 506b8
ガゼル（δορκάς） P.A., 663a11, b27
肩（ὦμος） P.A., 691b28; M.A., 698b3; I.A., 707b19, 709b25, 712a16, 20
下体 →下部
硬い脂（στέαρ） P.A., 647b13, 651a20—b19, 29—31, 652a7, 10, 672a4, 11, 677b14
硬い鱗（φολίς） P.A., 657a21, 670b16, 671a17, 676a30, 691a16
形、形態 （μορφή） P.A., 640b28, 32, 34, 641a14, 645a33, 646b2, 647a33, b8, 656a10, 676b7, 683b29, 689b32, 690b16, 692b9; I.A., 709b12, 713b29
カツオ（ἀμία） P.A., 676b21
活動、活動形式、行為 （πρᾶξις） P.A., 645b16, 21, 28, 29, 30, 32, 33, 646b12, 15, 17, 647a23, 656a2, 662b19, 683b7; M.A., 701a13, 20, 22
カニ（καρκίνος） P.A., 654a2, 679a31—b1, 683b28, 31, 684a2, 8, 11, 23, 26, 686a1, 691b16; I.A., 712b13—21, 713b11—16, 24, 714a6, b17—19
可能態、力（δύναμις） P.A., 640a23, b22, 641a9, 32, b36, 642a1, 645a6, b9, 646a14, b17, 20, 24, 647a8, 25, b5, 649b3, 11, 13, 15, 17, 650a5, 651b1, 21, 652b8, 13, 653a2, 655a6, b13, 657a4, 658b34, 661a22, 667b24, 668a26, 32, 671b27, 674a29, b28, 678a13, 681a12, 682a7, 12, b15, 685b4, 686b25, 687a1; M.A., 698b20, 699a21, b8, 14, 16, 701b19, 702b25, 30, 703a9, b26, 32
可能な（δυνατός） P.A., 688b30; M.A., 701a25; I.A., 705a24, 708b5, 711a29
下部、下体（κάτω） P.A., 647b34, 648a11, 667b32, 669b20, 672b22—24, 686b7—20; I.A., 704b20, 705a27—b8, 706b3, 12, 27, 707a16, 710b15, 16
神（θεός） P.A., 645a21
神的（θεῖος） P.A., 644b25, 645a4, 656a8, 686a28, 29; M.A., 700b34
カメ（χελώνη） P.A., 654a8, 669a29, 671a15, 18, 24, 25, 28, 673b31, 676a30, 691a17; I.A., 713a18
カメレオン（χαμαιλέων） P.A., 692a21—25
体、物体（σῶμα） P.A., 640b13, b16, 17, 641b28, 642a11, 643a26, 36, 644b8, 645b15, 16, 19, 646a17, 20, b34, 647a26, 648a13, 650a18, 651a11, 14, b3, 7, 652a36, b9, 11, 34, 653b21, 654a14, 28, 31, b15, 31, 655a8, 656b33, 658a28, 35, 36, 659a27, b18, 663a3, 20, b4, 11, 29, 31, 664a36, 665b23, 35, 666a4, 26, b3, 21, 667b21, 667a33, b32, 668a5, 11, 21, 26, b5, 7, 21, 26, 669a10, b5, 18, 670a10, 11, 14, 15, 26, b16, 671b13, 21, 673a29, b1, 3, 23, 26, 30, 674a5, 28, 676b7, 677a12, 678b3, 32, 679a6, 35, 680b10, 17, 29, 681b5, 682a25, b9, 11, 20, 27, 683b23, 4, 684b8, 19, 685a24, 26, 27, 686a16, 30, 33, b29, 687a29, 688b3, 26, 689a22, 26, 30, b20, 692a1, 10, 693a24, 694a9, 11, 23, 695a25, 696a25, 697a5, b26; M.A., 699b25, 28, 700b10, 701b24, 30, 702a5, 703a6; I.A., 705b26, 708a29, b2, 709b8, 14, 16, 18, 710a18, 28, b7, 11, 14, 17, 28, 30, 32, 711a30, b14, 712b31
物体的、物体の性質をもった、体の性質をもった（σωματικός, σωματώδης） P.A., 644b13, 651a27, 653b29, 658b23, 663b24, 681b22, 689b13, 26; M.A., 702a3

殻をもつ動物、有殻動物（*ὀστρακηρά*） *P.A., 679b12*
皮（*δέρμα*） *P.A., 653b31, 655a26, b16, 657a34—b15, 663b17, 673a8, 697a4—9*
乾いたもの（*ξηρόν*） *P.A., 648b3, 10, 649b9—20*
感覚、知覚（*αἴσθησις*） *P.A., 647a21, 650b22, 651b8, 656a4, 665a12—14, 666a12, 34, 667a9, 13, 672b30, 681b16, 682a8; M.A., 701a29, 701b17, 702b21*
感覚器、感覚受容体（*αἰσθητήριον*） *P.A., 647a3, 7, 16, 19, 20, 652b3, 653b24, 30, 656a33, 36, b7, 27, 33, 657a2, 9, 11, 658b29, 669b22, 691a11, 692b19*
ガンギエイ（*βάτος*） *P.A., 695b27, 696a25, 697a6; I.A., 709b17—19*
関節（*κάμψις*） *P.A., 654b2, 5, 22, 34, 659a29, 683b33—35, 690a24, 693b3, 696a18; M.A., 702a28; I.A., 704a17—b6, 708b22, 709b19, 26, 710a4, 711a8—17*
肝臓（*ἧπαρ*） *P.A., 665a34, 666a24—34, 667b3, 6, 669b16, 25, 670a29, 671b34—36, 673b17—31, 676b17, 677a13—b10*
気管、気管支（*ἀρτηρία*） *P.A., 664a36—b10, 20, 667b6, 668b20, 673a23, 676b13, 14, 686a19, 691b27*
気息（*πνεῦμα*） *P.A., 640b15, 672a32, b4*
生来の気息（*σύμφυτον πνεῦμα*） *P.A., 659b17—19, 668b36; M.A., 703a10—27*
基体、基にあるもの（*ὑποκείμενον*） *P.A., 640b8, 646a35, 649a15, 19, 21, b23, 689b18; I.A., 705a8, 709b8, 27*
キツツキ（*δρυόκοπος*） *P.A., 662b7*
機能（*ἐργασία*） *P.A., 647b25, 650a8, 13, 27, 655b9, 657b33, 659b35, 660a19, b4, 661b1, 662a24, 674b9, 23, 675a19, b12, 687b20, 689a21*
牙（*χαυλιόδους*） *P.A., 661b18, 26, 31, 663b35, 664a11, 684a30*
嗅覚（*ὄσφρησις*） *P.A., 656a31, 34—35, b31, 658b27, 659b19, 682b37, 691a12*
恐怖（*φόβος*） *P.A., 650b27, 667a22, 692a23*
棘骨（*ἄκανθα*） *P.A., 644b12, 647b16, 652a4—23, 653b36, 654a20, 26, 655a19, 660b23—25, 679b29, 696b5*
空腸（*νῆστις*） *P.A., 675b33, 676a5*
鯨（*κήτη*） *P.A., 669a7, 697a16*
クソムシ（*κάνθαρος*） *P.A., 682b26; I.A., 710a10*
口（*στόμα*） *P.A., 650a9, 15, 27, 660a14, b14, 661a35, 662a16—b16, 664a25, 31, b12, 674b10, 19, 678b7—25, 679b35, 681b8, 682a10, 20, 684b24, 686b35, 691b9, 13, 696b24, 697a4; I.A., 705b8*
嘴、吻（*ῥύγχος*） *P.A., 655b4, 658b30, 659b6, 11, 12, 22—27, 662a33—b16, 692b16—19, 693a11—23, 694a25, 696b33*
唇（*χεῖλος*） *P.A., 659b20, 660a13, 662a34*
クニーデー（イラクサのように刺す動物の意。イソギンチャクのこと）（*κνίδη*） *P.A., 681a36*
頸（*αὐχήν*） *P.A., 659b8, 662b19, 664a12, 665a26, 685b34, 686a2—5, 18—24, 691b26, 692a8, b20, 693a8, 22, 694b26—29; I.A., 710a30*
クマ（*ἄρκτος*） *P.A., 658b2*
クモガニ（原語は老婦人の意）（*μαῖα*） *P.A., 684a8, 10*
クラゲ（原語は肺のような動物の意）（*πνεύμων*） *P.A., 681a18*
毛（*θρίξ*） *P.A., 653b32, 655b17, 657a19, 658a11—b26*
形相、形、種（*εἶδος*） *P.A., 639a28, 639b1, 2, 640a17, b25, 641a17, 642b23, 25, 27, 31, 643a1, 2, 11, 16, 20, 24, b4, 8, 17, 26, 644a3, 24, 29, 31, 32, b4, 6, 645b22, 25, 28, 665b8, 674a23, b16, 679b15, 680a15, 683b28, 687b6, 692b13; M.A., 701a24, b20, 703b20*
形態 →形

ケストレウス（シパイの湖の）（κεστρεὺς ὁ ἐν τῇ λίμπῃ τῇ ἐν Σιφαῖς） P.A., 696a4; I.A., 708a4, 8
ケルキダス（首切り殺人で訴えられた）（Κερκιδᾶς） P.A., 673a21, 23
血管（φλέψ） P.A., 645a30, 647b3, 5, 17, 19, 650a29, 33, b8, 652b28—36, 653b32, 654a32—b13, 656b18, 26, 665b13, 666a8, b25, 667a22, b13, 668b32, 670a8—18, 673a33, 674a7, 678a10, 15, 17, 678b1
剣（ヤリイカの）（ξίφος） P.A., 654a21
腱（νεῦρον） P.A., 646b25, 647b17, 24, 653b31, 654a15—16, b19, 25, 666b13, 689a30; M.A., 701b8—9
健康（ὑγίεια） P.A., 639b17, 640a4, 29, 648b6, 651b1
肩甲骨（ὠμοπλάτη） P.A., 693b1; I.A., 709a11, 711a9
月経（καταμήνια） P.A., 689a11, 14, 15
現実態、現実活動（ἐνέργεια） P.A., 647a8, 649a29, b3, 11, 12, 14, 17, 656b6, 667b23, 25, 668a32, 682a7; M.A., 698b20, 701a31, 702a31, b26, 30
　完全現実態（ἐντελέκεια） P.A., 642a1
コイ（κυπρῖνος） P.A., 660b36
甲（コウイカの）（σηπίον） P.A., 654a21, 679a21
行為 →活動
コウイカ（σηπία） P.A., 654a20, 661a14, 678b28, 679a5, 21, 685a14, 25, 29, 34, b4, 16
腔所 →胃
構成体（σύστασις） P.A., 646a20, b9, 654b30, 655a37, b15, 665b9, 670a19, 677a19, b28
構成物（σύνθεσις） P.A., 645a35, 646a12, 658b19, 685b4
喉頭蓋（ἐπιγλωττίς） P.A., 664a22, b20, 665a9
コウモリ（νυκτερίς） P.A., 697b1—13
肛門（ἕδρα） P.A., 668b17, 686b14, 690a2, 695a5; I.A., 710b24
声（φωνή） P.A., 660a22—b2, 662b21
小エビ（小型のエビのこと。テナガエビやクルマエビなど）（καρίς） P.A., 683b27, 684a14
コガネムシ（μηλολόνθη） P.A., 682b14; I.A., 710a10
呼吸（ἀναπνοή） P.A., 639a20, 642a31, 657a7—11, 659a30, 662a17, 664a19—30, b1, 31, 665a16—17, 669a5—16, b8, 678b1, 697a23; M.A., 700a23, 25, 703b9
瘤（φῦμα） P.A., 667b3
子を産む動物（ζῳοτόκα） P.A., 655a5—9, 28, b14, 657a27, 658b27, 660a31, 662b24, 664b23, 669a25, b6, 33, 673b18, 25, 674a24, 686a2, 689b3, 691a28

サ　行

差異 →種差
材料、素材、質料（ὕλη） P.A., 639b26, 640a32, b8, 16, 25, 641a26, 30, 31, 642a17, 643a24, 25, 645a32, 646a17, 29, 35, b6, 647a35, b22, 651a13, 14, 657a20, 665b6, 8, 668a5, 21, 694b18; M.A., 704a1
　質料的（ὑλικός） P.A., 640b5, 29
魚（ἰχθύς） P.A., 642b14, 644a21, b4, 10, 12, 653b36, 655a19, 656a24, 657b30, 660b13, 35, 661a2, 662a6, 31, 664a20, 666a10, 669a2, b35, 670b12, 671a11, 673b20, 29, 675a1, 676a27, 29, b13, 19, 677a3, 691a10, 30, 692a11, 694b10, 695b2, 697a15, 10; I.A., 704a17, 709b32, 713b9, 714a7, 21—b7
盛り（ἀκμή） P.A., 648b5
作品 →はたらき
刺しバエ（οἶστρος） P.A., 661a24
サソリ（σκορπίος） P.A., 683a11
サル（πίθηκος） P.A., 689b31
ザリガニ（殻に棘のないエビのこと）（ἀστακός） P.A., 683b27, 684a32
産物 →はたらき
肢（κῶλον） P.A., 654b17, 18, 665b24—27, 668b22, 684b30, 685a19,

686a25, 687b11, 28, 690a14—20, 695b24; M.A., 698b3, 702b27; I.A., 709a15, 709a23, b24, 712a14, 713b22
視覚（ὄψις） P.A., 648a19, 653b25, 656a32, 33, 37—b4, 29, 657a25, 658a10, 691a12
シギ（κρέξ） P.A., 695a22
歯茎（οὖλον） P.A., 668b17
始原、始点、始まり（ἀρχή） P.A., 639b12, 15, 640a3, b5, 641b5, 14, 29, 642a17, 643b23, 644b21, 646a32, 647a28, 647b5, 648a24, b9, 650a7, 18, 652a25, b34, 653a8, b6, 17, 21, 654b8, 11, 24, 655b23, 26, 28, 37, 656a28, 657b19, 20, 21, 665a12, 17, b14, 16, 28, 29, 33, 666a3, 8, 14, 18, 21, 24, 25, 32, 34, b27, 28, 33, 34, 667a4, b20, 22, 26, 29, 30, 668a15, 669a14, b20, 670a24, 672b16, 678b3, 22, 679b11, 681b28, 34, 685a1, 682a2, b4, 29, 686a14, 17, b27, 32; M.A., 698a7, b1, 5, 699b35, 700a6, 16, 21, 28, b10, 701a21, b25, 33, 702a8, 22, 32, 36, b1, 2, 7, 9, 10, 15, 16, 22, 27, 35, 703a14, 37, b27, 28, 29, 30, 31, 35; I.A., 705b1, 2, 19, 30, 706a3, 5, 11, 12, 24, b11, 12, 15, 17, 22, 25, 707a11, 13, 709b29, 710a1, 712b27
自然、自然物、自然本性（φύσις） P.A., 639a10, 12, 17, b16, 20, 30, b21, 640b4, 5, 9, 17, 18, 28, 29, 641a25, 29, 31, b10, 12, 21, 26, 30, 642a17, 19, 29, 644b3, 16, 22, 645a3, 6, 9, 10, 14, 24, 34, 646a21, 26, 33, 647b1, 12, 648a7, 21, 23, 27, b2, 22, 649a18, 20, b28, 31, 650a1, 20, b34, 651a12, 31, 33, 36, b20, 652a3, 14, 27, 29, 31, b2, 7, 653a18, 31, b28, 33, 34, 654a6, 15, 25, 33, 35, b5, 13, 32, 655a15, 18, 20, 23, 27, 28, 32, b8, 12, 656a1, 6, 11, 33, b2, 27, 657a9, 12, 32, b1, 20, 37, 658a8, 23, 32, 35, b24, 659a2, 12, 21, 34, b6, 18, 20, 28, 35, 660a10, b9, 25, 661a18, 26, 34, b1, 5, 10, 24, 30, 662a16, 18, 22, b33, 663a2, 9, 17, 29, 31, 33, 35, b20, 22, 23, 27, 29, 33, 664a1, 5, b21, 665a8, b14, 17, 21, 666a22, 668a20, 669a9, 12, 26, 31, b18, 670a1, 3, 6, 13, 21, 25, b19, 26, 33, 671a2, 16, 22, b1, 19, 30, 672a15, 24, 673b3, 6, 674a7, b5, 29, 675a31, b12, 21, 676a25, b11, 18, 22, 677a20, 36, b30, 678a14, 29, 31, 679a29, b32, 680b36, 681a4, 10, 12, b2, 6, 682a6, 17, 19, b1, 32, 683a18, 24, b5, 9, 684a28, b22, 30, 685a8, 27, b14, 686a8, 22, 28, 34, b25, 687a5, 7, 10, 16, 23, b6, 688a24, 29, b29, 689a5, 14, 23, 27, b13, 15, 30, 690a1, 8, 691a16, 19, b4, 9, 25, 692b16, b20, 694a15, 22, 28, b4, 14, 695a8, 10, b16, 18, 19, 696a20, b1, 9, 20, 27, 33, 697a9; M.A., 699a25, 702a12, 21, 24, 703a22, 35, b2; I.A., 704b14, 15, 18, 705b19, 706a12, 19, 20, 24, b10, 707b6, 708a9, 16, 710a17, 25, 32, b32, 711a6, 7, 18, 20, b8, 712b18, 23, 27, 714a8, 16, 18, b14
……が自然本性的である（πέφυκε, πεφυκός） P.A., 639b14, 640a11, 642a35, 645b20, 653b12, 661b7, 662b4, 23, 663a8, 14, 22, b4, 6, 11, 17, 664a13, 16, 17, b25, 665b4, 25, 35, 666b17, 668a12, 21, 684a28, b1; M.A., 699b20, 23, 703a7, 35, b14; I,A., 705a27, b12, 20, 706a1, 707b6, 708b30, 711b21, 712b33, 713b6, 12
四足動物、四足のもの（τετράποδα） P.A., 655b13, 657a13, 21, 24, 26, 29, b6, 11, 22, 658a1, 16, 19, 25, b27, 659a24, b1, 660a31, 662b13, 669a28, 669b6, 670b1, 13, 671b9, 673b20, 28, 676a23, 684b23, 685a18, 686a35, b12, 686b1, 687b27, 688a15, 18, 689a31, b2, 6, 17, 25, 34, 690a4, b13, 17, 691a10, 29, 31, 692b1, 693a25, b3, 5, 20, 695a4, 7, 15, 697a13, b8, 15, 18, 22, 24; I.A., 704a23, b7, 706b7, 707b17, 711a13, b12—32, 712a10
舌（γλῶττα） P.A., 656b36, 657a2,

659b34, 660a10, 14, 661a30, 662a8, 664b33—35, 678b8—13, 23, 679a33, b6, 36, 682a20, b35, 690b19, 691a10, 692b6, 18
実体　→本質
尻尾（κέρκος）　P.A., 658a31—b2, 683a12, 689b2, 28, 690a3, 692a19, 697b8, 12
質料　→材料
湿ったもの（ὑγρόν）　P.A., 648b3, 10, 649b9—20, 653b9
種　→形相
終局　→目的
種差、相違、差異（διαφορά）　P.A., 639a29, b1, 642b6, 7, 22, 25, 26, 31, 36, 643a3, 5, 7, 8, 11, 14, 19, 20, 24, b8, 9, 12, 15, 17, 22, 23, 25, 29, 31, 34, 35, 36, 644a2, 7, 645b24, 26, 646a18, 647b18, 29, 648a5, 12,15, 651a15, 21, 660a8, 662a23, 24, b27, 667a11, 672a12, 674a21, b18, 675a25, 32, 676b1, 678a28, 682a9, 36, 684b2, 689a21, 22, 690a1, 692b3, 693a10, 696b24, 697a15; M.A., 698a2, 701b31; I.A., 4a7, 8
出血（αἱμορροΐς）　P.A., 668b15—20
上下両方の顎に切歯をもつもの（ἀμφώδοντα）　P.A., 651a30, 34, b31, 663b36, 674a24, 27, 31, 32, b1, 675a5, 24, 676b5
上部、上体（ἄνω）　P.A., 647b37, 648a11, 656a12, 667b32, 669b19, 672b22—24, 686b4—20; I.A., 704b20, 705a27—b8, 706a25—b16, 27, 707a16, 710b7, 11, 14
剰余物、排泄物（περίττωμα）　P.A., 649a26, 650b5, 652a23, b1, 6, 656a24, 668b2, 5, 689a9, 14, 694a29
上腕（βραχίων）　P.A., 646b14, 686a26, 34, 687a7, 693a26, b10; M.A., 702a28, 31; I.A., 704a21, 706a29, 711a14, b9, 712a11
食道（οἰσοφάγος）　P.A., 650a16, 664a16, 20—35, b3, 12, 665a10, 20, 674b23, 676b14, 686a20
触覚（ἁφή）　P.A., 647a15—21, 648b31, 33, 653b24, 30, 656a30, b34—37, 660a12—13
心臓（καρδία）　P.A., 647a31—b7, 650b8, 652b20, 27, 653a29, b5, 654b11, 655a1, 656a28, 30, b24, 665a11, 18, 21, 34, b9, 667b10, 668b27, 669a14—23, b14, 23, 670a22—25, 672b16, 673b9, 15, 28, 676b12, 678b2, 681b29, 686a14, 688a20, 696b17; M.A., 701b29, 703a14, b6, 23
腎臓（νεφρός）　P.A., 667b2, 669b14, 25, 670a16, 21, 671a26, 672b8
髄（μυελός）　P.A., 647b13, 651b20, 652a33, 655a35, b1
スズメ（στρουθός）　P.A., 644a33
スズメバチ（σφήξ）　P.A., 683a9; I.A., 710a11
ストルートス（リビアの。ダチョウのこと）（στρουθὸς ὁ λιβυκός）　P.A., 658a13, 695a17, 697b14
生、生命（ζωή）　P.A., 648b4, 655b37, 665a12, 673b12, 678b3, 680b30, 681a35
精液（σπέρμα）　P.A., 641b27—36, 653b16, 687a1, 689a18; M.A., 703b26
性格傾向（ἦθος）　P.A., 650b34, 651a13, 667a13, 692a22
生活形態（βίος）　P.A., 657b29, 660b33, 662b6, 663b19, 665b3, 679a11, 682b7, 12, 684a5, 691a26, 693a4, 11, 15, 694a2, 6, 7, b13, 16; I.A., 710a27, 713b28, 714a10, 21, 23
生成、発生（γένεσις）　P.A., 639a20, b11, 25, 640a15, 18, 19, 21, 26, b1, 12, 641a7, b31, 642a6, 644b25, 645b34, 646a25, 26, 31, b1, 3, 7, 10, 650b10, 653a4, b17, 18, 655b25, 661b14, 666a10, 668a9, 674a20, 677b21, 29, 678a19, 23, 25, 689a20, 692a16, 693b22, 25, 694a23, 695a27, 697a12, b29
成長、発育、増大（αὔξησις）　P.A., 639a21, 645b34, 647b27, 650a3, b9, 653a32, 669b4, 688b25; M.A., 700a28; I.A., 705a33, 710b15
生来の気息　→気息

ゼウス (Ζεύς)　P.A., 673a19
背骨 (ῥάχις)　P.A., 640a21, 651b34, 654b12, 14, 655a37; M.A., 702b19
セミ (τέττιξ)　P.A., 682a18
全翅動物 (ὁλόπτερος)　P.A., 692b13
善美、立派 (καλός)　P.A., 639b20, 645a23, 25; M.A., 700b26, 33,
善美な仕方で、立派に、正しく (καλῶς)　639a3, 5, 6, 640a36, 644b2, 648a11, 654b23, 656b27, 657a11, 659b29, 661b7, 664b32, 665a31, 669a19, 670b24, 676b23, 687a19, 687a24, b10; M.A., 699a22
ソクラテス (Σωκράτης)　P.A., 642a28, 644a25
損なわれたもの (ἀνάπηρον)　I.A., 714b10
損なわれている (πεπηρωμένον, πεπήρωνται)　P.A., 657a23, 684a35
ゾウ (ἐλέφας)　P.A., 658b33, 659a36, 661a27, 663a6, 682b36, 688b5, 692b17; I.A., 709a9, 712a11
臓 (有血動物の五臓) (σπλάγχνα)　P.A., 646b32, 647a32, 34, b3, 8, 651b26, 27, 655a1, 665a28, 678a26
相違　→種差
双蹄動物、双蹄のもの (διχαλά)　P.A., 642b29, 662b35, 663a6, 674a27, 686b18, 690a21
素材　→材料
そもそも何であったか (何らかのものであった) ということ (τὸ τί (τὶ) ἦν εἶναι)　P.A., 640a34, 642a25, 649b22; I.A., 708a12
それ自身の内に卵を産んだうえで、外へ子を産むもの (ᾠοτόκα ἐν αὑτοῖς καὶ θύραζε ζῳοτόκα)　P.A., 676b2

タ　行

大血管 (静脈に相当) (φλέψ μεγάλη)　P.A., 652b29, 667b6, 13, 668b32, 670a11—17, 671b11, 672b6, 678a1, 3
大地のはらわた (ミミズのこと) (ἔντερα γῆς)　I.A., 705b28, 709a28
大抵の場合 (ὡς ἐπὶ τὸ πολύ)　P.A., 663b28, 30, 690a10
タカ (ἱέραξ)　P.A., 670a33
タコ (πολύπους)　P.A., 652b25, 654a22, 661a15, 678b28, 679a7, 12, 22, 685a14, 22, 25, 29, 34, b3, 16
多足動物、多足のもの (πολύπους)　P.A., 642b19
たてがみ (χαίτη)　P.A., 658a31
たね (γονή)　P.A., 647b13, 651b21, 653b12, 655b24, 689a8, 12, 15
卵 (いわゆる「卵」。ウニの) (ᾠὸν λεγόμενον)　P.A., 680a13, 17, 24, 681a2
卵を産む動物、卵を産むもの (ᾠοτόκα)　P.A., 655a19, 657a21, 27, b6, 11, 659b1, 660b3, 669a26, b24, 32, 670a33, b13, 673b20, 29, 676a4, 686a3, 689b3, 690b13, 691a10, 31, b26, 692a10; M.A., 713a16, b19, 25
魂 (ψυχή)　P.A., 641a18, 22, 23, 28, 30, 34, b4, 9, 643a36, 645b19, 650b25, 652b7, 10, 11, 13, 667b23, 672b16, 676b24, 678b2, 686b2, 27, 692a22; M.A., 700b4, 10, 702a32, 35, b2, 16, 703a2, 29, 37, 704b1; I.A., 714b23
魂的な、魂の (ψυχικός)　M.A., 703a12
魂をもつ (ἔμψυχος)　P.A., 643a35; M.A., 700b14
魂をもたない (ἄψυχος)　P.A., 681a12; M.A., 700a11, 15, 16
たまたま (τύχη)　P.A., 640a32, 641b22, 23; I.A., 706a8
胆汁 (χολή)　P.A., 647b13, 648a32, 649a26, b31, 34, 673b25, 676b16, 677b10
単蹄動物、単蹄のもの (μώνυχα)　P.A., 642b30, 663a1, 674a2, 26, 677a31, 686b18, 688a2, 32, 689a35
血 (αἷμα)　P.A., 640b19, 645a29, b9—10, 647b4, 6, 12, 30, 648a21, 32, b12, 649a17, b21, 650a2, 32, 651a19, 21, 27, b5, 9, 652a23, 35—36, b5, 33, 653b8, 654b9, 656b5, 20, 665b12, 666a8, b24, 667a6, b16—29, 668a3—

b32, 669b4, 677a28, 678a9, 32, 688b24
力 →可能態
乳 (γάλα) P.A., 647b13, 653b12, 6, 655b24, 676a12—14
乳房 (μαστός) P.A., 688a18—b33, 692a10, 12
腸 (ἔντερον) P.A., 650a19, 674a12, 675a17, 30, 676a5, b11, 17, 677b38, 678a13, b27, 679a38, b11, 681b26, 682a14—17, 684b26, 693b25
聴覚 (ἀκοή) P.A., 656a32, 34—35, b14—16, 28, 657a5, 11—24, 691a13
腸間膜 (μεσεντέριον) P.A., 650a30, 676b11, 677b37, 678a20
跳躍、拍動 (ἅλσις) P.A., 669a17—23, 683b3; I.A., 705a5, 13, 708a22, 24, 29, 709b7—9, 712a30—32
ツチボタル (λαμπυρίς) P.A., 642b34
常に (ἀεί) P.A., 643a2, 644a2, 649a22, 652a31, 658a23, 665a22, 666b34, 668a16, b1, 677b23, 681a8, b33, 36, 683a30, 684a28, 687a10, 28, b1, 689a26, 691b12; M.A., 698b1, 15, 702b15, 703a17; I.A., 704b16, 705a7, 712b10, 14, 714a22
角 (κέρας) P.A., 651a30, 32, 34, 655b4, 7, 659a19, 661b31, 662a1—3, b23, 664a11, 684a20
角をもつ動物、角をもつもの (κερατοφόρα) P.A., 663b35, 674a30, 31, 675b3, 676a13
つま先が多くの指に分かれている動物 (πολυσχιδῆ) P.A., 642b29, 643b32, 36, 651a34, 662b30, 32, 663a10, 673b17, 674a1, 687b7, 688a34, b8, 21, 690a6, b7
つま先が指に分かれている足の動物 (σχιζόποδες) P.A., 642b8, 643b33, 644a4, 695a17
爪 (ὄνυξ) P.A., 653b32, 655b3, 662b4—5, 33, 687b22—24, 688a9, 690a7, b8, 694a14, 26
冷たいもの (ψυχρόν) P.A., 648a22, 649b8
ツル (γέρανος) P.A., 644a33
手 (χείρ) P.A., 640b21, 35, 641a5—6, 646a24, b14, 647a10, 686a27, 34, 687a7—b24, 31, 690a31, b9; M.A., 702a33—b3, 9—10; I.A., 705a18, 706a29, 711b11
ティテュオス (ゲーないしガイアの子。巨人) (Τιτυός) M.A., 698b25,
デモクリトス (Δημόκριτος) P.A., 640b31, 642a26, 665a31
同質部分 (ὁμοιομερῆ) P.A., 640b19, 646a21, b6, 10, 647a24, 32, b9—20, 653b19, 655b22
尊い (τίμιος) P.A., 644b25;
いっそう尊い (τιμιώτερος) P.A., 639a2, 645a7, 658a21, 23, 665a23, b20, 35, 667b35, 672b21, 687a15; M.A., 700b34; I.A., 706b13, 15
尊さ (τιμιότης) P.A., 644b33
頭部 →頭
トカゲ (σαῦρος) P.A., 660b5, 669a29, 676a26, 691a6; I.A., 713a17, b19
トビ (ἰκτῖνος) P.A., 670a33
鳥 (ὄρνις) P.A., 642b10—14, 643a3, 644a19—b6, 645b24, 655a18, b4, 657a18, 25, 28, b5, 659a36, b7, 21, 660a29, 34, 662a33, 669a31, b10, 12, 671a20, 31, 673b20, 674b17, 676a32, 33, 678b26, 679a17, 691a13, 21, 31, 692a11, b3, 693b2, 10, 28, 694a12; I.A., 704a16, 706a27, 709b20—25, 31, 710a22—b4, 18, 711a2, 12, 712b22, 713a15, 714a9, b3—7

ナ　行

ナマコ (ὁλοθούρια) P.A., 681a17
軟骨 (χόνδρος) P.A., 653b26, 654b25, 655a23, 655b2, 689a30, 696b4, 6
軟殻動物、軟らかい殻の動物 (μαλακόστρακα) P.A., 654a1, 661a13, 678a27, b10, 24, 679a31, 679b1, 31, 681b20, 683b25
軟骨魚 (σελάχη) P.A., 655a23, 37, 669b35, 676b2, 695b9, 696b4, 6, 10, 26, 696a7
軟体動物、軟らかい体の動物 (μαλάκια)

P.A., 644b10, 654a10, 13, 661a14, 678a27, b7, 25, 679a4, 19, b32, 681b17, 684b6, 13, 685a12
肉 (σάρξ)　P.A., 640b19, 642a23, 645a29, 646a21, b25, 647a20, b13, 24, 650b5, 651b4, 653b20, 654a31, b27—32, 655b23, 656b35, 660a11, 672a18—19, 674a4—6
二足動物、二足のもの (δίποδα, δίπους)　P.A., 642b8, 643b36, 644a5, 659b7, 687a2, 689b34, 693b5, 14, 695a3, 13, 697b21
人間 (ἄνθρωπος)　P.A., 639a17, 25, 640a4, 25, 34, b18, 32, 35, 643a3, b5, 644a5, 6, 31, b6, 12, 645a29, b25, 646a34, 653a27, 656a7, 657a25, 36, 658a15, 21, b2, 8, 659b31, 660a17, 20, 661b6, 662b18, 665b22, 666b9, 10, 669b5, 8, 673a7, 8, 28, 674a2, 25, 676b31, 686a25, 27, b3, 23, 687a5, 6, b25, 688a12, 19, b30, 689b1, 5, 7, 11, 690a27, 28, 691a28, 693b2, 694b6; I.A., 704a16—23, 706a18—25, 27, b10, 707b18—21, 709a25, 710b5—17, 711a2—7, 11, b7—12, 712a11—22
ネズミ (μῦς)　P.A., 667a20, 676b31
眠り (ὕπνος)　P.A., 639a20, 645b34, 648b5, 653a10—20; M.A., 703b8
脳 (ἐγκέφαλος)　P.A., 652a14—27, b1, 11, 658b4, 8, 669b21, 673b9, 686a5, 10, 697a25
ノウサギ (λαγώς)　P.A., 667a19
ノロジカ (πρόξ)　P.A., 650b15, 676b27

ハ　行

ハイエナ (ὕαινα)　P.A., 667a20
排泄物　→剰余物
肺臓 (πλεύμων, πνεύμων)　P.A., 645b7—8, 653a29, 659a31, 664a19, 26, b11, 23, 665a15, 21, 667b4, 6, 668b33, 669b14, 23—25, 670a28, b14, 17, 671a1—10, 17, 673a24, 676a27, b13, 691b26, 697a17, 26
ハエ (μυῖα)　P.A., 661a20, 678b15, 682b12, 683a29
拍動　→跳躍
鋏 (χηλή)　P.A., 655b4, 663a29—33, 683b31—35, 684a27—35, 691b17—19, 697b22
始まり　→始原
はたらき、産物、作品 (ἔργον)　P.A., 639b20, 640a31, 641a2, 3, 643a35, 645a24, b20, 646b12, 648a15, b12, 652b10, 12, 15, 653b4, 654b4, 655b9, 20, 657a6, 658b24, 659b3, 661a11, 662a17, b26, 27, 30, 663b5, 683a23, 26, 686a28, 688a23, 690a32, 691b20, 694b13, 14, 25; I.A., 704b14, 705a31, b5, 17
発育　→成長
発生　→生成
バッタ (ἀκρίς)　P.A., 683a34
ハト (περιστερά)　P.A., 657b10, 670a33
鼻 (μυκτήρ)　P.A., 640b15, 646b13, 655a31, 657a4—11, b19—21, 658b31, 659a36, 661a27, 28, 668b16, 691a12, 692b17　(ῥίς)　P.A., 645b35, 659b4
腹 (γαστήρ)　P.A., 688a34, b16, 694b23, 695a3; I.A., 710b29, 711b22, 26
腫れ物 (δοθιήν)　P.A., 667b3
ヒキガエル (φρύνη)　P.A., 673b31
膝 (γόνυ)　P.A., 663b9; M.A., 698b4; I.A., 704a22, 712a17
肘 (ὠλέκρανον)　M.A., 698b3, 702a28, b4, 11; I.A., 712a14
脾臓 (σπλήν)　P.A., 666a28, 667b4, 669b16, 25, 670b23, 673b32, 674a3
左側 (ἀριστερόν)　P.A., 648a13, 656b34, 663a21, 665a25, 666b8—10, 667a3, b31, 669b21, 670a4, b19; M.A., 702b14; I.A., 704b22, 705a27, b16, 706a24, b13, 27, 707a16, b10—27, 712a26—30, b9, 714b19
ヒツジ (πρόβατον)　P.A., 643b6, 662a3, 671b7, 672a31, 673b33, 674b8, 676b36
必然 (ἀνάγκη)
「必然的に (ἐξ ἀνάγκης)」という言い回しを構成するもの P.A., 639b21,

640a6, b9, 642a2, 4, 32, 646b30, 651a18, 653b29, 655a3, b11, 658b3, 25, 663b14, 23, 34, 664a30, 665a10, 669b27, 29, 670a30, b23, 671a4, 672a2, 13, 14, b34, 673a33, 677a18, b21, 678a4, b5, 679a28, 682b19, 692a3, 693b6, 14, 694a22, b5, 697b10; M.A., 699a36, b22, 23, 701b34, 702b24; I.A., 708a21
それ以外の用法の必然　P.A., 639b26, 640a1, 4, 7, 642a3, 4, 10, 13, 32, 34, 644a7, 650a2, 652a3, 654b14, 659b8, 660a8, 666a32, 33, 669a2, 671a7, 674b3, 680b12, 16, 23, 26, 34, 686a6, 32, 687b19, 694a1, 697a19; M.A., 698b18, 699a3, 15, 700a14, 19, 21, 34, 701a2, 21, 702a21, 25, 29, b6, 15, 26, 31, 32, 703b11; I.A., 706b18, 708b25, 709a2, 20, 711b14, 712a2, b3, 5, 712b34, 714a3, 22
必然的、必然性（ἀναγκαῖος）　P.A., 639b23, 640b2, 642a7, 27, 35, 36, b9, 18, 21, 35, 643a11, 18, b10, 18, 644a25, 645b1, 33, 646b1, 6, 16, 29, a22, 27, 648a20, 650a7, 28, 652a4, b16, 655a24, b21, 656a15, b4, 657b23, 24, 36, 658a4, b5, 22, 659a4, 8, 660b33, 661b34, 36, 662a9, 663b9, 22, 664a23, 30, 665a19, 20, b12, 14, 23, 26, 666a18, 23, 667b26, 668b34, 670a1, 23, 672b23, 35, 673a34, 674a14, 19, 675a23, b30, 31, 677a37, b5, 26, 678a6, b1, 680b30, 681b13, 682b8, 27, 683a12, 35, b1, 6, 14, 15, 686a35, 687a28, b27, 688b13, 19, 689a2, b24, 693a14, 697a21, b24; M.A., 699a8, 19, 31, b30, 34, 702a21, 25, 29, 703a2, 8; I.A., 707a5, 708a20, 29, b3, 29, 709a16, b29, 710a3, b6, 711a24, b2, 30, 712b31, 713a22, 28, 31, b4
いっそう必然的（ἀναγκαιότερος）　P.A., 674a33, 691b14
最も必然的（ἀναγκαιότατος）　P.A., 655b30
必然的に（ἀναγκαίως）　P.A., 689a21, 694b2
必要である（δεῖν）　P.A., 639a12, 15, b3, 8, 28, 640a10, 22, 642a9, 14, b3, 24, 643a13, b10, 644a28, b16, 645a15, 22, 30, 646b19, 648b2, 11, 649b35, 650a10, 18, 26, 31, 651b14, 33, 652a16, b17, 653a2, 655a10, 22, 25, 656b9, 17, 31, 658a20, b9, 20, 660a8, 663b27, 664a26, b1, 666a14, b15, 23, 34, 667a4, b19, 668a12, b29, 35, 670a24, 27, 671a3, 22, b31, 672a16, 673b10, 5, 674a16, b17, 675b16, 22, 677a17, 678a9, 13, 680a3, 35, b19, 681b14, 16, 33, 682a23, 683b7, 687b14, 688a20, b17, 689b20, 690a17, 30, 33, b2, 9, 691b19, 30, 696b8, 11, 15, 18, 23, 697a27; M.A., 698b13, 14, 700a7, 8, 26, b2, 29, 701a18, 19, 702b29, 703a36; I.A., 706a2
ヒトデ（原語は星のような動物の意）（ἀστήρ）　P.A., 681b9
ひとりでに（αὐτόματος, αὐτομάτως）　P.A., 640a27, 28, 31, b8, 641b22, 669b4
ヒョウ（πάρδαλις）　P.A., 667a20, 688a6
病気（νόσος）　P.A., 648b6, 653a8, b4, 667a30—b10, 677a5—6
ふくらはぎ（γαστροκνημία）　P.A., 689b14
付属物（ἀποφυάδες）　P.A., 675a12—18
ブタ（ὗς）　P.A., 643b6, 663a7, 667a10, 674a1, 27, 675a27, 688a35, b11
物体　→体
ブレグマ（頭蓋骨の全体のこと）（βρέγμα）　P.A., 653a35
吻（προβοσκίς）　P.A., 659a15, 679b7, 685a33, b2, 10
吻（とくに有節動物（昆虫）の「吻」に用いる言葉）（ἐπιβοσκίς）　P.A., 678b14
分割（διαίρεσις）　P.A. 642b11, 12, 642b17, 643b14, 19, 34, 644a8, b18, 647b17, 650a10, 12, 654b16, 662a12, 681a29
ヘビ（ὄφις）　P.A., 655a20, 659a36,

660b6, 671a21, 676a24, b21, 690b15, 691a6, 18, b29, 32, 696a8, 697a11; I.A., 705b27, 707b21—28, 708a1—2, 9—20, 709a26, b32
ヘミュス（淡水ガメのこと）（ἐμύς） P.A., 654a8, 671a31; I.A., 713a17
ヘラクレイトス（Ἡράκλειτος） P.A., 645a18
ヘラクレイトス派（Ἡρακλεωτικός） P.A., 684a8, 10
膀胱（κύστις） P.A., 653b10, 655b16, 664b14, 670a22, 31, b2, 27, 32, 671a25, 31, b15, 23, 676a29, 678b1, 679a26, 27, 697a13
縫合線（ῥαφή） P.A., 653a37, 658b4, 667a7
骨（ὀστοῦν） P.A., 640b19, 642a20, 644b12, 645a29, 646a22, b25, 647b16, 23, 651b24, 37, 652a23, 653a35, b31, 33, 654a25, 32, 655a22, 29, b3, 23, 658b19, 663b18, 664a11, 666b20; M.A., 701b8
ホメロス（Ὅμηρος） P.A., 673a15; M.A., 699b36
ホヤ（τήθυα） P.A., 680a5, 681a10—35
ボラ（κήτη） P.A., 669a7, 697a16
ホラガイ（κῆρυξ） P.A., 679b14, 20, 683b13; I.A., 706a16
ボレアス（冬の北風の神）（Βορέας） M.A., 698b25
本質、実体（οὐσία） P.A., 639a16, 640a18, 19, 641a25, 27, b32, 642a19, 26, 643a2, 4, 27, 644a23, 29, b22, 645a35, 36, 646a25, b1, 647b25, 648a16, 652b18, 669b12, 678a32, 34, 682b28, 685b16, 686a28, 693b6, 13, 695b18, 20; M.A., 699a22; I.A., 704b16, 708a12

マ　行

巻き貝（στρομβώδη） P.A., 679b14, 15, 680a22, 684b16, 20, 685a11; I.A., 706a13, b1
膜（ὑμήν） P.A., 655b17, 657a30, b16—18, 673b4—11, 677b14, 37, 683b21
マッコウクジラ（φάλαινα） P.A., 669a7, 697a16
まつげ（βλεφαρίς） P.A., 691a20
マテガイ（σωλήν） P.A., 683b17
まぶた（βλέφαρον） P.A., 648a18, 657a27, 658a10
マムシ（ἔχις） P.A., 676b2
眉毛（ὀφρῦς） P.A., 658b14—26, 671b32
味覚（γεῦσις） P.A., 656a31, 660a19—22, b5, 661a30, 690b28, 691a5
右側（δεξιόν） P.A., 648a12, 656b34, 663a21, 665a25, 667a1—2, b31, 669b20, 670a4, 671b29—34, 672a24; M.A., 702b14; I.A., 704b21, 705a27, b16, 706a24, b13, 17, 26, 707a16, b9—27, 712a26—30, b1, 9, 714b17—19
ミツバチ（μέλιττα） P.A., 648a6, 650b26, 661a20, 678b15, 19, 682b10, 683a6, 9, 29; I.A., 710a11
耳（οὖς） P.A., 655a31, 656b18, 657a3, 13—24, 658a2, 691a13
ミュティス（μύτις） P.A., 679a8, 681b20, 21, 26
無血動物、無血のもの（ἄναιμα） P.A., 647a30, 648a28, 650a35, 650b24, 30, 651a25, 654a1, 665a32, 667b23, 668a3, b35, 673a30, 678a8, 29, 681b13, 685b35; I.A., 704a11, 707a27, 708a18, 713a26
無足動物、無足のもの（ἄπους） P.A., 642b8, 669b7, 686b30, 687a3, 690b13, 14, 696a11, 676a24, 26, 692a6, b1, 697a10, 30
無駄に（μάτην） P.A., 658a9, 661b24, 675a8, 695b19; I.A., 704b15, 708a10
胸（στῆθος） P.A., 654b35, 659b9, 666b2—4, 688a12, 29, b34, 692a9, 693b16; I.A., 710a30
目（ὄμμα） P.A., 656b32, 657a3, 13, 658b17 （ὀφθαλμός） P.A., 641a5, 645b36, 646b13, 648a17, 656b17, 657a25, 658a10, 691a12, 24
メーコーン（μήκων） P.A., 679b10, 12, 680a20—24
目覚め（ἐγρήγορσις） P.A., 645b34,

648b5
網《もう》(ἐπίπλοον)　P.A., 676b10, 677b14—26
目的
目的、終局 (τέλος)　P.A., 639b27, 29, 641a27, b24, 32, 645a25, b30, 646a33, b8, 650a27, 669a13, 672a4, 673b27, 675a16, 35, b1, 686b30, 33, 689a3; M.A., 700b25, 27, 701a10
……のために、目的 (ἕνεκα, ἕνεκεν) P.A., 639b12, 14, 19, 29, 640a18, 19, 641a13, b24, 642a2, 33, 41b12, 42a11, 645a24, 25, b14, 15, 17, 19, 28, 646a27, b6, 12, 27, 647b30, 650b2, 12, 653b34, 654b28, 35, 655b19, 656a17, 21, 657a34, 658b6, 18, 659a24, b32, 660a1, 2, 661b4, 662a17, 663b13, 20, 23, 664a17, 24, b1, 667b13, 669b9, 670b24, 28, 672a15, b22, 23, 673a32, 677a14, 17, 29, 678a15, 35, 684b29, 689b5, 692a5, 693a12, 694a2, 696b28; M.A., 700b15, 16, 26, 27, 701a30; I.A., 704a6
……のために (χάριν)　P.A., 642a32, 644b31, 645a32, b17, 651a19, 652b21, 653b17, 31, 654b4, 34, 655a1, b5, 656b12, 657a35, 658a18, b15, 659a28, 661a3, b2, 6, 16, 662a26, 27, b27, 664a15, 666b20, 667b18, 669b8, 30, 670a9, 27, b12, 25, 671a11, b2, 672b15, 674a8, 676b23, 678b21, 683a4, b32, 684b1, 29, 686a6, 18, 694b7
……になるように (ἵνα)　P.A., 652a19, 32, b17, 27, 654a35, b21, 657a31, 659a10, 661b8, 9, 662a13, 664b28, 675a12, 684a12, 687b16, 29, 689b12, 694b7, 697a28
基にあるもの　→基体
モモス (アイソポスの寓話の) (Μῶμος ὁ Αἰσώπου)　P.A., 663a35, b2

ヤ　行

ヤギ (αἴξ)　P.A., 643b6, 673b33, 674b8, 676b36, 688b24
ヤギュウ (βόνασος)　P.A., 663a14
役に立つ (χρήσιμος)　P.A., 642a30, 646b18, 24, 650b12, 654a18, 657a16, 659a29, b10, 660a19, 23, 661b28, 662a28, 33, b3, 6, 11, 663b5, 16, 664a7, 61b21, 679a12, 682b37, 683a13, b36, 684a3, 4, 13, 685a28, b3, 686a23, 687a22, b29, 30, 689a25, 33, b16, 691a32, b2, 3, 9, 19, 24, 693a9, 13, 16, 694a16, 24, b8, 22, 695b23, 697a21, b17; I.A., 704a4, 711a1, 713a20, b30, 714a11, 14, 18, b1
いっそう役に立つ (χρησιμώτερος) P.A., 672b26, 691a25, b11, 15
最も役に立つ、極めて役立つ (χρησιμώτατος)　P.A., 654a18, 663b19
役に立たない (ἄχρηστος)　P.A., 655b33, 660b4, 662a33, 663a8, 674a18, 675b35, 685a29, 31, 687b21, 691b7, 694a16, 18; I.A., 711a1, b10, 714b2
ヤスデ (ἴουλος)　P.A., 682a5, b3
ヤマネコ (λύγξ)　P.A., 689a34
ヤリイカ (τευθίς)　P.A., 654a21, 678b30, 679a7, 14, 22, 685a14, 25, 29, 34, 685b4, 16
軟らかい脂 (πιμελή)　P.A., 647b12, 651a20—b19, 28—32, 652a7, 10, 672a1—b8, 677b15
軟らかい鱗 (λεπίς)　P.A., 644a22, 645b5, 670b4, 671a17, 691a16, 697a4
有益な (ὠφέλιμος)　P.A., 677a16
有益さ (ὠφέλεια)　P.A., 663b13, 690a3
有益である (ὠφελεῖν)　P.A., 651a37, 663a11
有血動物、有血のもの (ἔναιμα)　P.A., 643a4, 647a31, 648a7, 28, 650a35, b3, 25, 30, 651a26, 652b23, 654a25, 27, 655a17, 656b20, 665a33, b5, 9, 667b22, 30, 35, 668b36, 670a27, b17, 32, 672b13, 676b12, 16, 677a37, b21, 678a5, 9, b13, 685b35, 689a8, 693b7;

I.A., 704a11, 707a19—27, b7, 708a13
有節動物（*ἔντομα*） *P.A., 654a10, 26, 657b30, 659b16, 661a15, 671a11, 678a31, b14, 21, 682a2, 9, 22, 35, b33, 683a27, 28, 692a2, b17; I.A., 707a31, 710a7—11*
有足の（*ὑπόπους*） *P.A., 642b8, 643b36, 644a5*
指（*δάκτυλος*） *P.A., 646b14, 687b10—24, 690a30—b10, 694b4, 17, 695a16—26*
善い（*ἀγαθός*） *M.A., 700b25, 28, 29, 33, 701a17, 24, 28*
善く（*ἀγαθῶς*） *M.A., 700b33*
善い、善く（*εὐ*） *P.A., 656a6, 659b33, 670b24, 687b22*
より善い、いっそう善い（*βελτίων*） *P.A., 641a10, 646a14, 647b30, 648a16, 652b9, 657b19, 658a24, 665a22, b15, 666b28, 32, 670b27, 672b22, 680b26, 681b28, 683a19, 687a15, 690b3, 692a4, 694b7; I.A., 704b17, 706a20, 24, 708a26, 711b30, 712b31, 713a6*
最も善い（*ἄριστον, βέλτιστον*） *P.A., 648a9, 685b15, 687a16; I.A., 704b17*
余計な（*περίεργον*） *P.A., 642b8, 644a1, 661b4, 694a15, 695b19*

ラ　行

ライオン（*λέων*） *P.A., 639a17, 652a1, 655a14, 658a31, 674a25, 686a21, 688a5, 35, 689a34*
ラクダ（*κάμηλος*） *P.A., 663a4, 6, 674a30, 32, b5, 676b27, 677a35, 688b23, 689a34*
ラバ（*ὀρεύς*） *P.A., 641b35, 674a4, 26, 676b26*
立派　→美
類（*γένος*） *P.A., 639b4, 640a14, 642b6, 10, 13, 643a18, 20, b1, 3, 10, 11, 27, 33, 644a13, 17, 18, 32, b2, 5, 9, 30, 645a29, b2, 22, 23, 25, 27, 647a7, 9, 17, 650b26, 653b32, 654a2, 9, b29, 655b8, 15, 656a7, 16, 658a29, 661a16, b2, 663a7, 664a20, 666b19, 667b19, 668b33, 669a30, b9, 11, 674b18, 675a1, 3, 18, 676b29, 33, 678a30, 31, b14, 17, 19, 679b15, 21, 680a5, 15, 681a26, b1, 7, 9, 682a18, 25, b3, 12, 683a6, 34, b14, 17, 26, 684a34, b13, 685b12, 686b21, 690b8, 14, 693a7, 694a4, 695a19, b2, 696a5, 34, 697a14; M.A., 698a2; I.A., 704a8, b16, 705b27, 708a4, 7, 709b13*
類比（*ἀναλογία*） *P.A., 645b27*
類比物（*ἀνάλογον*） *P.A., 644a19, 21, 23, b11, 645b6, 9, 647a20, 31, b14, 15, 648a5, 650a35, 651b5, 652a3, b25, 653a12, b21, 35, 654a20, 655b17, 667a18, 668a6, 7, 26, 27, 678b2, 10, 681b16, 29, 688a3, 691b30, 692a9; M.A., 703a15*
劣悪な（*φαῦλος*） *P.A., 650b1, 2, 673b24, 30*
劣悪な仕方で（*φαύλως*） *P.A., 675a6, 694a20; I.A., 714b16*
劣悪さ（*φαυλότης*） *P.A., 665a8*
裂翅動物（*σχιζόπτερος*） *P.A., 697b11*
ロバ（*ὄνος*） *P.A., 667a20, 674a4, 27, 676b26, 688b23*

ワ　行

悪い
より悪い（*χείρων*） *P.A., 648a16*

訳者略歴

坂下浩司（さかした　こうじ）

南山大学助教授
一九六五年　京都府生まれ
一九九四年　京都大学大学院文学研究科博士後期課程修了
二〇〇三年　名古屋工業大学専任講師を経て現職

主な著訳書
『アリストテレスの形而上学――自然学と倫理学の基礎』（岩波書店）
『はじめての工学倫理』（共編著、昭和堂）
『工学倫理の条件』（共編著、晃洋書房）

動物部分論《どうぶつぶぶんろん》・動物運動論《どうぶつうんどうろん》・動物進行論《どうぶつしんこうろん》
西洋古典叢書　第Ⅲ期第9回配本

二〇〇五年二月十日　初版第一刷発行

訳　者　坂《さか》下《した》浩《こう》司《じ》
発行者　阪上　孝
発行所　京都大学学術出版会
606-8305 京都市左京区吉田河原町一五-九 京大会館内
電　話　〇七五-七六一-六一八二
ＦＡＸ　〇七五-七六一-六一九〇
http://www.kyoto-up.gr.jp/
印刷・土山印刷／製本・兼文堂

ISBN4-87698-157-4
定価はカバーに表示してあります

ガレノス　自然の機能について　種山恭子訳　3150円
クセノポン　ギリシア史 1　根本英世訳　2940円
クセノポン　ギリシア史 2　根本英世訳　3150円
クセノポン　小品集　松本仁助訳　3360円
セクストス・エンペイリコス　ピュロン主義哲学の概要　金山弥平・金山万里子訳　3990円
セクストス・エンペイリコス　学者たちへの論駁 1　金山弥平・金山万里子訳　3780円
ゼノン他　初期ストア派断片集 1　中川純男訳　3780円
クリュシッポス　初期ストア派断片集 2　水落健治・山口義久訳　5040円
クリュシッポス　初期ストア派断片集 3　山口義久訳　4410円
デモステネス　弁論集 3　北嶋美雪・杉山晃太郎・木曽明子訳　3780円
デモステネス　弁論集 4　木曽明子・杉山晃太郎訳　3780円
トゥキュディデス　歴史 1　藤縄謙三訳　4410円
トゥキュディデス　歴史 2　城江良和訳　4620円
ピロストラトス／エウナピオス　哲学者・ソフィスト列伝　戸塚七郎・金子佳司訳　3885円
ピンダロス　祝勝歌集／断片選　内田次信訳　4620円

フィロン　フラックスへの反論／ガイウスへの使節　秦　剛平訳　3360円
プルタルコス　モラリア　2　瀬口昌久訳　3465円
プルタルコス　モラリア　6　戸塚七郎訳　3570円
プルタルコス　モラリア　13　戸塚七郎訳　3570円
プルタルコス　モラリア　14　戸塚七郎訳　3150円
マルクス・アウレリウス　自省録　水地宗明訳　3360円
リュシアス　弁論集　細井敦子・桜井万里子・安部素子訳　4410円

【ラテン古典篇】

ウェルギリウス　アエネーイス　岡　道男・高橋宏幸訳　5145円
オウィディウス　悲しみの歌／黒海からの手紙　木村健治訳　3990円
クルティウス・ルフス　アレクサンドロス大王伝　谷栄一郎・上村健二訳　4410円
スパルティアヌス他　ローマ皇帝群像　1　南川高志訳　3150円
セネカ　悲劇集　1　小川正廣・高橋宏幸・大西英文・小林　標訳　3990円
セネカ　悲劇集　2　岩崎　務・大西英文・宮城徳也・竹中康雄・木村健治訳　4200円
トログス／ユスティヌス抄録　地中海世界史　合阪　學訳　4200円

プラウトゥス　ローマ喜劇集 1　木村健治・宮城徳也・五之治昌比呂・小川正廣・竹中康雄訳　4725円
プラウトゥス　ローマ喜劇集 2　山下太郎・岩谷　智・小川正廣・五之治昌比呂・岩崎　務訳　4410円
プラウトゥス　ローマ喜劇集 3　木村健治・岩谷　智・竹中康雄・山沢孝至訳　4935円
プラウトゥス　ローマ喜劇集 4　高橋宏幸・小林　標・上村健二・宮城徳也・藤谷道夫訳　4935円
テレンティウス　ローマ喜劇集 5　木村健治・城江良和・谷栄一郎・高橋宏幸・上村健二・山下太郎訳　5145円